"十四五"职业教育国家规划教材

住房和城乡建设部"十四五"规划教材

建筑施工综合实训（第2版）

主　编　万　健　温兴宇
副主编　宋丹露　杨　豪
参　编　冯昱燃　杨卫奇
　　　　吴　穹　林文剑
主　审　吴明军

重庆大学出版社

内容提要

本书是用于土建类专业的实训教材。全书共4个模块,内容包括实训须知、实训安全技术交底、工种实训(砌筑工、抹灰工、模板工、架子工、钢筋工)、施工综合实训(砌体结构、钢筋混凝土结构、钢结构)。书后附录为实训必需的施工资料表格和工程项目图纸。本书内容提炼于工程实际,以典型项目图纸建造过程为线索,组织实训项目的开展,使学生将支离的施工技术课程内容完整地建构在真实的施工项目上。

本书可作为高等职业教育建筑工程技术、工程管理、工程监理等专业施工技术课程实训教材和其他课程的辅助教材,也可作为建筑行业工程技术人员培训及自学用书。

图书在版编目(CIP)数据

建筑施工综合实训 / 万健,温兴宇主编. -- 2版. -- 重庆 : 重庆大学出版社, 2021.10(2023.8 重印)

高等职业教育建筑工程技术专业系列教材

ISBN 978-7-5624-9842-1

Ⅰ. ①建… Ⅱ. ①万… ②温… Ⅲ. ①建筑工程—工程施工—高等职业教育—教材 Ⅳ. ①TU74

中国版本图书馆 CIP 数据核字(2021)第216192号

高等职业教育建筑工程技术专业系列教材

建筑施工综合实训(第2版)

主　编　万　健　温兴宇

副主编　宋丹露　杨　豪

主　审　吴明军

策划编辑:范春青　刘颖果

责任编辑:范春青　　版式设计:范春青

责任校对:谢　芳　　责任印制:赵　晟

*

重庆大学出版社出版发行

出版人:陈晓阳

社址:重庆市沙坪坝区大学城西路21号

邮编:401331

电话:(023) 88617190　88617185(中小学)

传真:(023) 88617186　88617166

网址:http://www.cqup.com.cn

邮箱:fxk@cqup.com.cn (营销中心)

全国新华书店经销

重庆市国丰印务有限责任公司印刷

*

开本:889mm×1194mm　1/16　印张:23　字数:682千

2016年7月第1版　2021年10月第2版　2023年8月第4次印刷

印数:8 001—11 000

ISBN 978-7-5624-9842-1　定价:69.00元

编委会名单

序　言

进入21世纪，高等职业教育建筑工程技术专业办学在全国呈现出点多面广的格局。截止到2021年，我国已有890多所院校开设了高职建筑工程技术专业，在校生达到20万余人。如何培养面向企业、面向社会的建筑工程技术技能型人才，是广大建筑工程技术专业教育工作者一直在思考的问题。建筑工程技术专业作为教育部、住房和城乡建设部确定的国家技能型紧缺人才培养专业，也被许多示范高职院校选为探索构建“工作过程系统化的行动导向教学模式”课程体系建设的专业，这些都促进了该专业的教学改革和发展，其教育背景以及理念都发生了很大变化。

为了满足建筑工程技术专业职业教育改革和发展的需要，重庆大学出版社在历经多年深入高职高专院校调研基础上，组织编写了这套“高等职业教育建筑工程技术专业规划教材”。该系列教材由四川建筑职业技术学院吴泽教授担任顾问，住房和城乡建设职业教育教学指导委员会副主任委员李辉教授、四川建筑职业技术学院吴明军教授分别担任总主编和执行总主编，以国家级示范高职院校，或建筑工程技术专业为国家级特色专业、省级特色专业的院校为编著主体，全国共20多所高职高专院校建筑工程技术专业骨干教师参与完成，极大地保障了教材的品质。

系列教材精心设计该专业课程体系，共包含两大模块：通用的“公共模块”和各具特色的“体系方向模块”。公共模块包含专业基础课程、公共专业课程、实训课程三个小模块；体系方向模块包括传统体系专业课程、教改体系专业课程两个小模块。各院校可根据自身教改和教学条件实际情况，选择组合各具特色的教学体系，即传统教学体系（公共模块+传统体系专业课）和教改教学体系（公共模块+教改体系专业课）。

本系列教材在编写过程中，力求突出以下特色：

（1）依据《高等职业学校专业教学标准（试行）》中“高等职业学校建筑工程技术专业教学标准”和“实训导则”编写，紧贴当前高职教育的教学改革要求。

（2）教材编写以项目教学为主导，以职业能力培养为核心，适应高等职业教育教学改革的发展方向。

（3）教改教材的编写以实际工程项目或专门设计的教学项目为载体展开，突出“职业工作的真实过程和职业能力的形成过程”，强调“理实”一体化。

(4)实训教材的编写突出职业教育实践性操作技能训练,强化本专业的基本技能的实训力度,培养职业岗位需求的实际操作能力,为停课进行的实训专周教学服务。

(5)每本教材都有企业专家参与大纲审定、教材编写以及审稿等工作,确保教学内容更贴近建筑工程实际。

我们相信,本系列教材的出版将为高等职业教育建筑工程技术专业的教学改革和健康发展起到积极的促进作用!

住房和城乡建设职业教育教学指导委员会副主任委员

建筑施工综合实训宣传片

前　言

人才培养模式的改革和创新是我国高等职业教育发展面临的重要课题。在高职土建类专业建设中，加强实践技能教学是各高职院校教学改革的主要方向，即培养学生从事生产第一线操作的职业技能。职业技能的培养，既需要通过一定的理论知识体系的教学，也需要专门的实践技能课程的教学。施工综合实训是建筑工程技术专业实现培养目标的重要实践性教学环节，是学生对所学的建筑施工等有关课程的内容进行深化、拓宽、综合训练的重要阶段。作为建筑施工技术课程的校内实践课和加强学生动手能力的实训环节，施工综合实训的主要任务是使学生通过动手操作，掌握建筑基本工种的操作要领、工艺流程和质量控制。

施工综合实训实践性强，专业分工细，各地做法有所不同。本书在编写上主要针对施工员岗位要求，以培养学生实际工作能力为目标，突出各工种操作技能训练，同时又兼顾学生必须掌握的计算能力和分析问题的能力，旨在训练学生具备解决建筑施工技术问题以及参与现场施工管理的初步能力。因此，本书也可作为钢筋混凝土高层建筑工种培训的教材。

由于建筑工程技术专业施工实训、实习有其自身的特点以及许多主观和客观的因素，使得施工实训、实习的难度较大。施工实训指导教材是指导学生完成施工实训、实习的重要学习材料。目前此类教材十分缺乏，给实训、实习学生带来了不少困难，特别是在今后多采取分散实习的条件下，实习学生更加需要这样的学习教材提供实习帮助，这无疑会对保障和提高实习质量起到积极的作用。

本书知识体系吸收了建筑工程领域新概念、新技术、新方法，依据职业教育国家教学标准，以落实立德树人为根本任务，以贯彻课程思政教育为主线，以“岗课赛证”相融通为原则。本书编写中结合地方传统工艺特色，反映现代建筑施工技术要求和施工工艺，结合课程标准和教学设计，将课程内容进行了项目化改造，以实际工程（项目）为典型工作任务或案例，突显职业标准，采用任务驱动、案例教学的方式编写并进行数字化改造。本书以学到实用技能、提高职业能力为出发点。以“做”为中心，“教”和“学”都围绕着“做”，在学中做，在做中学，从而完成知识学习、技能训练和提高职业素养的教学目标。

本书的特色是根据目前高等职业学校建筑工程技术专业施工实训教学大纲的基本要求，针对施工实训、实习中应知应会的内容以及现场施工技术管理具体方面应注意的内容加以说明和图解，有目的地帮助学生将课堂教学的内容与施工现场的实践结合起来，以补充教学内容，从而使学生提高对施工现场的认识，积累现场经验，收集有关资料，提高独立完成任务的能力，顺利完成施工实训、实习任务。

本书的编写人员均为多年从事教学并具有丰富施工经验的教师，因此教材在内容上更符合实际，更具有操作性。本书由四川建筑职业技术学院土木系万健、温兴宇担任主编，四川建筑职业技术学院宋丹露、杨豪担任副主编，四川建筑职业技术学院冯昱燃、杨卫奇、吴穹和四川建大正信建设管理有限公司林文剑参与了教材的编写。具体分工为：模块 1 由杨卫奇、冯昱燃编写，模块 2 由杨豪编写，模块 3 的任务 1 由林文剑编写，模块 3 的任务 2、模块 3 的任务 3 和模块 4 的任务 1、任务 3 由温兴宇编写，模块 4 的任务 2 由万健、吴穹编写。附录Ⅰ由万健编写，附录Ⅱ由万健、温兴宇编写、附录Ⅲ由温兴宇、宋丹露编写。全书由万健统稿，由四川建筑职业技术学院吴明军教授主审。

本书既注重技术能力的形成和技能服务，又不失理论支持。本书与《建筑施工技术》《建筑施工组织与管理》教材互相配合，互相补充。

本书在编写过程中参考了不少文献资料，在此谨向所参考文献资料的作者们致以诚挚的谢意。

建筑施工的内容十分丰富，技术进步日新月异，由于编者水平所限，书中难免有错误和不妥之处，敬请广大读者批评指正。

编　者

目　录

配套数字资源索引

模块 1

实训须知

模块导读

●基本要求　掌握建筑施工综合实训的基本要求、实训流程及相关器具的正确操作，避免危险发生。

●重点　通过学习增强对实训过程的全面认识，掌握整个实训过程中的相关管理制度，以及实训物品的领取、保管等规章制度，为后续实训工作做好准备并搭建概念框架。

●难点　增强实训人员严格按照实训管理要求进行实践操作的思想意识。

建筑施工综合实训是教学过程中重要的实践性教学环节。它是根据专业教学计划的要求，在教师指导下对学生进行施工专业技能的训练，以培养学生综合运用理论知识分析和解决实际问题的能力，实现由理论知识向操作技能的转化。它既是对理论与实践教学效果的检验，也是对学生综合分析能力与独立工作能力的培养过程。

通过砌体结构综合训练和钢筋混凝土结构施工综合训练，可以掌握钢筋混凝土结构施工体系的施工工艺、方法和程序，培养学生独立组织完成施工的能力，同时在此基础上积累施工质量验收的能力，并完成相关内业资料的编写。因此，加强实践教学环节，做好实训教学，对实现本专业的培养目标，提高学生的综合素质有着重要的作用。

任务 1　实训准备工作

1.1.1　流程

领取实训工器具及劳动保护用品→测量放线→砌筑或搭设脚手架→模板支设→绑扎钢筋→验收→拆除→清扫场地→完成砌体结构施工方案设计或钢筋混凝土结构施工方案设计。

1.1.2 实训室准备

清扫场地→安排实训场地→准备足够的工器具和劳动保护用品→安排实训指导技师→检查实训设备及用电设备→做好安全保护措施→做好文明施工和安全施工警示牌。

1.1.3 技术准备

(1)认真学习施工图纸和相关的规范、规程、标准图集,掌握本工程建筑、结构、安装的形式和特点,明确各专业的设计要求和标准。

(2)认真进行图纸预审,为参加图纸会审做好准备。图纸预审的内容:

①施工图纸是否完整齐全,施工图说明与其总说明内容是否相符。

②建筑施工图、结构施工图和设备安装施工图之间在尺寸、标高、轴线以及预留孔洞、说明方面有无矛盾。

③各专业、各工种的施工图及其组成部分之间有无矛盾和错误。

④合理化的建议。

(3)针对砌体结构综合训练和钢筋混凝土结构施工综合训练的特点,进一步补充和完善施工组织设计的内容;进行质量策划,编制工程质量计划,制订特殊工序、关键工序、重点工序质量控制措施。

(4)认真做好工程测量方案的编制,做好测量仪器的校验工作,建立测量控制网,进行建筑物的定位、放线工作。

(5)进行混凝土、砂浆配合比的试拌、试配工作,对各种试验及检测设备进行检定和校验;对拟采用的新工艺、新材料、新技术进行试验、检验和技术鉴定。

(6)绘制模板设计图,进行模板加工。

(7)制订质量和安全生产交底程序,编写各分部分项及各工种技术质量和安全生产交底卡。

(8)组织专业人员编制施工图预算和材料总表。

(9)编制材料供应计划、劳动力进出场计划、机械设备需用量计划、构件计划。

(10)进行木工翻样,为编制模板计划提供依据;进行钢筋翻样,为钢筋制作做准备。

(11)做好冬、雨期施工的特殊准备工作及工人的进场安全教育。

(12)安全、环保、文明施工。根据砌体结构综合训练和钢筋混凝土结构施工综合训练的施工特点,对实训指导技师和实训人员进行安全知识培训,从安全用电、高空作业、“四口”防护、设备使用等方面提出安全生产要求,并强调及施工现场文明施工、环境保护等方面的内容。

1.1.4 材料准备

建筑施工所需的材料、构配件、机具设备品种多、数量大,能否保证按计划供应,对整个施工过程举足轻重,否则将直接影响工期、质量和成本。因此,要将这项工作作为施工准备工作的一个重要方面来抓。

1)材料准备

(1)根据施工方案中的施工进度计划和施工预算中的工料分析,编制工程所需材料用量计划,作为备料、供料和确定仓库、堆场面积及组织运输的依据。

(2)根据材料需用量计划,做好材料的申请、订货和采购工作,使计划得到落实。

(3)组织材料按计划进场,并做好保管工作。

2)构配件及设备加工订货准备

(1)根据施工进度计划及施工预算所提供的各种构配件及设备数量,做好加工翻样工作,并编制相应的需用量计划。

(2)根据需用量计划,向有关厂家提出加工订货计划要求,并签订订货合同。

(3)组织构配件和设备进场,按施工平面布置图做好存放及保管工作。

3)施工机具准备

(1)根据施工方案中确定的施工方法,对施工机具配备的要求、数量以及施工进度进行安排,编制施工机具需用量计划。

(2)拟由本企业内部负责解决的施工机具,应根据需用量计划组织落实,确保按期供应。

任务2 实训管理要求

1.2.1 实训指导教师的管理要求

1)岗位要求

(1)根据教务处安排,认真完成教学实训和有关任务。

(2)认真贯彻教学实训大纲,执行实训计划,对规定的讲课内容、操作项目及实训时间不得随意增减。

(3)认真讲解本工种实训操作规程及有关要求,为学生作业示范,坚持巡回指导,监督学生严格遵守操作规程,发现问题及时解决。

(4)认真做好学生的考勤、实训报告的批改和评分工作。

(5)负责对学生进行职业道德、文明实训和安全生产教育,严格执行安全生产的各项规章制度,确保师生安全。

(6)负责本工种学生实训所用的材料、工量具等的准备和管理工作。

(7)经常保持设备完好、清洁,做好设备的维修和保养,出现故障及时报修,确保设备完好率。

(8)定时打扫工作场所的环境卫生,各种物品堆放整洁有序。

(9)根据教学需要,及时做好教学仪器设备的申购工作。

(10)完成领导交给的其他任务。

2)工作要求

(1)必须做到教书育人、立德树人。在政治思想、道德品质、教学态度、工作作风以及服饰仪表、言谈举止等方面都要严格要求自己,真正做到为人师表,在学生中树立良好形象。

(2)自觉遵守学校和实训处的规章制度,不迟到、早退,不延迟开工,不提早收工,按时签到。坚守岗位,不擅自离岗或串岗,工作时间不聊天,不打瞌睡,不看书、报,不做与实训无关的事。

(3)狠抓学生的实训过程教育,对学生严格要求,严格管理,集中实训前要进行文明实训和安全生产方面的教育,签订校内安全责任书;同时关心爱护学生,耐心带教,对学生违纪和实训时看书、聊天、串岗等行为要及时批评教育,加以制止。

(4)努力学习新技术、新工艺,不断提高自己的业务水平和操作技能,不断改进教学方法,提高教学质量和教学效果。

(5)实训指导教师在有实训任务时,原则上不请假,如有特殊原因必须请假者,须提前做好有关的调课工作。

(6)提前5分钟做好上班的一切准备工作,并准时带教,同时进行考勤,下班提前10分钟做收尾工作,收拾工量具及其他实训用具,学生打扫卫生结束后须点名方可离开。

(7)要安排控制好实训内容、时间,在实训任务提前结束时,应事先安排好备用课题(备好课),不能让学生实训时无事可做或非常空闲。

(8)每天实训结束前进行约20分钟的讲评。

(9)实训讲义由各工种备课组统一编写,实训报告由指导老师批改,登记成绩,学期结束时一并交实训处。

(10)设备或电路出现故障时,应及时报修,并填写报修单,维修后由操作人员验收签字;需添置仪器、设备时应提前填写申购单,经学校批准后统一购买。

1.2.2 指导技师工作要求

1)工作要求

(1)根据实训指导教师的安排进行操作训练指导工作。

(2)根据实训室和实训指导教师安排做好相应的准备工作。

(3)协助实训指导教师对学生进行组织管理、考勤、安全教育、安全管理等,并参与学生的成绩考核与评定工作。

(4)应主动向实训室及实训指导教师汇报实训情况,积极配合实训室及实训指导教师完成实训任务。

(5)实训工作结束后做好设备保养及场地清理工作。

(6)严格遵守劳动纪律,完成实训室交给的其他工作任务。

(7)对学生进行安全交底工作,负责学生在实训过程中的安全问题。

(8)严格执行安全实训一票否决制度,确保学生安全实训。

(9)管理、维护好实训室设备、器械,严禁学生将其带离实训室。

(10)在学生实训过程中,指导技师全程现场指导。

2)实训过程指导要求

(1)熟悉实训文件及相关资料,严格按任务书、指导书规定的内容和要求进行指导。

(2)严格按操作规程指导学生的训练操作过程,做到规范严谨。

(3)指导过程应身体力行,标准示范,并进行讲解。

1.2.3 学生实训要求

1)总则

(1)校内实训室是学院实践教学的主要场所,为了合理使用实训室资源,充分发挥校内实训室的作用,进一步做好实训管理工作,更好地服务于高职教育教学,特制订本制度。

(2)校内实训室分为公共实训室和专业实训室。公共实训室即全校各个专业均可使用的实训室,主要包括机房、多媒体教室和语音教室等;专业实训室是指由学院建设的专业性较强,为某一个系或专业服务的实训室。实训室的管理实行集中与分散相结合的原则,公共实训室由实训与网络中心管理,专业实训室由实训与网络中心委托所在系管理。

2)仪器设备损坏、丢失赔偿

(1)由于使用人或管理人玩忽职守、保管不当,导致实训室仪器设备被窃、损坏、遗失等事故,要查清责任,对当事人进行严肃处理。事故损失在200元以下的由系主任处理,报教务处实训与网络中心备案;损失在1 000元以下的由所在系提出处理意见,协同教务处实训与网络中心报主管院长处理;损失在1 000元以上的由所在系提出处理意见,协同教务处实训与网络中心和主管院长报学院处理。

(2)由于下列原因之一造成仪器设备损坏、丢失者,应负赔偿责任,严重者给予相应行政处分:

①不遵守制度,违反操作规程,造成损坏或丢失。

②未经部门领导许可擅自使用或任意拆卸仪器设备,造成损坏或丢失。

③擅自将设备器材挪作私用或保管不善,造成损坏或丢失。

(3)赔偿处理办法:

①器材价值在1 000元以下者,按原价赔偿。

②器材价值在1 000元以上或发生重大事故者,视情节轻重,给予适当的行政处分,并按原价赔偿。

③丢失仪器设备零件时,可以只赔偿零配件费用。对能够维修使用的仪器设备,可以只赔偿维修费。如果维修后质量明显下降,要根据质量降低程度,酌情赔偿。

(4)根据仪器设备损坏程度、后果及责任人态度,可以减免或加倍赔偿:

①责任人能迅速改正错误,表现良好,经本人提出,系主任同意,并经教务处实训与网络中心审批,可酌情减免赔偿的数额。

②责任人一贯遵守制度、爱护仪器设备,因偶尔疏忽造成损失,事故发生后能积极设法挽救损失、主动报告、检讨深刻者可酌情减免赔偿。

③责任人一贯不爱护仪器设备、不负责任、态度恶劣、情节严重、影响很坏者,应加重处理。

(5)发生仪器设备损坏、丢失事故时,实训室管理人员应组织有关人员查明原因,提出赔偿处理意见,并上报系部审批。

(6)确定赔偿责任和金额后,由责任人向财务处缴款。对无故拖延、不执行赔偿决定者,可以采用适当的行政措施。

(7)学生损坏、丢失仪器设备者,参照本条例执行。

3)实训场所管理要求

(1)进入实训室时间为课前10分钟,其他时间不允许随意出入。原则上凡进入实训室的学生必须携带有效证件(身份证、学生证、借阅证等)。

(2)禁止在实训室内大声喧哗及打闹;严禁穿奇装异服、背心、拖鞋等进入实训室;禁止携带食品、饮料进入实训室;禁止在实验室内吸烟、吃口香糖或随地吐痰;禁止在教学仪器设备、墙壁及桌面上乱写乱画。

(3)禁止在实训室内玩游戏、听音乐、上网聊天或登录与课堂教学无关的网站。

(4)严禁未经指导教师及实训室管理人员允许,随意开启电源、教学仪器设备及空调开关,严禁在实训室内私自使用电源。

(5)实训前,学生必须认真预习实训指导书规定的有关内容。实训时,经指导教师认可后,才能开始实训准备工作。

(6)实训时,学生必须服从指导教师的指导,严肃认真,正确操作,独立完成实训任务,不得抄袭他人的实训结果,认真完成实训报告或实训作业,并交指导教师审阅。

(7)实训中设备发生故障或损坏时,应及时报告指导教师处理。凡违反操作规程或擅自使用其他设备,导致设备、器皿、工具损坏者,应主动说明原因、写出书面检查,并按有关规定赔偿。

(8)遵章守纪,严格执行作息制度,不迟到,不早退,上课期间严禁擅自离开实训教室,有事需向指导教师请假,点名未到者按旷课处理。

(9)团结同学,互帮互学,教室内严禁打闹、玩耍,由此造成的人身意外,后果自负。

(10)进入实训教室,严禁吸烟、携带食物,违者参照学校相关管理规定处罚。

(11)爱护公物,爱护教具、工具,文明学习,室内外应保持清洁。

(12)学生不得擅自将工具、量具及教学设备带出实训教室,对故意损坏工具、设备者,除照价赔偿外并处以一定罚款。

(13)每天课程结束后,必须做好工具和量具的清洁、清点以及值日生工作,如发现短缺或损坏应及时向实训课老师汇报。离开实训教室前应确认切断电源、关闭门窗。

任务3　实训工器具和劳动保护用品发放规则

1.3.1　实训工器具发放规则

实训工器具是高职院校学生实训能够得以完成的必备工具,主要包括墨盒、线锤、瓦刀、扳手等。

(1)实训室库房管理员提前一天通知各实训班级负责人,凭有效证件以班级为单位前来实训室领取实训工具。

(2)由实训室库房管理员对实训学生进行安全教育,并培训实训工具的使用方法和正确维修方法。

(3)告知实训学生借用期限及损坏赔偿办法。

(4)各组由2~3人进入库房,由实训室库房管理员和实训班级负责人清点检查实训工器具数量,并检查是否完好,如有缺损或不能正常使用,应立即补领或更换。

(5)由各实训班级负责人在登记表上填写班级、组号及日期,将登记表交由实训室库房管理人员。

(6)告知实训班级学生如期归还实训工器具,并应该清洗干净。以班级为单位归还实训室,由实训室库房管理员和实训班级负责人清点检查实训工器具的数量,并检查是否损坏;如果存在破损将依据实训工器具管理制度处以罚款;做好记录备案。

1.3.2　劳动保护用品发放规则

劳动保护用品是保护实训学生在生产过程中安全和健康的辅助用品,主要包括安全帽、实训工作服和安全手套等。发放劳动防护用品不是福利待遇,是校内实训的基本需要。根据不同工种及不同的劳动条件制订发放标准。

(1)实训室库房管理员提前一天通知各实训班级负责人凭有效证件以班级为单位前来实训室领取实训工具。

(2)由实训室库房管理员对实训学生进行安全教育,并培训劳动保护用品的使用方法。

(3)告知实训学生借用期限及损坏赔偿办法。

(4)各组由2~3人进入库房,由实训室库房管理员和实训班级负责人清点检查实训劳动保护用品的数量,并检查是否破损(如手套破洞、漏指,安全帽裂纹或开裂,安全工作服开线等),如有缺损,应立即补领或更换。

(5)由各实训班级负责人在登记表上填写班级、组号及日期,将登记表交由实训室库房管理人员。

(6)告知实训班级学生归还劳动保护用品的期限,以班级为单位,由实训室库房管理员和实训班级负责人清点检查实训劳动保护用品的数量,并检查是否破损(如手套破洞、漏指,安全帽裂纹或开裂,安全工作服开线等);如果存在破损将依据实训劳动保护用品管理制度处以罚款;做好记录备案。

任务4　实训工器具和劳动保护用品管理制度

(1)所有的实训工器具和劳动保护用品都有一定的价值和规定的使用期限,因此实训学生在领用实训工器具和劳动保护用品时要经实训室主管领导批准。

(2)个人领取的劳动保护用品或工器具要妥善保管,若有丢失和损坏,一律自行配备并罚款100元,意外事故除外。

(3)实训工器具和劳动保护用品在规定的使用期满后,实训室可以申请领用新的,回收旧的。

(4)根据工种、工作环境、实训条件、实训强度的不同,规定发放标准和使用期限。

(5)需补领的劳动保护用品经实训班级负责人申请,本单位领导及实训室主管审批,交纳赔偿费后,由实训室安全员或专职人员补发。

(6)实训室必须严格按照学校规定为实训班级免费发放实训工器具和劳动保护用品,更换已经损坏或已到使用期限的劳动保护用品,不得收取或变相收取任何费用。

(7)实训室应根据实训学生的生产特点和劳动保护的需要,根据工种、生产环境的不同,发给不同的劳动保护用品;对相同工种,因工艺、设备、材料、环境不同,发放的劳动保护用品也不同。

(8)发放领用实训工器具和劳动保护用品,要从实际出发,按照"实用、节约"的原则,不准扩大或缩小发放范围,要杜绝变卖实训工器具和劳动保护用品的现象。对不执行实训工器具和劳动保护用品管理规定的学生或管理者,要依法追究个人及相关班级的责任。

(9)学生在实训过程中,必须按照安全生产规章制度和劳动保护用品使用规则,正确佩戴和使用劳动保护用品;未按规定佩戴和使用劳动保护用品的,不得上岗作业。

(10)实训管理人员须定期检查、鉴定实训工器具和劳动保护用品,对已损坏、发霉、变质、虫蛀等已不能使用和失去安全保护性能的实训工器具、保护用品,应及时更换或维修;超过使用期限的,应及时予以报废,不得继续使用。

(11)安全工器具应按规定和实际需要进行放置,不得存放不合格的安全工器具。

(12)安全工器具使用前应进行认真检查,严禁使用过期、损坏、不合格的安全工器具。

(13)每月应对安全工器具进行一次全面检查,确保合格完备,检查后应履行签字手续。

模块小结

本模块以实训前的相关准备知识为依据,分别阐述了实训流程、相关资料及器具的准备工作,另外还着重介绍了实训管理要求,具体包括实训指导教师的管理要求、指导技师工作要求、学生实训要求及实训场所管理要求。通过本模块的学习,可了解和掌握实训前准备及相关安全和技术规章要求。

模块 2

实训安全技术交底

模块导读

● 基本要求　掌握实训过程的安全技术，确保在实训过程中实训人员正确操作各项实训器材，避免危险发生。

● 重点　通过实训前的安全技术交底，使学生掌握各工种实训过程中的安全知识、树立安全思想、增加安全技术知识及提高安全技能。确保实训过程中学生的安全。确保在实训过程中让实训人员认识到安全技术交底是一项不可忽视的工作，责任重大，认真落实安全技术交底制度可以预防和杜绝安全生产事故的发生。安全教学实训，树立安全规范体系内容，强化学生对安全标准的敬畏。

● 难点　实训人员安全教育思想较为薄弱。

任务 1　实训安全教育

为了加强学生实习、实训安全管理，维护正常的教学和生活秩序，保障学生人身和财产安全，促进学生身心健康发展，依据教育部颁布的《高等职业学校学生实习实训管理办法》及国家有关安全法规，特制订本制度：

(1)安全意识是现代职业教育的重要组成部分，安全意识是现代员工的重要素质之一，安全教育必须列入学校实习、实训工作的重要议事日程，并认真组织实施。实习、实训是教育活动中安全事件的高发环节，师生必须高度重视，明确安全第一，贯彻“预防为主、教育先行”的方针，努力把事故消除在萌芽状态中。

(2)每学期由相应系组织学生集中进行实习、实训安全教育，使学生铭记安全操作规程、安全事故处理办法及安全急救措施。

(3)各班班主任要利用学校的“安全教育日”，对学生进行实习、实训安全教育，备好课，选好安全教育的内容和案例。

(4)学生进行实习、实训前，由实习指导教师组织对学生进行安全教育，并进行安全知识考试。安全考试不及格者，不能参加本工种的实习、实训活动。

(5)安全教育要贯穿整个实习、实训的全过程，要做到每次实习、实训前有集中教育，过程中有注意事项告知，结束后有安全总结。

(6)在按实训操作规程、实习计划进行安全教育的基础上，还要结合每一次实习、实训的特殊性，制订相应的安全规定，并宣传到每位学生，提高学生的安全保护意识和防范能力。

2.1.1 实训安全教育的目的及意义

发生安全事故的原因有很多，但最根本的原因：一是人的思想不重视，安全意识差；二是机械设备安全保护性能差，施工人员操作不规范；三是安全防护措施不到位，可靠性差。为防止发生安全事故，必须抓住事故发生的根本原因，从根本上消除安全隐患，才能有效地控制事故的发生。

随着科技的发展和受教育程度的提高，人们对施工安全生产的要求越来越高，施工安全管理与人们的生活息息相关，只有重视施工安全，按安全生产的要求严格控制，才能建造出优质的工程，从而造福于人类。而高校综合训练的安全教育也应高度重视，要坚决贯彻“安全第一、预防为主、综合治理”的安全生产方针，加强实训人员的安全培训教育，增强实训人员的安全生产意识和安全防护能力，减少伤亡事故的发生，避免因思想松懈和安全教育不足造成实训人员伤亡事故的发生。

2.1.2 实训安全教育

实训安全教育内容见表2.1，参加实训安全教育人员的签名表样式见表2.2。

表2.1 实训安全教育

<table>
<tr><td colspan="4">实训安全教育</td></tr>
<tr><td colspan="4">教育时间：</td></tr>
<tr><td colspan="2">教育地点：</td><td colspan="2">交底教师：</td></tr>
<tr><td>教育对象：</td><td>系(部)</td><td>专业</td><td>级 班</td></tr>
<tr><td colspan="4">安全教育记录：
(1)在实训前一定要对参加实训的学生进行安全教育，全体参加实训学生必须坚决服从实训室指导教师和指导技师指挥，严格遵守校纪校规，实训过程中一切按操作规程进行，做到安全实训，消除一切安全隐患。
(2)学生动手实训前，要由实训室指导教师和指导技师进行安全操作教育，否则不能动手实训。
(3)学生实训期间要严格要求自己，并应注意：
①杜绝抽烟、喝酒、打牌、起哄、打逗、骂人、打架等违纪事情发生。如有违纪停止实训，严重者交学院(学生学籍所在地)处理。
②注意临边洞的位置，需集中精力防止掉落。不准高空投掷，防止落物伤人，任何人不准乱扔工具等，不准随意开动一切机械，不准开玩笑、打闹。
③防扎钉，防触电；要绕行或远离各种机械设备、电气线路，防止机械伤害。
④要注意地面环境状况，防止扎、挠及摔倒等其他伤害。
⑤不准在脚手架防护栏杆上休息，不准在脚手架上睡觉，不准在现场追逐打闹。
⑥任何人禁止攀爬脚手架等，上下要通过斜道或安全楼梯，人员不要集中上下。
⑦一切行动要服从指导教师的指挥，不得擅自行动。
⑧不准在脚手架和有挑头梁板处行走，并注意防滑，脚手架扣件要拧紧，栓框等边要拧紧，防止落下伤人。
⑨堆放模板等材料要注意安全，防止过高导致倒塌。
(4)学生实训时，按要求需应用的劳保用品，一定要穿戴(如戴安全帽、实训手套，穿实训服等)齐备，不准穿奇装异服、拖鞋(或高跟鞋、赤脚和易滑带钉的鞋)，不许长发披肩，否则不准参加实训，且按旷课处理。
(5)凡属学生实训中不按规章制度办理、不听从指挥而发生的责任事故，一律由违规者个人负责，学校概不承担责任。
学生签名：
日期：</td></tr>
</table>

表 2.2　参加实训安全教育人员签名表

姓名：	姓名：	姓名：	姓名：	姓名：	姓名：
姓名：	姓名：	姓名：	姓名：	姓名：	姓名：
姓名：	姓名：	姓名：	姓名：	姓名：	姓名：
姓名：	姓名：	姓名：	姓名：	姓名：	姓名：
姓名：	姓名：	姓名：	姓名：	姓名：	姓名：
姓名：	姓名：	姓名：	姓名：	姓名：	姓名：
姓名：	姓名：	姓名：	姓名：	姓名：	姓名：

2.1.3　实训保证书

所有实训人员均应参加安全教育并签到，同时应在实训保证书上签名。实训保证书见表 2.3。

表 2.3　实训保证书

实训保证书
实训是教学过程中必不可少的环节，为了保证学生在实训中的人身安全，维护学生的合法权益，学生在实训前必须接受学院相关部门进行的安全教育，同时保证做到： (1)在实训期间加强自我保护意识，互相关心、互相监督，避免发生不必要的人身伤害和设备事故。 (2)遵守实训的各项规章制度，遵守劳动纪律，严格执行操作规程。 (3)在实训现场，按要求穿戴防护用具，不打闹、不吸烟、不酗酒，实习中不打架斗殴。发生问题或争执，通过组织来解决。 (4)危险的地方不去，不该动的设施不动。 (5)严格执行实习期间的出勤制度，不擅自离开实习单位；服从带队教师的指挥，集体进出实习单位，避免个人单独行动。 (6)避免涉及实训单位的商业秘密和知识产权，不修改或处理实训单位的任何原始图纸和资料，未经允许不得带走或抄录实习单位的图纸文件。 (7)如学校临时有任务，接通知后，必须向实训指导教师请假，按时返校。 (8)学院建议每个学生在实训前购买个人意外伤害保险。 以上保证如有违反，后果自负。
保证人签字： 日期：

任务2 模板脚手架实训安全技术

砌筑工实训前，实训教师应对学生进行安全技术交底，交底具体内容如下：

2.2.1 模板工实训作业安全技术交底

1)模板一般要求

(1)作业前检查使用的运输工具是否存在隐患，检查合格后方可使用。

(2)上下沟槽或构筑物应走马道或安全梯，严禁搭乘吊具或攀登脚手架上下。

(3)安全梯不得缺挡，不得垫高。安全梯上端应绑牢，下端应有防滑措施，人字梯底脚必须拉牢。严禁两名以上作业人员在同一梯上作业。

(4)成品、半成品木材应堆放整齐，不得任意摆放，且不得存放于施工范围之内，木材码放高度以不超过1.2 m为宜。

(5)木工场和木质材料堆放场地严禁烟火，并按消防部门的要求配备消防器材。

(6)施工现场必须用火时，应事先申请“用火证”，并设专人监护。

(7)木料(模板)运输与码放应按照以下要求进行：

①作业前应对运输道路进行平整，保持道路坚实、畅通。便桥应支搭牢固，桥面宽度应至少比小车宽1 m，且总宽度不得小于1.5 m，便桥两侧必须设置防护栏和挡脚板。

②穿行社会道路必须遵守交通法规，听从指挥。

③用架子车装运材料应两人以上配合操作，保持架子车平稳，拐弯时当心，车上不得乘人。

④使用手推车运料时，在平地上前后车间距不得小于2 m，下坡时应稳步推行，前后车间距应根据坡度确定，但不得小于10 m。

⑤拼装、存放模板的场地必须平整坚实，不得积水。存放时，底部应垫方木，堆放应稳定，立放应支撑牢固。

⑥地上码放模板的高度不得超过1.5 m，架子上码放模板不得超过3层。

⑦不得将材料堆放在管道的检查井、消防井、电信井、燃气抽水缸井等设施上；不得随意靠墙堆放材料。

⑧使用起重机作业时必须服从信号工的指挥，与驾驶员协调配合，机臂回转范围内不得有无关人员。

⑨运输木料、模板时必须绑扎牢固，保持平衡。

2)木模板制作、安装

(1)作业中应随时清扫木屑、刨花等杂物，并送到指定地点堆放。

(2)木工场和木质材料堆放场地严禁烟火，并按消防部门的要求配备消防器材。

(3)施工现场和木质材料堆放场地严禁烟火，并按消防部门的要求配备消防器材。

(4)作业场地应平整坚实，不得积水，同时应排除现场的不安全因素。

(5)作业前认真检查模板、支撑等构件是否符合要求，钢板有无严重锈蚀或变形，木模板及支撑材质是否合格；不得使用腐朽、劈裂、扭裂、弯曲等有缺陷的木材制作模板或支撑材料。

(6)使用旧木料前，必须清除钉子、水泥黏结块等。

(7)作业前应检查所用工具、设备，确认安全后方可作业。

(8)使用锛子砍料必须稳、准，不得用力过猛，对面2 m内不得有人。

(9)必须按模板设计和安全技术交底的要求支模，不得盲目操作。

(10)槽内支模前,必须检查槽帮、支撑,确认无塌方危险;向槽内运料时,应使用绳索缓放,操作人员应互相呼应;支模作业时应随支随固定。

(11)使用支架支撑模板时,应平整压实地面,底部应垫5 cm厚的木板;必须按安全技术要求将各节点拉杆、撑杆连接牢固。

(12)操作人员上、下架子必须走马道或安全梯,严禁利用模板支撑攀登上下,不得在墙顶、独立梁及其他高处狭窄而无防护的模板上行走;严禁从高处向下方抛物料;搬运模板时应稳拿轻放。

(13)支架支撑竖直偏差必须符合安全技术要求,支搭完成后必须验收合格方可进行支模作业。

(14)模板工程作业高度在2 m及以上时必须设置安全防护设施。

(15)模板的立柱顶撑必须设牢固的拉杆,不得与门窗等不牢靠和临时物件相连接。模板安装过程中不得间歇,柱头、搭头、立柱顶撑、拉杆等必须安装牢固成整体后,作业人员才可以离开。暂停作业时,必须进行检查,确认所支模板、撑杆及连接件稳固后方可离开现场。

(16)配合吊装机械作业时,必须服从信号工的统一指挥,与起重机驾驶员协调配合,机臂回转范围内不得有无关人员。支架、钢模板等构件就位后必须立即采取撑、拉等措施,固定牢靠后方可摘钩。

(17)在支架与模板间安置木楔等卸荷装置时,木楔必须对称安装,打紧钉牢。

(18)基础及地下工程模板安装之前,必须检查基坑土壁边坡的稳定状况,基坑上口边沿以内不得堆放模板及材料,向槽(坑)内运送模板构件时,严禁抛掷。使用溜槽或起重机械运进,下方操作人员必须远离危险区。

(19)组装立柱模板时四周必须设牢固支撑,如柱模高度在6 m以上,应将几个柱模连成整体,支设独立梁模板应搭设临时工作平台,不得站在柱模上操作,不得站在梁底板模上行走和立侧模。

(20)在浇注混凝土过程中必须对模板进行监护,仔细观察模板的位移、变形情况,发现异常时必须及时采取稳固措施。当模板变位较大可能倒塌时,必须立即通知现场作业人员离开危险区域,并及时报告上级。

3)模板拆除

(1)作业前检查使用的工具是否存在隐患,如手柄有无松动、断裂等,手持电动工具的漏电保护器应试机检查,合格后方可使用,操作时应戴绝缘手套。

(2)拆模板作业高度在2 m以上(含2 m)时,必须搭设脚手架,按要求系好安全带。

(3)高处作业时,材料必须码放平稳、整齐。手用工具应放入工具袋内,不得乱扔乱放。扳手应用小绳系在身上,使用的铁钉不得含在嘴中。

(4)上下沟槽或构筑物应走马道或安全梯,严禁搭乘吊具、攀登脚手架上下。

(5)安全梯不得缺挡,不得垫高。安全梯上端应绑牢,下端应有防滑措施,人字梯底脚必须拉牢。严禁两名以上作业人员在同一梯上作业。

(6)使用手锯时,锯条必须调整适度,下班时要放松,防止再使用时突然断裂伤人。

(7)成品、半成品木材应堆放整齐,不得任意摆放,且不得存放到施工范围之内,木材码放高度不宜超过1.2 m。

(8)拆除大模板必须设专人指挥,模板工与起重机驾驶员应协调配合,做到稳起、稳落、稳就位。在起重机机臂回转范围内不得有无关人员。

(9)拆木模板、起模板钉子、码垛作业时,不得穿胶底鞋,着装应紧身利索。

(10)拆除模板必须满足拆除时所需的混凝土强度,经工程技术领导同意,不得因拆模而影响工程质量。

(11)必须按拆除方案和专项技术交底要求作业,统一指挥,分工明确,必须按程序作业,确保未拆部分处于稳定、牢固状态。应按照先支后拆、后支先拆的顺序,先拆非承重模板,后拆承重模板及支撑腰,在拆除用小钢模板支撑的顶板模板时,严禁将支柱全部拆除后,一次性拉拽拆除。已经拆活动的模板,必须一次拆完方可停歇,严禁留下安全隐患。

(12)严禁使用大面积拉、推的方法拆模。拆模板时,必须按专项技术交底要求先拆除卸荷装置。必须按规定程序拆除撑杆、模板和支架。严禁在模板下方用撬棍撞击或撬模板。

(13)拆模板作业时,必须设警戒区,严禁下方有人进入,拆模板作业人员必须站在平稳可靠的地方,保持自身平衡,不得猛撬,以防失稳坠落。

(14)拆除电梯井及大型孔洞模板时,下层必须支搭安全网等可靠的防坠落安全措施。

(15)严禁使用吊车直接吊除没有撬松动的模板。吊运大型整体模板时,必须拴结牢固,且吊点平衡。吊装、吊运大钢模板时必须用卡环连接,就位后必须拉接牢固方可卸除吊钩。

(16)使用吊装机械拆模时,必须服从信号工统一指挥,必须待吊具挂牢后方可拆支撑。模板、支撑落地放稳后方可摘钩。

(17)应随时清理拆下的物料,并边拆、边清、边运、边按规格码放整齐。拆木模时,应随拆随起筏子。楼层高处拆除的模板严禁向下抛掷。暂停拆模时,必须将活动件支稳后方可离开现场。

2.2.2 脚手架实训搭设、拆除作业安全技术交底

1)材料

(1)脚手架所使用的钢管、扣件及零配件等须统一规格,证件齐全,杜绝使用次品和不合格品的钢管。材料管理人员要依据方案和交底资料检查材料规格和质量,履行验收手续和收存证明材质的资料。

(2)使用钢管质量应符合《碳素结构钢》(GB/T 700—2006)中 Q235A 级钢的规定,应采用现行《直缝电焊钢管》(GB/T 13793—2016)或《低压流体输送用焊接钢管》(GB/T 3091—2015)中规定的 3 号普通钢管的要求,切口平整,严禁使用变形、裂纹和严重锈蚀的钢管。

2)安全事项

(1)架子必须由持有特种作业人员操作证的专业架子工进行安装,上岗前必须进行安全教育考试,合格后方可上岗。

(2)在脚手架上的作业人员必须穿防滑鞋,正确佩戴和使用安全带,着装灵便。

(3)进入施工现场必须佩戴合格的安全帽,系好下颚带,锁好带扣。

(4)登高(2 m 以上)作业时必须系合格的安全带,系挂牢固,高挂低用。

(5)脚手板必须铺严实、平稳,不得有探头板,要与架体拴牢。

(6)架上作业人员应做好分工、配合,传递杆件应把握好重心,平稳传递。

(7)作业人员应佩戴工具袋,不要将工具放在架子上,以免掉落伤人。

(8)架设材料要随上随用,以免放置不当掉落伤人。

(9)在搭设作业中,地面上配合人员应避开可能落物的区域。

(10)严禁在架子上作业时嬉戏、打闹、躺卧,严禁攀爬脚手架。

(11)严禁酒后上岗,严禁高血压、心脏病、癫痫等不适宜登高作业人员上岗作业。

(12)搭拆脚手架时,要有专人协调指挥,地面应设警戒区,要有旁站人员看守,严禁非操作人员入内。

(13)架子在使用期间,严禁拆除与架子有关的任何杆件;必须拆除时,应经项目部主管领导批准。

(14)架子每步距均设一层水平安全网(随层),以后每 4 层设一道。

(15)脚手架基础必须平整夯实,具有足够的承载力和稳定性,立杆下必须放置垫座和通板,有畅通的排水设施。

(16)搭、拆架子时必须设置物料提上、吊下设施,严禁抛掷。

(17)脚手架作业面外立面设挡脚板加两道护身栏杆,挂满立网。

(18)架子搭设完后,要经有关人员验收,填写验收合格单后方可投入使用。

(19)遇6级(含)以上大风天、雪、雾、雷雨等特殊天气应停止架子作业。雨雪天气后作业时必须采取防滑措施。

(20)脚手架必须与建筑物拉结牢固,需安设防雷装置,接地电阻不得大于4 Ω。

(21)扣件应采用锻铸铁制作的扣件,其材质应符合《钢管脚手架扣件》(GB/T 15831—2006)的规定,采用其他材料制作的扣件,应有试验证明其质量符合该材料规定方可使用。

任务3　砌筑实训安全技术

砌筑工实训前,实训教师应对学生进行安全技术交底,交底具体内容如下:

1)材料

(1)砖:品种、规格、强度等级必须符合设计要求,并有产品合格证书和产品性能检测报告。承重结构必须作取样复试。要求砖必须有一个条面和丁面边角整齐。

(2)水泥:品种及强度等级应根据砌体的部位及所处的环境条件选择。水泥必须有产品合格证、出厂检测报告和进场复验报告。

(3)砂:用中砂,使用前用5 mm孔径的筛子过筛。

(4)掺合料:白灰熟化时间不少于7天,或采用粉煤灰等。

(5)其他材料:墙体拉结筋、预埋件、已做防腐处理的木砖等。

2)安全事项

(1)施工人员必须进行入场安全教育,经考试合格后方可进场。进入施工现场必须戴合格安全帽,系好下腭带,锁好带扣。

(2)在深度超过1.5 m的沟槽基础内作业时,必须检查槽帮有无裂缝,确定无危险后方可作业。距槽边1 m内不得堆放砂子、砌体等材料。

(3)砌筑高度超过1.2 m时,应搭设脚手架作业;高度超过4 m时,采用内脚手架必须支搭安全网,采用外脚手架应设防护栏杆和挡脚板,然后才能砌筑,高处作业无防护时必须系好安全带。

(4)脚手架上堆料量均布荷载每平方米不得超过200 kg,集中荷载不超过150 kg,码砖高度不得超过3皮侧砖。同一块脚手板上不得超过两人,严禁用不稳固的工具或物体在架子上垫高操作。

(5)砌筑作业面下方不得有人,交叉作业必须设置可靠、安全的防护隔离层,在架子上斩砖必须面向里,把砖头斩在架子上。挂线的坠物必须牢固。不得站在墙顶上行走、作业。

(6)向基坑内运送材料、砂浆时,严禁向下猛倒和抛掷物料、工具。

(7)人工用手推车运砖,两车前后距离平地上不得小于2 m,坡道上不得小于10 m。装砖时应先取高处,后取低处,分层按顺序拿取。采用垂直运输,严禁超载;采用砖笼往楼板上放砖时,要均匀分布;砖笼严禁直接吊放在脚手架上。吊砂浆的料斗不能装得过满,应低于料斗上沿10 cm。

(8)抹灰用高凳上铺脚手板,宽度不得少于两块脚手板(50 cm),间距不得大于2 m,移动高凳时上面不能站人,作业人员不得超过两人。高度超过2 m时,由架子工搭设脚手架,严禁脚手架搭在门窗、暖气片等非承重的物体上。严禁踩在外脚手架的防护栏杆和阳台板上进行操作。

(9)作业前必须检查工具、设备、现场环境等,确认安全后方可作业。要认真查看施工洞口、临边安全防护和脚手架护身栏、挡脚板、立网是否齐全、牢固;脚手板是否按要求间距放正、绑牢,有无探头板和空隙。

(10)作业中出现危险征兆时,作业人员应暂停作业,撤至安全区域,并立即向上级报告。未经施工技术管理人员批准,严禁恢复作业。紧急处理时,必须在施工技术管理人员指挥下进行作业。

(11)作业中发生事故,必须及时抢救受伤人员,迅速报告上级,保护事故现场,并采取措施控制事故。如抢救工作可能造成事故扩大或人员伤害时,必须在施工技术管理人员的指导下进行抢救。

(12)砌筑 2 m 以上深基础时,应设有爬梯和坡道,不得攀跳槽、沟、坑上下。

(13)在地坑、地沟内砌筑时,严防塌方并注意地下管线、电缆等。

(14)脚手架未经交接验收不得使用,验收后不得随意拆改和移动。如作业要求必须拆改和移动时,须经工程技术人员同意,采取加固措施后方可拆除和移动。脚手架严禁搭探头板。

(15)不准用不稳固的工具或物体在脚手板面垫高操作。

(16)砌筑作业面下方不得有人,如在同一垂直作业面上下交叉作业时,必须设置安全隔离层。

(17)在架子上斩砖,操作人员必须面向里,把砖头斩在架子上。挂线的坠物必须绑扎牢固,作业环境中的碎料、落地灰、杂物、工具集中下运,做到日产日清、自产自清、活完料净场地清。

(18)不得站在墙顶上行走或作业。

(19)向基坑(槽)内运送材料、砂浆应有溜槽,严禁向下猛倒和抛掷物料工具等。

(20)用于垂直运输的吊笼、滑车、绳索、刹车等,必须满足负荷要求,牢固无损,吊运时不得超载,并须经常检查,发现问题及时修理。

(21)用起重机吊砖要用砖笼,当采用砖笼往楼板上放砖时,要均布分布,并预先在楼板底下加设支柱或横木承载。砖笼严禁直接吊放在脚手架上,吊砂浆的料斗不能装得过满,装料量应低于料斗上沿 100 mm。吊件回转范围内不得有人停留,吊物在脚手架上方下落时,作业人员应躲开。

(22)运输中通过沟槽时应走便桥,便桥宽度不得小于 1.5 m。

(23)不准勉强在胸部以上的墙体上进行砌筑,以免将墙体碰撞倒塌或上料时失手掉下造成事故。

(24)用锤打石时,应先检查铁锤有无破裂,锤柄是否牢固,打锤要按照石纹走向落锤,锤口要平,落锤要准,同时要看清附近情况,无危险后再落锤,以免伤人。

(25)不准徒手移动上墙的料石,以免压破或擦伤手指。

(26)在屋面坡度大于 25°时,挂瓦必须使用移动板梯,板梯必须有牢固挂钩,檐口应搭设防护栏杆,并挂密目安全网。

(27)冬季施工遇有霜、雪时,必须将脚手架上、沟槽内等作业环境内的霜、雪清除后方可作业。

(28)作业面暂停作业时,要对刚砌好的砌体采取防雨措施,以防雨水冲走砂浆,致使砌体倒塌。

(29)在台风季节,应及时进行圈梁施工,加盖楼板或采取其他稳定措施。

任务 4　钢筋工实训安全技术

钢筋工实训前,实训教师应对学生进行安全技术交底,交底具体内容如下:

2.4.1　钢筋绑扎

(1)绑扎基础钢筋,应按规定安放钢筋支架、马凳,铺设走道板(脚手板)。

(2)在高处(2 m 及以上)绑扎立柱和墙体钢筋时,不得站在钢筋骨架上或攀爬骨架上下,必须搭设脚手架或操作平台和马道。脚手架应搭设牢固,作业面脚手板要满铺、绑牢,不得有探头板、非跳板,临边应搭设防护栏杆和支挂安全网。

(3)绑扎圈梁、挑梁、挑檐、外墙和边柱等钢筋时,应站在脚手架或操作平台上作业。

(4)脚手架或操作平台上不得集中码放钢筋,应随(谁)使用随(谁)运送,不得将工具、箍筋或短钢筋随意放在脚手架上。

(5)严禁从高处向下方抛扔或从低处向高处投掷物料。

(6)在高处楼层上拉钢筋或钢筋调向时,必须事先观察运行上方或周围附近是否有高压线,严防碰触。

(7)绑扎钢筋的绑丝头应弯回至骨架内侧,暂停绑扎时,应检查所绑扎的钢筋或骨架,确认连接牢固后方可离开现场。

(8)6 级以上强风和大雨、大雪、大雾天气必须停止露天高处作业。在冬季或雨、雪后露天作业时必须先清除水、雪、霜、冰,并采取防滑措施。

(9)要保持作业面道路通畅,作业环境整洁。

(10)作业中出现不安全险情时,必须立即停止作业,撤离危险区域,报告领导解决,严禁冒险作业。

2.4.2 钢筋加工

1)冷拉

(1)作业前必须检查卷扬机钢丝绳、地锚、钢筋夹具、电气设备等,确认安全后方可作业。

(2)冷拉时应设专人值守,操作人员必须位于安全地带,钢筋两侧 3 m 以内及冷拉线两端严禁有人,严禁跨越钢筋和钢丝绳;冷拉场地两端地锚以外应设置警戒区,装设防护挡板及警告标志。

(3)卷扬机运转时,严禁人员靠近冷拉钢筋和牵引钢筋的钢丝绳。

(4)运行中出现滑脱、绞断等情况时,应立即停机。

(5)冷拉速度不宜过快,在基本拉直时应稍停,检查夹具是否牢固可靠,严格按安全技术交底要求控制伸长值。

(6)冷拉完毕,必须将钢筋整理平直,不得相互乱压和单头挑出,未拉盘筋的引头应盘住,机具拉力部分均应放松再装夹具。

(7)维修或停机时必须切断电源,锁好箱门。

2)切断

(1)操作前必须检查切断机刀口,确定安装正确、刀片无裂纹、刀架螺栓紧固、防护罩牢靠、空运转正常后再进行操作。

(2)钢筋切断应在调直后进行,断料时要握紧钢筋,螺纹钢一次只能切断一根。

(3)切断钢筋,手与刀口的距离不得小于 15 cm。切断短料手握端小于 40 cm 时,应用套管或夹具将钢筋短头压住或夹住,严禁用手直接送料。

(4)机械运转中严禁用手直接清除刀口附近的断头和杂物,在钢筋摆动范围内和刀口附近,非操作人员不得停留。

(5)作业时应摆直、紧握钢筋,应在活动切口向后退时送料入刀口,并在固定切刀一侧压住钢筋,严禁在切刀向前运动时送料,严禁两手同时在切刀两侧握住钢筋俯身送料。

(6)发现机械运转异常、刀片歪斜等,应立即停机检修。

(7)作业中严禁进行机械检修、加油、更换部件。维修或停机时,必须切断电源,锁好箱门。

3)弯曲

(1)工作台和弯曲工作盘台应保持水平,操作前应检查芯轴、成形轴、挡铁轴、可变挡架有无裂纹或损坏,防护罩是否牢固可靠,经空运转确认正常后方可作业。

(2)操作时要熟悉倒顺开关控制工作盘旋转的方向,钢筋放置要和挡架、工作盘旋转方向相配合,不得放反。

(3)改变工作盘旋转方向时,必须在停机后进行,即从正转—停止—反转,不得直接从正转—反转或从反转—正转。

(4)弯曲机运转中严禁更换芯轴、成形轴和变换角度及调速,严禁在运转时加油或清扫。

(5)弯曲钢筋时,严格依据使用说明书要求操作,严禁超过该机对钢筋直径、根数及机械转速的规定。

(6)严禁在弯曲钢筋的作业半径内和机身不设固定销的一侧站人。

(7)弯曲未经冷拉或有锈皮的钢筋时,必须戴护目镜及口罩。

(8)作业中不得用手清除金属屑,清理工作必须在机械停稳后进行。

(9)检修、加油、更换部件或停机,必须切断电源,锁好箱门。

2.4.3 钢筋运输

(1)作业前应检查运输道路和工具,确认安全。

(2)搬运钢筋人员应协调配合,互相呼应。搬运时必须按顺序逐层从上往下取运,严禁从下抽拿。

(3)运输钢筋时,必须事先观察运行上方或周围是否有高压线,严防碰触。

(4)运输较长钢筋时,必须事先观察清楚周围的情况,严防发生碰撞。

(5)使用手推车运输时,应平稳推行,不得抢跑,空车应让重车。卸料时,应设挡掩,不得撒把倒料。

(6)使用汽车运输时,现场道路应平整坚实,必须设专人指挥。

(7)用塔吊吊运时,吊索、吊具必须符合起重机械安全规程要求,短料和零散材料必须要用容器吊运。

2.4.4 成品码放

(1)严禁在高压线下码放材料。

(2)材料码放场地必须平整坚实,不积水。

(3)加工好的成品钢筋须按规格尺寸和形状码放整齐,高度不超过 150 cm,且下面要垫枕木,标示清楚。

(4)弯曲好的钢筋码放时,弯钩不得朝上。

(5)冷拉过的钢筋必须整理平直,不得相互乱压和单头挑出,未拉盘筋的引头应盘住。

(6)散乱钢筋应随时清理,堆放整齐。

(7)材料分堆分垛码放,不可分层叠压。

(8)直条钢筋要按捆成行叠放,端头一致平齐,应控制在 3 层以内,并且设置防倾覆、滑坡设施。

模块小结

本模块以实训安全技术交底中的实训安全教育为主线,分别阐述了模板脚手架实训安全技术(模板工实训作业安全技术交底和脚手架实训搭设、拆除作业安全技术交底)、砌筑实训作业安全技术和钢筋工实训安全技术。通过本模块的学习,应了解和掌握实训过程中的安全操作问题,培养实训过程中的安全实训的意识。

模块 3
工种实训

模块导读

- 基本要求　掌握建筑施工中主要工种操作工艺、技术要求及质量检查等相关知识。
- 重点　通过工种实训增强学生理论联系实际的能力。工种实训是应用和巩固所学专业知识的一项重要环节，也是培养学生能力和技能的一个重要手段，同时还能够促使学生掌握相关工种现有的相关规范。
- 难点　理论联系实际地掌握各工种实训的要点。

建筑工种实训实践性强，专业分工细，各地做法有所不同。本模块主要针对土建施工类传统常见工种岗位要求，以培养学生实际工作能力为目标，突出各工种操作技能训练，同时又兼顾到学生必须掌握的计算能力和分析问题能力。本模块内容编排循序渐进，既介绍了建筑相关的基本工种（砌筑工、抹灰工、钢筋工、模板工）实训要求，又安排了与之相关的实训内容——包括工种实训的实训任务书、指导书等。单工种实训，要求学生熟练掌握各工种的施工方法及施工技巧，同时要求掌握各工种的施工质量验收标准和考核办法。

任务 1　砌筑工、抹灰工实训

砌筑工程是指用砖、石、砌块砌筑而成的工程。其特点是：取材方便，施工简单，成本低廉，历史悠久，但其劳动量、运输量大，生产效率低，浪费土地。

砌筑工、抹灰工实训主要是让学生动手操作的生产性实训。本技能操作训练以实际应用为主，重在培养学生的实际操作能力。目的是让学生通过模拟现场施工操作，获得一定的砌筑技术的实践知识和生产技能操作体验。

通过具体的现场砌筑、抹灰操作训练，提高动手能力，培养、巩固、加深、扩大所学的专业理论知识，为毕业实习、工作打下必要的基础。

3.1.1 砌筑工、抹灰工实训任务书

1）指导思想和目的

（1）指导思想：通过这种辅助教学方式和手段，提高理论教学效果。

（2）目的：通过训练，增加学生对砌筑工程的感性认识，为学习和加深对专业理论知识的理解打下基础。

2）实训内容

（1）基本操作训练。

（2）基础大放脚组砌训练。

（3）砖柱砌筑训练。

（4）抹灰训练。

3）实训目的要求

（1）基本操作训练以240墙为训练目标，基本掌握组砌方式、铺灰、吊线方法等。

（2）学习和基本掌握等高式、不等高式基础大放脚的组砌方法，学会收阶方法、质量控制方法等。

（3）学习490柱的组砌方法。

4）实训方法

（1）基本操作训练：

①以考核目标为依据，重点训练一段1 m×1.5 m长墙体，要求达到考核标准。

②训练中，组砌方法和砂浆饱满度作为重要控制指标，因此砂浆用机械搅拌。

③训练正确使用工具（如托线板、线锤）及挂线方法等。

（2）基础大放脚组砌训练：

①重点训练基础大放脚的组砌方法和形式，按等高式或不等高式做法训练内容。

②以挂线、分中线、收台阶的准确度为技巧训练内容。

③以小体量分段分组进行训练。

（3）砖柱组砌训练：

①训练以组砌方法正确为主要目标。

②以控制垂直度、正确使用工具、保证几何尺寸正确作为技巧训练内容。

5）训练内容量及时间分配

（1）砖墙操作训练。基本参数：240墙，高1 m，长1.5 m，一端设大马牙槎，2人一组训练，如图3.1所示。

（2）砖基础操作训练。参数详见图3.2。每两人一组，分段长2 m。

（3）砖柱训练（高度为1.5 m）。参数详见图3.3。

（4）时间分配表。时间分配见表3.1。

墙体砌筑实训

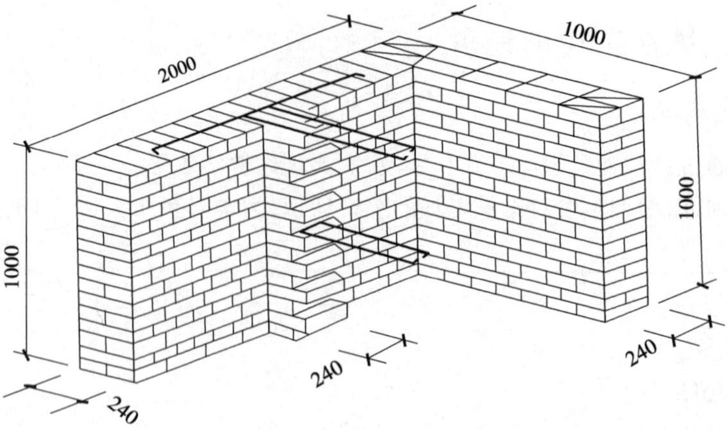

图 3.1　砖墙砌筑实训图

基础大放脚砌筑实训

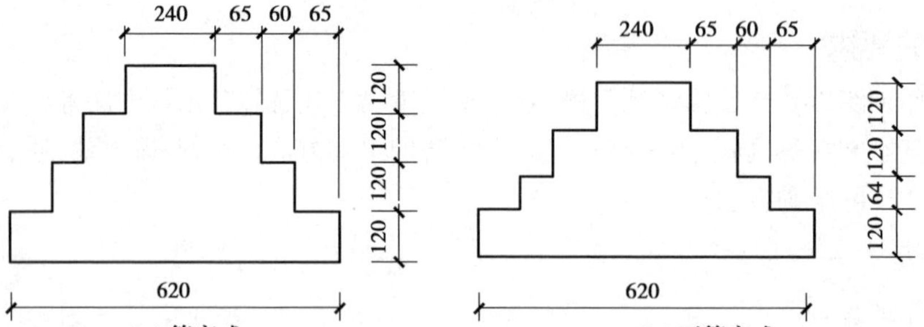

(a)等高式　　(b)不等高式

图 3.2　砖基础砌筑实训图

砖柱实训

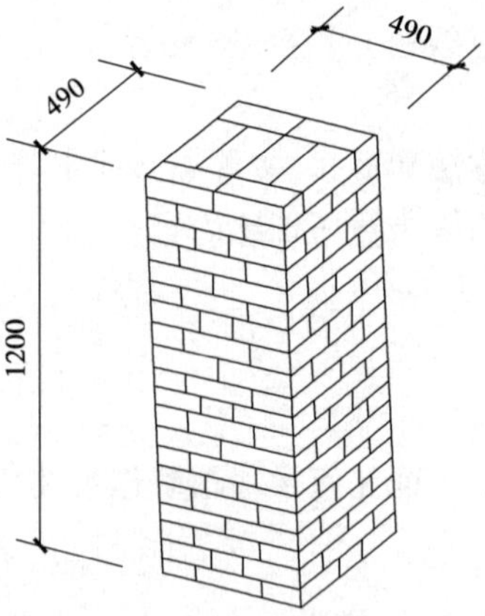

图 3.3　砖柱砌筑实训图

表 3.1　时间分配表

训练内容	时间分配/天	小组人数/人
砖墙训练	2	2
砖基础训练	1	2
砖柱训练	0.5	2
抹灰训练	1	1
考核清场	0.5	—

3.1.2 砌筑工、抹灰工实训指导书

1)基本操作训练

(1)按规定形式预先试摆砖。丁砖试摆,竖缝按 10 mm 考虑,原则上按一丁一顺的方式组砌。

(2)砌筑高度按 1 m 共 16 层砖排列,其中一端马牙槎在第六层砖时开始外挑 60 mm。按五退五进进行组砌,马牙槎不安放墙拉筋。

(3)两端挂线砌筑,做到三线一吊、五线一靠,保持墙面的垂直度和平整度。

(4)墙上留直槎时应注意用吊线控制直槎垂直度,墙拉筋按要求安放。

(5)墙面利用铝合金方管进行平整度检查,发现问题及时修整。

(6)砂浆连续铺长不宜超过 2.5 皮砖长,砂浆采用石灰砂浆(按 1:6配置)。

(7)如因砖几何尺寸有误差,则可以在指导技师的指导下按梅花丁组砌。

(8)各班自行组织人员集中筛砂搅拌供应到位,用后将剔下来的砂浆集中堆放在灰盒内(大灰槽),第二次使用时,掺水人工拌和继续使用。

(9)吊线方法由指导技师进行指导,墙的棱角和端头必须吊线垂直,以保证达到质量标准。

(10)砖长度为 180 mm、120 mm 时为成品供应的砖,砌筑时按位置需要选用,不得砍砖。

(11)砂浆虚铺应控制一定的厚度,一般为 15 mm 左右,可采用挤压、揉搓的方法使砂浆厚度在 8 ~ 12 mm,一般为 10 mm,因此要求砂浆有较好的和易性。

(12)调整砖的平整度或高低状态,用砖刀前后刃口敲击砖面,力度应合适,避免将砖砍破。

(13)砌筑时采用“挤浆法”和“满口灰法”。

2)基础大放脚训练

(1)按等高式选定大放脚形式,在指导技师的指导下先试摆砖,按两丁一顺拼宽满足 620 mm。

(2)按两层一收、两端头不收阶、双面拉线砌筑,做到宽度一致,收最后一阶时,应按底层中心吊线,确保轴线正确,防止偏移。

(3)每阶宽度应准确,控制好砌体宽度。

(4)大放脚底部砂浆应满铺,砌筑时用“挤浆法”,保证竖缝中砂浆的高度达到 1/3 高左右,铺第二层砂浆时应将一层砖的竖缝填满。

(5)收阶宽度可按第一阶每边收 65 mm,第二阶每边收 60 mm,依此类推,具体详见任务书中图示方法。

3)砖柱训练

(1)在指导技师的指导下,按搭砌压缝的要求组砌。

(2)试摆第一层砖,确定好尺寸,正常组砌三层砖后,第四层砖以上可以采用空心砌法。

(3)四层砖以上的砌筑,以控制垂直度和棱角方正、几何形态满足要求为主,仍按三线一吊、五线一靠的方法组砌,不得任意砍砖。

(4)为防止砌体变形,砖柱砌筑训练的砂浆宜干稠些。

(5)柱按 1.5 m 高砌筑,不拆除,注意把握好质量,以便在柱面上进行抹灰训练。

4)抹灰工训练

(1)在已砌好的砖柱面上“找方正”,做标志疤,抹好的柱截面尺寸大于 53 cm。

(2)用木靠尺靠住柱的对称两个面,吊线垂直后抹第一遍灰,如此翻面抹好另外两侧灰。

(3)同法用尺子找准方正和截面尺寸后,用木靠尺完成第二边抹灰。要求抹灰面平整垂直,阳角整齐,不露接缝。

(4)抹灰采用1:4石灰砂浆,用木抹子抹平。

抹灰时注意检查木靠尺的质量状况,并洗净平放。夏季还应注意保湿。

5)训练工具

(1)砖刀:每人一把。

(2)铁锹:每两人一把。

(3)小灰槽:每两人一个。

(4)铁抹子、木抹子:每人各一把。

(5)吊线锤:每人一个。

(6)2 m 钢卷尺:每人一把。

(7)软靠尺:每人4 根。

(8)ϕ6.5 钢筋夹具:每人8 个。

3.1.3 砌筑工、抹灰工实训考核办法

1)考核组织

(1)以班级为单位,每位学生为考核对象。

(2)每位学生在考核前将填写好的《砌筑抹灰工实训报告》(表3.2)交到老师手中,以便考核时填写成绩。

表3.2 砌筑抹灰工实训报告

实训班级		姓　名		实训时间	
实训课目		实训指导教师			
实训报告					

续表

	内容	允许偏差	计分值	实测	得分	内容	允许偏差	计分值	实测	得分
	①X0001 面垂直度	6 mm	10			⑦墙面清洁		5		
	②组砌方式正确	≤2 处	20			⑧墙顶面两端高差	10 mm	5		
	③墙两端侧面垂直度	10 mm	15			⑨出勤状况		20		
	④墙面平整度	6 mm	10							
	⑤砂浆饱满度	≥80%	10							
	⑥高度	10 mm	5			合计得分				

注:实训报告的主要内容应包括实训内容、实训心得、实训报告、建议等。

(3)考核由指导教师和指导技师进行,成绩达 60 分为合格,成绩由指导教师填报到系教务办公室。

2)考核内容及评分办法

(1)每人限 3 h 完成 1 m×1.5 m 长的 240 墙一段。

(2)其评分办法和分值分配见表 3.3。

表 3.3 评分办法和分值分配

序号	内 容	允许偏差值	计分值	扣分办法
1	墙面垂直度	6 mm	10 分	超标扣 10 分
2	组砌方式正确	≤2 处	20 分	多一处扣 10 分
3	墙面端侧面垂直度	10 mm	15 分	超标一端扣 5 分
4	墙面平整度	6 mm	10 分	每超标 2 mm 扣 5 分
5	砂浆饱满度	≥80%	10 分	每超标 10% 扣 5 分
6	高度	10 mm	5 分	每超标 2 mm 扣 1 分
7	墙面清洁		5 分	超标酌情扣分
8	墙顶面两端高差	10 mm	5 分	每超标 2 mm 扣 1 分
9	出勤状况	—	20 分	迟到一次扣 5 分

注:缺勤半天扣 20 分,迟到 1 h 扣 10 分,迟到 2 h 扣 20 分。

3)时限及验收

(1)每人必须在 2 h 内完成任务。

(2)如超时完成,则每超过 10 min 扣减 5 分。

(3)个人完成后及时报请验收并清场。

3.1.4 砌筑工实训技术规程

1)材料准备

(1)砂浆:

①种类。砂浆的种类为石灰砂浆、水泥砂浆、混合砂浆。

②要求。对砂浆的各项指标进行检查验收,如强度等级、外观等,具体事项见表 3.4。

表 3.4 砂浆各项指标检查项目

水 泥	不过期,不混用
石 灰	生石灰块熟化不少于 7 d,磨细生石灰粉熟化不少于 2 d,严禁用脱水硬化的石灰膏,不得干燥、冻结和污染
砂	中砂、洁净、过筛;大于等于 M5 砂浆时含泥量不大于 5%,小于 M5 砂浆时含泥量不大于 10%
水	洁净,不含有害物
外加剂	检验、试配

(2)骨架材料。要对砖的各项指标进行检查验收,如强度等级、外观等,具体事项见表 3.5。

表 3.5 砖各项指标检查项目

普通黏土砖	240 mm×115 mm×53 mm MU10,MU15,MU20,MU25,MU30 使用前 1 ~ 2 d 浇水(含水率 10% ~15%,8% ~12%)
烧结多孔砖(承重)	P 型:240 mm×115 mm×90 mm M 型:190 mm×190 mm×90 mm MU10,MU15,MU20,MU25,MU30
烧结空心砖(非承重)	240 mm×240 mm×115 mm, 300 mm×240 mm×115 mm MU3.5,MU5.0,MU7.5,MU10

2)砖砌体施工

(1)砖墙砌筑工艺:

①抄平。在防潮层或楼面上用水泥砂浆或 C10 细石混凝土按标高垫平。

②放线。按龙门板、外引桩或墙上标志,在基础或砌体表面弹墙轴线、边线及门窗洞口线。

③排砖撂底。

a. 目的:搭接错缝合理;灰缝均匀;减少打砖。

b. 要求:清水墙面不允许有小于丁头的砖块;门窗口两侧排砖一致;不随意变化——窗洞口上下、各楼层排法不变;不游丁走缝——上下灰缝一致对准。

c. 原则:

(a)口、角处顺砖顶七分头,丁砖排到头。

(b)条砖出现半块时,用丁砖夹在墙面中间(最好在窗洞口中间)。

(c)条砖出现 1/4 砖时,条行用 1 丁砖+1 七分头代 1.25 砖,排在中间;丁行也加七分头与之呼应。

(d)门窗洞口位置可移动不大于 6 cm。

④立皮数杆。皮数杆是指画有洞口标高、砖行、灰缝厚、插铁埋件、过梁、楼板位置的木杆，如图3.4 所示。

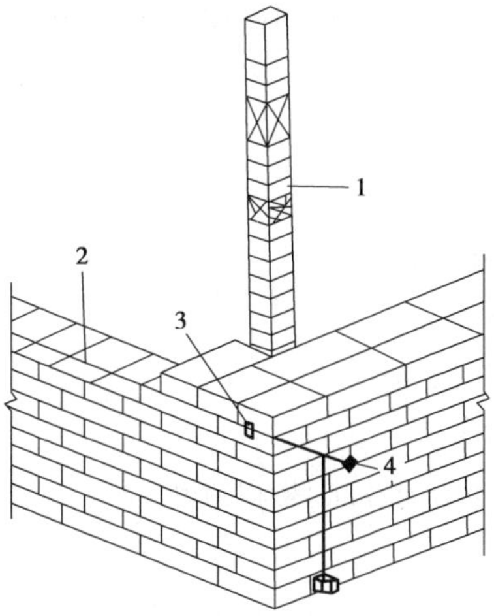

1—皮数杆;2—准线;3—竹片;4—圆铁钉

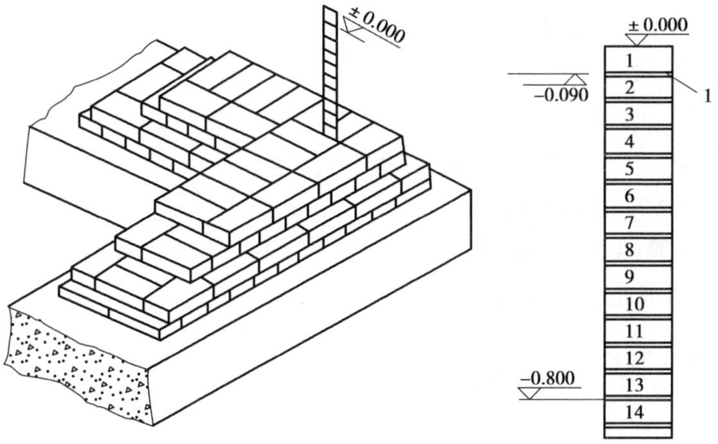

图 3.4 皮数杆

绘制要求：灰缝一般厚 8 ~ 12 mm，冬季为 8 ~ 10 mm；每层楼为整数行，各道墙一致；楼板下、梁垫下用丁砖。

皮数杆先抄平再竖立；立于外墙转角处及内外墙交界处，应牢固；间隔 10 ~ 12 m。

⑤立墙角，挂线砌筑：先砌墙角，以便挂线，砌墙身。

a. 立角：高度不大于 5 皮，留踏步槎，依据皮数杆，勤吊勤靠。

b. 挂线：（控制墙面平整垂直）12 墙和 24 墙单面挂线，厚墙双面挂线；墙体较长，中间设支线点（图 3.5）。

c. 砖墙砌筑要点：

（a）清水墙面要选砖（边角整齐、颜色均匀、规格一致）。

（b）采用“三一”砌法。

（c）构造柱旁“五退五进”留马牙槎。

（d）控制每日砌筑高度：常温下不大于 1.8 m，冬季施工时不大于 1.2 m。

（e）限制流水段间高差：不大于一个层高或 4 m（抗震者不大于一步架高）。

（f）及时安放钢筋、埋件、木砖。木砖要求：防腐、小头朝外，年轮不朝外；每侧数量：洞高≤1.2 m 放 2 个，洞高为 1.2 ~ 2 m 放 3 个，洞高为 2 ~ 3 m 放 4 个。

(g)各种孔洞要预留(水暖电、支模、脚手用)。

(h)脚手眼不得留在空斗墙、120 墙、独立砖柱上,过梁上 60°三角形及 0.5 m 净跨的高度内,梁或梁垫下及左右 500 mm 内,宽度<1 m 的窗间墙、门窗洞口两侧 200 mm 和转角处 450 mm 的范围内。

⑥安过梁及梁垫:按标高坐浆安装;型号及放置方向正确,位置正确。

⑦勾缝:1∶1.5 水泥砂浆,4 ~5 mm 厚。

(2)砌筑质量要求:

①灰缝均匀、横平竖直、砂浆饱满。

平缝厚度及立缝宽度:(10±2)mm。

饱满度要求:水平缝不小于 80%,竖缝不小于 60%。

检查:百格网检查,三块砖平均值。

影响饱满度因素:砖含水率(是否浇水),砂浆和易性。

②墙体垂直、墙面平整。

要求:垂直度不大于 5 mm,平整度不大于 5 ~8 mm。

检查:2 m 靠尺、楔形塞尺。

③上下错缝、内外搭砌,不得出现通缝。

④留槎合理、接槎牢固。

转角处及交接处应同时砌筑。

留斜槎: 长度不小于 2/3 高度,有抗震要求的加拉结筋。

留直槎:非抗震,或 6、7 度设防地区。

留凸直槎且加拉结筋:每 500 mm 高一道,每道至少 2 根、每 120 mm 墙厚一根,直径 $\phi 6$,端部 90°弯钩,每端压入不小于 500 mm,6、7 度设防地区不小于 1 000 mm。

3.1.5 抹灰工实训技术规程

1)材料要求

抹灰工实训

(1)水泥。抹灰宜采用普通水泥或硅酸盐水泥,也可采用矿渣水泥、火山灰水泥、粉煤灰水泥及复合水泥。水泥宜采用强度等级 32.5 以上颜色一致、同一批号、同一品种、同一强度等级、同一厂家生产的产品。水泥进厂需对产品名称、代号、净含量、强度等级、生产许可证编号、生产地址、出厂编号、执行标准、日期等进行外观检查,同时验收合格证。

(2)砂。宜采用平均粒径为 0.35 ~0.5 mm 的中砂,在使用前应根据使用要求过筛,筛好后保持洁净。

(3)磨细石灰粉。磨细石灰粉其细度过 0.125 mm 的方孔筛,累计筛余量不大于 13%,使用前用水浸泡使其充分熟化,熟化时间最少不小于 3 d。浸泡方法:提前备好大容器,均匀地往容器中撒一层生石灰粉,浇一层水,然后再撒一层,再浇一层水,依次进行,当达到容器的 2/3 时,将容器内放满水,使之熟化。

(4)石灰膏。石灰膏与水调和后具有凝固时间快,在空气中硬化,且硬化时体积不收缩等特性。用块状生石灰淋制时,用筛网过滤,储存在沉淀池中,使其充分熟化。熟化时间常温一般不少于 15 d,用于罩面灰时不少于 30 d,使用时石灰膏内不得含有未熟化的颗粒和其他杂质。在沉淀池中的石灰膏要加以保护,防止其干燥、冻结和污染。

(5)纸筋。采用白纸筋或草纸筋施工时,使用前要用水浸透(时间不少于 3 周),并将其捣烂成糊状,要求洁净、细腻。用于罩面时宜用机械碾磨细腻,也可制成纸浆。低筋使用的稻草、麦秆应坚韧、干燥、不含杂质,其长度不得大于30 mm,稻草、麦秆应经石灰浆浸泡处理。

(6)麻刀。麻刀必须柔韧干燥,不含杂质,行缝长度一般为凹20~30 mm,用前4~5 d敲打松散并用石灰膏调好,也可采用合成纤维。

2)主要机具

主要机具有麻刀机、砂浆搅拌机、纸筋灰拌和机、窄手推车、铁锹、筛子、水桶(大、小)、灰槽、灰勺、刮杠(大2.5 m,中1.5 m)、靠尺板(2 m)、线锤、钢卷尺(标、验)、方尺(标、验)、托灰板、铁抹子、木抹子、塑料抹子、八字靠尺、方口尺(标、验)、阴阳角抹子、长舌铁抹子、金属水平尺(标、验)、捋角器、软水管、长毛刷、鸡腿刷、钢丝刷、茅草帚、喷壶、小线、钻子(尖、扁)、粉线袋、铁锤、钳子、钉子、托线板等。

说明:“标”是指检验合格后进行的标识。“验”是指量具在使用前应进行检验并合格。

3)操作工艺

- 基层清理

(1)砖砌体:应清除表面杂物,残留灰浆、舌头灰、尘土等。

(2)混凝土基体:表面凿毛或在表面洒水润湿后涂刷1:1水泥砂浆(加适量胶黏剂或界面剂)。

(3)加气混凝土基体:应在湿润后边涂刷界面剂边抹强度不大于M5的水泥混合砂浆。

- 浇水湿润。

浇水湿润一般在抹灰前一天进行,用软管或胶皮管或喷壶顺墙自上而下浇水湿润,每天宜浇两次。

- 吊垂直、套方、找规矩、做灰饼

根据设计图纸要求的抹灰质量及基层表面平整垂直情况,用一面墙作基准,吊垂直、套方、找规矩,确定抹灰厚度,抹灰厚度不应小于7 mm。当墙面凹度较大时应分层衬平,每层厚度不大于7~9 mm。操作时应先抹上灰饼,再抹下灰饼。抹灰饼时应根据室内抹灰要求确定灰饼的正确位置,再用靠尺板找好垂直与平整。灰饼宜用1:3水泥砂浆抹成5 cm见方形状。房间面积较大时应先在地上弹出十字中心线,然后按基层面平整度弹出墙角线,随后在距墙阴角100 mm处吊垂线并弹出铅垂线,再按地上弹出的墙角线往墙上引弹出阴角两面墙上的墙面抹灰层厚度控制线,以此做灰饼,然后根据灰饼充筋。

- 抹水泥踢脚(或墙裙)

根据已抹好的灰饼充筋(此筋可以冲的宽一些,8~10 cm为宜,此筋即为抹踢脚或墙裙的依据,同时也作为墙面抹灰的依据),底层抹1:3水泥砂浆,抹好后用大杠刮平,木抹搓毛,常温第二天用1:2.5水泥砂浆抹面层并压光,抹踢脚或墙裙厚度应符合设计要求,无设计要求时凸出墙面5~7 mm为宜。凡凸出抹灰墙面的踢脚或墙裙上口必须保证光洁顺直,踢脚或墙面抹好将靠尺贴在大面与上口平,然后用小抹子将上口抹平压光,凸出墙面的棱角要做成钝角,不得出现毛茬和飞棱。

- 做护角墙、柱间的阳角

做护角墙、柱间的阳角,应在墙、柱面抹灰前用1:2水泥砂浆做护角,其高度自地面以上2 m,然后将墙、柱的阳角处浇水湿润。

第一步:在阳角正面立上八字靠尺,靠尺凸出阳角侧面,凸出厚度与成活抹灰面平,然后在阳角侧面依靠尺边抹水泥砂浆,并用铁抹子将其抹平,按护角宽度(不小于5 cm)将多余的水泥砂浆铲除。

第二步:待水泥砂浆稍干后,将八字靠尺移至抹好的护角面上(八字坡向外)。在阳角的正面,依靠尺边抹水泥砂浆,并用铁抹子将其抹平,按护角宽度将多余的水泥砂浆铲除。抹完后去掉八字靠尺,用素水泥浆涂刷护角尖角处,并用捋角器自上而下捋一遍,使其形成钝角。

• 抹水泥窗台

先将窗台基层清理干净,松动的砖要重新补砌好。砖缝划深,用水润透,然后用1、:2、:3豆石混凝土铺实,厚度宜大于2.5 cm,次日刷胶黏性素水泥一遍,随后抹1:2.5水泥砂浆面层,待表面达到初凝后,浇水养护2~3 d,窗台板下口抹灰要平直,没有毛刺。

• 墙面充筋

当灰饼砂浆达到七八成干时,即可用与抹灰层相同砂浆充筋,充筋根数应根据房间的宽度和高度确定,一般标筋宽度为5 cm。两筋间距不大于1.5 m。当墙面高度小于3.5 m时宜做立筋。大于3.5 m时宜做横筋,做横向冲筋时做灰饼的间距不宜大于2 m。

• 抹底灰

一般情况下充筋完成2 h左右开始抹底灰为宜,抹前应先抹一层薄灰,要求将基体抹严,抹时用力压实,使砂浆挤入细小缝隙内,接着分层装档、抹与充筋平,用木杠刮找平整,用木抹子搓毛。然后全面检查底子灰是否平整,阴阳角是否方直、整洁,管道后、阴角交接处、墙顶板交接处是否光滑、平整、顺直,并用托线板检查墙面垂直与平整情况。散热器后边的墙面抹灰,应在散热器安装前进行。抹灰面接槎应平顺,地面踢脚板或墙裙、管道背后应及时清理干净,做到活完底清。

• 修抹预留孔洞、配电箱、槽、盒

当底灰抹平后,要随即由专人把预留孔洞和配电箱、槽、盒周边5 cm宽的石灰砂刮掉,并清除干净,用大毛刷沾水沿周边刷水湿润,然后用1:1:4水泥混合砂浆,把孔洞和配电箱、槽、盒周边压抹平整、光滑。

• 抹罩面灰

在底灰六七成干时开始抹罩面灰(抹时如底灰过干应浇水湿润),罩面灰两遍成活,厚度约2 mm,操作时最好两人同时配合进行,一人先刮一遍薄灰,另一人随即抹平。依先上后下的顺序进行,然后压实赶光,压时要掌握火候,既不要出现水纹,也不可压活,压好后随即用毛刷蘸水将罩面灰污染处清理干净。

4)允许偏差检验

一般抹灰工程质量应符合的允许偏差和检验方法,见表3.6。

表3.6 一般抹灰工程允许偏差和检验方法

项次	项 目	允许偏差/mm		检验方法
		普通抹灰	高级抹灰	
1	立面垂直度	4	3	用2 m垂直检测尺检查
2	表面平整度	4	3	用2 m靠尺及塞形尺检查
3	阴阳角方正	4	3	用200 mm直角检测尺检查
4	分格条(缝)直线度	4	3	拉5 m线,不足5 m拉通线,用钢直尺检查
5	墙裙、勒脚上口直线度	4	3	拉5 m线,不足5 m拉通线,用钢直尺检查

任务2　模板工、架子工实训

3.2.1　模板工、架子工实训任务书

1)实训目标

通过该实训,提高学生对模板工程的认识和了解,掌握铝合金模板系统的作用、基本要求和组成,理解铝合金模板系统的种类,并学会和基本掌握模板安装加固及模板拆除技术;提高学生对模板工程配板深化设计的认识,并学会和基本掌握模板深化设计技术。

2)实训成果

通过学生实际操作实训,要求每一组学生完成以下实训内容:

(1)通过发放的模板工程实训图纸,编制不同构件的模板配板展开图并进行模板设计计算。

(2) 完成实训图纸中梁、板、柱、墙、楼梯等铝模板的安装。该铝合金模板系统为铝框组合模板。铝合金模板系统具有模板安装、拆模施工方便,平整度、垂直度、混凝土成型可达到清水模板混凝土效果,框架梁、柱、墙等构件的模板搭设并拆除实训工作,

(3)各个小组做好铝模工程质量检查记录并编制实训报告。

3)实训内容

● 模型一

因模型一实训图纸较大,书版内无法清晰展示,请扫码查看电子版图纸,照图实训。

模型一实训图纸

● 模型二

模型二实训内容如图3.5至图3.10所示。

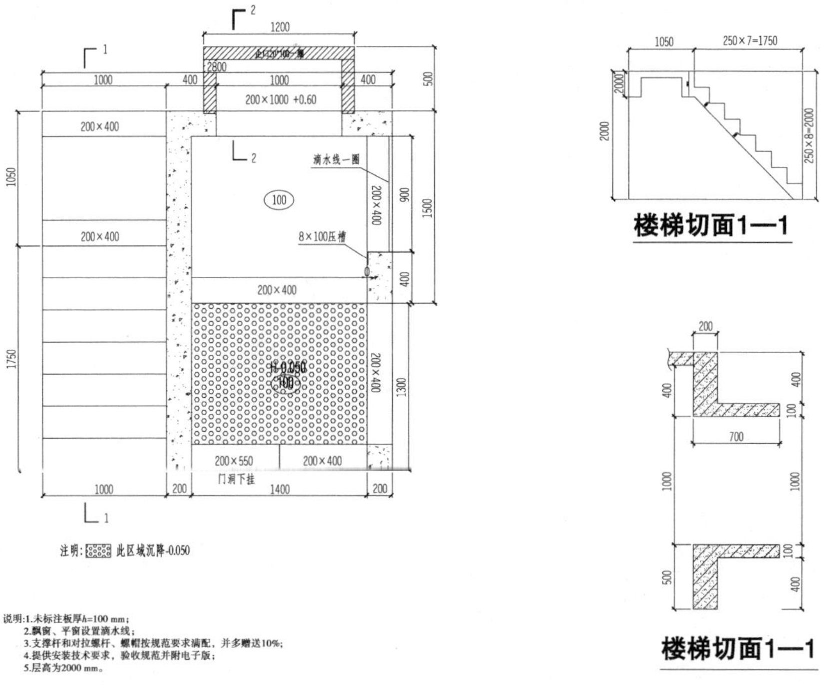

铝合金模板易拆构件二 平面图

图3.5　模型二模板工实训图(一)

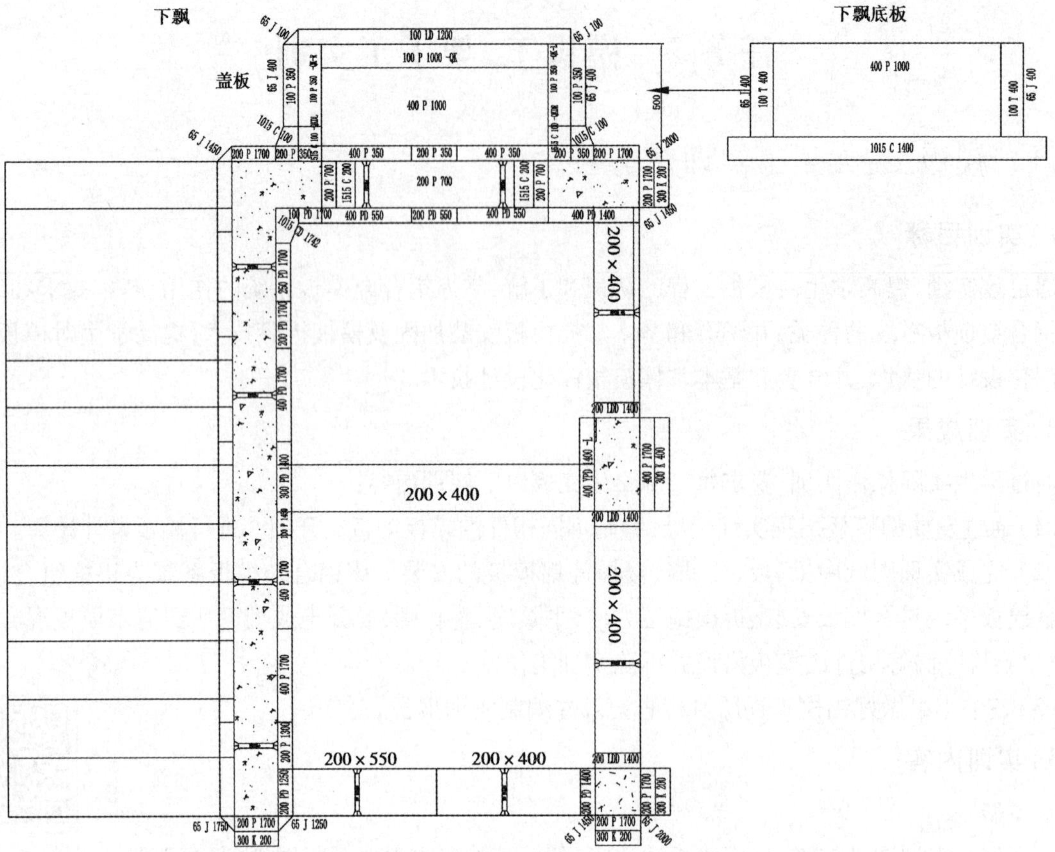

铝合金模板易拆构件二 强配板图

图 3.6 模型二模板工实训图(二)

上飘底板

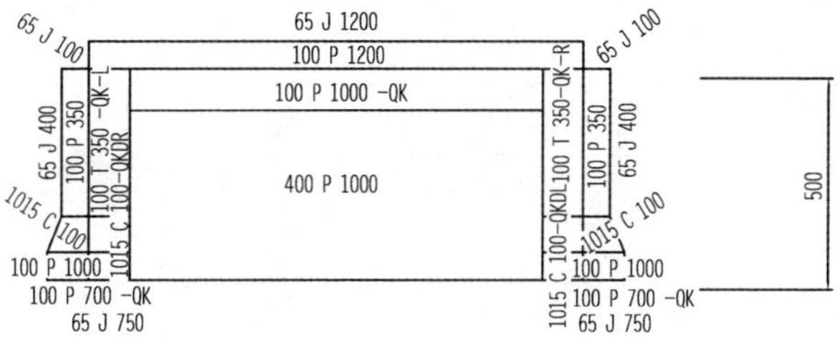

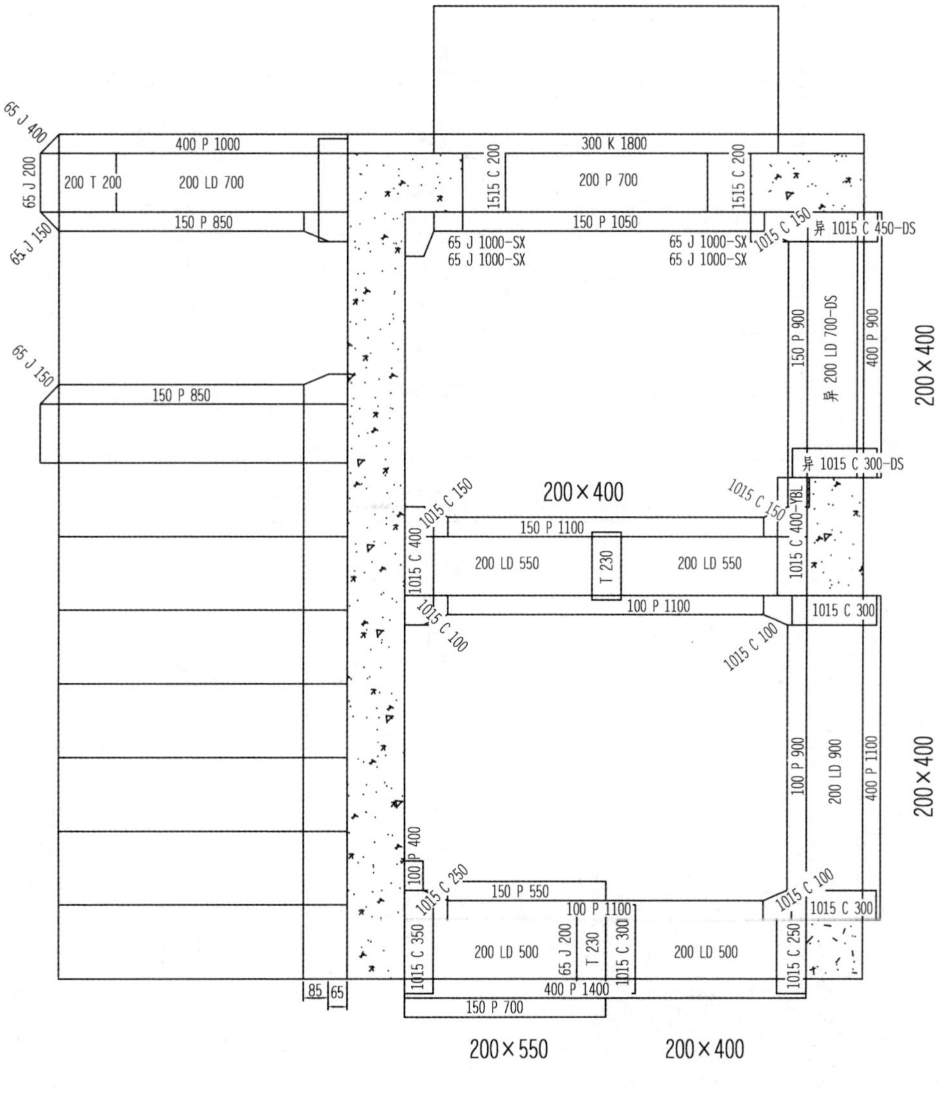

铝合金模板易拆构件二 梁配板图

图 3.7　模型二模板工实训图(三)

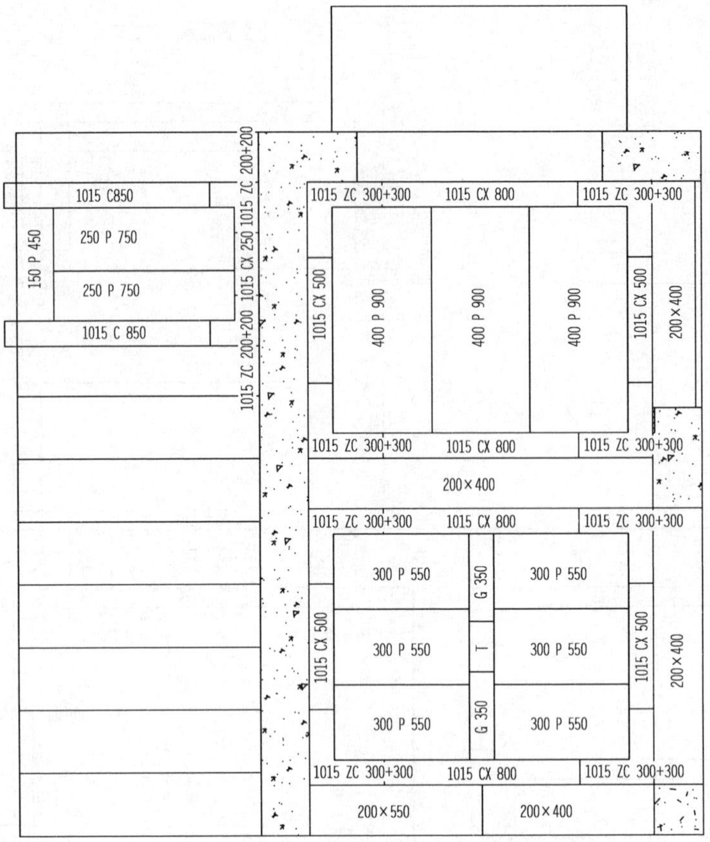

铝合金模板易拆构件二 楼面配板图

图 3.8　模型二模板工实训图(四)

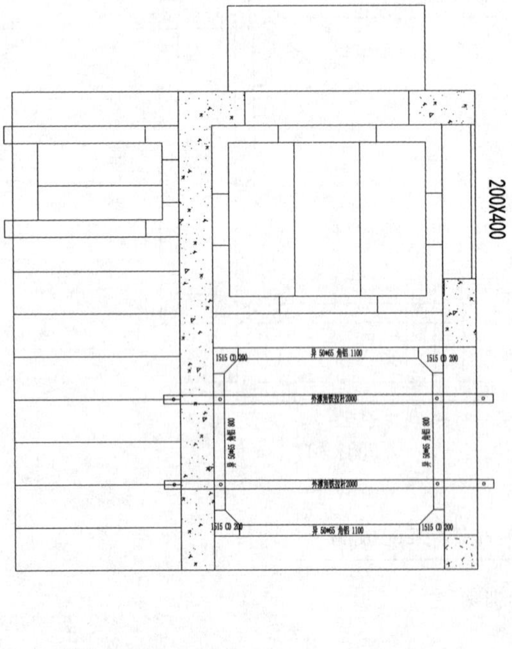

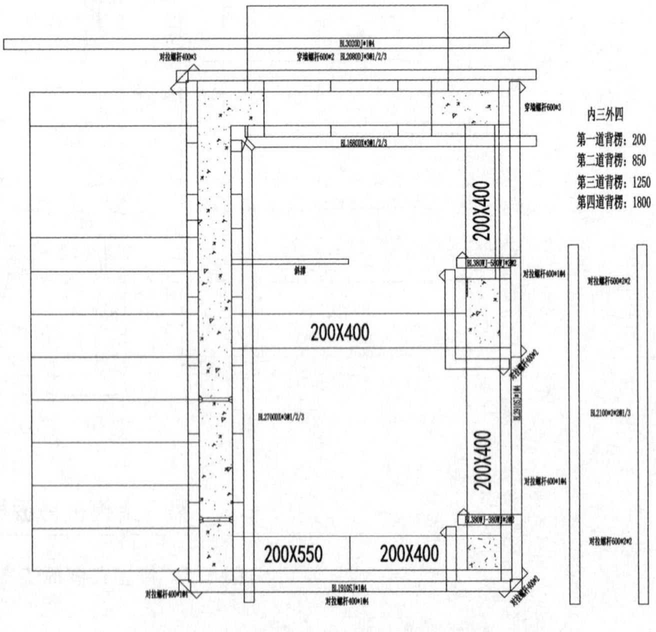

铝合金模板易拆构件二 吊模　　**铝合金模板易拆构件二 背楞**

图 3.9　模型二模板工实训图(五)

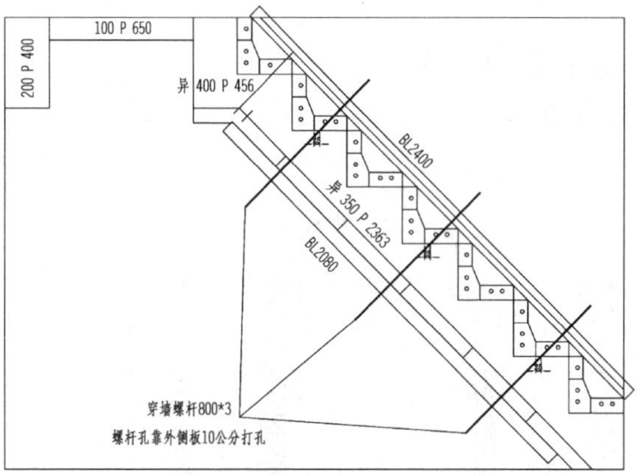

铝合金模板易拆构件二 楼梯侧板配板图

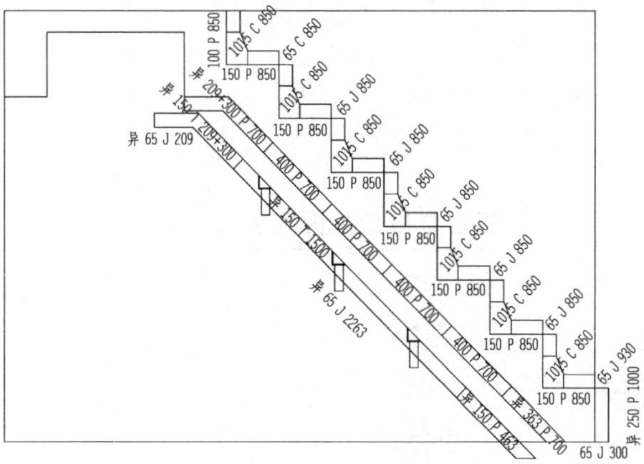

铝合金模板易拆构件二 楼梯盖板/底板配板图

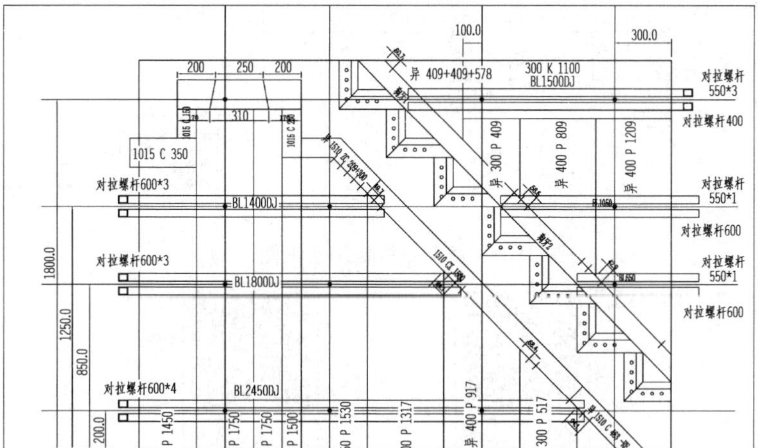

楼梯剖面1—1

图 3.10 模型二模板工实训图(六)

• 模型三

模型三实训内容如图 3.11 至图 3.18 所示。

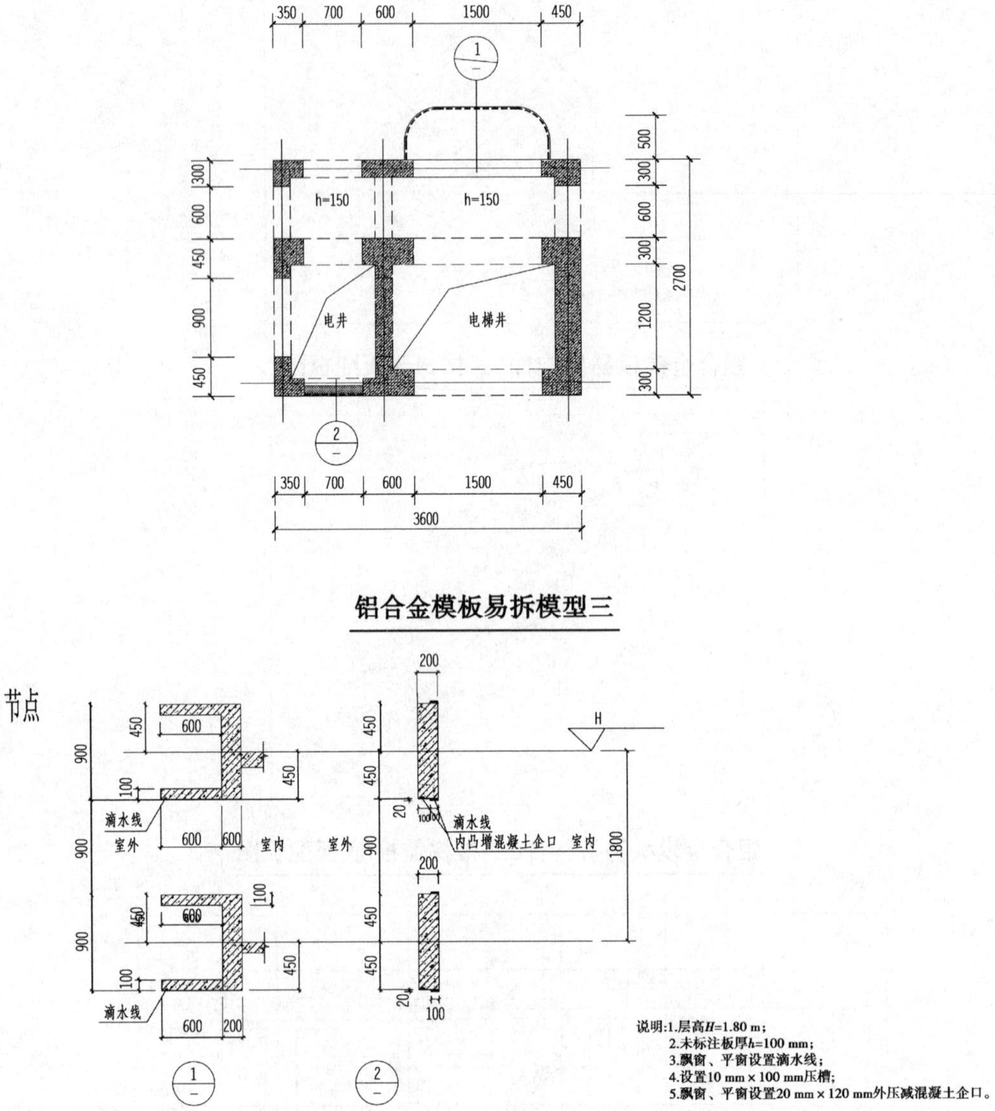

图 3.11　模型三模板工实训图（一）

铝模板安装准备

竖向板的连接安装

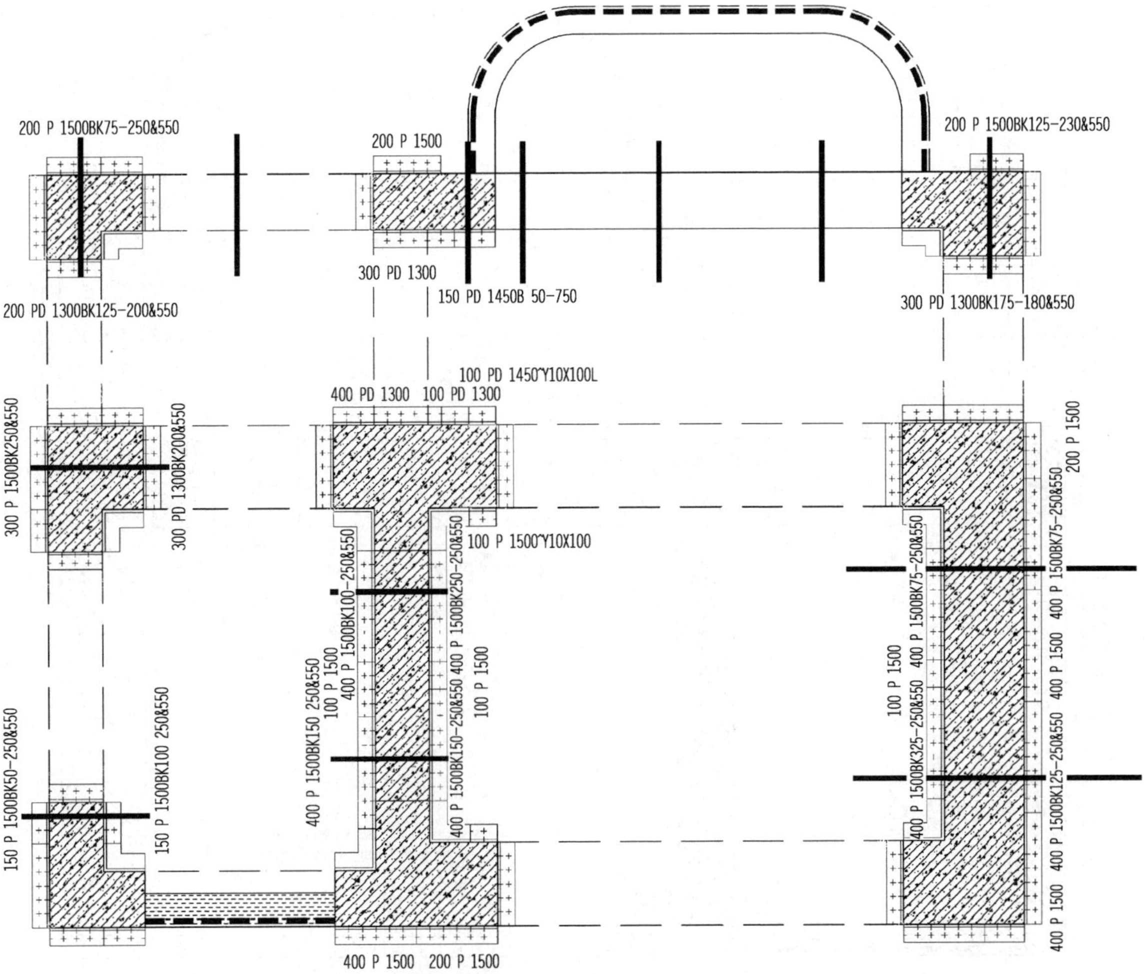
200 P 1500BK75-250&550
200 P 1500
200 P 1500BK125-230&550
300 PD 1300
150 PD 1450B 50-750
200 PD 1300BK125-200&550
300 PD 1300BK175-180&550
100 PD 1450~Y10X100L
400 PD 1300 100 PD 1300
300 P 1500BK250&550
300 PD 1300BK200&550
100 P 1500~Y10X100
200 P 1500
400 P 1500BK75-250&550
400 P 1500BK100-250&550
400 P 1500BK250-250&550
100 P 1500
400 P 1500BK150 250&550
400 P 1500BK150-250&550
400 P 1500
100 P 1500
100 P 1500
400 P 1500BK75-250&550
400 P 1500BK325-250&550
400 P 1500
400 P 1500
400 P 1500BK125-250&550
400 P 1500
400 P 1500
150 P 1500BK50-250&550
150 P 1500BK100 250&550
400 P 1500 200 P 1500

铝合金模板易拆模型三(墙板平面图)

图 3.12 模型三模板工实训图(二)

竖向模板连接安装

竖向支撑安装

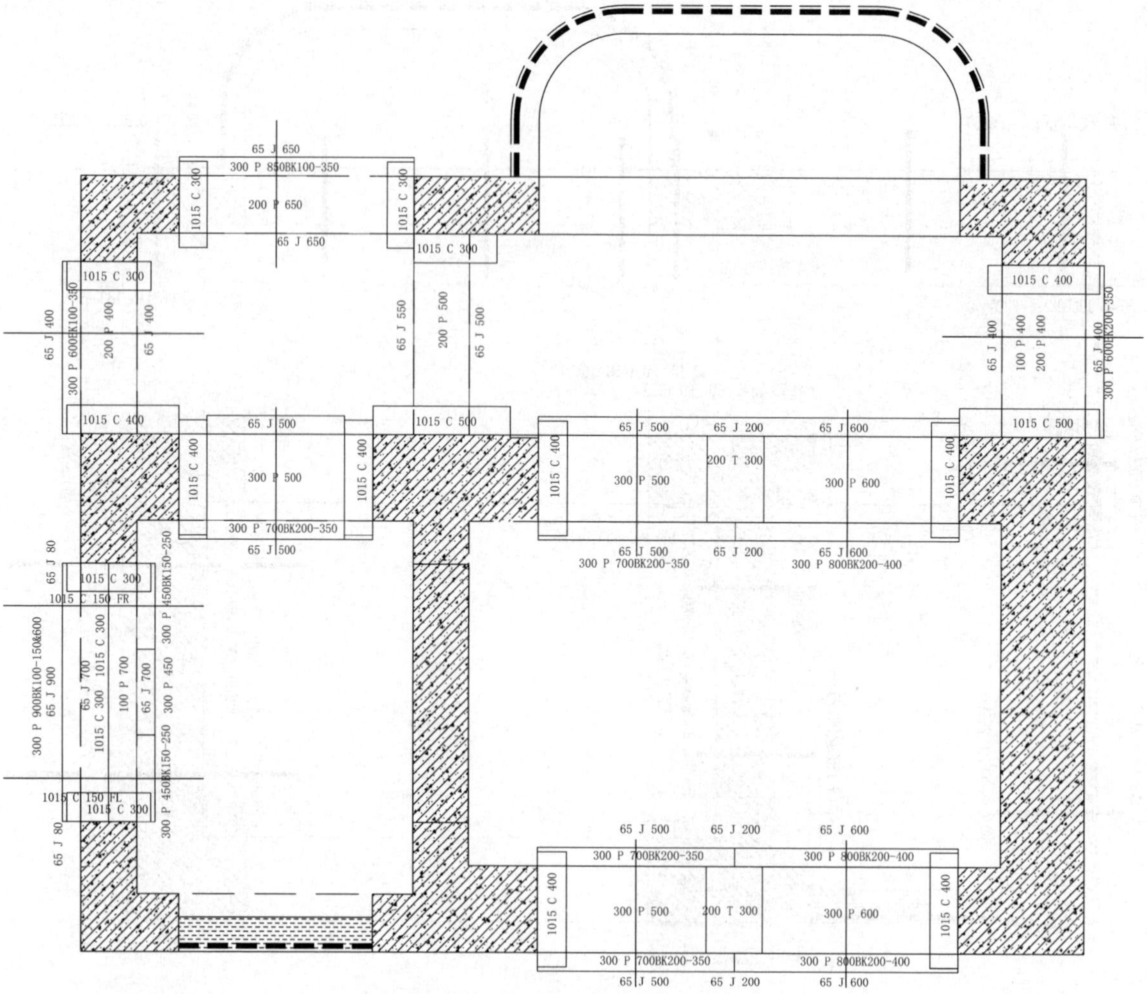

铝合金模板易拆模型三(梁板平面图)

图 3.13　模型三模板工实训图(三)

水平模板安装

柱模板地面预拼装

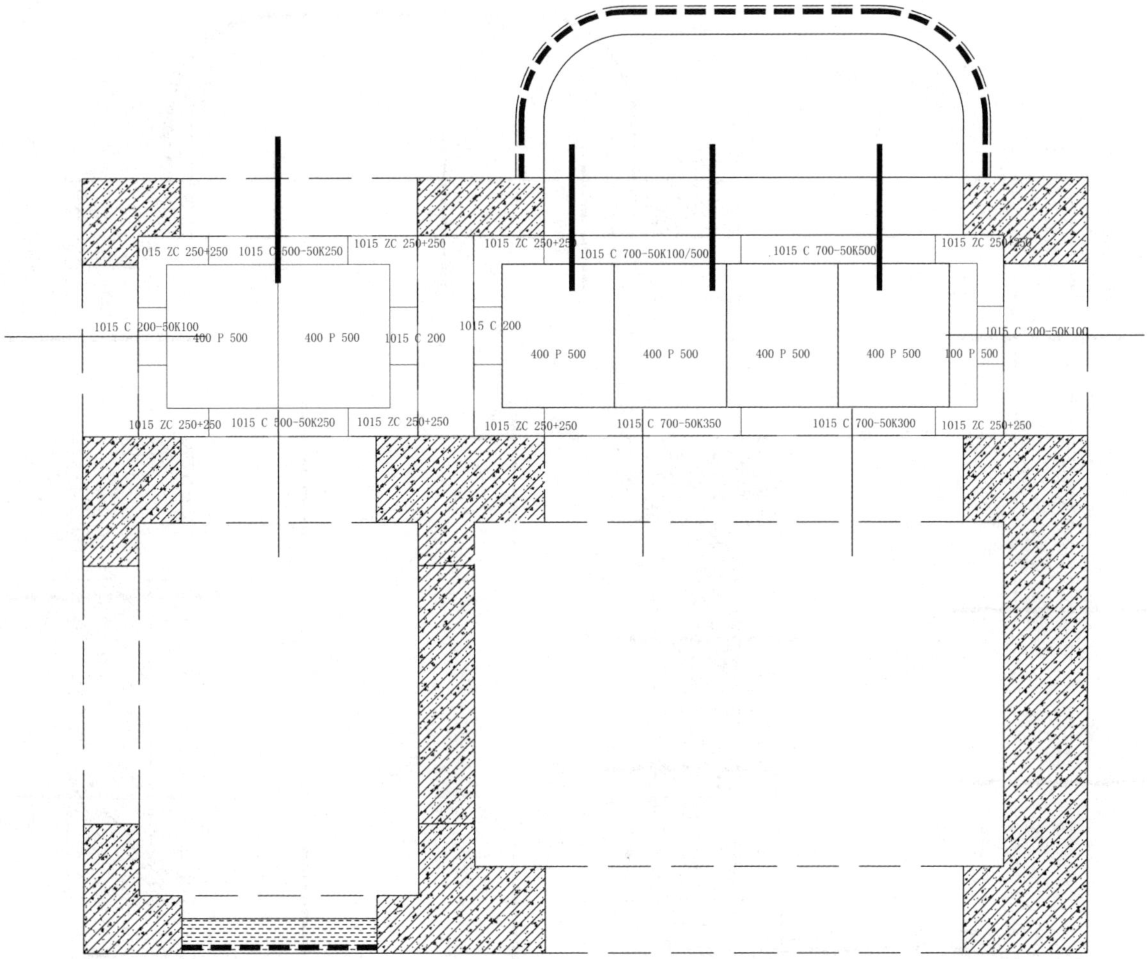

铝合金模板易拆模型三(楼面板平面图)

图3.14 模型三模板工实训图(四)

钢围檩安装

临时斜支撑就位

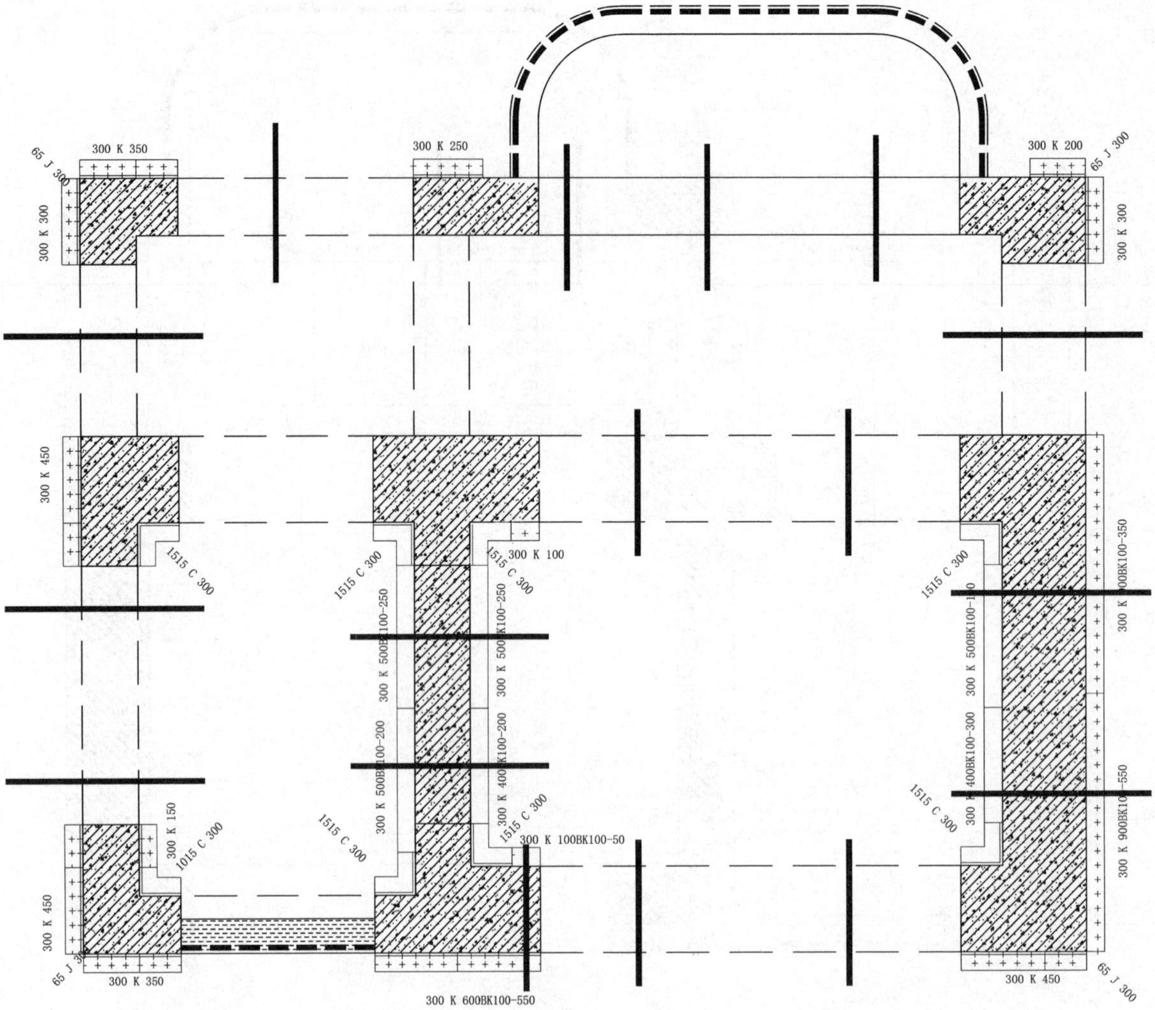

铝合金模板易拆模型三(K板平面图)

图 3.15　模型三模板工实训图(五)

楼梯铝模板
安装

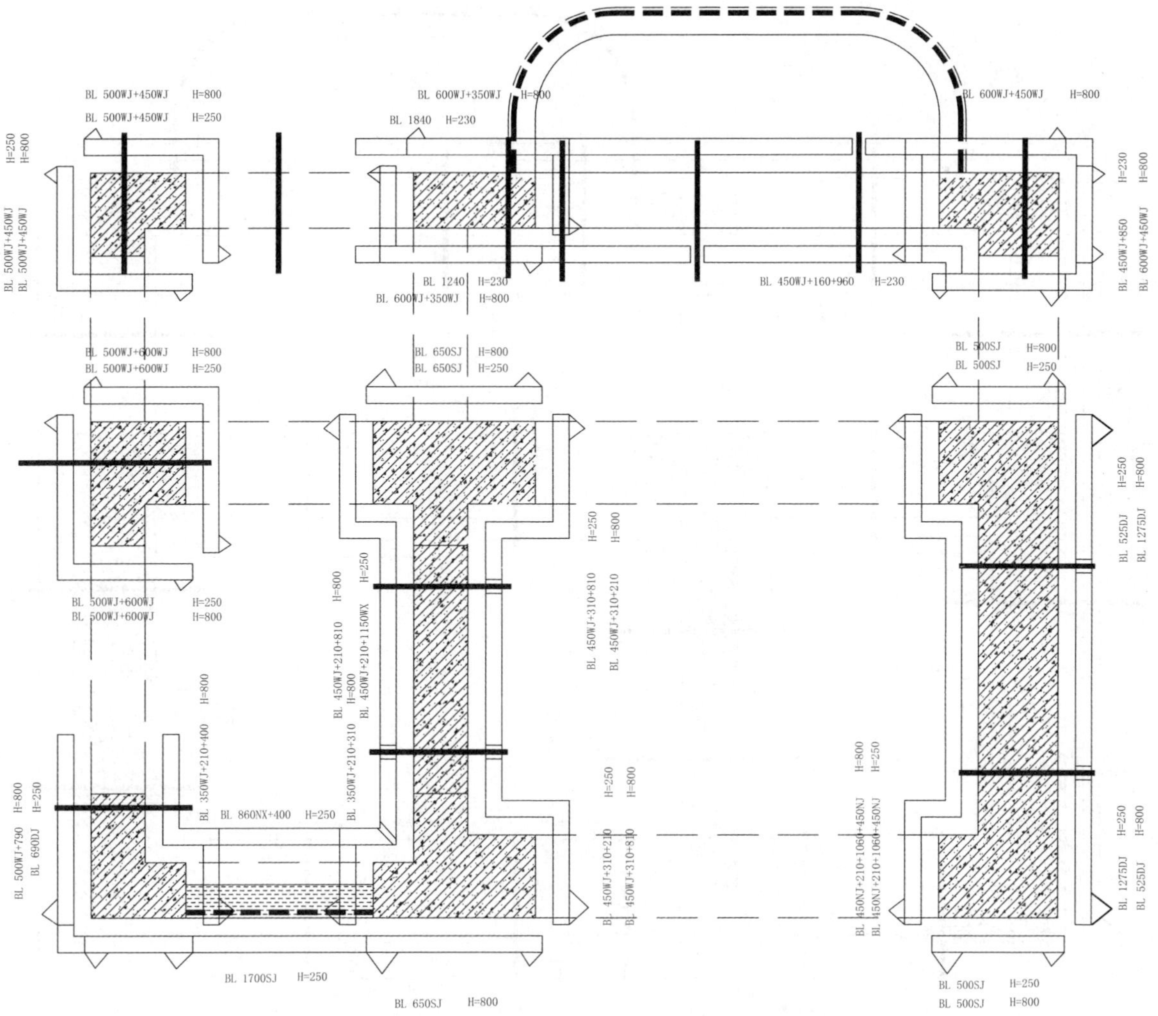

铝合金模板易拆模型三(一、二道背楞平面图)

图 3.16 模型三模板工实训图(六)

施工细节：螺栓固定和销钉固定

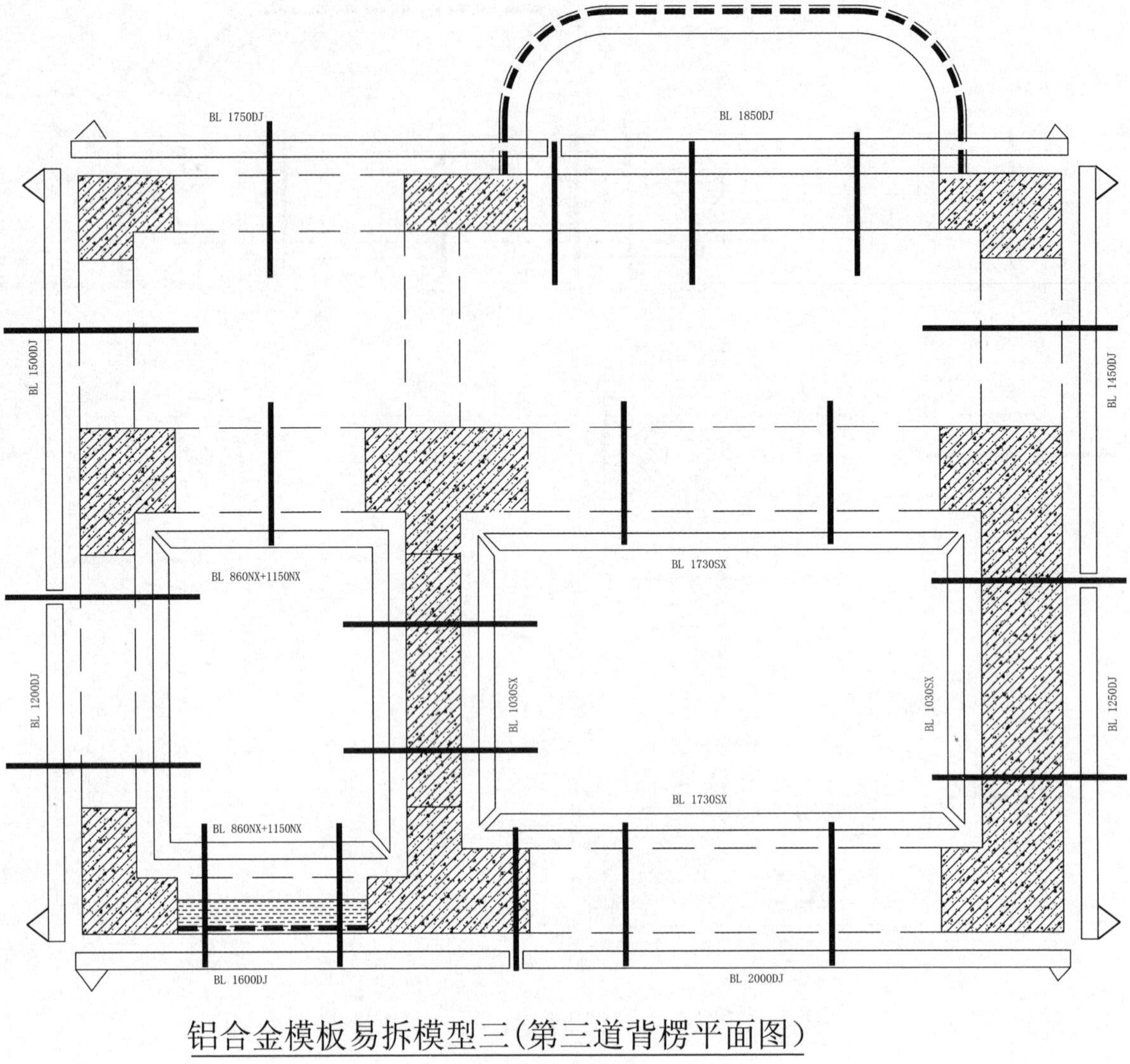

图 3.17 模型三模板工实训图(七)

铝模板编号

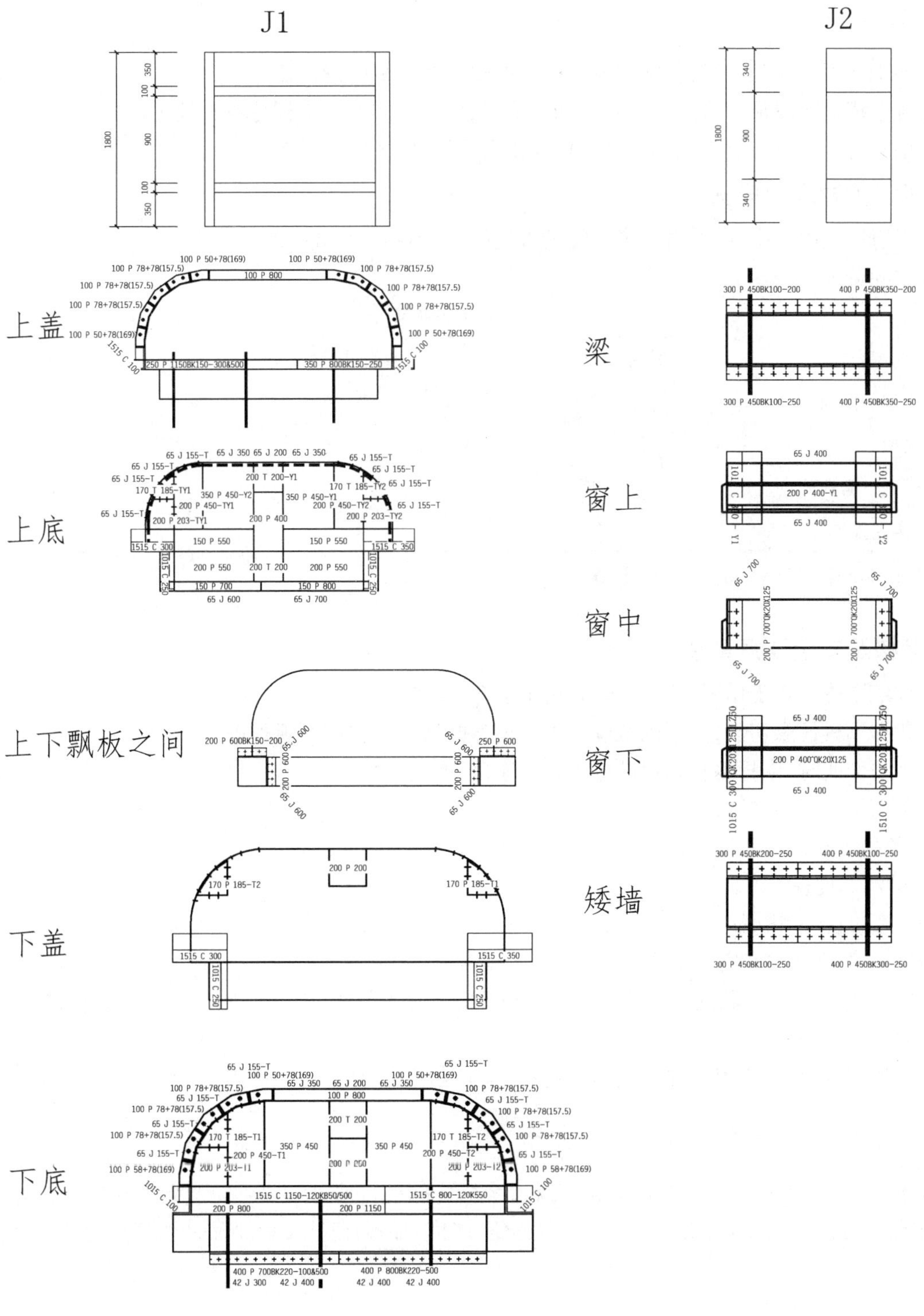

铝合金模板易拆模型三(节点平面图)

图 3.18　模型三模板工实训图(八)

4)实训方法

(1)各班按每6人为一组,分别完成各种模型铝合金模板的搭设任务。

(2)各个模型之间最少保证4 m左右间距搭设,便于中间加设支撑体系和校正。

(3)根据需要可以在模板侧面搭设双排操作脚手架,便于实训操作。

5)实训指导及时间安排

(1)每班一位师傅指导,并由一名老师负责组织、考勤和评判成绩。

(2)时间分配见表3.7。

表3.7 时间分配表

训练内容	时间分配/学时	小组人数/人	备 注
模型一实训	12	6	
模型二实训	12	6	
模型三实训	12	6	
实训报告	4		

注:全部时间包括拆除的用时,星期五下午完工清场。

6)考核及安全注意事项

(1)训练中统一着工作服,戴安全帽和帆布手套。

(2)背楞不得任意切割,使用机械应在指导技师的指导下按操作规程进行。

(3)高空作业时,模板钢管和扣件应小心传递,不得任意抛甩。

(4)考核按如下因素进行:

①按考勤状况;

②按劳动态度;

③按完成的质量状况;

④按劳动纪律和遵守安全状况;

⑤按每组搭建的质量状况评出成绩后,由老师综合上述条件,给出每个人的最后成绩,按优、良、中、及格、不及格五级进行考核。

(5)工作完成后,拆除模板并分类堆放整齐,完工清场。

3.2.2 模板工、架子工实训指导书

安装模板之前,需保证所有模板接触面及边缘部位已进行清理和涂油。当角部稳定且内角模按放样线定位后,继续安装整面墙模。为了拆除方便,墙模与内角模连接时销子的头部应尽可能在内角模内部。

1)安装墙柱模板

安装墙柱模板有两种方法,即"双模"及"单模"安装。外围墙体和大面积区域通常采用双模法安装,中间墙体等小面积区域采用单模法安装。所谓双模安装,即成对的模板先用对拉螺杆和销子连接,后一组模板用销子、楔子与前一组相连。其优点:

(1)没有重复性工作;

(2)两人可以始终在墙模板两边交流,避免了盲目操作。

单模安装较之双模安装具有以下优点:

(1)单边模板闭合成方形空间,有错误时,调整单面模板比调整双面模板更方便。

(2)如果钢筋挡住对拉螺杆,由于可以看见,易于纠正,因此不耽误模板安装。

(3)当模板封闭时,能够第一时间开始楼板模的安装。

2)安装板模

安装墙顶边模和梁角模之前,在构件与混凝土接触面处涂脱模剂。

墙顶边模和边角模与墙模板连接时,应从上部插入销子以防止浇筑期间销子脱落。安装完墙顶边模,即可在角部开始安装板模,必须保证接触边已涂脱模剂。

在大多数情况下,板梁用于支撑板模。可预先按板模布置图组装板支撑梁,用132 mm销子和350 mm的梁模连接件将板梁组合件中的T形构件同相邻的两个板支撑梁连接起来。把支撑杆朝横梁方向安装在预先安装好的横梁组件上,当拆除支撑杆时可保护其底部。用支撑杆提升横梁到适当位置,通过已在角部安装好的板模端部,用销子将梁和板模连接。保证安装之前板支撑梁边框已涂脱模剂。

每排第一块模板已与墙顶边模和支撑梁连接。第二块模板只需与第一块板模相连(通常两套销子就够了)。

第二块模板不与横梁相连是为了放置同一排的第三块模板时有足够的调整范围,把第三块模板和第二块模板连接上后,把第二块模板固定在横梁上。用同样的方法放置这一排剩下的模板。

可以同时安装许多排模板,铺设钢筋之前在顶板模面上完成涂油工作。顶板安装完成后,应检查全部模板面的标高,若需调整则可在支撑杆底部加垫块来调整水平度。

3)安装组合式铝模板应遵循的规定

(1)按照铝模的深化设计图纸与施工说明书循序拼装,保证铝模系统的整体稳定。

(2)预留洞以及预埋件的位置须位置准确,安设牢固。

(3)剪力墙和柱子的底部应找平,下端应与事先做好的定位基准靠紧垫平。在剪力墙、柱子上面继续安装模板时,模板上面应有可靠的支承点,其平直度应进行校正。

(4)剪力墙、柱与梁板同时施工时,应先支设墙柱模板,调整固定后,再在其上架设梁板模板。

(5)依据墙定位控制线,从端部封板开始,两边同时逐件安装墙板。

(6)按照深化设计图纸安装可调节的斜杆。

(7)铝模在安装过程中遇到对拉螺杆的位置,需要用胶管和杯头套住对拉螺杆,两头穿过对应的模板孔位。

(8)铝模安装完毕后,需用临时支撑固定,再安装两边的背楞加固,拧紧对拉螺杆。

(9)铝模在安装过程中,尽量从核心筒中间向四周开始安装。

(10)在多层与高层建筑中,上下层对应的模板支柱应设置在同一竖向中心线上。

4)铝合金模板的拆除

- 拆除墙模板

拆除墙模板之前应保证横撑、钢楞、模板上的销子和楔子应拆除部分都已拆除,在拆模期间必须重视收集材料,将大量的销子和楔子回收。拆模时尽可能早点抽取对拉螺杆,如果拆除早,只需要很小力量和很少的时间。拆除完对拉螺杆之后就可开始拆除模板的工作。

当把模板转移到另一个地方时,应做好标识并堆放在适当的地方,防止上层墙模在安装时出现乱拼乱凑现象,这样可提高安装速度。拆除外墙时要特别注意工作平台支撑的安装。

• 拆除梁、板模板

拆除工作从拆除楼板模板及梁底模板开始，先拆除 132 mm 销子和其所在的板梁上的梁模连接杆，紧接着拆除楼板、梁与相邻顶板的销子和楔子，然后拆除楼板及梁模板。

拆除钢木模板及全钢板梁时至少要两人协同工作。每一列的第一块模板被搁在墙顶边模支撑口上时，要先拆除邻近模板，然后从需要拆除的模板上拆除销子和楔子，利用拔模工具把相邻模板分离开。

• 拆除支撑杆

当拆除每个支撑杆时，一只手抓住支撑杆后用木锤沿支撑梁方向打击支撑杆下部。

• 清洁及叠放模板

所有部件拆下后立即用刮刀和钢丝刷清除污物。钢丝刷只用于模板边框的清洁。耽误清洁时间越长，清洁越困难。通常是在拆除的地方立即进行清洁工作。

清除完的模板以正确的顺序叠放在合适地方；应分门别类地堆放模板，并做出鲜明的标识，以避免在安装时发生混乱及引起麻烦。

3.2.3 模板架子工实训考核办法

模板架子工实训成绩考核见表 3.8，学生实训成绩综合考核见表 3.9。

表 3.8 模板架子工实训实训操作质量检查成绩考核表

班级：　　　　　　　　　　　　　　　　组别：

序号	项　目	质量标准及要求	分　值	实测结果	实际得分
1	梁、柱模板	支撑及加固正确、合理	10		
		柱箍安装正确合理	5		
		模板配板正确合理	5		
		垂直度偏差≤10mm	10		
2	楼板模板	模板配板正确	10		
		支撑及加固可靠、合理	10		
3	混凝土墙	模板配板正确	5		
		支撑及加固规范、合理	10		
		对拉件安装规范	5		
		垂直度≤10mm	10		
4	楼梯模板	文明施工、紧张有序	10		
5	劳动纪律	无迟到、早退、旷课	10		

表3.9 学生实训成绩综合考核表

姓　名	劳动态度/分	劳动纪律/分	施工质量/分	合计得分	备　注

注:①成绩考核评定后,由指导老师填写成绩册并报系教务办公室,60分以上为合格。

②除垂直度检查需要测外,其他项目可观察判定,由指导教师和指导技师共同进行。

③劳动态度由指导技师在过程中观察判定,酌情给定分值。(落实到个人)

④劳动纪律由指导技师考勤确定,迟到2 h以上者按旷课处理。

⑤此训练为集体实作项目,成绩按五级评比,实际得分按五级套用优、良、中、及格、不及格;90分以上为优,80分以上为良,70分以上为中,60分以上为及格,60分以下为不及格。

3.2.4 模板工实训技术规程

1)安装准备

(1)模板施工前应制订详细的施工方案。施工方案应包括模板安装、拆除、安全措施等各项内容。

(2)模板安装前应向施工班组进行技术交底。操作人员应熟悉模板施工方案、模板施工图、支撑系统设计图。

(3)模板安装现场应设有测量控制点和测量控制线,并应进行楼面抄平和采取模板底面垫平措施。

(4)模板进场时应按下列规定进行模板、支撑材料的验收:

①应检查铝合金模板出厂合格证。

②应按模板及配件规格、种类与数量明细表和支撑系统明细表核对进场产品的数量。

③模板使用前应进行外观质量检查,模板表面应平整,无油污、破损和变形,焊缝应无明显缺陷。

④模板安装前表面应涂刷脱模剂,且不得使用影响现浇混凝土结构性能或妨碍装饰工程施工的脱模剂。

2)模板安装

(1)模板及其支撑应按照配模设计的要求进行安装,配件应安装牢固。

(2)整体组拼时,应先支设墙、柱模板,调整固定后再架设梁模板及楼板模板。

(3)墙、柱模板的基面应调平,下端应与定位基准靠紧垫平。在墙柱模板上继续安装模板时,模板应有可靠的支承点。

(4)模板的安装应符合下列规定:

①墙两侧模板的对拉螺栓孔应平直相对,穿插螺栓时不得斜拉硬顶。当改变孔位时应采用机具钻孔,严禁用电焊、气焊灼孔。

②背楞宜取用整根杆件。背楞搭接时,上下道背楞接头宜错开设置,错开位置不宜少于400 mm,接头长度不应少于200 mm。当上下接头位置无法错开时,应采用具有足够承载力的连接件。

③对跨度大于4 m的现浇钢筋混凝土梁、板,其模板应按设计要求起拱,当设计无具体要求时,起拱高度宜为构件跨度的1/1 000~3/1 000。起拱不得减少构件的截面高度。

④固定在模板上的预埋件、预留孔、预留洞、吊模角钢、窗台盖板不得遗漏,且应安装牢固,其偏差

应符合规定。

⑤早拆模板支撑系统的上、下层竖向支撑的轴线偏差不应大于 15 mm,支撑立柱垂直度偏差不应大于层高的 1/300。

3)模板整体组拼施工技术

(1)墙柱模板采用对拉螺栓连接时,最底层背楞距离地面、外墙最上层背楞距离板顶不宜大于 300 mm,内墙最上层背楞距离板顶不宜大于 700 mm;除应满足计算要求外,背楞竖向间距不宜大于 800 mm,对拉螺栓横向间距不宜大于 800 mm。转角背楞及宽度小于 600 mm 的柱箍宜一体化,相邻墙肢模板宜通过背楞连成整体。

(2)当设置斜撑时,墙斜撑间距不宜大于 2 000 mm,长度大于等于 2 000 mm 的墙体斜撑不应少于两根,柱模板斜撑间距不应大于 700 mm,当柱截面尺寸大于 800 mm 时,单边斜撑不宜少于两根。斜撑宜着力于竖向背楞。

(3)竖向模板之间及其与竖向转角模板之间应用销钉锁紧,销钉间距不宜大于 300 mm。模板顶端与转角模板或承接模板连接处、竖向模板拼接处,模板宽度大于 200 mm 时,不宜少于 2 个销钉;宽度大于 400 mm 时,不宜少于 3 个销钉。

(4)墙柱模板不宜在竖向拼接,当配板确需拼接时,不宜超过一次,且应在拼接缝附近设置横向背楞。

(5)楼板阴角模板的拼缝应与楼板模板的拼缝错开。

(6)楼板模板受力端部,除应满足受力要求外,每孔均应用销钉锁紧,孔间距不宜大于 150 mm;不受力侧边,每侧销钉间距不宜大于 300 mm。

(7)梁侧阴角模板、梁底阴角模板与墙柱模板连接,除应满足受力要求外,每孔均应用销钉锁紧,孔间距不宜大于 100 mm。

(8)当梁高度大于 600 mm 时,宜在梁侧模板处设置背楞,梁侧模板沿高度方向拼接时,应在拼接缝附近设置横向背楞。当梁与墙、柱齐平时,梁背楞宜与墙、柱背楞连为一体。

(9)楼梯、开洞、沉箱、悬挑及其他细部结构的模板应采取构造措施以保证其承载力。

4)拆除

(1)模板及其支撑系统拆除的时间、顺序及安全措施应严格遵照模板专项施工技术方案。

(2)模板早拆前应按要求填写审批表,并经监理批准后方可拆除。模板拆除后应按规程的要求填写质量验收记录表。

(3)模板早拆的设计与施工应符合下列规定:

①拆除早拆模板时,严禁挠动保留部分的支撑系统。

②严禁竖向支撑随模板拆除后再进行二次支顶。

(4)支撑杆应始终处于承受荷载状态,结构荷载传递的转换应可靠;拆除模板、支撑时的混凝土强度应符合现行国家标准《混凝土结构工程施工质量验收规范》(GB 50204—2015)的有关规定。

(5)模板拆除时,应符合下列规定:

①模板应根据专项施工方案规定的墙、梁、楼板拆模时间依次及时拆除。

②模板拆除时应先拆除侧面模板,再拆除承重模板。

③支承件和连接件应逐件拆卸,模板应逐块拆卸传递,拆除时不得损伤模板和混凝土。

④拆下的模板应及时进行清理,清理后的模板和配件应分类堆放整齐,不得倚靠模板或支撑构件堆放。

5)安全措施

(1)模板工程应编制安全专项施工方案,并应经施工企业技术负责人和总监理工程师审核签字。

层高超过 3.3 m 的可调钢支撑模板工程或超过一定规模的模板工程安全专项施工方案，施工单位应组织专家进行专项技术论证。

(2)模板装拆和支架搭设、拆除前，应进行施工操作安全技术交底，并应有交底记录；模板安装、支架搭设完毕，应按规定组织验收，并应经责任人签字确认。

(3)高处作业时，应符合现行行业标准《建筑施工高处作业安全技术规范》(JGJ 80—2016)的规定。

(4)安装墙、柱模板时，应及时固定支撑，防止倾覆。

任务 3 钢筋工实训

3.3.1 钢筋工实训任务书

1)目的

通过该实训，提高学生对钢筋工程的认识和了解，并学会和基本掌握钢筋加工技术。

2)要求

钢筋工实训

(1)严格按指导教师和指导技师的要求进行实训作业。

(2)遵守纪律，注意安全。

(3)学会正确使用钢筋机械。

(4)基本掌握钢筋加工制作的工艺方法。

3)任务书

- 实训任务

(1)钢筋加工制作：

①钢筋机械调直；

②钢筋下料(断钢机、切割机)；

③手工弯制箍筋；

④粗箍筋弯曲成形。

(2)钢筋绑扎。

(3)钢筋连接：

①双面搭接焊；

②竖向电渣压力焊；

③窄间隙焊。

(4)观摩机械连接工艺及试作：

①套筒挤压连接技术；

②滚轧直螺纹连接技术。

(5)观摩钢筋接头力学实验。

- 任务量

(1)钢筋调直和断料按个人完成的加工需求量进行。

(2)手工弯制箍筋每人 10 个。

(3)粗钢筋弯曲成形在指导技师的协助下完成。

(4)钢筋绑扎以组为单位完成数个构件。

(5)用构件连接的三种方法，每人完成一个成品焊件。

4)组织管理及工作秩序安排

• 组织与管理

(1)由实训中心负责任务及技术安排。

(2)由相关工种指导人员组成实训指导小组,分工合作指导各组学生进行相关内容实训。

(3)由实训中心安排专门人员负责安全管理。

(4)每班以 8 人一组,共分 5 个组,轮流进行各项内容的训练。

(5)严格考勤制度,每天由指导技师负责每组的考勤。

• 工作秩序安排

每班自行安排工作秩序,可参照表 3.10。

集中接力试验,由各组完成试件后利用 7 ~ 8 节课到实验室去观摩试验过程及结果。

表 3.10 工作秩序安排

组 别	工作内容	工作天数/天
1	观摩、试作钢筋机械连接	0.5
2	钢筋加工制作	1
3	钢筋绑扎	0.5
4	电渣压力焊	1
5	窄间隙焊、搭接焊	1.5
星期五下午钢筋焊件实验		0.5

3.3.2 钢筋工实训指导书

1)钢筋放样

在指导技师的协助下完成一根构件的放样任务,并填写钢筋大样表,完成后交给实训中心,作为评定成绩的依据。

2)钢筋机械的使用

(1)调直机打开护盖,观看内部构造。

(2)开机调直断料,按加工的箍筋下料尺寸断料。

(3)使用断钢机,在指导技师的指导下,完成粗钢筋下料工作。

(4)弯钢机的使用,由指导技师指导确定好弯心直径大小、弯折移动量大小、弯折角度控制,然后试弯,最后弯曲成形。

3)焊接

(1)选定焊件的钢筋尺寸 $\phi12 \sim \phi22$。

(2)焊件长:电渣压力焊 800 mm 两根;窄间隙焊 350 mm 两根;搭接焊(双面)300 mm 两根。

注明:电渣压力焊和窄间隙焊的焊件可反复割断,重复使用,直到满足基本试件长度为止。

(3)电渣压力焊:钢筋的固定、装焊渣,装引弧圈,引弧、试焊,全部过程反复试做体验,最终完成一个焊件,焊接结束。

(4)搭接焊:采用双面焊,焊缝长 5 d,钢筋轴线偏差控制在小于 4°,做好起弧、引弧、施焊等全部操作,先用其他废旧材料练习,最后完成一个焊件。

(5)窄间隙焊:了解焊缝原理和熔槽夹具的作用及正确使用。引弧试焊,反复练习,最后完成一个焊件。

4)机械连接

(1)套筒挤压连接。观摩设备,了解设备工作原理、套筒材料、挤压试件样品等。

(2)滚轧直螺纹连接。观摩设备的工作原理,套筒材料、螺纹加工过程和连接过程,观看试件样品。

5)钢筋接头力学实验的试件取样

(1)每组按个人最终完成的样品,随机抽取一根。

(2)每组共抽取三个试件(搭接焊、电渣压力焊、窄间隙焊)。

6)安全注意事项

(1)每个学员都要服从指导技师的指挥,不得乱动用机械。

(2)使用切割、切断机、弯钢机、调直机等应在指导技师的指导下进行。

(3)电焊机的使用要注意用电安全,防止强电灼伤或触电伤亡。

3.3.3 钢筋工实训考核办法

1)考核内容及数量

各种钢筋示意图如图3.19所示。

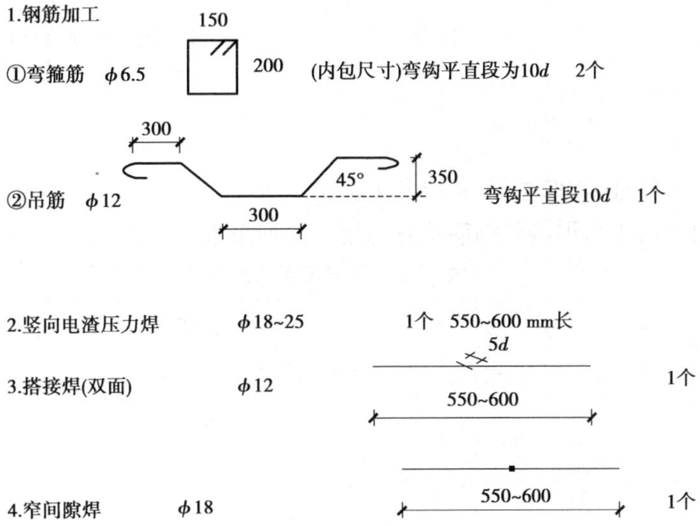

图3.19 各种钢筋示意图

2)考核办法及验收标准

(1)计时考核见表3.11。

表3.11 计时考核表

项 次	考核内容	时间/min	备 注
1	钢筋加工(两项内容)	15～20	从下料开始
2	竖向电渣压力焊	5～8	从夹料开始
3	搭接焊	5～10	料预先备好
4	窄间隙焊	5～10	料预先备好

(2)质量评定内容:

①观感检查;

②焊缝长度检查;

③钢筋加工尺寸检查。

(3)评定办法:

①质量检查见“钢筋工实训成绩考核表”;

②凡是达不到上述要求的累计分数60分为不合格;

③考核成绩由指导教师作出并报系教务办公室;

④考核时由学生将填写好的“钢筋工实训报告”交指导教师考核并填写成绩。

(4)工效分值分配见表3.12。

表3.12 工效分值分配

项次	分值分配			功效分
1	钢筋加工	箍筋	10分	15 min 完成 25分 20 min 完成 15分
		吊筋	15分	
2	竖向电渣压力焊		20分	5 min 完成 20分 8 min 完成 15分
3	搭接焊		20分	5 min 完成 20分 10 min 完成 10分
4	窄间隙焊		20分	5 min 完成 20分 10 min 完成 10分
5	出勤状况		15分	迟到一次扣5分,缺勤一次扣20分

3)材料消耗

(1)焊工实训每人限量30根焊条,考核发4根。

(2)考核完后的吊筋作为焊接件钢筋重复利用。实训报告见表3.13。

表3.13 钢筋工实训报告

实训班级		姓名		实训时间	
实训课目		实训指导教师			
实训报告					

续表

<table>
<tr><td rowspan="17">成绩考核表</td><td colspan="7">质量检查</td><td colspan="4">工效考核</td></tr>
<tr><td>序号</td><td>内　容</td><td>检查项目</td><td>允许偏差</td><td>分值</td><td>实测</td><td>得分</td><td>时限
/min</td><td>实测</td><td>分值</td><td>得分</td></tr>
<tr><td rowspan="2">1</td><td rowspan="2">箍筋加工</td><td>弯钩尺寸</td><td>±10 mm</td><td>10</td><td></td><td></td><td rowspan="4">15 ~ 20</td><td></td><td rowspan="2">10</td><td></td></tr>
<tr><td>内空尺寸</td><td>±5 mm</td><td>10</td><td></td><td></td><td></td><td></td></tr>
<tr><td rowspan="2">2</td><td rowspan="2">吊筋加工</td><td>角度</td><td>±5°</td><td>10</td><td></td><td></td><td></td><td rowspan="2">15</td><td></td></tr>
<tr><td>外包尺寸</td><td>±10 mm</td><td>10</td><td></td><td></td><td></td><td></td></tr>
<tr><td rowspan="2">3</td><td rowspan="2">竖向
电渣焊</td><td>轴线垂直</td><td>3 mm</td><td>5</td><td></td><td></td><td rowspan="2">5 ~ 8</td><td></td><td rowspan="2">20</td><td></td></tr>
<tr><td>焊缝观感</td><td></td><td>15</td><td></td><td></td><td></td><td></td></tr>
<tr><td>4</td><td>窄间隙焊</td><td>焊缝观感</td><td></td><td>15</td><td></td><td></td><td>5 ~ 10</td><td></td><td></td><td></td></tr>
<tr><td rowspan="3">5</td><td rowspan="3">搭接焊</td><td>焊接长度</td><td>≥5d</td><td>10</td><td></td><td></td><td rowspan="3">5 ~ 10</td><td></td><td rowspan="3">20</td><td></td></tr>
<tr><td>轴线偏差</td><td>≤4°</td><td>10</td><td></td><td></td><td></td><td></td></tr>
<tr><td>焊缝观感</td><td></td><td>5</td><td></td><td></td><td></td><td></td></tr>
<tr><td>6</td><td colspan="6">劳动纪律(出勤状况)</td><td></td><td></td><td>15</td><td></td></tr>
<tr><td></td><td></td><td></td><td></td><td></td><td></td><td></td><td></td><td></td><td></td><td></td></tr>
</table>

注:实训报告的主要内容应包括实训内容、实训心得、实训报告、建议等。

3.3.4 钢筋工实训技术规程

1)施工准备

• 作业条件

钢筋进场后应检查是否有产品合格证、出厂检测报告和进场复验报告,并按施工平面图中指定的位置,按规格、使用部位、编号分别加垫木堆放。

钢筋绑扎前,应检查有无锈蚀,若有锈蚀应除锈之后再运至绑扎位置。

熟悉图纸,按设计要求检查已加工好的钢筋规格、形状、数量是否正确。

• 材料要求

钢筋原材:应有供应单位或加工单位资格证书、钢筋出厂质量证明书,按规定做力学性能复试和见证取样试验。当加工过程中发生脆断等特殊情况时,还需做化学成分检验。钢筋应无铁锈及油污。

成形钢筋:必须符合配料单的规格、型号、尺寸、形状、数量,并应进行标识。成形钢筋必须进行覆盖,防止雨淋生锈。

• 施工机具

施工机具有钢筋钩子、撬棍、扳子、绑扎架、钢丝刷子、手推车、粉笔及尺子等。

2)工艺流程

• 柱钢筋绑扎

柱钢筋绑扎:套柱箍筋→搭接绑扎竖向受力筋→画箍筋间距线→绑箍筋。

(1)套柱箍筋:按图纸要求间距,计算好每根柱箍筋数量,先将箍筋套在下层伸出的搭接筋上,然后立柱子钢筋,在搭接长度内绑扣不少于3个,绑扣要向柱中心。如果柱子主筋采用光圆钢筋搭接时,角部弯钩应与模板成45°,中间钢筋的弯钩应与模板成90°。

(2)搭接绑扎竖向受力筋：柱子主筋立起之后，接头的搭接长度应符合设计要求，如设计无要求时，应按表3.14采用。

表3.14 纵向受拉钢筋的最小搭接长度表

钢筋种类及同一区段内搭接钢筋面积百分率		混凝土强度等级										
		C20	C25		C30		C35		C40		C45	
		$d\leqslant25$	$d\leqslant25$	$d>25$	$d\leqslant25$	$d>25$	$d\leqslant25$	$d>25$	$d\leqslant25$	$d>25$	$d\leqslant25$	$d>25$
HPB300	≤25%	47*d*	41*d*	—	36*d*	—	34*d*	—	30*d*	—	29*d*	—
	50%	55*d*	48*d*	—	42*d*	—	39*d*	—	35*d*	—	34*d*	—
	100%	62*d*	54*d*	—	48*d*	—	45*d*	—	40*d*	—	38*d*	—
HRB335 HRBF335	≤25%	46*d*	40*d*	—	35*d*	—	32*d*	—	30*d*	—	28*d*	—
	50%	53*d*	46*d*	—	41*d*	—	38*d*	—	35*d*	—	32*d*	—
	100%	61*d*	53*d*	—	46*d*	—	43*d*	—	40*d*	—	37*d*	—
HRB400 HRBF400 RRB400	≤25%	—	48*d*	53*d*	42*d*	47*d*	38*d*	42*d*	35*d*	38*d*	34*d*	37*d*
	50%	—	56*d*	62*d*	49*d*	55*d*	45*d*	45*d*	41*d*	45*d*	39*d*	43*d*
	100%	—	64*d*	70*d*	56*d*	62*d*	51*d*	51*d*	46*d*	51*d*	45*d*	50*d*

注：两根直径不同钢筋的搭接长度，以较细钢筋的直径计算，纵向受拉钢筋抗震搭接长度见国家建筑标准设计图集《混凝土结构施工图平面整体表示方法制图规则和构造详图》(16G101-1)。

柱竖向筋采用机械或焊接连接时，按规范要求同一段面50%接头位置。第一步接头距楼面大于500 mm且大于$H/6$，不在箍筋加密区。

(3)画箍筋间距线：在立好的柱子竖向钢筋上，按图纸要求用粉笔画箍筋间距线。

(4)柱箍筋绑扎：按已画好的箍筋位置线，将已套好的箍筋往上移动，由上往下绑扎，宜采用缠扣绑扎。

箍筋与主筋要垂直，箍筋转角处与主筋交点均要绑扎，主筋与箍筋非转角部分的相交点成梅花交错绑扎。

箍筋的弯钩叠合处应沿柱子竖筋交错布置，并绑扎牢固。

有抗震要求的地区，柱箍筋端头应弯成135°，平直部分长度不小于10*d*(*d*为箍筋直径)。

柱上下两端箍筋应加密，加密区长度及加密区内箍筋间距应符合设计图纸及施工规范的要求(不大于100 mm且不大于5*d*，*d*为主筋直径)。如设计要求箍筋设拉筋时，拉筋应钩住箍筋。

柱筋保护层厚度应符合规范要求，如主筋外皮为25 mm，垫块应绑在柱竖筋外皮上(或用塑料卡卡在外竖筋上)，间距一般为1 000 mm，以保证主筋保护层厚度准确。同时，可采用钢筋定距框来保证钢筋位置的正确性。当柱截面尺寸有变化时，柱应在板内弯折，弯后的尺寸要符合设计要求。

墙体拉接筋或埋件，根据墙体所用材料，按有关图集留置。

柱筋到结构封顶时，要特别注意边柱外侧柱筋的锚固长度为$1.7L_{aE}$，具体参见《建筑物抗震构造详图》(20G329-1)中的有关做法。同时在钢筋连接时要注意柱筋的锚固方向，保证柱筋正确锚入梁和板内。

- 梁钢筋绑扎

梁钢筋绑扎分为模内绑扎和模外绑扎。

模内绑扎：画主次梁箍筋间距→放主次梁箍筋→穿主梁底层纵筋及弯起钢筋→穿次梁底层纵筋并与箍筋固定→穿主梁上层纵向架立筋→按箍筋间距绑扎→穿次梁上层纵向钢筋→按箍筋间距

绑扎。

模外绑扎(先在梁模板上口绑扎成形后再入模内):画箍筋间距→在主次梁模板上口铺横杆数根→在横杆上面放箍筋→穿主梁下层纵筋→穿次梁下层钢筋→穿主梁上层钢筋→按箍筋间距绑扎→穿次梁上层纵筋→按箍筋间距绑扎→抽出横杆落骨架于模板内→板钢筋绑扎→清理模板→模板上画线→绑板下受力筋→绑负弯矩钢筋→楼梯钢筋绑扎→画位置线→绑主筋→绑分布筋→绑踏步筋。

各步骤的注意事项如下:

(1)在梁侧模板上画出箍筋间距,摆放箍筋。

(2)先穿主梁的下部纵向受力钢筋及弯起钢筋,将箍筋按已画好的间距逐个分开;穿次梁的下部纵向受力钢筋及弯起钢筋,并套好箍筋;放主次梁的架立筋;隔一定间距将架立筋与箍筋绑扎牢固;调整箍筋间距使间距符合设计要求,绑架立筋,再绑主筋,主次同时配合进行。次梁上部纵向钢筋应放在主梁上部纵向钢筋之上,为了保证次梁钢筋的保护层厚度和板筋位置,可将主梁上部钢筋降低一个次梁上部主筋直径的距离加以解决。

(3)框架梁上部纵向钢筋应贯穿中间节点,梁下部纵向钢筋伸入中间节点锚固长度及伸过中心线的长度应符合设计要求。框架梁纵向钢筋在端节点内的锚固长度也应符合设计要求,一般大于 45 d。梁上部纵向受力钢筋的箍筋,宜用套扣法绑扎。

(4)箍筋在叠合处的弯钩,在梁中应交错布置,箍筋弯钩采用 135°,平直部分长度为 $10d$ 。

(5)梁端第一个箍筋应设置在距离柱节点边缘 50 mm 处。梁与柱交接处箍筋应加密,其间距与加密区长度均要符合设计要求。梁柱节点处,由于梁筋穿在柱筋内侧,导致梁筋保护层加大,应采用渐变箍筋,渐变长度一般为 600 mm,以保证箍筋与梁筋紧密绑扎到位。

(6)在主、次梁受力筋下均应垫垫块(或塑料卡),保证保护层的厚度。受力筋为双排时,可用短钢筋垫在两层钢筋之间,钢筋排距应符合设计规范要求。

(7)梁筋的搭接:梁的受力钢筋直径等于或大于 22 mm 时,宜采用焊接接头或机械连接接头,小于 22 mm 时,可采用绑扎接头,搭接长度要符合规范的规定。搭接长度末端与钢筋弯折处的距离,不得小于钢筋直径的 10 倍。接头不宜位于构件最大弯矩处,受拉区域内一级钢筋绑扎接头的末端应做弯钩,搭接处应在中心和两端扎牢。接头位置应相互错开,当采用绑扎搭接接头时,在规定搭接长度的任一区段内有接头的受力钢筋截面面积占受力钢筋总截面面积的百分率,受拉区不大于 50%。

- 剪力墙钢筋绑扎

剪力墙钢筋绑扎:立 2 ~4 根竖筋→画水平筋间距→绑定位横筋→绑其余横竖筋。

各步骤的注意事项如下:

(1)立 2 ~4 根竖筋:将竖筋与下层伸出的搭接筋绑扎,在竖筋上画好水平筋分档标志,在下部及齐胸处绑两根横筋定位,并在横筋上画好竖筋分档标志,接着绑其余竖筋,最后再绑其余横筋。横筋在竖筋里面或外面应符合设计要求。

(2)竖筋与伸出搭接筋的搭接处需绑 3 根水平筋,其搭接长度及位置均符合设计要求,设计无要求时,应符合表 3.14 纵向受拉钢筋的最小搭接长度要求。

(3)剪力墙筋应逐点绑扎,双排钢筋之间应绑拉筋或支撑筋,其纵横间距不大丁 600 mm,钢筋外皮绑扎垫块或用塑料卡。

(4)剪力墙与框架柱连接处,剪力墙的水平横筋应锚固到框架柱内,其锚固长度应符合设计要求。如先浇筑混凝土后绑剪力墙筋时,柱内要预留连接筋或柱内预埋铁件,待柱拆模绑墙筋时作为连接用。其预留长度应符合设计或规范的规定。

(5)剪力墙水平筋在两端头、转角、十字节点、连梁等部位的锚固长度以及洞口周围加固筋等,均应符合设计、抗震要求。

(6)合模后对伸出的竖向钢筋应进行修整,在模板上口加角铁或用梯子筋将伸出的竖向钢筋加以固定，浇筑混凝土时应有专人看护，浇筑后再次调整以保证钢筋位置的准确。

● 楼板钢筋绑扎。

(1)清理模板上面的杂物，用墨斗在模板上弹好主筋、分布筋间距线。

(2)按画好的间距，先摆放受力主筋、后摆放分布筋。预埋件、电线管、预留孔等及时配合安装。

(3)在现浇板中有板带梁时，应先绑板带梁钢筋，再摆放板钢筋。绑扎板筋时一般用顺扣或八字扣，除外围两根筋的相交点应全部绑扎外，其余各点可交错绑扎(双向板相交点须全部绑扎)。

(4)如板为双层钢筋，两层筋之间须加钢筋马凳，以确保上部钢筋的位置。负弯矩钢筋每个相交点均要绑扎。

(5)在钢筋的下面垫好砂浆垫块，间距 1.5 m。垫块的厚度等于保护层厚度，应满足设计要求，如设计无要求时，板的保护层厚度应为 15 mm。盖铁下部安装马凳，位置同垫块。

● 楼梯钢筋绑扎

在楼梯底板上画主筋和分布筋的位置线。

根据设计图纸中主筋、分布筋的方向，先绑扎主筋后绑扎分布筋，每个交点均应绑扎。如有楼梯梁时，先绑梁筋后绑板筋。板筋要锚固到梁内。

底板筋绑完，待踏步模板支好后，再绑扎踏步钢筋。主筋接头数量和位置均要符合施工规范的规定。

● 成品保护及应注意的质量问题

(1)成品保护：

①楼板的弯起钢筋、负弯矩钢筋绑好后，不准在上面踩踏行走。浇筑混凝土时派钢筋工专门负责修理，保证负弯矩筋位置的正确性。

②绑扎钢筋时禁止碰动预埋件及洞口模板。

③钢模板内面涂隔离剂时不要污染钢筋。

④安装电线管、暖卫管线或其他设施时，不得任意切断和移动钢筋。

(2)应注意的质量问题：

①浇筑混凝土前检查钢筋位置是否正确，振捣混凝土时防止碰动钢筋，浇筑混凝土后立即修整甩筋的位置，防止柱筋、墙筋位移。

②梁钢筋骨架尺寸小于设计尺寸：配制箍筋时应按内皮尺寸计算。

③梁、柱核心区箍筋应加密，熟悉图纸，按要求施工。

④箍筋末端应弯成 135°，平直部分长度为 10 d。

⑤梁主筋进支座长度要符合设计要求，弯起钢筋位置准确。

⑥板的弯起钢筋和负弯矩钢筋位置应准确，施工时不应踩倒。

⑦绑板的盖铁钢筋应拉通线，绑扎时随时找正调直，防止板筋不顺、位置不准、观感不好。

⑧绑竖向受力筋时要吊正，搭接部位绑 3 个扣，绑扣不能用同一方向的顺扣。层高超过 4 m 时，应搭架子进行绑扎，并采取措施固定钢筋，防止柱、墙钢筋骨架不垂直。

⑨在钢筋配料加工时要注意，端头有对焊接头时，要避开搭接范围，防止绑扎接头内混入对焊接头。

模块小结

本模块以建筑施工主要工种实训为对象进行介绍，分别阐述了砌筑工、抹灰工、模板工、钢筋工的实训任务书、指导书及相关工种实训的技术要求。通过本模块的学习，学生能对各工种有基本的认识，为“零距离上岗”打下基础。

模块 4

施工综合训练

模块导读

● 基本要求　掌握常见建筑的砌体结构、钢筋混凝土结构、钢结构的施工体系的施工工艺、方法和程序技术要求及质量检查相关知识及相关内业资料的编制。

● 重点　通过不同结构体系的综合训练，使学生掌握相应结构体系的施工工艺、方法和程序技术等要求，进而能系统地掌握各结构体系综合训练的相关要点，加深对所学专业理论知识的理解，提高实际动手能力，并根据综合训练的相关流程掌握现行相关规范。

● 难点　相关内业资料的编制。

任务 1　砌体结构综合训练

本节讲述砌体结构施工综合训练，通过砖混结构施工综合训练，掌握砖混结构施工体系的施工工艺、方法和程序，培养独立组织完成施工的能力，同时在此基础上要求学生具有熟练掌握施工质量验收的能力，完成相关内业资料的编写。

砌体结构施工综合训练

4.1.1　砌体结构综合训练目的及安排

砖混结构具有取材方便、施工简单、成本低廉、历史悠久等特点，因此至今仍是一种极其重要的结构形式。通过砖混结构施工综合训练，掌握砖混结构施工体系的施工工艺、方法和程序，并养成独立组织完成施工的能力，同时培养熟练掌握施工质量验收的能力，完成相关内业资料的编写。

实训时间，根据不同的教学班级而不同，一般为 3 周。实训前由班级负责人联系实训负责人和指导教师领取实训器材和实训保护用品，具体工作任务和完成时间见表 4.1。

表 4.1　时间安排控制表

时　间	完成任务	完成情况	指导技师	指导教师
第一周	完成测量放线、墙体砌筑、脚手架的搭设			
第二周	完成构造柱、门窗过梁和楼板模板的搭设，钢筋绑扎，拆除实训成果，清扫场地			
第三周	编制砌体结构主体施工方案，完成实训报告，整理施工方案计划并装订上交			

4.1.2　砌体结构综合训练任务书

1）训练目的

通过训练使学生能深刻理解和掌握所学的理论知识，体验并在一定程度上掌握施工组织管理过程、基本技能操作方法等。

2）实现目标

通过完成综合训练任务应实现下列知识和能力目标：

（1）基本掌握砌筑工、钢筋工、模板工、架子工的操作技能。

（2）了解和掌握砖混结构施工程序、技术控制方法和手段，掌握和熟悉各种施工工艺及工种之间的工序关系。

（3）能综合利用所学知识参与解决施工中的技术和组织管理工作。

（4）能正确使用检测工具、检测方法去检测工程质量并填写报告。

3）训练项目及任务

（1）训练项目：砖混结构施工。

（2）项目任务量：以班为单位完成一个单元一层 200 ~ 250 m^2 住宅的结构施工。

（3）时间要求：按日历天 3 周。

（4）相关任务内容：

①施工准备工作：

a. 熟悉图纸，编制结构施工方案。

b. 编制材料、机具、劳动力组合计划。

c. 编制施工作业进度计划（按指定的任务量）。

d. 完成钢筋、模板、构件节点等放样。

e. 熟悉现场、加工皮数杆做好开工准备。

其中：前 4 项属文字类工作，每人必须完成，并在训练后按作业形式上交。

②施工作业：

a. 抄平放线，弹出应砌墙体的轴线和轮廓线。

b. 按需求试摆砖。

c. 墙体砌筑：组砌 240 墙、120 墙；安放墙拉筋；预留洞口、留直槎；构造柱留设；做钢筋砖过梁。

d. 钢筋工程：做钢筋配筋表；钢筋调直、下料；钢筋连接；钢筋成形；钢筋绑扎（挑梁、封口梁、圈梁、构造柱、楼梯、板）。

e. 模板工程：构造柱；挑梁、封口梁；楼梯；圈梁；现浇平板（阳台、厨卫间）。

f. 脚手架工程：钢管双排外架；门式外架；钢管单双排内架。

g. 工程质量自检、互检、评比：学习质量检测方法；填写质量评定表、自检表；评比工程、排列名次。

h. 拆除：模板；钢筋；墙体；脚手架；砂浆试块质量评定（按指定的条件评定）。

i. 编写训练总结，交施工方案、各种计划表、质检表等文件，并装订成册交老师评阅后给出成绩。

4）训练组织与管理

（1）每班配备两名指导教师，负责管理训练过程中的劳动纪律、质量安全、进度检查、学生成绩评定等工作。

（2）每班安排3个工种指导技师，由指导教师负责安排工作并考勤。

（3）参加训练班级由指导教师指派3～5名学生组成管理小组辅助教师工作。

（4）实训室负责材料、机具采购供应，指导技师招聘，维修检查及训练后的清理；同时全面协调、宏观管理训练过程，负责对指导教师进行考勤考评。

5）时间分配与分组要求

（1）建议各班学生分工种编组轮换作业。

（2）工种分工见表4.2。

表4.2 工种分工

木工兼架子工	1组
砌筑工	1组
钢筋工	1组
辅助工	1组

（3）进度计划安排见表4.3。

表4.3 时间分配表

阶 段	完成内容	所需时间/d	备 注
第一阶段	现场准备、领工具用品	1	其中，熟悉图纸、编写方案、计划等工作提前两周安排
第二阶段	施工作业	6	砌筑、安装、校正、加固
第三阶段	自检、互检、评比	2	自检、互检、填表、评比
第四阶段	拆除清理	3	场地清扫干净
第五阶段	填写训练报告、编制整理施工方案、装订上交	3	作业交老师评阅
合 计	现场作业10d，法定假日正常休息	15	其中，第二阶段的星期六、日不休息

4.1.3 施工图识读

1)建筑施工图识读

• 首页图

(1)图纸目录。图纸目录主要说明图纸的序号、图号、名称、图幅大小等,以方便施工时查阅图纸。

(2)施工图设计说明。施工图设计说明是对图样中无法表达清楚的内容用文字加以详细的说明,其主要内容包括工程概况、设计依据、所选用的标准图集的代号、建筑装修及构造的要求以及设计人员对施工单位的要求等。

(3)各种表格:

a. 门窗表。门窗表是对建筑物所有不同类型的门窗统计后列成的表格,以备施工、预算需要。

常用门窗类别编号如下:木门(M)、钢门(GM)、塑料门(SM)、铝合金门(LM)、卷帘门(JM)、防盗门(FDM)、防火门(FM 甲、乙、丙)、防火隔声门(FGM 甲、乙、丙)、防火卷帘门(FJM)、门联窗(MLC);木窗(MC)、钢窗(GC)、铝合金窗(LC)、木百叶窗(MBC)、钢百叶窗(GBC)、铝合金百叶窗(LBC)、塑料窗(SC)、防火窗(FC 甲、乙、丙)、隔声窗(GSC)、全玻无框窗(QBC)、幕墙(MQ)。

门窗表格式见表 4.4。

表 4.4 门窗表格式

类别	设计编号	洞口尺寸(宽×高)/mm	各层樘数			总樘数	采用标准图集及编号		备注
							图集代号	编号	
门									
窗									

b. 室内装修做法见表 4.5。

表 4.5 室内装修做法表格式

房间名称	部位						
	楼、地面		踢脚		墙裙		…
	名 称	图集编号	名 称	图集编号	名 称	图集编号	
堂屋(客厅)							
卧室							
厨房							
卫生间							

注:①对于未索引标准图的装修另行编号,可在表外标明;

②装修表无法表达的有详图者可在备注中标明详图号;

③可列表注:注明材料规格、颜色、构造和表中未表达的装修内容等。

• 总平面图

(1)总平面图的形成、用途与内容:

①总平面图的形成。将新建工程四周一定范围内的新建、拟建、原有和拆除的建筑物、构筑物连同其周围的地形、地物状况用水平投影方法和相应的图例所画出的工程图样,即为总平面图。

②总平面图的用途。总平面图是新建房屋定位、放线、土方施工、设备管网平面布置,以及布置施工现场的依据。

③总平面图的内容。总平面图用来表示一个工程的总体布局,具体表达新建房屋的位置、朝向与原有建筑物的关系,以及周围环境(如地形地貌、道路、绿化、水电等)的情况。

总平面图常用1∶500、1∶1 000、1∶2 000的比例绘制。由于比例较小,故总平面图上的房屋、道路、桥梁、绿化等都用图例表示。

(2)总平面图的识读。总平面图一般画在有等高线和坐标网格的地形图上,常用风向频率玫瑰图表示当地常年各方位吹风频率和房屋的朝向。风玫瑰在8个或16个方位线上用端点与中心的距离,代表当地这一风向在一年中发生次数的多少。一般用粗实线表示全年风向,用细实线范围表示夏季风向。风向由各方位吹向中心,风向线最长者为主导风向。

总平面图上的尺寸应标注新建房屋的总长、总宽及与周围房屋或道路的间距。尺寸以米(m)为单位,标注到小数点后两位。新建房屋的层数在房屋图形右上角用点数或数字表示,一般低层、多层用点数表示层数,高层用数字表示,如果为群体建筑,也可统一用点数或数字表示。

• 建筑平面图

(1)建筑平面图的形成、用途与内容:

①建筑平面图的形成。假想用若干水平剖切平面经过每层门窗洞口剖切房屋,把它剖切成若干段,分别对这若干段按正投影法用第一角画法自上投影到H面上得到的水平剖视图(除顶端段的投影为屋顶平面图外),称为建筑平面图,简称“平面图”。

一般情况下,房屋有几层就应画几个平面图。当房屋中间若干层的平面布局、构造情况完全一致时,则可用一个平面图来表达这相同布局的若干层,称为“标准层平面图”。

需要特别强调的是,每层平面图均为其相应段自上投影到H面上的投影。如底层平面图应画出房屋最下一段的水平剖面图,以及相关的台阶、花池、散水、垃圾箱等的投影;二层及以上平面图只画相应段范围的投影内容,而对于底层平面图上已表达清楚的台阶、花池、散水、垃圾箱等内容就不再画出。

②建筑平面图的用途。建筑平面图是施工放线、砌墙、安装门窗、室内外装修及编制工程预算的重要依据,是建筑施工中的重要图纸。

③建筑平面图的内容。建筑平面图反映新建建筑的平面形状、房间的位置、大小、相互关系、墙体的位置、厚度、材料、柱的截面形状与尺寸大小,门窗的位置及类型。

建筑平面图常用的比例是1∶50、1∶100或1∶200,其中1∶100使用最多。

(2)建筑平面图的识读:

平面图一般可按以下步骤识读:

一看图名、比例。在平面图的下方看图名和比例。

二看平面布置及朝向。平面图中表示了建筑的平面形状、房间的数量、位置、大小、相互关系等基本情况,同时还表示了台阶、坡道、雨篷、阳台等细部构造。

根据底层平面图中画的指北针可以判断建筑朝向(其指针方向为北向)。需要注意的是,该朝向应与总平面图一致。

三看尺寸及标高。在建筑平面图中,用定位轴线确定房屋主要承重构件(墙、柱、梁)的位置及标注尺寸的基线。定位轴线按“国标”规定:横向编号应用阿拉伯数字,从左至右顺序编写;竖向编号应用大写拉丁字母,从下至上顺序编写,并除去I,O,Z3个字母(易与数字1,0,2混淆)。

四看门窗的位置及编号。在建筑平面图上所有的门窗都进行了编号。门常用M_1,M_2等表示,窗

常用 C_1,C_2 等表示。也可用标准图集上的门窗代号来编注门窗。

五看剖切位置、索引标志。底层平面图中画有与建筑剖面图相配套的剖切符号。如图中某个部位需要画出详图,则在该部位要标出详图索引标志。

六看各专业设备的布置情况。

• 建筑立面图

(1)建筑立面图的形成。建筑立面图是按正投影法并用第一角画法将建筑各个墙面进行投影所得到的正投影图。某些平面形状曲折的建筑物,可绘制展开立面图;圆形或多边形平面的建筑物,可分段展开绘制立面图,但均应在图名后加注"展开"二字。

(2)建筑立面图的用途。立面图主要反映房屋各部位的高度、外貌和装修要求,是建筑外装修的主要依据。

(3)建筑立面图的内容。立面图的命名方式有 3 种:

①按朝向命名:建筑物的某个立面面向那个方向,就称为那个方向的立面图(适用于正对方向的建筑)。

②按外貌特征命名:将建筑物反映主要出入口或比较显著地反映外貌特征的那一面称为正立面图,其余立面图依次为背立面图、左立面图和右立面图。

③按建筑平面图中的首尾轴线命名:按照观察者面向建筑物从左到右的轴线顺序命名。

施工图中这 3 种命名方式都可使用,但每套施工图只能采用其中一种方式命名。

• 建筑剖面图

(1)建筑剖面图的形成、用途与内容:

①建筑剖面图的形成。假想用一个或多个垂直于外墙轴线的铅垂剖切面,将整个房屋从屋顶到基础剖开,把切平面与观者之间的部分移开,将剩下部分按垂直于切平面的方向投影而画成的图样,称为建筑剖面图,简称剖面图。

②建筑剖面图的用途。建筑剖面图用以表示房屋内部的结构或构造形式、分层情况和各部位的联系、材料及其高度等,是与平、立面图相互配合的不可缺少的重要图样之一。

③建筑剖面图的内容。剖面图是在建筑设计的平面、立面基础上为反映室内立面情况而绘制的,所以剖面图的轴线、墙体、门窗、房间、楼梯、屋顶、阳台等的用材和尺度所有元素都必须与平面和立面图保持一致。

④剖面图的数量。剖面图的数量是根据房屋的具体情况和施工实际需要而决定的。剖切面一般横向,其位置应选择在能反映出房屋内部构造比较复杂与典型的部位,并应通过门窗洞的位置。若为多层房屋,应选择在楼梯间或层高不同、层数不同的部位。

习惯上,剖面图中可不画出基础的大放脚。

(2)建筑剖面图的识读:

一看图名、比例。在剖面图的下方看图名和比例。剖面图的图名应与底层平面图上所标注剖切符号的编号一致,如 1—1 剖面图、2—2 剖面图等。

建筑剖面图的比例常与平面图、立面图的比例一致,即采用 1:30、1:100 和 1:200 绘制。

二看内部构造。建筑剖面图中常标出被剖切到的房间名称。当剖面图比例大于 1:50 时,应在断面中画出材料图例;当剖面图比例小于 1:50 时,常用简化的材料图例表示其断面的材料,如钢筋混凝土可在断面涂黑。

三看尺寸标注。建筑剖面图中应标注房屋建筑的内外部尺寸。外部沿竖直(高度)方向标注三道尺寸及建筑物的室内外地坪、各层楼面、门窗的上下口及墙顶等部位的标高。最外一道为从室外地坪起到墙顶止的总尺寸;中间一道为层高(一般指两层之间楼地面的垂直距离)尺寸;最里边一道为细部尺寸(剖切外墙的墙段及洞口等尺寸)。

内部的门窗洞、设备等一般只标注其定位、定形尺寸。

在水平方向常标注剖到的墙、柱及剖面图两端的轴线编号及轴线间距。

四看细部构造。在剖面图中,由于比例较小,某些部位如墙脚、窗台、过梁、墙顶等节点,不能详细表达,可在其相应部位处,画出详图索引标志,另用详图来表示其细部构造及尺寸。此外对楼地面及墙体的内外装修,可用文字分层标注。

2)结构施工图识读

- 结构施工图的基本内容

结构施工图表达的是结构设计的内容和相关工种(建筑、给排水、暖通、电气)对结构的要求,是施工放线,基槽开挖,绑扎钢筋,浇筑混凝土,安装梁、板、柱等各类构件以及计算工程造价,编制施工组织设计的依据。

结构施工图的基本内容包括结构设计说明、结构布置图、结构详图。

(1)结构设计说明。结构设计说明是结构施工图的纲领性文件,它结合现行规范的要求,针对工程结构的特殊性,将设计依据、材料选用、标准图选用以及对施工的特殊要求等,用文字的表达方式形成的设计文件。它一般要表达以下内容:

①工程概况:建设地点、结构形式、抗震设防类别、抗震设防烈度、结构抗震等级、结构安全等级、结构设计使用年限、设计依据、荷载选用、砌体施工质量控制等级等。

②材料选用:混凝土强度等级、钢筋级别、砌体材料中的块材和砂浆强度等级等,以及钢结构中结构用钢材的情况及对焊条或螺栓的要求等。

③地基基础情况:采用的地勘报告情况、地质土质情况、不良地基的处理方法和要求,采用的基础形式,地基持力层承载力特征值或桩基的单桩承载力特征值,试桩要求,沉降观测要求以及地基基础的施工要求等。

④结构构造要求:混凝土保护层厚度、钢筋的锚固、钢筋的接头、钢结构的焊缝、后浇带或加强带的留设位置及构造要求等。

⑤施工要求:施工顺序、施工方法、质量标准以及与其他工种配合施工等方面的要求。

⑥选用的标准图集。

⑦其他必要的说明。

(2)结构布置图:

①基础平面图及基础详图:基础平面图以表示基础部位构件的平面位置为主要目的;基础详图表示基础和基础部位构件的编号、标高、详细尺寸及做法。

桩基础还包括桩位平面图,工业建筑还有设备基础布置图。独立柱基础详图包括基础平面图、剖面图及钢筋配置情况等,条形基础详图通常为剖面图。

②结构平面布置图:主要表示该楼层的梁、板、柱的位置、标高、编号、详细尺寸、钢筋配置情况、预埋件及预留洞的位置。如果采用预制构件楼板,则应表明预制构件编号、荷载等级及数量。工业建筑包括柱网、吊车梁、柱间支撑、屋面板、天沟板、屋架及屋盖支撑系统布置图。

为了清楚表示构件的详细内容,除了能选用标准图以外,都要增加必要的剖面图和节点详图来表示节点的具体尺寸、构造做法及配筋情况。

(3)结构详图:包括平面布置图中未表示清楚的梁、板、柱详图,基础详图,楼梯详图,屋架详图,模板、支撑、预埋件详图以及选用的构件标准图等。

在构件详图中,应详细表达构件的尺寸、标高、钢筋配置情况、构件连接方式等。对于复杂的混凝土构件需要给出模板图,模板图着重表示预留洞、预埋件的位置、形状及数量,必要时增加轴测图。

• 结构施工图的识读

钢筋混凝土房屋的形式很多,这里仅介绍框架及框架-剪力墙结构施工图的识读。

(1)结构施工图的识读要领。在识读结构施工图前,必须先阅读建筑施工图,建立起建筑物的轮廓概念,了解和明确建筑施工图平面、立面、剖面的情况以及构造连接和构造做法。在识读结构施工图期间,还应反复对照结构施工图与建筑施工图对同一部分的表示方法,这样才能准确地理解结构施工图中所表示的内容。

识读结构施工图也是一个由浅入深、由粗到细的渐进过程(简单的结构施工图例外)。与建筑施工图一样,结构施工图的表示方法遵循投影关系,其区别在于结构施工图用粗线条表示要突出的重点内容,为了使图面清晰通常利用编号或代号表示构件的名称和做法。

在识读结构施工图时,要养成做记录的习惯,以便为以后的工作提供技术资料。由于各工种的分工不同,各工种的侧重点也不同,要学会总揽全局,这样才能不断提高识读结构施工图的能力。

(2)结构施工图的识读。结构施工图的识读步骤可表示为如图4.1所示的框图情况。

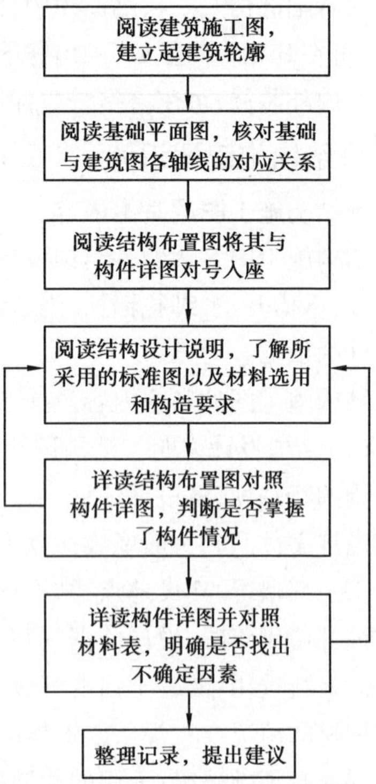

图4.1 结构施工图的识读步骤详图

①结构设计说明的阅读。了解对结构的特殊要求,了解说明中强调的内容,明确材料质量要求以及要采取的技术措施,了解所采用的技术标准和构造要求,了解所采用的标准图。

②基础施工图的识读。基础布置图一般由基础平面图和基础详图组成。阅读时要注意基础的标高和定位轴线的数值,了解基础的形式和区别,明确各部位的尺寸和配筋,注意其他工种在基础上的预埋件和预留洞。这里仅介绍独立柱基础、柱下条形基础和筏板基础施工图。

a. 独立柱基础。独立柱基础有阶梯形和锥形两种形式,如图4.2所示。图4.3为某钢筋混凝土独立柱基础平面图和基础详图。

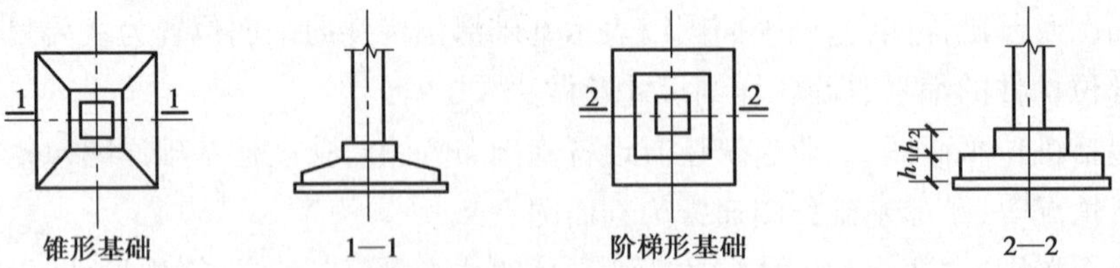

图4.2 独立柱基础常用的形式

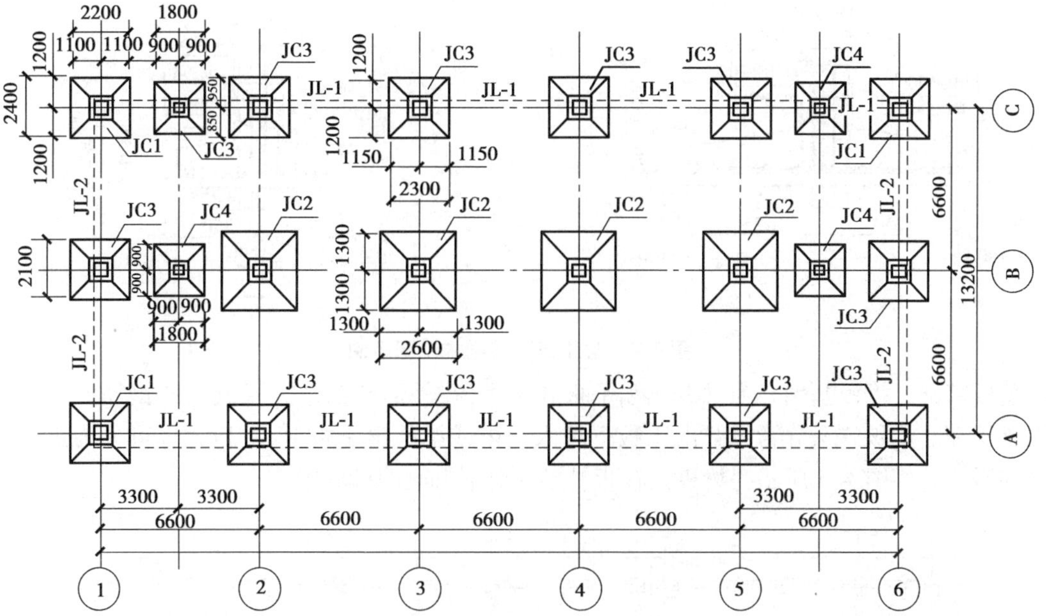

基础平面图

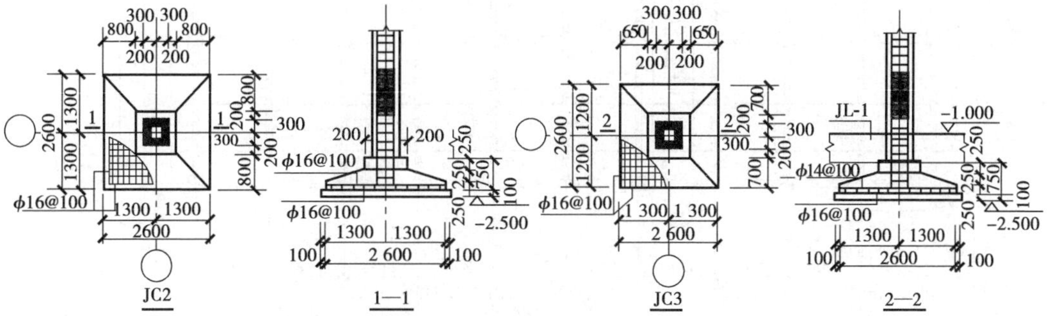

图 4.3 独立柱基础施工图示例

b. 柱下条形基础。如图 4.4 所示为某钢筋混凝土柱下条形基础平面图和基础。

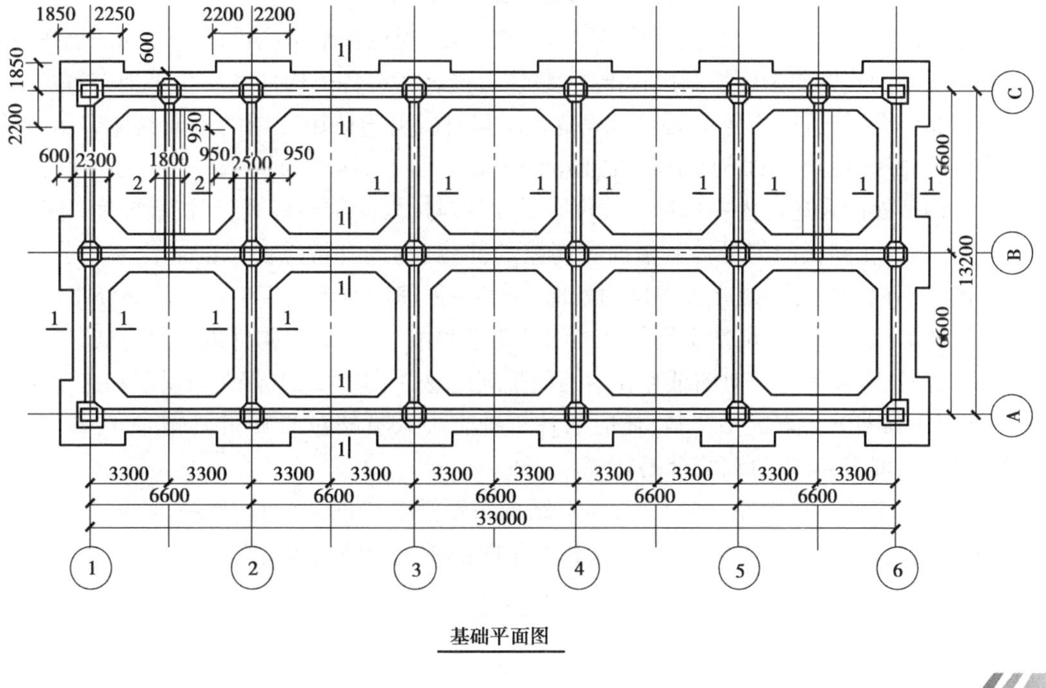

基础平面图

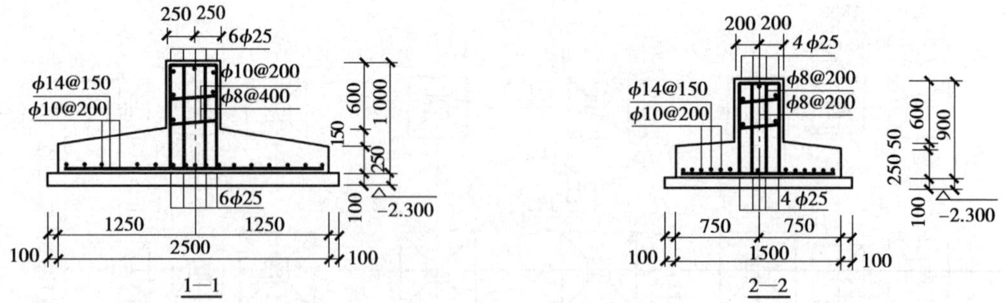

图 4.4　柱下条形基础施工图示例

c. 筏板基础。筏板基础分为梁板式和平板式两类，在外形和构造上像倒置的钢筋混凝土肋形楼盖和无梁楼盖。梁板式又分为梁凸出于板下埋入土内或梁凸出于板上，平板式也可分为板顶加墩式或板底加墩式。如图 4.5 所示为梁板式筏板基础，基础剖面图从略。

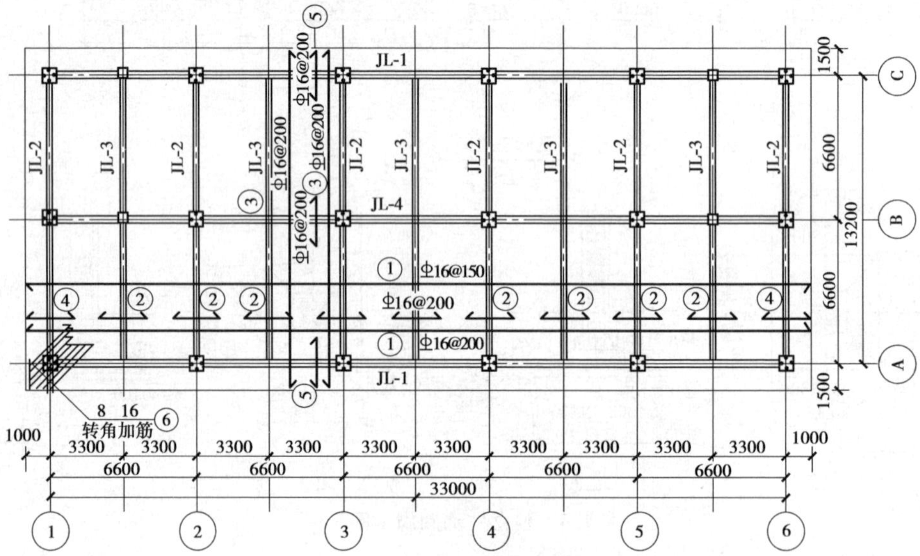

图 4.5　筏板基础平面图示例

③结构布置图的识读。结构布置图是将梁、柱、剪力墙、现浇板结构构件的尺寸和配筋等，按照平面整体表示方法制图规则作为模块制成标准图，整体直接表达在各类构件的结构平面布置图上，再与标准构造详图相结合，使得结构施工图表示规范化。梁、柱、剪力墙施工图的平面整体表示方法的识读在下节作详细介绍，现浇板的结构平面图如图 4.6 所示。

现浇板结构平面图表达的内容包括轴线尺寸、轴线编号、板面结构标高、现浇板厚度、钢筋配置情况、节点详图号以及相同板的编号等。板面有高差的部位、构造有特殊要求的部位采用节点详图表达。现浇板的下部钢筋短方向放在长方向的下部，上部负钢筋应布置垂直于负钢筋的分布钢筋。

结构布置图的识读要了解清楚主要构件的细部要求和做法、与其他构件的连接方式，钢筋的配置情况、特殊部位的技术要求等。对图纸存在的问题整理汇总，提出图纸中存在的遗漏和施工中存在的困难，为技术交底和图纸会审提供资料；还应和各工种有关人员核对与其相关的部分，如电气、给排水、暖通的预留、预埋等，确定协调配合的方法。

④结构详图的识读。将构件对号入座，核对结构布置图上构件的位置、标高、数量是否与详图相吻合，有无标高、位置和尺寸的矛盾，了解清楚构件中配件或钢筋的细部情况。

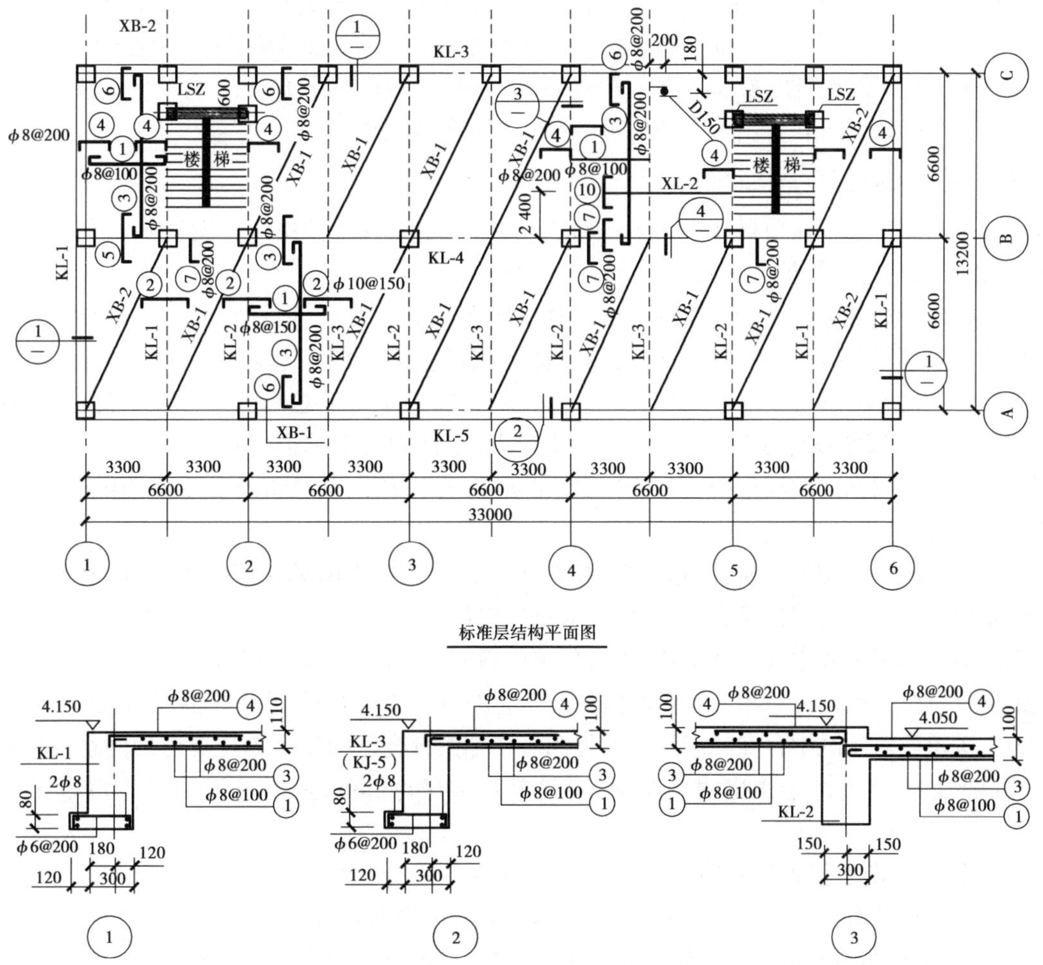

图4.6 结构平面布置图及节点详图示例

4.1.4 图纸会审

工程中,图纸会审是指工程各参建单位(建设单位、监理单位、施工单位)在收到设计院施工图设计文件后,对图纸进行全面细致的熟悉,审查出施工图中存在的问题及不合理情况并提交设计院进行处理的一项重要活动。图纸会审由建设单位组织并记录。通过图纸会审可以使各参建单位特别是施工单位熟悉设计图纸、领会设计意图、掌握工程特点及难点,找出需要解决的技术难题并拟订解决方案,从而将因设计缺陷而存在的问题消灭在施工之前。

1)图纸会审的目的

为了使参与工程建设的各方了解工程设计的主导思想、建筑构思和要求,采用的设计规范,确定的抗震设防烈度、防火等级,基础、结构、内外装修及机电设备设计,对主要建筑材料、构配件和设备的要求,所采用的新技术、新工艺、新材料、新设备的要求以及施工中应特别注意的事项,掌握工程关键部分的技术要求,保证工程质量,设计单位必须依据国家设计技术管理的有关规定,对提交的施工图纸,进行系统的设计技术交底。同时,也为了减少图纸中的差错、遗漏、矛盾,将图纸中的质量隐患与问题消灭在施工之前,使设计施工图纸更符合施工现场的具体要求,避免返工浪费。在施工图设计技术交底的同时,监理单位、设计单位、建设单位、施工单位及其他有关单位需对设计图纸在自审的基础上进行会审。施工图纸是施工单位和监理单位开展工作最直接的依据。现阶段大多对施工进行监理,设计监理很少,图纸中差错难免存在,故设计交底与图纸会审更显必要。设计交底与图纸会审是保证工程质量的重要环节，是保证工程质量的前提，也是保证工程顺利施工的主要步骤。监理和各有关单位应当充分重视。图纸会审的目的概括为以下两点：一是，使施工单位和各参建单位熟悉设计图纸，了解工程特点和设计意图，找出需要解决的技术难题，并制订解决方案；二是，为了解决图纸中存在的问题，减少图纸的差错，将图纸中的质量隐患消灭在萌芽之中。

2）图纸会审的程序

设计交底与图纸会审在项目开工之前进行，开会时间由监理单位决定并发通知。参加人员应包括监理、建设、设计、施工等单位的有关人员。

按《建设工程监理规范》（GB/T 50319—2013）第 5.2.2 条要求，项目监理人员应参加由建设单位组织的设计技术交底会，一般情况下，设计交底与图纸会审会议由总监理工程师主持，监理单位和各专业施工单位、含分包单位、分别编写会审记录，由监理单位汇总和起草会议纪要，总监理工程师应对设计技术交底会议纪要进行签认，并提交建设、设计和施工单位会签。

图纸会审可采用全部图纸集中会审、分部图纸会审、分阶段图纸会审及分专业图纸会审，具体会审形式由监理确定。

（1）图纸会审的一般程序：业主或监理方主持人发言→设计方图纸交底→施工方、监理方代表提问题→逐条研究→形成会审记录文件→签字、盖章后生效。

①图纸会审会议由业主或监理主持，主持单位应做好会议记录及参加人员签字。

②由设计单位介绍设计意图、结构设计特点、工艺布置与工艺要求、施工中注意事项等。

③各有关单位对图纸中存在的问题进行提问。参加图纸会审的每个单位提出的问题或优化建议在会审会议上必须经过讨论作出明确结论；对需要再次讨论的问题，在会审记录上明确最终答复日期。

④图纸会审记录由监理负责整理并分发各个相关单位执行、归档。

⑤各个参建单位对施工图、工程联系单以及图纸会审记录做好备档工作。

⑥作废的图纸设计以书面形式通知，各个施工单位自行处理，不得影响施工。

（2）图纸会审前必须组织预审。阅图中发现的问题应归纳汇总，会上派一代表为主发言，其他人可视情况适当解释、补充。

（3）施工方及设计方专人对提出和解答的问题作好记录，以便查核。

（4）整理成为图纸会审记录，由各方代表签字盖章认可。

3）图纸会审的内容

图纸会审的主要内容如下：

（1）是否无证设计或越级设计；图纸是否经设计单位正式签署。

（2）地质勘探资料是否齐全。

（3）设计图纸与说明是否符合当地要求。

（4）设计地震烈度是否符合当地要求。

（5）几个设计单位共同设计的图纸相互间有无矛盾；专业图纸之间，平、立、剖面图之间有无矛盾；标注有无遗漏。

（6）总平面与施工图的几何尺寸、平面位置、标高等是否一致。

（7）防火、消防是否满足。

（8）建筑结构与各专业图纸本身是否有差错及矛盾；结构图与建筑图的平面尺寸及标高是否一致；建筑图与结构图的表示方法是否清楚；图纸是否符合制图标准；预埋件是否表示清楚；有无钢筋明细表或钢筋的构造要求在图中是否表示清楚。

（9）施工图中所列各种标准图册，施工单位是否具备。

(10)材料来源有无保证,能否代换;图中要求的条件能否满足;新材料、新技术的应用是否有问题。

(11)地基处理方法是否合理;建筑与结构构造是否存在不能施工、不便于施工的技术问题,或容易导致质量、安全、工程费用增加等方面的问题。

(12)工艺管道、电气线路、设备装置、运输道路与建筑物之间或相互间有无矛盾,布置是否合理。

(13)施工安全、环境卫生有无保证。

(14)图纸是否符合监理大纲所提出的要求。

4)会审记录的内容

图纸会审后应有施工图会审记录。会审记录应标明以下各项:

(1)工程名称:所在工程名称。

(2)工程编号:所在工程编号。

(3)表号:图纸会检表的表号。

(4)图纸卷册名称:所审图纸的卷册名称。

(5)图纸卷册编号:所审图纸的卷册编号,图纸中应注明。

(6)主持人:此处为监理人员签名,主持。

(7)时间:图纸会审时间,应注明×年×月×日。

(8)地点:图纸会审场所。

(9)参加人员:所有参与人员,包括工程各参建单位(建设单位、监理单位、施工单位)的与会人员。

(10)图纸会审中提出意见:

a. 图号:有问题的图纸编号;

b. 提出单位:提出的问题的单位(一般填写施工单位);

c. 提出意见:提出的问题 (一般由施工单位提出);

d. 处理意见:对提出的问题做出的回复(由设计院作出回复)。

(11)签字、盖章:表底应有设计单位代表、建设单位代表、施工单位代表、监理单位代表的签字 以及各单位盖章。

图纸会审记录表示例见表4.6。

表4.6 图纸会审记录表

工程名称				共 页 第 页	
会审地点		记录整理人		日期	年 月 日
参加人员	建设单位:				
	设计单位:				
	监理单位:				
	施工单位:				

续表

序号	图纸编号	提出图纸问题	图纸修订意见
1	建施 1		
2	建施 2		
3	结施 1		
4	结施 2		
5	结施 3		
6	结施 4		
7	结施 5		
建设单位： 年 月 日	设计院代表： 年 月 日	监理单位： 年 月 日	施工单位： 年 月 日

注：①所有会审图纸均应记录在表内。无意见时，应在“提出图纸问题”“图纸修订意见”栏内注明“无”。

②本表一式四份，由施工单位填写、整理并存一份，与会单位会签各存一份。

5）会审记录的发送

（1）盖章生效的图纸会审记录由施工单位的项目资料员负责发送。

（2）会审记录发送到建设、设计、监理、施工单位。

6）图纸会审实务模拟（指导书）

• 形式组织

（1）以各组图纸内容相同者组合成一个班，共分成 4 个大班。

（2）由指导老师组成 4 套班子，分别代表业主、设计、监理、施工各方。其中，业主代表 1 人，设计单位代表 2 人，监理方代表 1 人。

（3）指定教室作为会场，其布置方式如图 4.7 所示。

（4）各班推选 4 名代表参加会审，在指定席位上代表施工单位。

其中：

a. 主讲人 2 名（结构方面、建筑方面各班一名）；

b. 记录 2 名（每班一名）；

c. 补充发言人 2 名（结构方面、建筑方面各班一名，交叉安排）；

d. 预备发言人 2 名。

• 会审程序及方法

（1）参加单位：

①业主（建设单位），业主代表（专业技术负责人）。

②监理单位：总监理工程师、专业监理工程师、监理员等。

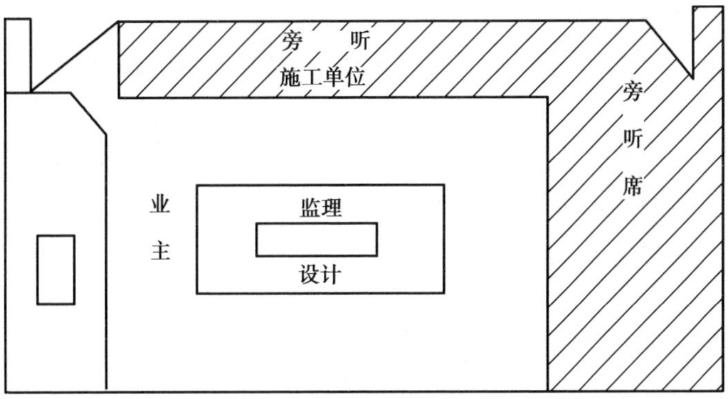

图4.7 会场布置图

③设计单位:项目负责人、各专业设计师等。

④施工单位:项目经理、技术负责人、各专业主要工长、质检安全员等。

(2)会审召集主持:

①由施工单位提出会审时间(或由业主指定时间),由业主召集安排并具体负责相关事宜。

②由业主或业主委托监理工程师主持。

(3)会审过程和方法:

①由主持人致开场白并安排会议顺序和相关事项。

②由设计单位进行设计交底或对图纸中的相关问题进行说明等(对特殊部位有特殊要求处应进行技术措施交底),交底按建筑、结构、水、电等顺序进行。

③由施工单位代表、监理单位代表针对图纸中的相关疑问或问题请设计单位答复。

④会商可能的重大变更。

⑤会商交流后形成会审纪要。

注:会议中各参加方均应记录相关事宜,主要内容记录以施工单位记录的为主。在会商时,参照各方记录,形成统一意见后,由施工单位整理,报请各参加单位审查并签字盖章后形成正式设计施工文件并生效。

• 会审的准备工作

(1)会审前,各班应组织内部预审,反复推敲问题内容,正式确定后,再罗列出来。

(2)问题确定后,各班确定会议发言人代表,按前面安排的名额及内容作相应的准备工作。

(3)会审中应注意把握提问方式、方法、言辞技巧等,本着解决疑问、弄清问题、有利施工的原则进行。

(4)问题按列表的方式打印成册,交给参加会议的各方代表。会议记录表见表4.7。

表4.7 会议记录表

序号	图纸图号	构件名称或部位	问 题	答复结果	备 注

• 会审问题的答复与资料整理

(1)图纸中的问题由指导老师在会上作正式答复,不能确定的内容由老师直接指定或假定结果作为会审文件依据。

(2)会审后的资料(会审纪要)由各班整理并印发到每个指导老师和同学手中,作为编制方案或其他作业的依据,正式印发前应交指导老师审查。

4.1.5 主体结构施工方案的编制

1)作业任务及要求

• 作业任务

根据给定的图纸、资料及相应条件编写出主体结构施工方案(图纸见附录2)。

• 任务要求

(1)完成现场平面布置图一张(用A4纸画)。

(2)完成下列几个计划表:

①施工准备工作计划一览表(见表4.8)。

表4.8 施工准备工作一览表

序号	准备工作内容	规格规模/m^2	完成时限	备　注
1	材料库搭建	××	具体时间或开工前多少天完成	
2	办公室搭建	××		
3	材料检验(分品种、批次)			
4	配合比设计书			
5	塔机安装			
⋮	⋮			

②劳动力组织需求计划表。

③机械机具需求计划表。

④基础施工作业计划表(用横道图表求)。

⑤主体结构施工计划表(用横道图表求)。

(3)编写各分部分项工程施工技术措施。

(4)方案中要体现出图文并茂(节点大样示意图)。

(5)该工程给定工期280 d,其中主体结构施工期占总工期的43% ~45%,依此编制工期计划。

(6)假定开工期为×年×月×日(跨雨季)。

2)作业的内容及基本格式

(1)封面。

(2)方案目录。

(3)方案内容

- 工程概况及特点
- 施工总体部署
- 施工准备工作
- 现场总平面布置图
- 施工测量、定位放线
- 主体结构施工方法及技术措施
  - 主体结构施工工艺流程
  - 基础施工
  - 上部砌体结构施工
    - 脚手架工程
    - 砌筑施工
    - 构造柱施工
    - 圈梁施工
    - 现浇板施工
    - 现浇楼梯施工
- 质量保证措施
- 安全文明生产

(4)各种表格

- 基础课程施工作业计划表
- 主体结构施工进度计划表
- 劳动力需求计划表
- 机械机具需求计划表

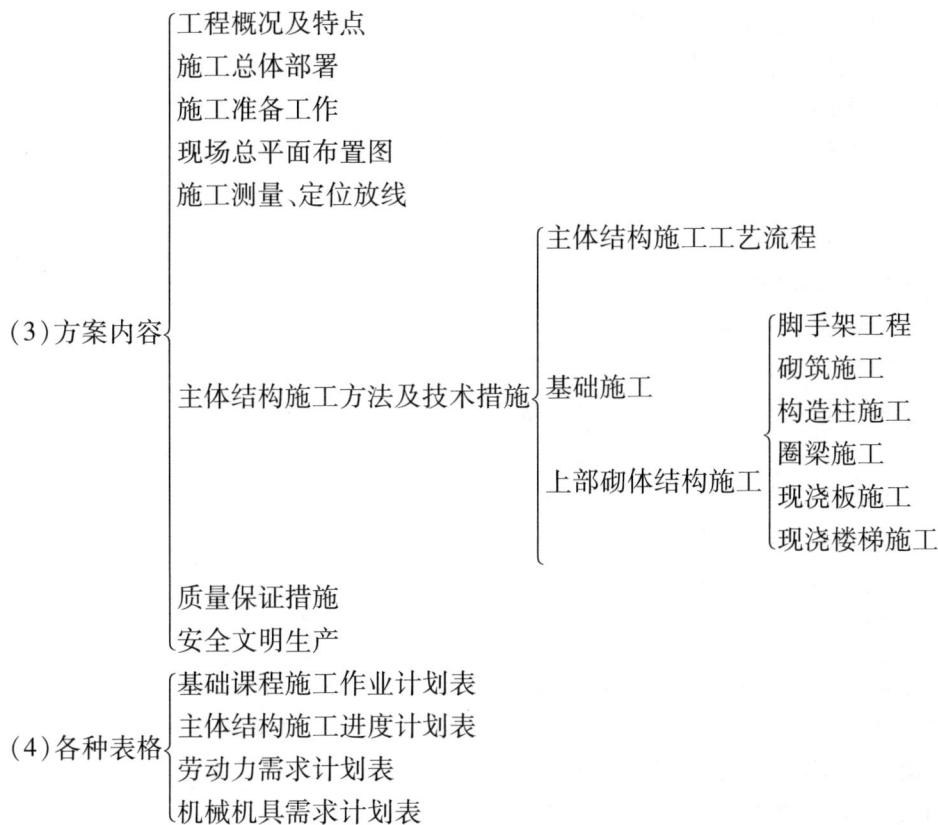

(5)作业内容要求:

①工程概况

- 工程地点、结构形式、开竣工时间等
- 工程特点及难点

②施工总体布置

- 组织机构设立
- 质量目标
- 工期目标
- 文明施工目标
- 安全生产目标
- 环境保护目标

③施工准备工作一览表(样式、内容按计划安排填写,并可以分类,示例见表4.8)。

④现场总平面布置图:包括塔吊安装位置、搅拌机安装位置、各种临设位置、施工道路、弃土堆土位置、食堂等。

⑤定位放线、施工测量:

a. 定位放线

- 确定放线尺寸
- 放线依据
- 放线方法
- 控制桩作法
- 控制线引测
  - 依据
  - 方法

b. 施工测量
- ±0.000 的引测标注点确定
- 标高测试及传递方法
- 阶段测量放线方法、要求
- 沉降观测点的布置及方法

⑥主体结构施工方法：

a. 主体结构施工工艺流程。

b. 砖基础施工
- 施工组织安排
- 大放脚的组砌要求
- 轴线控制方法、要求
  - 垫层上双面弹线
  - 双面拉线砌筑
  - 立皮数杆等
- 施工段安排
- 基础验收准备工作

c. 基础回填
- 方法
  - 机械——填夯
  - 人工——填夯
- 要求：分层、分层厚度、土质对称、墙上堵洞

d. 上部主体结构施工：

e. 墙体砌筑高度、组砌层数的确定，十皮累计尺寸；

f. 墙体留槎方式，墙拉筋埋设；

g. 砌体质量要求；

质量控制要求，措施；

h. 脚手架工程
- 类型选择
- 用里脚手还是外脚手
- 脚手板种类，连墙固定方式
- 脚手架要求，注意事项
- 安全措施（洞口、周边、平网、立网）

i. 构造柱施工
- 马牙槎的做法、要求
- 墙拉筋的要求
- 模板种类、安装方法（图示）
- 混凝土浇筑——方法、要求、注意事项

j. 圈梁施工
- 模板种类
- 模板安装
- 模板要求
- 混凝土浇筑——方法、注意事项

k. 现浇板施工
- 模板种类
- 支撑系统方式
- 标高控制方法等

l. 楼梯施工
- 模板种类：钢、木层板、竹胶板
- 模板安装方法
- 施工时间
- 施工缝留置方法

4.1.6 实训计划及工具发放

1)实训仪器工具领取计划

(1)提前一天由实训室库房管理员通知各实训班级负责人凭有效证件以班级为单位前来实训室领取实训工具。

(2)由实训室库房管理员为实训学生做安全教育及实训工具的使用方法和正确维修方法的讲解。

(3)告知实训学生借用期限及损坏赔偿办法。

(4)各组由2~3人进入库房,由实训室库房管理员和实训班级负责人清点、检查实训工器具数量,并检查能否正常使用,如有缺损或不能正常使用,应立即补领或更换。

(5)由各实训班级负责人在登记表上填写班级、组号及日期,将登记表交由实训室库房管理人员保管。

(6)告知实训班级学生如期归还实训工、器具。实训工、器具应清洗干净以班级为单位归还实训室,由实训室库房管理员和实训班级负责人清点、检查实训工、器具的数量,并检查是否损坏。如果存在破损将依据实训工、器具管理制度处以罚款。

2)实训所需实训仪器工具

工作服、安全帽、手套、卷尺、钢尺、线锤、墨斗、线板、挂锁、砖刀、羊角锤、扳手、钢筋钩、铝合金靠尺、水桶、经纬仪、水平仪、木桩、龙门板和尼龙线。

注:上述材料部分可重复利用。

4.1.7 现场施工作业

1)任务及任务量

(1)取标准层中一个单元的一层为施工范围。

(2)作业内容含抄平放线、砌筑及技术控制、构件模板安装、钢筋绑扎、电器预埋管线安装、预留洞等。

2)完成任务方式

(1)以班级为单位分工合作完成上述任务量。

(2)任务实施完全依所编制的方案进行。

(3)班级分工组合由班上自由安排。

3)做法要求

(1)砂浆采用1:4石灰砂浆、机械搅拌。

(2)构件模板种类,可以用钢模板、木层板及竹胶板。如采用硬架支模则应采用厚木板(45~50 mm)。

(3)为使用硬架支模工艺的仿真效果演示更好,YKB板用轻型墙板代替,但上面不能上人。

(4)为了提高整体效果,构造柱模板与圈梁平面交接处应平齐处理,保证圈梁模板能通长安装。

4)分工组织与安排

(1)每个班派砖工、钢筋工、木工指导师傅各一人,负责全过程的施工技能作业指导。

(2)每班安排指导老师两名,负责日常管理、理论指导、考勤、考核、纪律检查、成绩评定等工作。

(3)每班按下列工种分工:

普工5人(专供砂浆)(36~48人班普工可为5~10人);砖工20人(砖自己运送,36~48人班可为20~25人);木工、钢筋工最后由普工和砖工组成;机动、协调、辅助管理5人。

5）拆除清理与考核

（1）施工作业完成后，及时进行质检评定，班与班之间可相互评比（质检评定的内容方法见施工内业资料填写指导书）。

（2）质检评比完成后，及时进行拆除。按逻辑关系进行合理拆除，主要是模板和钢筋。

（3）拆除要求：

①构件模板拆除按构件型号分别集中堆放，并做标记。

②钢筋板按照构件名称、钢筋编号，统一"打包"、集中堆放在指定地点。

③标准砖拆除应文明作业，分层进行，清理砖上的砂浆，堆码整齐。

（4）完工清场，归还工具、用具，完成施工作业。

4.1.8 注意事项

1）安全目标

做到全过程无任何安全事故。

2）安全组织及机构

（1）由指导老师组成安全领导小组，每位指导老师均为安全组成员，负责日常安全检查监督工作。

（2）各班指导老师作为安全事故第一责任人。

（3）各班由班长负责，组成由3人组成的安全监督小组，负责本班训练过程中的安全检查监督工作，挂牌上岗，兼职履行义务。

（4）聘请一名有经验的专职安全员，在全部训练过程中负责每天的安全检查工作，发现问题并及时处理。

3）安全措施

（1）每位学生着工作服、戴安全帽参加训练，学校统一发放劳保手套。

（2）危险机械的使用必须有专业师傅专职辅助作业，学生不得独立操作。

（3）指导老师在安排指导学生作业时，对具有危险性的作业内容要事先予以指导，使学生做到正确操作、安全施工。

（4）安全标志、安全条例挂牌上墙，提示操作人员注意。

（5）发现安全隐患和不安全行为，各层安全责任人都应立即制止，并对情节严重者给予批评教育直至处分。

（6）每项训练开始前，各班由指导老师进行安全交底，并组织学习相关安全常识。

4.1.9 图纸

砖混结构建筑施工图和结构施工图见附录Ⅰ。

任务2 钢筋混凝土结构施工综合训练

钢筋混凝土施工综合训练

4.2.1 目的和要求

1）钢筋混凝土结构综合训练项目

随着我国经济建设的大规模进行，建筑业迅速发展，产值规模不断扩张。我国建筑业完成了一系列关系国计民生的重大基础建设工程，极大地改善了人们住房、出行、通信、教育、医疗条件，而其中使用最多的便是钢筋混凝土结构体系。

对于钢筋混凝土结构施工、管理知识的掌握对土建类专业学生提出了较高的要求，因此，有必要开展钢筋混凝土结构综合训练。学生可通过综合训练掌握钢筋混凝土结构施工体系的施工工艺、方法和程序，培养独立组织并完成施工的能力，同时在此基础上熟练掌握施工质量验收的能力，完成相关内业资料的编写，最终对钢筋混凝土结构工程的施工过程有一个较完整的认识，体验和一定程度上掌握组织管理过程，达到理论联系实际、加深和巩固对专业理论知识的理解、增强实际动手能力的目的。教材围绕立德树人根本任务，瞄准企业高素质建筑人才需求，培养学生吃苦奉献、勇于奋斗、拼搏争先、乐观向上的精神品质，自我管理能力，职业生涯规划能力，工匠精神、团队协作精神，以及严谨求实、精益求精的职业素质。

2）钢筋混凝土结构综合训练要求

钢筋混凝土结构施工综合训练围绕给定的框架剪力墙结构工程（高层建筑）施工项目，完成以下任务：

（1）模拟图纸会审。

（2）编制钢筋混凝土结构工程施工组织设计。

（3）编制工程指定部位工程量，进行工料分析并提出计划。

（4）完成指定部位构件的钢筋大样表，并汇总提出材料计划。

（5）绘制模板工程的配板图（施工放样）并完成 200～250 m^2 的钢筋模板制、安、拆工作。

（6）完成钢筋模板工程的质量检测评定。

（7）掌握混凝土强度质量检测知识，进行混凝土强度质量评定。

4.2.2 计划及仪器工具

1）钢筋混凝土结构综合训练计划

实训时间，根据不同的教学班级而不同，一般为 4 周，实训前由班级负责人联系实训负责人和指导教师领取实训器材和实训保护用品，具体工作任务和完成时间见表 4.9。

表 4.9 时间安排控制表

时 间	完成任务	完成情况	指导技师	指导教师
第一周	领用工器具、实训内容及安全技术交底，完成测量放线，脚手架搭设，基础和柱、梁模板搭设			
第二周	完成楼板模板的搭设，钢筋绑扎			
第三周	拆除实训成果，清扫场地，编制单位工程施工组织设计			
第四周	完成实训报告、整理施工方案计划、装订上交			

2）实训仪器工具领取

（1）提前一天由实训室库房管理员通知各实训班级负责人凭有效证件以班级为单位前来实训室领取实训工具。

（2）由实训室库房管理员为实训学生进行安全教育，介绍实训工具的使用方法和正确维修方法。

（3）告知学生借用期限及损坏赔偿办法。

（4）各组由 2～3 人进入库房，由实训室库房管理员和实训班级负责人清点检查实训工器具数量，并检查是否可以使用或损坏,如有缺损或不能正常使用,立即补领或更换。

(5)由各实训班级负责人在登记表上填写班级、组号及日期。将登记表交由实训室库房管理人员。

(6)告知实训班级学生如期归还实训工器具,并应该清洗干净以班级为单位归还实训室,由实训室库房管理员和实训班级负责人清点检查实训工器具的数量,并检查是否损坏。如果存在破损,将依据实训工器具管理制度处以罚款。

3)实训所需实训仪器工具

实训所需实训仪器工具有工作服、安全帽、手套、卷尺、钢尺、线锤、墨斗、线板、挂锁、羊角锤、扳手、钢筋钩、水桶、经纬仪、水平仪、木桩、龙门板和尼龙线(上述材料部分可重复利用)。

4.2.3 实训任务书

1)训练目的

通过训练,使学生对钢筋混凝土框架结构工程的施工过程有一个较完整的认识。体验和一定程度上掌握组织管理过程,达到理论联系实际,加深和巩固对专业理论知识的理解,增强实际动手能力的目的。教材围绕立德树人根本任务,瞄准企业高素质建筑人才需求,培养学生吃苦奉献、勇于奋斗、拼搏争先、乐观向上的精神品质,自我管理能力,职业生涯规划能力,工匠精神、团队协作精神,以及严谨求实、精益求精的职业素质。

2)实现目标

通过完成综合训练任务应实现下列知识和能力目标:

(1)具有编写施工组织设计、施工预算的能力。

(2)具有钢筋配料放样、模板施工放样和工料分析、汇总计划的能力,并能按图实施。

(3)基本掌握钢筋工、模板工、架子工的一般操作技能。

(4)正确使用检测工具、检测方法对钢筋、模板工程质量进行检查并填写报告。

(5)了解和掌握钢筋混凝土框架结构施工程序、技术控制方法和手段,掌握和熟悉施工工艺及工种之间的工序关系。

3)训练项目

框架剪力墙结构工程(高层建筑)施工综合训练。

4)项目任务

(1)模拟图纸会审。

(2)编制框钢筋混凝土框架结构工程施工组织设计。

(3)编制工程指定部位工程量,进行工料分析并提出计划。

(4)完成部位构件的钢筋大样表,并汇总提出材料计划。

(5)绘制模板工程配板图(施工放样)并完成200~250 m^2 的钢筋模板制、安、拆工作。

(6)完成钢筋模板工程的质量检测评定。

(7)给定混凝土质量检测结果,进行混凝土强度质量评定。

5)训练时间

全过程按日历周数4周。

6)相关任务内容及要求

任务总体分成两大部分,即内业技术作业和现场施工技术作业。

7)内业技术作业

- 编制完整的施工组织设计

(1)熟悉图纸并分组会审(模拟场面按各学生手中图纸内容分组进行)。

(2)按规范的格式编制施工组织设计(施工部署、平面布置、施工技术措施、模板计算、脚手架计算等)。

(3)各种计划的编制、汇总。

• 计算实物工程量

(1)按指定的部位和任务书要求工作。

(2)钢筋加工大样表(按指定应搭建的部位)。

(3)材料分析汇总(钢筋)。

• 绘制模板施工大样图(配板图)

(1)梁、柱配板图(钢、铝合金、木模板不限)。

(2)剪力墙配板图(钢、铝合金、木模板不限)。

(3)特定部位配板图、节点构造图。

(4)提出施工部位的模板及支撑系统(钢管、扣件、木材)需求计划和相关配套材料计划(对拉件、柱箍等)。

• 编制作业计划与方案

按给定工期完成指定部位的模板工程和钢筋工程作业计划,按预定搭设的结构部位详细编制作业方案。

8)现场施工技术作业

• 建筑放线

按施工图纸完成建筑物拟订部位的放线工作,主要是轴线、模板安装线等,按放线规律和程序作业(达到实用性)。

• 模板制作安装

(1)根据结构形式和拟订方案制作安装模板体系。

(2)模板固定件加工制作。

(3)模板体系安装校正。

(4)定型组合钢模板与木模板配套使用。

• 钢筋制作

(1)调直、下料、制作成型。

(2)钢筋连接(焊接、机械连接)。

(3)钢筋绑扎。

• 质量检测、检验评定

(1)钢筋材质证明,抽样检查。

(2)钢筋焊接报告(模拟取样、实作对焊、竖向电渣压力焊、手工搭接焊、窄间隙焊、实际送检出结果)。

(3)钢筋机械连接(模拟取样、实作套筒挤压、滚轧直螺纹连接)。

(4)钢筋绑扎质量检查评定。

(5)模板工程质量检查评定。

(6)填写质量评定表、报告单。

9)训练组织与管理

(1)每班配备两名指导老师,负责组织管理训练过程中的劳动纪律、质量安全、进度检查、评定学生成绩等。

(2)每班安排3个指导师傅,由指导老师负责安排工作并考勤。

(3)钢筋工基本技能训练集中轮训,平行班级均在第一周完成(内容参照钢筋工实训任务书)。

(4)参加训练的班级由指导老师指派 3 ~5 名学生组成管理小组辅助教师工作。

(5)训练室负责材料、机具采购供应、工人师傅招聘、维修检查及训练后的清理。同时全面协调、宏观管理训练过程,负责对指导老师进行考勤考评。

10)时间分配与分组要求

• 时间分配

时间分配见表 4.10。

表 4.10 时间分配表

阶 段	完成内容	所需时间/d	备 注
第一阶段	(1)完成内业技术工作 1 ~4 项; (2)完成钢筋工基本技能训练	3 ~5	提前两周发给图纸,占用星期六、星期日
第二阶段	现场完成指定部位的模板、钢筋工程	12	制作、安装、校正、加固
第三阶段	质量检查、总结评比	2	自检、互检、填表、评比
第四阶段	拆除清理	1	场地清扫干净
第五阶段	施工资料、技术文件整理、装订成册	4	作业交老师评阅
说明:国家法定节假日不休,占用星期六、星期日		22 ~24	最后两周的星期六、日休息

• 劳动分工组合

(1)钢筋工基本技能训练:

①钢筋制作绑扎一组。

②钢筋竖向电渣压力焊、机械连接一组。

③钢筋手工焊接一组。

(2)场地内施工作业:

①钢筋组:6 ~8 人一组。

②模板工:二组。

③综合组:6 ~8 人一组(机动、辅助、协助管理)。

4.2.4 图纸会审指导书

工程中,图纸会审是指工程各参建单位(建设单位、监理单位、施工单位)在收到设计院施工图设计文件后,对图纸进行全面细致的熟悉,审查出施工图中存在的问题及不合理情况,并提交设计院进行处理的一项重要活动。图纸会审由建设单位组织并记录。通过图纸会审可以使各参建单位特别是施工单位熟悉设计图纸、领会设计意图、掌握工程特点及难点,找出需要解决的技术难题并拟订解决方案,从而将因设计缺陷而存在的问题消灭在施工之前。教学过程中本着以学生为中心的原则,引导学生继承和发展中华优秀传统文化,教育学生养成严谨周密、精益求精的科学态度以及团结协作的团队意识。

1)图纸会审的目的

为了使参与工程建设的各方了解工程设计的主导思想、建筑构思和要求,采用的设计规范,确定的抗震设防烈度、防火等级,基础、结构、内外装修及机电设备设计,对主要建筑材料、构配件和设备的要求,所采用的新技术、新工艺、新材料、新设备的要求以及施工中应特别注意的事项,掌握工程关键部分的技术要求,保证工程质量,设计单位必须依据国家设计技术管理的有关规定,对提交的施工图纸,进行系统的设计技术交底;同时,也为了减少图纸中的差错、遗漏、矛盾,将图纸中的质量隐患与问题消灭在施工之前,使设计施工图纸更符合施工现场的具体要求,避免返工浪费。在施工图设计技术交底的同时,监理部、设计单位、建设单位、施工单位及其他有关单位需对设计图纸在自审的基础上进行会审。施工图纸是施工单位和监理单位开展工作最直接的依据。现阶段大多数情况是对施工进行监理,设计监理很少,图纸中差错难免存在,故设计交底与图纸会审尤为必要。设计交底与图纸会审是保证工程质量的重要环节,是保证工程质量的前提,也是保证工程顺利施工的主要步骤。监理和各有关单位应当充分重视这项工作,其目的如下:

一是使施工单位和各参建单位熟悉设计图纸,了解工程特点和设计意图,找出需要解决的技术难题,并制订解决方案;

二是为了解决图纸中存在的问题,减少图纸的差错,将图纸中的质量隐患消灭在萌芽之中。

2)图纸会审的程序

设计交底与图纸会审在项目开工之前进行,开会时间由监理部决定并发通知。参加人员应包括监理、建设、设计、施工等单位的有关人员。

项目监理人员应参加由建设单位组织的设计技术交底会,一般情况下,设计交底与图纸会审会议由总监理工程师主持,监理部和各专业施工单位、含分包单位分别编写会审记录,由监理部汇总和起草会议纪要,总监理工程师应对设计技术交底会议纪要进行签认,并提交建设、设计和施工单位会签。

图纸会审可采用全部图纸集中会审、分部图纸会审、分阶段图纸会审及分专业图纸会审,具体会审形式由监理确定。

(1)图纸会审的一般程序:业主或监理方主持人发言→设计方图纸交底→施工方、监理方代表提问题→逐条研究→形成会审记录文件→签字、盖章后生效。

图纸会审会议由业主或监理主持,主持单位应做好会议记录,参加人员需签字。设计单位介绍设计意图、结构设计特点、工艺布置与工艺要求、施工中注意事项等。各有关单位对图纸中存在的问题进行提问。参加图纸会审的每个单位提出的问题或优化建议在会审会议上必须经过讨论得出明确结论;对需要再次讨论的问题,在会审记录上明确最终答复日期。

图纸会审记录由监理人员负责整理并分发至各个相关单位执行、归档。各参建单位对施工图、工程联系单及图纸会审记录做好备档工作。

作废的图纸设计以书面形式通知,各个施工单位自行处理,不得影响施工。

(2)图纸会审前必须组织预审。阅图中发现的问题应归纳汇总,会上派一代表为主发言,其他人可视情况适当解释、补充。

(3)施工方及设计方专人对提出和解答的问题做好记录,以便查核。

(4)整理图纸会审记录,由各方代表签字盖章认可。

3)图纸会审的内容

图纸会审的主要内容如下:

(1)是否无证设计或越级设计;图纸是否经设计单位正式签署。

(2)地质勘探资料是否齐全。

(3)设计图纸与说明是否符合当地要求。

(4)设计地震烈度是否符合当地要求。

(5)多个设计单位共同设计的图纸相互间有无矛盾;专业图纸之间,平、立、剖面图之间有无矛盾;标注有无遗漏。

(6)总平面与施工图的几何尺寸、平面位置、标高等是否一致。

(7)防火、消防是否满足。

(8)建筑结构与各专业图纸本身是否有差错及矛盾;结构图与建筑图的平面尺寸及标高是否一

致；建筑图与结构图的表示方法是否清楚；是否符合制图标准；预埋件是否表示清楚；有无钢筋明细表或钢筋的构造要求在图中是否表示清楚。

(9)施工图中所列各种标准图册施工单位是否具备。

(10)材料来源有无保证，能否代换；图中所要求的条件能否满足；新材料、新技术的应用是否有问题。

(11)地基处理方法是否合理；建筑与结构构造是否存在不能施工、不便施工的技术问题，或容易导致质量、安全、工程费用增加等方面的问题。

(12)工艺管道、电气线路、设备装置、运输道路之间或它们与建筑物之间有无矛盾，布置是否合理。

(13)施工安全、环境卫生有无保证。

(14)图纸是否符合监理大纲所提出的要求。

4)会审记录的内容

图纸会审后应有施工图会审记录。会审记录应标明：

(1)工程名称：所在工程名称，图纸中应注明。

(2)工程编号：所在工程名称，图纸中应注明。

(3)表号：图纸会审表的表号，登记所用。

(4)图纸卷册名称：所审图纸的卷册名称，图纸中应注明。

(5)图纸卷册编号：所审图纸的卷册编号，图纸中应注明。

(6)主持人：此处为监理人员签名。

(7)时间：图纸会审时间，应注明某年某月某日。

(8)地点：图纸会审场所。

(9)参加人员：所有参与人员，包括工程各参建单位(建设单位、监理单位、施工单位)的与会人员。

(10)提出意见：

①图号——有问题的图纸编号。

②提出单位——提出的问题的单位(一般填写施工单位)。

③提出意见——提出的问题(一般由施工单位提出)。

④处理意见——对提出的问题作出的回复(由设计院作出回复)。

(11)签字、盖章：表底应有设计单位代表、建设单位代表、施工单位代表、监理单位代表的签字，以及各单位盖章。

图纸会审记录见表4.11。

表4.11　图纸会审记录表

<table>
<tr><td>工程名称</td><td colspan="4"></td><td colspan="2">共　页　第　页</td></tr>
<tr><td>会审地点</td><td colspan="2"></td><td>记录整理人</td><td></td><td>日期</td><td>年 月 日</td></tr>
<tr><td rowspan="4">参加人员</td><td colspan="3">建设单位：</td><td colspan="3"></td></tr>
<tr><td colspan="3">设计单位：</td><td colspan="3"></td></tr>
<tr><td colspan="3">监理单位：</td><td colspan="3"></td></tr>
<tr><td colspan="3">施工单位：</td><td colspan="3"></td></tr>
<tr><td>序号</td><td>图纸编号</td><td colspan="3">提出图纸问题</td><td colspan="2">图纸修订意见</td></tr>
<tr><td>1</td><td>建施1</td><td colspan="3"></td><td colspan="2"></td></tr>
<tr><td>2</td><td>建施2</td><td colspan="3"></td><td colspan="2"></td></tr>
</table>

续表

序号	图纸编号	提出图纸问题	图纸修订意见
3	结施 1		
4	结施 2		
5	结施 3		
6	结施 4		
7	结施 5		

建设单位： 年　月　日	设计院代表： 年　月　日	监理单位： 年　月　日	施工单位： 年　月　日

注：①所有会审图纸均应记录在表内。无意见时，应在“提出图纸问题”“图纸修订意见”栏内注明“无”。

②本表一式四份，由施工单位填写、整理并存一份，与会单位会签各存一份。

5)会审记录的发送

(1)盖章生效的图纸会审记录由施工单位的项目资料员负责发送。

(2)会审记录发送单位有建设单位、设计单位、监理单位、施工单位。

6)图纸会审实务模拟(指导书)

• 组织形式

(1)以各组图纸内容相同者组合成一个班，共分成4个大班。

(2)由指导教师引导学生组成四套班子，分别代表业主、设计、施工、监理各方。其中业主代表1人，设计单位代表2人，监理方代表1人。

(3)指定教室作为会场。

(4)各班推选4名代表参加会审，在指定席位上代表施工单位。其中：主讲人2名(结构方面、建筑方面各班1名)；记录2名(每班各1名)；补充发言人2名(结构方面、建筑方面各班1名，交叉安排)；预备发言人2名。

• 会审程序及方法

(1)参加单位：

①业主(建设单位)：业主代表(专业技术负责人)

②监理单位：总监理工程师、专业监理工程师、监理员等。

③设计单位：项目负责人、各专业设计师等。

④施工单位：项目经理、技术负责人、各专业主要工长、质检安全员等。

(2)会审召集主持：

①由施工单位提出会审时间(或由业主指定时间)，由业主召集安排并具体负责相关事宜。

②由业主或业主委托监理工程师主持。

(3)会审过程和方法：

①由主持人致开场白，并介绍会议顺序和相关事项。

②由设计单位进行设计交底或对图纸中的相关问题进行说明等(对特殊部位有特殊要求处应进行技术措施交底)，交底按建筑、结构、水、电等顺序进行。

③由施工单位代表、监理单位代表针对图纸中的相关疑问或问题请设计单位答复。

④会商可能的重大变更。

⑤会商交流后形成会审纪要。

注:会议中各参加方均应记录相关事宜,主要内容以施工单位的记录为主。在会商时,参照各方记录,形成统一意见后,由施工单位整理,报请各参加单位审查并签章后形成正式设计施工文件并生效。

• 会审的准备工作

(1)会审前,各班应组织内部预审,反复推敲问题内容,在正式确定后,再列出来。

(2)问题确定后,各班确定会议发言人代表,按前面安排的名额及内容做相应的准备工作。

(3)会审中应注意把握提问方式、方法、言辞技巧等,本着解决疑问、弄清问题、有利施工的原则进行。

(4)问题按列表的方式打印成册,交给参加会议的各方代表。会议记录表见表4.12。

表4.12 会议记录表

序号	图纸图号	构件名称或部位	问题	答复结果	备注

• 会审问题的答复与资料整理

(1)图纸中的问题由指导老师在会上作正式答复,不能确定的内容由老师直接指定或假定结果作为会审文件依据。

(2)会审后的资料(会审纪要)由各班整理并印发到每个指导老师和同学手中,作为编制方案或其他作业的依据,正式印发前应交指导老师审查。

4.2.5 定位放线指导书

(1)依据给定的条件及实际地形地貌和建筑平面特征进行编制。

(2)主要编制内容:

①如何正确确定建筑物的第一长边和第一个定位点。

②确定出定位放线步骤。

③轴线桩位及桩数的安排。

④控制桩的安排(桩位、桩数、利用条件及方式、桩的保护措施、桩距)。

⑤放线尺寸的确定(按土质、施工工艺、实际开挖深度确定)。

⑥画出定位放线平面布置图。

(3)编写放线操作要点:

①仪器使用(按书上要求和规定)。

②工作制度(分组定员、确定小组技术负责人、器具保管、材料使用)。

③尺寸丈量(方法、注意事项等)。

④放灰线的步骤及方法(分尺撒灰线)。

(4)实习操作步骤：

①提前完成内业技术工作(方案编制、放线尺寸计算)。

②熟悉场地，试选择起始方向。

③按拟订方案进行实际定位放线。

a. 定第一条边及第一个定位点(依据给定条件和依据)。

b. 作出一条直边(长边)，完成角桩、轴线桩、前后控制桩的埋设或在围墙上、建筑物墙上作出标记。

c. 转 90°测角作短边，完成本轴线上的全部内容(分开间尺寸钉轴线桩)。

d. 转点移经纬仪作另一边，操作方法、完成内容同步骤 a、b、c。

e. 再转点完成另一长边的定位工作，闭合误差应在允许范围之内。

f. 结果计算、校核(轴线、开间尺寸等)。

g. 完成轴线标记、控制桩标记及保护工作。

h. 用钢尺分细部轴线尺寸和开挖边框线，撒灰线完成放线工作。

i. 填写放线记录表(同方案平面布置图式样)。

(5)提交成果报告，请示验收。

(6)实习注意事项：

①雨天不能作业。

②每天完成的内容和结果应记牢，注意成果标记和保护(桩位撒白灰、涂刷油漆、做大框线标记等)。

③注意工作的连续性，应在一次架设仪器中完成的内容必须当班次完成，不得跨班次。

④充分利用时间，尽快做完钉(定)桩位工作。

⑤看护好仪器、工具，保管好桩、线等。

⑥高低台阶处的丈量工作应通过辅助三脚架完成。

⑦在高压线下操作，注意不要高挥塔尺，防止触电。

(7)施工测量放线记录表。施工测量放线记录见表 4.13。

表 4.13 施工测量放线记录表

<table>
<tr><td>建设单位</td><td></td><td>工程名称</td><td></td><td>施工单位</td><td></td></tr>
<tr><td colspan="4">工程定位放线依据</td><td colspan="2" rowspan="6"></td></tr>
<tr><td colspan="2">总平面图编号</td><td colspan="2"></td></tr>
<tr><td colspan="2">永久(临时)水准点名称位置</td><td colspan="2"></td></tr>
<tr><td colspan="2">永久(临时)水准点标高</td><td colspan="2"></td></tr>
<tr><td colspan="2">建筑物设计标高</td><td colspan="2"></td></tr>
<tr><td colspan="2">房屋朝向</td><td colspan="2"></td></tr>
<tr><td rowspan="3">纵轴线方位</td><td>轴线名称</td><td colspan="2"></td><td colspan="2" rowspan="3"></td></tr>
<tr><td>邻近建筑物名称</td><td colspan="2"></td></tr>
<tr><td>距离(角度)</td><td colspan="2"></td></tr>
<tr><td rowspan="3">横轴线方位</td><td>轴线名称</td><td colspan="2"></td><td colspan="2" rowspan="3"></td></tr>
<tr><td>邻近建筑物名称</td><td colspan="2"></td></tr>
<tr><td>距离(角度)</td><td colspan="2"></td></tr>
<tr><td colspan="2">定位放线日期</td><td colspan="2"></td><td>验收情况</td><td></td></tr>
</table>

建设单位驻工地代表： 项目监理机构： 工程负责人： 定位放线负责人：

4.2.6 施工组织设计指导书

1)工程概况

• 主要内容

(1)建筑概况:建筑高度、建筑面积、建筑层数、建筑用途。

(2)结构概况:基础结构形式及主要尺寸、主体结构形式及主要尺寸、所用混凝土强度情况、所用钢筋类型、填充墙材料、设防烈度、抗震等级。

(3)地质、地貌、气象概况:按地质勘探报告摘要说明。

• 具体要求

(1)结合工程实际,逐条文字说明。

(2)文字简练、通顺,避免大段摘录。

2)施工总体部署

• 主要内容

(1)组织机构的设立(方式、组成)。

(2)管理目标的确定:质量目标、工期目标、安全生产目标、文明施工目标、环境保护目标。

• 具体要求

简要文字说明,附机构框图。

3)施工准备

• 主要内容

(1)技术准备:通过对周围环境的调查,了解、熟悉图纸及规范和各级技术交底内容。

(2)资源准备:

①材料准备:

a. 主要工程材料的准备:钢筋、水泥、砂、石等;

b. 主要周转材料的准备:钢管、扣件、模板、回形卡等。

②劳动力准备:

a. 劳动力组织方式;

b. 劳动力需用量估计。

③机具设备准备:

a. 垂直运输设备:塔吊、施工电梯;

b. 搅拌设备:混凝土搅拌机、砂浆搅拌机;

c. 其他:钢筋对焊机、钢筋弯曲机、钢筋切断机、交流电焊机、卷扬机、插入式振动器、平板式振动器、打夯机、手推车。

④临时水电准备:

a. 临时给水管线,临时排水系统,临时供电(线路布置、施工机械用电、现场照明用电);

b. 用电负荷,线径,配电箱计算、确定、选择;

c. 施工用水量、供水管管径及水压计算和确定。

• 具体要求

(1)技术准备结合工程实际,逐条文字说明。

(2)资源准备结合工程实际,列表说明(见表4.14—表4.16)。

(3)临时水电应计算出相应数据,标示于施工平面布置图,并附加相关说明。

表 4.14　材料表

序　号	材料名称	单　位	数　量	备　注

表 4.15　工种表

序　号	工　种	数　量	备　注

表 4.16　机具准备表

序　号	机具名称	型　号	数　量	设备功率	备　注

4)施工平面布置

• 主要内容

(1)已建和拟建的建筑物及其他设备的位置和尺寸。

(2)垂直运输设备的位置。

(3)搅拌站,加工棚,仓库,材料、构件堆场,运输道路,临时设施(办公室、宿舍、食堂、厕所等),临时水电管线及安全防火设施的位置和尺寸。

• 具体要求

画出施工平面布置图,标识出以上内容;生产生活应分开,可列表标明规格、面积、完成时限、要求等。

5)施工测量

• 主要内容

(1)建筑物定位放线:编制放线方案、方法,要求见"定位放线指导书"。

(2)轴线、标高的测量:每层轴线的测量,施工现场临时标高点的布置,每层标高的测量,说明测量允许误差。

(3)垂直度的控制:垂直度的控制方法及允许误差。

(4)基础的放线方法:基础施工时轴线的测量,轴线桩的留设,基础梁及柱位置的确定。

(5)沉降观测:观测点的布置及观测时间。

(6)仪器配备:水准仪、经纬仪的型号及数量。

• 具体要求

(1)结合工程实际,以方便施工为前提,用文字说明,必要时应画出示意图。

(2)说明过程中做到措施具体化,讲求科学性、可靠性、适用性。

6)支护结构施工方案

• 主要内容

(1)工程概况:围护结构形式、主要尺寸、混凝土强度等级。

(2)定位方法:围护桩位置的确定方法。

(3)施工方法:简要说明围护结构施工的方法和顺序,施工中的质量、安全措施。

(4)位移观测:为保证施工安全,应对围护结构在基础及地下室施工过程中的位移进行观测,并拟出观测方案。

(5)进度安排:绘制横道图及网络图。

• 具体要求

结合工程实际,逐条文字说明,文字简练、通顺。

7)基础及地下室施工方案

• 主要内容

(1)基础及地下室施工工艺流程:按时间先后顺序写出工艺流程,项目划分应准确、大小适中。

(2)基坑降水方案(根据给定图纸内容及相应条件决定是否做此方案):根据工程实际,决定降水方案——井点降水或基坑底集水井降水。确定降水方案后,结合所学知识,给出具体措施及数据。

(3)土方开挖方案:土方开挖机械选择,确定土方开挖顺序,土方开挖标高控制措施。

(4)地基加固方案(根据给定图纸内容及相应条件决定是否做此方案):

①加固方法:方法的选择,何时开始加固(具体加固参数另定)。

②注意事项。

(5)模板工程:

①模板选择:各个位置模板种类的选择(如组合钢模、木模等)。

②模板安装:各类模板的安装方法及允许误差;各个位置模板的支撑方式,应确保装拆简便、定位准确、支撑牢固(作节点大样图和详图说明)。

③模板安装:各个位置模板的拆除方法要求及注意事项。

(6)钢筋工程:

①钢筋的加工(调直、切断、弯曲、焊接等)。钢筋加工时的注意事项;钢筋加工的允许误差。

②钢筋的安装。钢筋安装时的注意事项;钢筋安装的允许误差。

(7)混凝土工程:

①混凝土的配比:混凝土施工配合比、施工配料的确定。

②混凝土的搅拌:原材料的计量方法及允许误差,搅拌制度的确定。

③混凝土的运输:混凝土运输方式及时间。

④混凝土的浇筑:

a. 混凝土的布料方式及浇筑方向,尤其应说明筏板的布料方式及浇筑方向;

b. 混凝土的振捣方式、振捣点的布置、振捣时间;

c. 施工缝留设方案:地下室墙体施工缝留设位置、留设方式、处理办法(必要时作详图说明)。

⑤混凝土的养护。内容包括养护方式及时间。

⑥大体积混凝土浇筑时的测温方法及温控措施。测温点的布置,测温孔的形状、尺寸,混凝土的测温措施。

(8)地下室防水施工方案:

①工程概况:防水位置,防水材料。

②施工顺序。

③注意事项。

(9)土方回填方案:填土材料、回填顺序、回填方法、注意事项。

(10)砌体工程:砌筑工艺流程、施工注意事项(不同砌体材料的填充墙应分别叙述)。

(11)进度安排:绘制横道图及网络图、主控制计划横道图(全部工程项目)、基础施工计划网络图。

• 具体要求

(1)结合工程实际,查阅相关资料,写出具体措施,文字简练、通顺。

(2)必要时应画出示意图或列表说明。

8)主体施工方案

• 主要内容

(1)主体工程施工工艺流程:按时间先后顺序写出工艺流程,项目划分应准确、大小适中。

(2)模板工程(按主要构件和部位编写,其中将一个局部在现场实训中实施):

①模板选择。各个位置模板种类的选择(如组合钢模、木模、砖胎模等)。

②模板安装。各类模板的安装方法及允许误差;各个位置模板的支撑方式,应确保装拆简便、定位准确、支撑牢固。

③模板拆除。各个位置模板的拆除方法、要求及注意事项。

(3)钢筋工程:

①钢筋的加工(调直、切断、弯曲、焊接等):钢筋加工时的注意事项;钢筋加工的允许误差。

②钢筋的安装:钢筋安装时的注意事项;钢筋安装的允许误差。

(4)混凝土工程:

①混凝土的配比:混凝土施工配合比、下料配合比的确定;

②混凝土的搅拌:原材料的计量方法及允许误差,搅拌制度的确定;

③混凝土的运输:混凝土运输方式及时间;

④混凝土的浇筑:

a.混凝土的布料方式及浇筑方向,尤其应说明筏板的布料方式及浇筑方向。

b.混凝土的振捣方式,振捣点的布置、振捣时间。

c.施工缝留设方案:地下室墙体施工缝留设位置、留设方式、处理办法。

⑤混凝土的养护:养护方式及时间。

(5)砌体工程:砌筑工艺流程、施工注意事项。

(6)进度安排:编制主体施工阶段进度控制计划(绘制成网络图)。

• 具体要求

(1)结合工程实际,查阅相关资料,写出具体措施,文字简练、通顺。

(2)必要时应画出示意图或列表说明。

9)施工质量保证措施

• 主要内容

(1)技术保护措施:熟悉规范、图纸;制订技术交底制度;各工种密切配合;做好技术复核、隐蔽验收工作;做好工程质量的检查、评定、验收等工作。

(2)试验、计量保证措施:对试块、试件的试验措施;对计量器具的管理、使用和监督措施。

(3)材料保证措施:对进场材料的检验制度;现场材料的分类堆放措施;对新材料、新产品、新构件应作出技术鉴定,制订相应的质量标准和施工工艺后,才能在工程上使用。

• 具体要求

结合工程实际,查阅相关资料,写出具体措施,应有自己的见解。

10)施工工期保证措施

• 主要内容

(1)施工组织保证措施:写出应采取什么组织措施(如组织流水作业、现场协调会、签订工期合同等)。

(2)材料供应保证措施:写出应采取什么措施保证材料的充足供应。

(3)劳动力组织保证措施:写出应采取什么措施保证劳动力的充足供应。

(4)施工机具配备保证措施:写出应采取什么措施保证配备的机具满足现场所需(数量充足,维修保养得力)。

• 具体要求

结合工程实际,查阅相关资料,写出具体措施,应有自己的见解。

11)安全生产及防护措施

• 主要内容

写出应采取什么措施保证安全生产(如制订安全生产责任制、建立安全管理体系、特殊工种必须持证上岗等)。

• 具体要求

结合工程实际,查阅相关资料,写出具体措施,应有自己的见解。

4.2.7 现场施工作业指导书

1)任务及任务量

该实训项目内容为对照施工图完成标准层的定位放线、模板脚手架的搭设、钢筋绑扎训练等内容。引导学生守正创新、坚持问题导向、严格按照规范操作、协作配合。要求学生在施工过程中注意安全规范。通过训练过程,让学生体验劳动的快乐和光荣感。

(1)按拟订的结构部位,一层为施工范围。

(2)作业内容含抄平放线、模板制作安装、钢筋绑扎(部分)、工序质量检测、拆除清理等。

(3)搭设双排脚手架(结构外围两侧,包含上下临时楼梯、护栏、安全密目网等)。

2)完成任务施工

(1)以班级为单位分工合作完成上述任务。

(2)任务实施完全依据所编制的施工组织设计文件中的技术措施(或工艺设计)执行。

(3)班级分工组合由班上自由安排。

3)做法及要求

- 抄平放线

(1)在指定的场地区域内按图纸要求放线(图4.8),主要是构件轴线、中心线及模板安装框线。

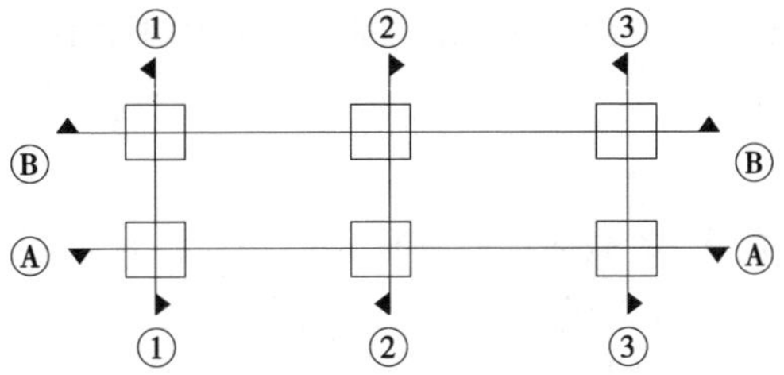

注:轴线及构件编号按图纸。

图4.8 放线示意图

(2)放线方法:

①用经纬仪或几何作图法定出主轴框线,并做油漆标志。

②用墨斗将模板安装线和轴线弹在地面上,标注出构件编号。

③两个班之间的作业面保持3 m以上的安全距离,以方便施工及管理。

(3)用水平仪测出拟建结构部分的四角地面高程,以便支模板时调整模板底面标高,保证上部安装标高满足设计要求。

- 模板制作

(1)模板种类选择:

①柱采用单面覆膜层板和定型组合钢模板两种。

②梁采用定型组合钢模板,辅助用阴角模及木板镶拼。

③墙按不同的结构部位(或假定)和功能要求作如下选择:

a.结构自防水地下结构墙采用木质层板;

b.上部剪力墙采用木质层板;

c.上部剪力墙采用定型组合钢模板。

④肋梁楼板:

a.梁采用定型组合模板搭配阴角模,现浇楼板用竹胶板;

b. 梁采用定型组合钢模板，现浇板采用竹胶板；

c. 梁及现浇板全部采用定型组合钢模板。

⑤楼梯：侧模采用木板，底板采用竹胶板，踏步踢脚板用木板。

（2）加工制作：

①木板、层板及竹胶板在配料时，应征求指导技师的意见，在其指导安排下，合理用料，正确使用机械，防止发生浪费和安全事故。

②对拉片和对拉螺杆的制作要先有加工图，而后在指导教师和指导技师的指导下，正确加工制作（部分量即可）。

③各班在选用模板种类和形式时，可交叉选择，供大家相互参观学习，减少重复制作，降低材料消耗，具体由指导老师协调。

④柱箍加工制作主要有两种形式：一是钢管柱箍，尽可能采用一个标准尺寸，防止滥锯钢管，造成浪费和损失；二是钢木柱箍，在技师的指导下正确加工制作。

• 模板安装

（1）柱模安装：

①采用定型组合钢模板拼装的应按施工文件中的配板图进行，采用钢管或钢木柱箍，如需对拉件则采用对拉片形式，支撑系统用钢管。

②采用木质层板时，应先加工好四面模板，采用可反复周转使用的螺杆对拉件，支撑系统用钢管。

③柱模上口与梁交接处，木质模板应平齐交接，钢模板采用木板镶拼达到平齐交接。

④钢模板采用连接角模拼装。

（2）梁及肋梁板模板安装：

①梁一般采用定型组合钢模板，大截面梁应在模板中加对拉片加固，支撑体系采用钢管。

②肋梁板的梁侧模采用定型组合钢模板，上口加配阴角模，现浇板可采用竹胶板或木质层板，用平交的方式装配，接缝处理采用不干胶封贴。如采用钢模板作现浇板底板则直接对连，用U形卡在模板底部连接。

③如梁侧模采用钢模板不加阴角模，而平面模板分别采用竹胶板、木质层板或钢模板作底模时，底模与梁侧模的连接则可以采用平交和上下搭接等形式，具体做法由指导教师和指导技师指导完成。

④梁板的支撑体系从保证质量、便于装拆的角度考虑，一般应采用钢管支架上铺木枋的支撑方式来实现。

（3）剪力墙模板：

①地下防水结构的剪力墙模板应采用木质层板为宜，对拉件上应加焊止水片、止推片，安装金属止水带，对后浇带处的模板进行处理等，按实用技术手法处理模板安装问题。具体做法由指导教师建议并指导实施。

②上部结构的剪力墙模板采用钢模板加对拉片加固的方法，模板的立面刚度采用蝶形钩头螺栓加钢管加固的方法解决，支撑体系应采用钢管。

③上部结构的剪力墙如采用木质层板时，其对拉件应采用多次反复周转使用的对拉螺杆加固，侧向刚度问题可采用横向木枋加钢管或竖向木枋加钢管的方式解决，支撑系统采用钢管。

搭设外脚手架	二层楼板钢筋绑扎	梁钢筋安装与绑扎	楼板钢筋安装摆放定点	脚手架水平杆确定

(4)楼梯模板：

①楼梯模板安装关键是准确“放样分尺”，以地面为平台面，第一步的位置确定十分重要，确定好起步位置后，准确加工侧模，并分出踏步数，而后扎钢筋、封踢脚板。注意封板的钉子不应钉到底，以便于拆除。

②平台梁的侧模用木板制作，与楼板底模板的交接应平整严密，具体方法应由指导教师和技师指导实施。

③支撑体系采用钢管和木枋相结合的方式，防踢脚板变形的方式可按指导技师建议的方法实施。

4)分工组织与安排

(1)每个班派模板工(木工)1 人、钢筋工 1 人，负责全过程的施工技能作业指导，其中指导技师在各班平行作业时相对集中合作指导。

(2)每个班安排指导教师两名，负责日常管理、理论指导、考勤、考核、纪律检查、成绩评定等。

(3)每班按下列工种分工：

①模板工:20 人。

②钢筋工:5 人。

③机动、协调、辅助管理:5 人(用于对拉件加工、杂务等)。

水平杆安装

搭设梁底模板

④脚手架搭设由模板工和机动人员完成。

5)拆除清理与考核

(1)施工作业完成后，及时进行质检评定，班与班之间还可以相互评比(质检评定的内容方法见施工资料编写指导书)。

(2)质检评比完成后，及时按逻辑关系进行合理拆除(先支的后拆)。

(3)拆除要求：

①钢筋按构件名称、钢筋编号统一“打包”，集中堆放在指定地点。

②木模板和竹胶板注明构件名称、模板部位及编号、文明拆卸、集中分类堆放(放在各班的工位旁)。

③对拉件、柱箍分规格集中堆放(放在各班的工位旁)。

④钢管、扣件及其他坚固件按指定位置堆放。

⑤钢模板分规格堆码整齐(放在各班的工位旁)。

(4)完工清场，归还工具用具，完成施工作业。

外架安全网安装

4.2.8 施工内业资料填写指导书

1)目的

通过施工内业资料的实际模拟填写实训表格，了解目前现行施工内业资料中有关表格的填写要求和方法，为学生毕业走上工作岗位后的内业工作打下一定的基础。

2)表格选用

以四川省为例，《四川省工程建设统一用表》共分为 8 个部分，共计 241 张表格。其中:建设工程质量责任用表用表 12 张，编号 ZR-×××;建设单位用表 7 张。编码为 JS-×××;监理单位用表 28 张，编码为 JL-×××;检测单位用表用表 43 张，编码为 JC-×××;施工单位用表 114 张，编码为 SG-×××;质量验收记录用表、分户验收表以及安全用表。这些表格都规定了填写的内容，实际施工时，只需按照实际发生情况进行分类填写即可。

鉴于综合实训的实际情况，我们仅从下表格中选择一小部分(25 张)有代表性的土建类表格，(水、电、暖通等表格，鉴于实际的可操作性，未选用)，这些表格基本上代表了从开工到竣工验收各个阶段应填报的表格类型，通过这些表格的模拟或实际填报，使学生基本掌握表格的填报程序、方法和要求。

表 4.17　实训用表汇总

序　号	选用表格名称	表格编码	实训要求	
			模　拟	实　作
1	单位工程开工报告	SG-001	√	
2	建筑物(构筑物)定位(放线)测量记录	SG-015		√
3	图纸会审记录	SG-004	√	
4	施工日志	SG-005	√	
5	技术交底	SG-013	√	
6	柱基、基坑、基槽土方开挖工程检验批质量验收记录	01060101	√	
7	砖砌体工程检验批质量验收记录	02020101		√
8	地基与基础分部工程质量验收报告	SG-107	√	
9	建筑工程隐蔽检验记录	SG-026		√
10	填充墙砌体工程检验批质量验收记录	02020501	√	
11	混凝土小型空心砌块工程检验批质量验收记录	02020201	√	
12	砂浆抗压强度统计评定表	SG-022		√
13	模板安装检验批质量验收记录	02010101		√
14	钢筋安装检验批质量验收记录	02010204		√
15	钢筋连接检验批质量验收记录	02010203	√	
16	混凝土施工检验批质量验收记录	02010303	√	
17	混凝土(弯拉)强度合格评定	SG-016		√
18	主体结构分部工程质量验收报告	SG-106	√	
19	子分部工程质量验收记录	SG-029	√	
20	分部工程质量验收记录	SG-030		
21	单位(子单位)工程观感质量检查记录	SG-033	√	
22	单位(于单位)工程质量竣工验收记录	SG-036	√	
23	单位(子单位)工程质量控制资料核查记录	SG-032	√	
24	单位(子单位)工程安全和功能检验资料核查及主要功能抽查记录	SG-031	√	
25	建设工程竣工验收报告(房屋建筑工程 2020 版)	SG-074	√	

注:以上实训用表格式详见附件。

附件

(SG-001)

单位工程开工报告

工程名称			工程地址		
建设单位			施工单位		
工程类别			结构类型		
预算造价			计划总投资		
建筑面积	m^3	开工日期		计划竣工日期	

	工程名称	单位	数量		工程名称	单位	数量
主要实物工程量	土方工程	m^3		主要实物工程量	门窗制安工程	m^3	
	基础混凝土工程	m^3			屋面防水工程	m^3	
	主体钢筋安装	t			内墙抹灰工程	m^3	
	主体现浇混凝土	m^3			楼地面工程	m^3	
	围护墙内隔墙砌筑	m^3			外墙面砖	m^3	

资料与文件	准备情况
批准的建设立项文件或年度计划	
征用土地批准文件及红线图	
投标、议标、中标文件	
施工合同或协议书	
资金落实情况的文件资料	
三通一平的文件材料	
施工方案及现场平面布置图	
设计文件、施工图及施工图设计审查意见	
主要材料、设备落实情况	
施工许可证	
质量、安全监督手续	

建设单位:(公章)

项目负责人(签字):

年 月 日

监理单位:(公章)

总监理工程师(签字):

年 月 日

施工单位:(公章)

项目负责人(签字):

(SG-015)

建筑物(构筑物)定位(放线)测量记录

<table>
<tr><td colspan="2">工程名称</td><td colspan="3"></td><td colspan="2">施工单位</td><td colspan="2"></td></tr>
<tr><td colspan="2">测量依据</td><td colspan="3"></td><td colspan="2">测量日期</td><td colspan="2"></td></tr>
<tr><td rowspan="2">使用仪器</td><td>水平仪</td><td></td><td rowspan="2">水准点
标高(m)</td><td>相对</td><td></td><td rowspan="2">地坪
标高(m)</td><td>室内</td><td></td></tr>
<tr><td>经纬仪</td><td></td><td>绝对</td><td></td><td>室外</td><td></td></tr>
<tr><td colspan="9">定位(放线)示意图:</td></tr>
</table>

<table>
<tr><td>建设单位现场代表:
(签字)

年　月　日</td><td>监理工程师:
(签字)

年　月　日</td><td>施工单位技术负责人:
(签字)

年　月　日</td><td>测量员:
(签字)

年　月　日</td></tr>
</table>

注:本表一式四份,建设单位、监理单位、施工单位、城建档案馆各一份。

（SG-004）

图纸会审记录

<table>
<tr><td colspan="2">工程名称</td><td colspan="2"></td><td colspan="2">会审日期</td><td colspan="2"></td></tr>
<tr><td rowspan="5">参加人员</td><td>建设单位</td><td colspan="6"></td></tr>
<tr><td>设计单位</td><td colspan="6"></td></tr>
<tr><td>施工单位</td><td colspan="6"></td></tr>
<tr><td>监理单位</td><td colspan="6"></td></tr>
<tr><td>监督部门</td><td colspan="6"></td></tr>
<tr><td colspan="2">主持人</td><td colspan="2"></td><td colspan="2">记录人</td><td colspan="2"></td></tr>
<tr><td>记录内容</td><td colspan="7"></td></tr>
<tr><td colspan="2">施工单位代表
（项目经理）:（签字）</td><td colspan="2">设计单位代表:（签字）</td><td colspan="2">监理单位
（监理工程师注册方案）</td><td colspan="2">建设单位代表:（签字）</td></tr>
</table>

(SG-004 续)

图纸会审记录

记录内容	

注册建造师(项目经理): (签字)	设计单位代表:(签字)	监理单位: (监理工程师注册方章)	建设单位代表:(签字)

注:本表一式六份,建设单位、设计单位、施工单位、监理单位、监督单位、城建档案馆各一份,记录内容可加页,附后

（SG-005）

编号：

施　工　日　志

工程项目名称：____

起止日期：____年____月____日至____年____月____日

（SG-005 续）

施工日志

<table>
<tr><td>日期</td><td></td><td>星期</td><td colspan="2"></td><td rowspan="2">平均气温</td><td colspan="2"></td></tr>
<tr><td rowspan="2">施工部位</td><td rowspan="2" colspan="2"></td><td>出勤人数</td><td>操作负责人</td><td></td><td></td></tr>
<tr><td></td><td></td><td></td><td></td><td></td></tr>
<tr><td colspan="8">施工内容</td></tr>
<tr><td colspan="8"></td></tr>
<tr><td>工长</td><td colspan="4"></td><td>记录员</td><td colspan="2"></td></tr>
</table>

注：本表由施工单位留存，规范有要求的检验批应将该记录存档。

（SG-013）

技术交底

工程名称		建设单位	
监理单位		施工单位	
交底部位		交底日期	
交底人签字		接收人签字	
交底内容：			
参加单位及人员		注册建造师（项目经理）：签字	

注：本表一式四份，建设单位、监理单位、施工单位、城建档案馆各一份。

（01060101）

柱基、基坑、基槽土方开挖工程检验批质量验收记录

单位(子单位) 工程名称			分部(子分部) 工程名称		分项工程名称	
施工单位			项目负责人		检验批容量	
分包单位			分包单位 项目负责人		检验批部位	
施工依据	《建筑地基基础工程施工规范》 （GB51004—2015）			验收依据	《建筑地基基础工程施工质量验收标准》 （GB50202—2018）	
验收项目			设计要求及 规范规定	最小/实际 抽样数量	检查记录	检查结果
主控项目	1	标高(mm)	-50,0	/		
	2	长度、宽度(mm) (由设计中心线向两边量)	-50,+200	/		
	3	坡率	设计值	/		
一般项目	1	表面平整度(mm)	±20	/		
	2	基底土性	设计要求	/		
施工单位检查 评定结果	项目专业质量检查员：　　项目专业质量(技术)负责人：　　年　月　日					
监理(建设)单位 验收结论	监理工程师(建设单位项目技术负责人)：　　年　月　日					

（02020101）

砖砌体工程检验批质量验收记录

单位（子单位）工程名称		分部（子分部）工程名称		分项工程名称	
施工单位		项目负责人		检验批容量	
分包单位		分包单位项目负责人		检验批部位	
验收项目	《砌体结构工程施工规范》（GB50924—2014）		验收依据	《砌体结构工程施工质量验收规范》（GB50203—2011）	

	验收项目			设计要求及规范规定	最小/实际抽样数量	检查记录	检查结果
主控项目	1. 砖强度等级			设计要求 Mu	/		
	2. 砂浆强度等级			设计要求 M	/		
	3. 砂浆饱满度	墙水平灰缝		≥80%	/		
		柱水平及竖向灰缝		≥90%	/		
	4. 转角、交界处；斜槎留置			5.2.3 条	/		
	5. 直槎拉结钢筋及接槎处理			5.2.4 条	/		
一般项目	1. 组砌方法应正确			5.3.1 条	/		
	2. 水平灰缝厚度			5.3.2 条	/		
	3. 竖向灰缝厚度			5.3.2 条	/		
	4. 砖砌体尺寸、位置的允许偏差及检验			5.3.3 条	/		
	（1）轴线位移			≤10 mm	/		
	（2）基础顶面、路面标高			±15 mm	/		
	（3）垂直度	每层		≤5 mm	/		
		全高	≤10 m	≤10 mm	/		
			10 m	≤20 mm	/		
	（4）表面平整度		清水墙、柱	≤5 mm	/		
			混水墙、柱	≤5 mm	/		
	（5）门窗洞口高度（后塞口）			±10 mm	/		
	（6）外墙上下窗口偏移			≤20 mm	/		
	（7）水平灰缝平直度		清水墙柱	≤7 mm	/		
			混水墙柱	≤10 mm	/		
	（8）清水墙游丁走缝			≤20 mm	/		
施工单位检查评定结果	项目专业质量检查员： 项目专业质量（技术）负责人： 年 月 日						
监理（建设）单位验收结论	监理工程师（建设单位项目技术负责人）： 年 月 日						

（SG-107）

地基与基础分部工程质量验收报告

建设单位		工程名称	
施工单位		项目负责人	
设计单位		基础类型	
建筑面积		地下室层数	
施工周期		验收日期	
实体质量检查情况			
质量文件检查情况			

检测单位检测情况：			监理单位验收意见：		
		（公章）			
项目负责人：		年 月 日			
施工单位评定意见：					
注册建造师（项目经理）：		（公章）			（公章）
企业技术负责人：		年 月 日	总监理工程师：		年 月 日
设计单位验收意见：			勘察单位验收意见：		
		（公章）			（公章）
设计项目负责人：		年 月 日	勘察项目负责人：		年 月 日

建设单位验收结论：		
		（公章）
项目负责人：		年 月 日

注：1. 地基与基础分部工程完成后，建设单位应组织有关单位进行质量验收，并按规定的内容填写和签署意见，工程建设参与各方按规定承担相应质量责任；

2. 地基与基础分部工程质量文件按要求填写汇总表并整理成册附后备查。

（SG-026）

建筑工程隐蔽检验记录

<table>
<tr><td>单位（子单位）
工程名称</td><td colspan="3"></td><td colspan="2">分部（子分部）
工程名称</td><td colspan="2"></td></tr>
<tr><td>分项工程名称</td><td colspan="3"></td><td colspan="2">施工单位</td><td>图号</td><td></td></tr>
<tr><td>隐蔽日期</td><td>隐蔽部位、内容</td><td>单位</td><td>数量</td><td colspan="2">检查情况</td><td colspan="2">监理（建设）单位验收记录</td></tr>
<tr><td></td><td></td><td></td><td></td><td colspan="2"></td><td colspan="2" rowspan="16"></td></tr>
<tr><td></td><td></td><td></td><td></td><td colspan="2"></td></tr>
<tr><td></td><td></td><td></td><td></td><td colspan="2"></td></tr>
<tr><td></td><td></td><td></td><td></td><td colspan="2"></td></tr>
<tr><td></td><td></td><td></td><td></td><td colspan="2"></td></tr>
<tr><td></td><td></td><td></td><td></td><td colspan="2"></td></tr>
<tr><td colspan="6">有关测试资料</td></tr>
<tr><td>名　称</td><td colspan="2">测试结果</td><td colspan="2">证、单编号</td><td>备　注</td></tr>
<tr><td></td><td colspan="2"></td><td colspan="2"></td><td></td></tr>
<tr><td></td><td colspan="2"></td><td colspan="2"></td><td></td></tr>
<tr><td></td><td colspan="2"></td><td colspan="2"></td><td></td></tr>
<tr><td></td><td colspan="2"></td><td colspan="2"></td><td></td></tr>
<tr><td colspan="8">附图：</td></tr>
<tr><td colspan="8">参加检查人员签字</td></tr>
<tr><td colspan="3">施工单位</td><td colspan="3">监理单位</td><td colspan="2">建设单位</td></tr>
<tr><td colspan="3">注册建造师
（技术负责人）：</td><td colspan="3">监理工程师：</td><td colspan="2">现场代表：</td></tr>
</table>

注：本表一式四份：建设单位、施工单位、监理单位、城建档案馆各一份。

(02020501)

填充墙砌体工程检验批质量验收记录

<table>
<tr><td>单位(子单位)
工程名称</td><td colspan="2"></td><td>分部(子分部)
工程名称</td><td></td><td>分项工程名称</td><td></td></tr>
<tr><td>施工单位</td><td colspan="2"></td><td>项目负责人</td><td></td><td>检验批容量</td><td></td></tr>
<tr><td>分包单位</td><td colspan="2"></td><td>分包单位
项目负责人</td><td></td><td>检验批部位</td><td></td></tr>
<tr><td>验收项目</td><td colspan="2">《砌体结构工程施工规范》
(GB50924—2014)</td><td>验收依据</td><td colspan="3">《砌体结构工程施工质量验收规范》
(GB50203—2011)</td></tr>
<tr><td colspan="3">验收项目</td><td>设计要求及
规范规定</td><td>最小/实际
抽样数量</td><td>检查记录</td><td>检查结果</td></tr>
<tr><td rowspan="3">主控项目</td><td colspan="2">1. 烧结空心砖、小砌块和砌筑砂浆的强度等级应符合设计要求</td><td>9.2.1 条</td><td>/</td><td></td><td></td></tr>
<tr><td colspan="2">2. 填充墙体与主体结构连接</td><td>9.2.2 条</td><td>/</td><td></td><td></td></tr>
<tr><td colspan="2">3. 粗筋实体检测</td><td>9.2.3 条</td><td>/</td><td></td><td></td></tr>
<tr><td rowspan="14">一般项目</td><td colspan="2">1. 轴线位移</td><td>≤10 mm</td><td>/</td><td></td><td></td></tr>
<tr><td rowspan="2">2. 垂直度(每层)</td><td>≤3 m</td><td>≤5 mm</td><td>/</td><td></td><td></td></tr>
<tr><td>>3 m</td><td>≤10 mm</td><td>/</td><td></td><td></td></tr>
<tr><td colspan="2">3. 表面平整度</td><td>≤8 mm</td><td>/</td><td></td><td></td></tr>
<tr><td colspan="2">4. 门窗洞口高宽(后塞口)</td><td>±10 mm</td><td>/</td><td></td><td></td></tr>
<tr><td colspan="2">5. 外墙上下窗口偏移</td><td>≤20 mm</td><td>/</td><td></td><td></td></tr>
<tr><td colspan="2">6. 水平缝砂浆饱满度</td><td>≥80%</td><td>/</td><td></td><td></td></tr>
<tr><td colspan="2">7. 竖缝砂浆饱满度</td><td>9.3.2 条</td><td>/</td><td></td><td></td></tr>
<tr><td colspan="2">8. 拉结筋、网片位置</td><td>9.3.3 条</td><td>/</td><td></td><td></td></tr>
<tr><td colspan="2">9. 拉结筋、网片埋置长度</td><td>9.3.3 条</td><td>/</td><td></td><td></td></tr>
<tr><td colspan="2">10. 搭砌长度</td><td>9.3.4 条</td><td>/</td><td></td><td></td></tr>
<tr><td colspan="2">11. 灰缝厚度</td><td>9.3.5 条</td><td>/</td><td></td><td></td></tr>
<tr><td colspan="2">12. 灰缝宽度</td><td>9.3.5 条</td><td>/</td><td></td><td></td></tr>
<tr><td colspan="2">施工单位检查
评定结果</td><td colspan="5">

项目专业质量检查员：　　项目专业质量(技术)负责人：　　年　月　日</td></tr>
<tr><td colspan="2">监理(建设)单位
验收结论</td><td colspan="5">

监理工程师(建设单位项目技术负责人)：　　年　月　日</td></tr>
</table>

（02020201）

混凝土小型空心砌块砌体工程检验批质量验收记录

单位（子单位）工程名称		分部（子分部）工程名称		分项工程名称	
施工单位		项目负责人		检验批容量	
分包单位		分包单位项目负责人		检验批部位	
验收项目	《砌体结构工程施工规范》（GB50924—2014）		验收依据	《砌体结构工程施工质量验收规范》（GB50203—2011）	

	验收项目		设计要求及规范规定	最小/实际抽样数量	检查记录	检查结果
主控项目	1. 小砌块强度等级		设计要求 MU	/		
	2. 砌筑砂浆强度等级		设计要求 U	/		
	3. 芯柱混凝土强度等级		设计要求 C	/		
	4. 墙体转角处和纵横交接处应同时砌筑		6.2.2 条	/		
	5. 斜槎留置水平投影长度不应小于斜槎高度		6.2.3 条	/		
	6. 施工洞口可预留直槎，但在空口砌筑和补强时，应在直槎上下搭砌的小砌块孔洞内用强度等级不低于 C20（或 Cb20）的混凝土灌实			/		
	7. 芯柱贯通楼盖，不得削弱芯柱截面尺寸		6.2.4 条	/		
	8. 芯柱混凝土灌实			/		
一般项目	1. 轴线位移		≤10 mm	/		
	2. 垂直度（每层）		≤5 mm	/		
	3. 水平灰缝厚度		8～12 mm	/		
	4. 竖向灰缝宽度		8～12 mm	/		
	5. 顶面标高		±15 mm 以内	/		
	6. 表面平整度	清水墙、柱	≤5 mm	/		
		混水墙、柱	≤8 mm	/		
	7. 门窗洞口		±10 mm 以内	/		
	8. 窗口偏移		20 mm 以内	/		
	9. 水平灰缝平直度	清水墙、柱	≤7 mm	/		
		混水墙、柱	≤10 mm	/		

施工单位检查评定结果	项目专业质量检查员：　　项目专业质量（技术）负责人：　　年　月　日
监理（建设）单位验收结论	监理工程师（建设单位项目技术负责人）：　　年　月　日

(SG-022)

砂浆抗压强度统计评定表

单位(子单位) 工程名称			分部(子分部) 工程名称		
施工单位			养护条件		
强度等级		统计期	年　　月　　日至 年　　月　　日	结构部位	

试块组数 n	设计强度等级值 $f_{m,k}$(MPa)	平均值 mf_{cu} (MPa)	最小值 $f_{cu,min}$ (MPa)	$1.10f_{m,k}$	$0.85f_{m,k}$

每组强度值(MPa)										

判定式	$f_{cu,min} \geq 1.10f_{mk}$	$f_{cu,min} \geq 0.85f_{mk}$
结果		
	评定依据:《砌体工程施工质量验收规范》(GB50203—2011)	
结论		

注册建造师(技术负责人)(签字):	审核人(签字):	评定人(签字):	监理工程师(签字):
年　月　日	年　月　日	年　月　日	年　月　日

（02010101）

模板安装检验批质量验收记录

单位（子单位）工程名称		分部（子分部）工程名称		分项工程名称	
施工单位		项目负责人		检验批容量	
分包单位		分包单位项目负责人		检验批部位	
验收项目	《混凝土结构工程施工规范》（GB50666—2011）	验收依据	《混凝土结构工程施工质量验收规范》（GB50204—2015）		

		验收项目	设计要求及规范规定	最小/实际抽样数量	检查记录	检查结果
主控项目	1	模板及支架材料质量	4.2.1 条	/		
	2	现浇混凝土模板及支架安装质量	4.2.2 条	/		
	3	后浇带处的模板及支架独立设置	4.2.3 条	/		
	4	支架竖杆和竖向模板安装在土层上的安装要求	4.2.4 条	/		
一般项目	1	模板安装的一般要求	4.2.5 条	/		
	2	隔离剂的品种和涂刷方法质量	4.2.6 条	/		
	3	模板起拱高度	4.2.7 条	/		
	4	现浇混凝土结构多层连续支模、支架的竖杆、垫板要求	4.2.8 条	/		
	5	固定在模板上的预埋件和预留孔洞	4.2.9 条	/		
	6	预埋件预留孔洞允许偏差（mm）—预埋板中心线位置	3	/		
		预埋管、预留孔中心线位置	3	/		
		插筋—中心线位置	5	/		
		插筋—外露长度	+10,0	/		
		预埋螺栓—中心线位置	2	/		
		预埋螺栓—外露长度	+10,0	/		
		预留洞—中心线位置	10	/		
		预留洞—尺寸	+10,0	/		
	7	现浇结构模板安装允许偏差（mm）—轴线位置	5	/		
		底模上表面标高	±5	/		
		模板内部尺寸—基础	±10	/		
		模板内部尺寸—柱、墙、梁、	±5	/		
		模板内部尺寸—楼梯相邻踏步高差	5	/		
		柱、墙垂直度—层高≤6 m	8	/		
		柱、墙垂直度—层高>6 m	10	/		
		相邻模板表面高差	2	/		
		表面平整度	5	/		
施工单位检查评定结果		项目专业质量检查员：　　项目专业质量（技术）负责人：　　年　月　日				
监理（建设）单位验收结论		监理工程师（建设单位项目技术负责人）：　　年　月　日				

(02010204)

楼板钢筋安装检查

钢筋安装检验批质量验收记录

<table>
<tr><td>单位(子单位)
工程名称</td><td></td><td>分部(子分部)
工程名称</td><td></td><td>分项工程名称</td><td></td></tr>
<tr><td>施工单位</td><td></td><td>项目负责人</td><td></td><td>检验批容量</td><td></td></tr>
<tr><td>分包单位</td><td></td><td>分包单位
项目负责人</td><td></td><td>检验批部位</td><td></td></tr>
<tr><td>验收项目</td><td colspan="2">《混凝土结构工程施工规范》
(GB50666—2011)</td><td>验收依据</td><td colspan="2">《混凝土结构工程施工质量验收规范》
(GB50204—2015)</td></tr>
</table>

<table>
<tr><td colspan="5">验收项目</td><td>设计要求及
规范规定</td><td>最小/实际
抽样数量</td><td>检查记录</td><td>检查结果</td></tr>
<tr><td rowspan="2">主控项目</td><td>1</td><td colspan="3">受力钢筋的牌号、规格和数量</td><td>5.5.1 条</td><td>/</td><td></td><td></td></tr>
<tr><td>2</td><td colspan="3">受力钢筋安装位置、锚固方式</td><td>5.5.2 条</td><td>/</td><td></td><td></td></tr>
<tr><td rowspan="14">主控项目</td><td rowspan="14">1</td><td rowspan="14">钢筋安装允许偏差(mm)</td><td rowspan="2">绑扎钢筋网</td><td>长、宽</td><td>±10</td><td>/</td><td></td><td></td></tr>
<tr><td>网眼尺寸</td><td>±20</td><td>/</td><td></td><td></td></tr>
<tr><td rowspan="2">绑扎钢筋骨架</td><td>长</td><td>±10</td><td>/</td><td></td><td></td></tr>
<tr><td>宽、高</td><td>±5</td><td>/</td><td></td><td></td></tr>
<tr><td rowspan="3">纵向受力钢筋</td><td>锚固长度</td><td>−20</td><td>/</td><td></td><td></td></tr>
<tr><td>间距</td><td>±10</td><td>/</td><td></td><td></td></tr>
<tr><td>排距</td><td>±5</td><td>/</td><td></td><td></td></tr>
<tr><td rowspan="3">纵向受力钢筋、箍筋的混凝土保护层厚度</td><td>基础</td><td>±10</td><td>/</td><td></td><td></td></tr>
<tr><td>柱、梁</td><td>±5</td><td>/</td><td></td><td></td></tr>
<tr><td>板、墙、壳</td><td>±3</td><td>/</td><td></td><td></td></tr>
<tr><td colspan="2">绑扎箍筋、横向钢筋间距</td><td>±20</td><td>/</td><td></td><td></td></tr>
<tr><td colspan="2">钢筋弯起点位置</td><td>20</td><td>/</td><td></td><td></td></tr>
<tr><td rowspan="2">预埋件</td><td>中心线位置</td><td>5</td><td>/</td><td></td><td></td></tr>
<tr><td>水平高差</td><td>+3,0</td><td>/</td><td></td><td></td></tr>
<tr><td colspan="3">施工单位检查
评定结果</td><td colspan="6">项目专业质量检查员：　　项目专业质量(技术)负责人：　　年　月　日</td></tr>
<tr><td colspan="3">监理(建设)单位
验收结论</td><td colspan="6">监理工程师(建设单位项目技术负责人)：</td></tr>
</table>

（02010203）

钢筋连接检验批质量验收记录

单位（子单位）工程名称		分部（子分部）工程名称		分项工程名称	
施工单位		项目负责人		检验批容量	
分包单位		分包单位项目负责人		检验批部位	
验收项目	《混凝土结构工程施工规范》（GB50666—2011）	验收依据	《混凝土结构工程施工质量验收规范》（GB50204—2015）		

验收项目			设计要求及规范规定	最小/实际抽样数量	检查记录	检查结果
主控项目	1	钢筋的连接方式	5.4.1条	/		
	2	机械连接或焊接连接接头的力学性能、弯曲性能	5.4.2条	/		
	3	螺纹接头拧紧扭矩值，挤压接头压痕直径	5.4.3条	/		
一般项目	1	钢筋的连接方式	5.4.4条	/		
	2	机械连接接头、焊接接头的外观质量	5.4.5条	/		
	3	机械连接接头、焊接接头的接头面积百分率	5.4.6条	/		
	4	绑扎搭接接头的设置	5.4.7条	/		
	5	搭接长度范围内的箍筋	5.4.8条	/		
施工单位检查评定结果	项目专业质量检查员： 项目专业质量（技术）负责人： 年 月 日					
监理（建设）单位验收结论	监理工程师（建设单位项目技术负责人）：					

(02010303)

混凝土施工检验批质量验收记录

<table>
<tr><td>单位(子单位)
工程名称</td><td colspan="2"></td><td>分部(子分部)
工程名称</td><td colspan="2"></td><td>分项工程名称</td><td></td></tr>
<tr><td>施工单位</td><td colspan="2"></td><td>项目负责人</td><td colspan="2"></td><td>检验批容量</td><td></td></tr>
<tr><td>分包单位</td><td colspan="2"></td><td>分包单位
项目负责人</td><td colspan="2"></td><td>检验批部位</td><td></td></tr>
<tr><td>验收项目</td><td colspan="3">《混凝土结构工程施工规范》
(GB50666—2011)</td><td>验收依据</td><td colspan="3">《混凝土结构工程施工质量验收规范》
(GB50204—2015)</td></tr>
<tr><td colspan="3">验收项目</td><td>设计要求及
规范规定</td><td>最小/实际
抽样数量</td><td colspan="2">检查记录</td><td>检查结果</td></tr>
<tr><td>主控项目</td><td>1</td><td>混凝土强度等级及试件的取样和留置</td><td>7.4.1 条</td><td>/</td><td colspan="2"></td><td></td></tr>
<tr><td rowspan="2">一般项目</td><td>1</td><td>后浇带的留设位置,后浇带和施工缝的留设及处理方法</td><td>7.4.2 条</td><td>/</td><td colspan="2"></td><td></td></tr>
<tr><td>2</td><td>养护措施</td><td>7.4.3 条</td><td>/</td><td colspan="2"></td><td></td></tr>
<tr><td colspan="2">施工单位检查
评定结果</td><td colspan="6">项目专业质量检查员:　　　　项目专业质量(技术)负责人:　　　　年　　月　　日</td></tr>
<tr><td colspan="2">监理(建设)单位
验收结论</td><td colspan="6">监理工程师(建设单位项目技术负责人):　　　　年　　月　　日</td></tr>
</table>

(SG-016)

混凝土(弯拉)强度合格评定

<table>
<tr><td>单位(子单位)
工程名称</td><td colspan="5"></td><td colspan="2">混凝土强度等级</td><td colspan="2"></td></tr>
<tr><td>水泥品种及标号</td><td colspan="5">配合比(重量比)</td><td>坍落度
(cm)</td><td>养护条件</td><td>同批混凝土代表
数量(m^3)</td><td>结构部位</td></tr>
<tr><td rowspan="2"></td><td>水</td><td>掺合料</td><td>砂</td><td>石子</td><td>外加剂</td><td rowspan="2"></td><td rowspan="2"></td><td rowspan="2"></td><td rowspan="2"></td></tr>
<tr><td></td><td></td><td></td><td></td><td></td></tr>
<tr><td colspan="10">试件组数 n= 合格判定系数 λ_1= λ_2= λ_3= λ_4=</td></tr>
<tr><td colspan="10">同一验收批强度平均值 mf_{cu}: 最小值 $f_{cu,min}$ =</td></tr>
<tr><td colspan="10">前一检验期强度标准值:</td></tr>
<tr><td colspan="10">同一检验批强度标准差:</td></tr>
<tr><td colspan="10">验收批各组试件弯拉强度:</td></tr>
<tr><td colspan="10"></td></tr>
<tr><td colspan="10"></td></tr>
<tr><td colspan="10"></td></tr>
<tr><td colspan="10"></td></tr>
<tr><td>标准差已知统计方法</td><td></td><td>弯拉强度试件大于10组</td><td></td><td>弯拉强度试件小于10组</td><td></td><td>标准差未知统计方法</td><td></td><td>非统计方法</td><td>mf_{cu} =
$1.15f_{cuk}$
$mf_{cu} \geq 1.15f_{cuk}$
$f_{cu,min}$ = MPa
$0.95f_{cuk}$ =
$f_{cu,min} \geq 0.95f_{cuk}$</td></tr>
<tr><td colspan="10">验收评定结论:

评定依据应为 CB/T 50107—2010</td></tr>
<tr><td colspan="3">注册建造师(技术负责人):
(签字)

年 月 日</td><td colspan="2">审核人:
(签字)

年 月 日</td><td colspan="2">评定人:
(签字)

年 月 日</td><td colspan="3">监理工程师:
(签字)

年 月 日</td></tr>
</table>

（SG-106）

主体结构分部工程质量验收报告

<table>
<tr><td>建设单位</td><td></td><td>工程名称</td><td></td></tr>
<tr><td>施工单位</td><td></td><td>项目负责人</td><td></td></tr>
<tr><td>建筑面积</td><td></td><td>结构类型</td><td></td></tr>
<tr><td>层数</td><td></td><td>验收层段</td><td></td></tr>
<tr><td>施工周期</td><td></td><td>验收日期</td><td></td></tr>
<tr><td>实体质量
检查情况</td><td colspan="3"></td></tr>
<tr><td>质量文件
检查情况</td><td colspan="3"></td></tr>
<tr><td colspan="2">施工单位评定意见：

注册建造师(项目经理)：（公章）
企业技术负责人：年 月 日</td><td colspan="2">监理单位验收意见：

（公章）
总监理工程师：年 月 日</td></tr>
<tr><td colspan="2">设计单位验收意见：

（公章）
设计项目负责人：年 月 日</td><td colspan="2">建设单位验收结论：

（公章）
项目负责人：年 月 日</td></tr>
</table>

注:1. 主体结构分部工程完成后,监理单位(建设单位)应组织有关单位进行质量验收,并按规定的内容填写和签署意见,工程建设参与各方按规定承担相应质量责任。

2. 主体结构分部工程质量文件按要求填写汇总表并整理成册附后。

（SG-029）

子分部工程质量验收记录

单位(子单位) 工程名称		分部工程名称		分项工程数量	
施工单位		项目负责人		技术(质量) 部门负责人	
分包单位		分包单位 项目负责人		分包单位技术 负责人	

序号	分项工程名称	检验批数量	施工单位检查结果	监理单位验收结论

质量控制资料		
安全和功能检验结果		
观感质量检验结果		

综合验收结论	

分包单位 项目负责人： （签章） 年 月 日	施工单位 项目负责人： （签章） 年 月 日	勘察单位 项目负责人： （签章） 年 月 日	设计单位 项目负责人： （签章） 年 月 日	监理单位 总监理工程师： （签章） 年 月 日	建设单位 项目负责人： （签章） 年 月 日

（SG-030）

分部工程质量验收记录

单位（子单位）工程名称		分部工程名称		分项工程数量	
施工单位		项目负责人		技术（质量）部门负责人	
分包单位		分包单位项目负责人		分包单位技术负责人	

序号	分项工程名称	检验批数量	施工单位检查结果	监理单位验收结论
质量控制资料				
安全和功能检验结果				
观感质量检验结果				
综合验收结论				

分包单位 项目负责人： （签章） 年　月　日	施工单位 项目负责人： （签章） 年　月　日	勘察单位 项目负责人： （签章） 年　月　日	设计单位 项目负责人： （签章） 年　月　日	监理单位 总监理工程师： （签章） 年　月　日	建设单位 项目负责人： （签章） 年　月　日

(SG-033)

单位(子单位)工程观感质量检查记录

工程名称								
单位(子单位)工程名称			施工单位					
序号	项目		抽查质量状况					质量评价
1	地基与基础	结构外观尺寸	共查	点,好	点,一般	点,差	点	
		结构外观缺陷	共查	点,好	点,一般	点,差	点	
		结构缝处理	共查	点,好	点,一般	点,差	点	
		排水系统设置	共查	点,好	点,一般	点,差	点	
		施工缝、后浇带处理	共查	点,好	点,一般	点,差	点	
2	主体结构	结构外观尺寸	共查	点,好	点,一般	点,差	点	
		结构外观缺陷	共查	点,好	点,一般	点,差	点	
		结构缝处理	共查	点,好	点,一般	点,差	点	
		施工缝、后浇带处理	共查	点,好	点,一般	点,差	点	
		焊缝外观	共查	点,好	点,一般	点,差	点	
		涂层外观	共查	点,好	点,一般	点,差	点	
3	建筑装饰装修	楼梯及踏步	共查	点,好	点,一般	点,差	点	
		护栏	共查	点,好	点,一般	点,差	点	
		门窗	共查	点,好	点,一般	点,差	点	
		雨罩、雨棚	共查	点,好	点,一般	点,差	点	
		台阶、坡道	共查	点,好	点,一般	点,差	点	
		散水	共查	点,好	点,一般	点,差	点	
		室内墙面	共查	点,好	点,一般	点,差	点	
		室内顶棚	共查	点,好	点,一般	点,差	点	
		室内地面	共查	点,好	点,一般	点,差	点	
		室外墙面	共查	点,好	点,一般	点,差	点	
		细部处理	共查	点,好	点,一般	点,差	点	
4	建筑屋面	女儿墙及管根等部位泛水	共查	点,好	点,一般	点,差	点	
		雨水口	共查	点,好	点,一般	点,差	点	
		变形缝处理	共查	点,好	点,一般	点,差	点	
		突出屋面建(构)物	共查	点,好	点,一般	点,差	点	
		透气孔	共查	点,好	点,一般	点,差	点	
		屋面排水坡度	共查	点,好	点,一般	点,差	点	
		防水保护层	共查	点,好	点,一般	点,差	点	
		瓦、檐处理	共查	点,好	点,一般	点,差	点	
		其他	共查	点,好	点,一般	点,差	点	

(SG-036)

单位(子单位)工程质量竣工验收记录

<table>
<tr><td colspan="2">工程名称</td><td colspan="2"></td><td colspan="2">单位(子单位)
工程名称</td><td colspan="2"></td></tr>
<tr><td colspan="2">结构类型</td><td colspan="2"></td><td colspan="2">层数/建筑面积</td><td></td><td></td></tr>
<tr><td colspan="2">施工单位</td><td colspan="2"></td><td colspan="2">施工单位
技术负责人</td><td colspan="2"></td></tr>
<tr><td colspan="2">施工单位
项目负责人</td><td colspan="2"></td><td colspan="2">施工单位
项目技术负责人</td><td colspan="2"></td></tr>
<tr><td colspan="2">开工日期</td><td colspan="2">年 月 日</td><td colspan="2">完工日期</td><td colspan="2">年 月 日</td></tr>
<tr><td>序号</td><td>项目</td><td colspan="5">验收记录</td><td>验收结论</td></tr>
<tr><td>1</td><td>分部工程验收</td><td colspan="5">共 分部,经查符合设计及标准规定 分部</td><td></td></tr>
<tr><td>2</td><td>质量控制资料核查</td><td colspan="5">共 项,经核查符合规定 项</td><td></td></tr>
<tr><td>3</td><td>安全和使用功能核查及抽查结果</td><td colspan="5">共核查 项,符合规定 项,共抽查 项,符合规定 项,经返工处理符合规定 项</td><td></td></tr>
<tr><td>4</td><td>观感质量验收</td><td colspan="5">共抽查 项,达到“好”和“一般”的 项,经返修处理符合要求的 项</td><td></td></tr>
<tr><td colspan="2">综合验收结论</td><td colspan="6"></td></tr>
<tr><td rowspan="2">参加验收单位</td><td>建设单位</td><td>监理单位</td><td colspan="2">施工单位</td><td colspan="2">设计单位</td><td>勘察单位</td></tr>
<tr><td>项目负责人:
(签字)

年 月 日</td><td>总监理工程师:
(签字)

年 月 日</td><td colspan="2">项目负责人:
(签字)

年 月 日</td><td colspan="2">项目负责人:
(签字)

年 月 日</td><td>项目负责人:
(签字)

年 月 日</td></tr>
</table>

（SG-032）

单位（子单位）工程质量控制资料核查记录

工程名称								
单位（子单位）工程名称			施工单位					
序号	项目	资料名称	施工单位			监理单位		
			总份数	核查意见	核查人	核查份数	核查意见	核查人
1	地基与基础	图纸会审记录、设计变更通知单、工程洽商记录						
		工程定位测量、放线记录						
		原材料出厂合格证书及进场检验、试验报告						
		施工工艺试验资料						
		施工试验报告及见证检测报告						
		隐蔽工程验收记录						
		重要部位的施工记录						
		地基与基础结构检验及抽样检验资料						
		分部（子分部）、分项工程质量验收记录						
		工程质量事故处理资料						
		新技术论证、备案及施工记录						
		强制性条文检查记录资料						
		工程地质施工勘察资料						
		基坑支护、边坡工程资料						
2	主体结构	图纸会审记录、设计变更通知单、工程洽商记录						
		工程定位测量、放线记录						
		原材料出厂合格证书及进场检验、试验报告						
		施工工艺试验资料						
		施工试验报告及见证检测报告						
		隐蔽工程验收记录						
		重要部位的施工记录						
		主体结构检验及抽样检验资料						
		分部（子分部）、分项工程质量验收记录						
		工程质量事故（问题）处理资料						
		新技术论证、备案及施工记录						
		强制性条文检查记录资料						
3	建筑装饰装修	图纸会审记录、设计变更通知单、工程洽商记录						
		原材料出厂合格证书及进场检验、试验报告						
		施工工艺试验资料						
		施工试验报告及见证检测报告						
		隐蔽工程验收记录						
		重要部位的施工记录						
		分部（子分部）、分项工程质量验收记录						
		工程质量事故（问题）处理资料						
		新技术论证、备案及施工记录						
		强制性条文检查记录资料						

（SG-032 续 1）

单位（子单位）工程质量控制资料核查记录

工程名称									
单位（子单位）工程名称					施工单位				
序号	项目	资料名称	施工单位			监理单位			
			总份数	核查意见	核查人	核查份数	核查意见	核查人	
4	建筑屋面	图纸会审记录、设计变更通知单、工程洽商记录							
		原材料出厂合格证书及进场检验、试验报告							
		施工工艺试验资料							
		施工试验报告及见证检测报告							
		隐蔽工程验收记录							
		重要部位的施工记录							
		分部（子分部）、分项工程质量验收记录							
		工程质量事故（问题）处理资料							
		新技术论证、备案及施工记录							
		强制性条文检查记录资料							
5	给水、排水及采暖	图纸会审记录、设计变更通知单、工程洽商记录							
		原材料出厂合格证书及进场检验、试验报告							
		管道、设备强度试验、严密性试验记录							
		隐蔽工程验收记录							
		系统清洗、灌水、通水、通球试验记录							
		施工记录							
		分项、分部工程质量验收记录							
		新技术论证、备案及施工记录							
6	建筑电气	图纸会审记录、设计变更通知单、工程洽商记录							
		原材料出厂合格证书及进场检验、试验报告							
		设备调试记录							
		接地、绝缘电阻测试记录							
		隐蔽工程验收记录							
		施工记录							
		分项、分部工程质量验收记录							
		新技术论证、备案及施工记录							
7	通风与空调	图纸会审记录、设计变更通知单、工程洽商记录							
		原材料出厂合格证书及进场检验、试验报告							
		制冷、空调、水管道强度试验、严密性试验记录							
		隐蔽工程验收记录							
		制冷设备运行调试记录							
		通风、空调系统调试记录							
		施工记录							
		分部（子分部）、分项工程质量验收记录							
		工程质量事故（问题）处理资料							
		新技术论证、备案及施工记录							
		强制性条文检查记录资料							

（SG-032 续 2）

单位（子单位）工程质量控制资料核查记录

工程名称								
单位（子单位）工程名称				施工单位				
序号	项目	资料名称	施工单位			监理单位		
			总份数	核查意见	核查人	核查份数	核查意见	核查人
8	电梯	图纸会审记录、设计变更通知单、工程洽商记录						
		设备出厂合格证书及开箱检验记录						
		隐蔽工程验收记录						
		施工记录						
		接地、绝缘电阻试验记录						
		负荷试验、安全装置检查记录						
		分项、分部工程质量验收记录						
		新技术论证、备案及施工记录						
9	智能建筑	图纸会审记录、设计变更通知单、工程洽商记录						
		原材料出厂合格证书及进场检验、试验报告						
		隐蔽工程验收记录						
		施工记录						
		系统功能测定及设备调试记录						
		系统技术、操作和维护手册						
		系统管理、操作人员培训记录						
		系统检测报告						
		分项、分部工程质量验收记录						
		新技术论证、备案及施工记录						
10	建筑节能	图纸会审记录、设计变更通知单、工程洽商记录						
		原材料出厂合格证书及进场检验、试验报告						
		隐蔽工程验收记录						
		施工记录						
		节能检验报告						
		设备系统节能检测报告						
		分项、分部工程质量验收记录						
		新技术论证、备案及施工记录						

结论：

施工单位项目负责人：　　　　　　总监理工程师：
（签字）　　　　　　　　　　　　（签字）

年　月　日　　　　　　　　　　　年　月　日

(SG-031)

单位(子单位)工程安全和功能检验资料核查和主要功能抽查记录

工程名称									
单位(子单位)工程名称						施工单位			
序号	项目	安全和功能检查项目	施工单位			监理单位			
			总份数	核查意见	核查人	核查份数	核查意见	核查人	
1	地基与基础	基岩持力层检验资料							
		地基承载力检验报告							
		桩基承载力检验报告							
		锚杆(索)抗拔报告							
		混凝土(砂浆)强度试验报告及评定							
		桩身质量检测报告							
		结构尺寸、位置抽查记录							
		结构实体检测报告							
		地下室渗漏检测记录							
		建筑物沉降观测测量记录							
		土壤氡浓度检测报告							
		基坑、边坡监测							
2	主体结构	混凝土强度评定							
		砂浆强度评定							
		结构尺寸、位置抽查记录							
		结构实体检测报告							
		建筑物垂直度、标高、全高测量记录							
		预应力锚具静载锚固性性能试验							
		钢结构无损检测报告							
		高强度螺栓检测报告							
		钢结构涂层检测报告							
		木材含水率测定报告							
		防护剂最低保持量及投入度测试报告							
		铝合金							
		钢管							
3	建筑装饰装修	有防水要求的地面蓄水试验记录							
		有排水要求的地面泼水试验记录							
		外窗气密性、水密性、耐风压检测报告							
		幕墙气密性、水密性、耐风压检测报告							
		室内环境检测报告							
		抽气(风)道检查记录							
		后置埋件的现场拉拔试验报告							
		建筑护栏性能试验报告							
		幕墙、外窗、护栏等防雷及接地测试记录							
		外墙淋水检验记录							

（SG-031）

单位（子单位）工程安全和功能检验资料核查和主要功能抽查记录

工程名称								
单位（子单位）工程名称				施工单位				
序号	项目	安全和功能检查项目	施工单位			监理单位		
			总份数	核查意见	核查人	核查份数	核查意见	核查人
4	建筑屋面	屋面淋水或蓄水试验记录						
5	给水、排水及采暖	给水管道通水试验记录						
		暖气管道、散热器压力试验记录						
		卫生器具漏水试验记录						
		消防管道、燃气管道压力试验记录						
		排水干管通球试验记录						
		锅炉试运行、安全阀及报警联动测试记录						
6	建筑电气	建筑照明通电试运行记录						
		灯具固定装置及悬吊装置的载荷强度试验记录						
		绝缘电阻测试记录						
		剩余电流动作保护器测试记录						
		应急电源装置应急持续供电记录						
		接地电阻测试记录						
		接地故障回路阻抗测试记录						
7	通风与空调	通风、空调系统试运行记录						
		风量、温度测试记录						
		空气能量回收装置测试记录						
		洁净室洁净度测试记录						
		制冷机组试运行调试记录						
8	电梯	运行记录						
		安全装置检测报告						
9	智能建筑	系统试运行记录						
		系统电源及接地检测报告						
		系统接地检测报告						
10	建筑节能	外墙节能构造检查记录或热工性能检验报告						
		设备系统节能性能检查记录						

结论：

施工单位项目负责人：
（签字）

总监理工程师：
（签字）

年　月　日　　　　年　月　日

（SG-074）

______建设工程竣工验收报告

（房屋建筑工程 2020 版）

工程名称：________________________________

单位（子单位）工程名称：________________________

施工许可证编号：____________________________

工程地址：________________________________

(SG-074)

一、单位(子单位)工程概况

<table>
<tr><td colspan="2">单位(子单位)工程名称</td><td></td><td>工程地址</td><td></td></tr>
<tr><td rowspan="7">基本情况</td><td>建筑面积(m^2)</td><td></td><td>工程类别</td><td></td></tr>
<tr><td>层数</td><td></td><td>最大跨度</td><td></td></tr>
<tr><td>高度(m)</td><td colspan="3"></td></tr>
<tr><td>地基持力层</td><td></td><td>基础形式</td><td></td></tr>
<tr><td>抗震设防烈度</td><td></td><td>设计使用年限</td><td></td></tr>
<tr><td>结构类型</td><td></td><td>开工日期</td><td></td></tr>
<tr><td colspan="4"></td></tr>
<tr><td>工程验收范围</td><td colspan="4"></td></tr>
<tr><td>专门情况说明</td><td colspan="4"></td></tr>
</table>

<table>
<tr><td>遗留事项</td><td colspan="6"></td></tr>
<tr><td rowspan="13">参建责任主体单位</td><td colspan="2">单位名称</td><td>职称(职务)</td><td>证书号</td><td>法定代表人</td><td>项目负责人</td></tr>
<tr><td rowspan="2">建设单位</td><td></td><td></td><td></td><td></td><td></td></tr>
<tr><td></td><td></td><td></td><td></td><td></td></tr>
<tr><td>勘察单位</td><td></td><td></td><td></td><td></td><td></td></tr>
<tr><td rowspan="2">设计单位</td><td></td><td></td><td></td><td></td><td></td></tr>
<tr><td></td><td></td><td></td><td></td><td></td></tr>
<tr><td>监理单位</td><td></td><td></td><td></td><td></td><td></td></tr>
<tr><td rowspan="2">施工单位</td><td></td><td></td><td></td><td></td><td></td></tr>
<tr><td></td><td></td><td></td><td></td><td></td></tr>
<tr><td rowspan="4">施工专业分包单位</td><td>施工专业分包单位名称</td><td>相应资质</td><td colspan="2">分包范围</td><td>项目负责人</td></tr>
<tr><td></td><td></td><td colspan="2"></td><td></td></tr>
<tr><td></td><td></td><td colspan="2"></td><td></td></tr>
<tr><td></td><td></td><td colspan="2"></td><td></td></tr>
<tr><td rowspan="3">相关单位</td><td>施工图审查单位</td><td colspan="5"></td></tr>
<tr><td>主要质量检测单位</td><td colspan="5"></td></tr>
<tr><td>监控量测单位</td><td colspan="5"></td></tr>
</table>

二、工程竣工情况检查

工程竣工验收基本条件	工程量完成情况	
	施工单位工程竣工检查报告	
	监理单位工程质量评估报告	
	勘察文件质量检查报告	
	设计文件质量检查报告	
	设计文件质量检查报告	
	工程款支付情况	
	工程质量保修书	
重要分部工程及专业承包工程质量验收情况	地基与基础分部	
	主体结构分部	
	建筑节能分部	
	专业承包工程	

主要原材料、建筑构配件和设备进场检验	
工程质量检测和功能性试验资料	
技术档案和施工管理资料	
工程监理资料	
节能工程能效评估意见	
住宅工程分户验收	
企业诚信综合评价情况	
监督机构责令整改问题	
规划、消防、环保验收情况	

三、工程竣工验收组织及验收意见

<table>
<tr><td rowspan="2">验收组
组成</td><td rowspan="2"></td><td>验收会议时间</td></tr>
<tr><td></td></tr>
<tr><td>验收程序</td><td colspan="2"></td></tr>
<tr><td>工程竣工
验收意见</td><td colspan="2">验收组组长(签字)：</td></tr>
<tr><td>验收会议所
提主要问题</td><td colspan="2"></td></tr>
</table>

<table>
<tr><td rowspan="11">验收组
人员
(签字)</td><td rowspan="2">建设单位</td><td colspan="4">项目负责人(签字):</td></tr>
<tr><td colspan="4">成员(签字):</td></tr>
<tr><td rowspan="2">勘察单位</td><td colspan="4">项目负责人(签字):</td></tr>
<tr><td colspan="4">成员(签字):</td></tr>
<tr><td rowspan="2">设计单位</td><td colspan="4">项目负责人(签字):</td></tr>
<tr><td colspan="4">成员(签字):</td></tr>
<tr><td rowspan="2">监理单位</td><td colspan="4">总监理工程师(签字):</td></tr>
<tr><td colspan="4">成员(签字):</td></tr>
<tr><td rowspan="2">施工单位</td><td colspan="4">项目负责人(签字):</td></tr>
<tr><td colspan="4">成员(签字):</td></tr>
<tr><td>有关专家</td><td colspan="4"></td></tr>
<tr><td rowspan="2">参建
单位
签章</td><td colspan="2">勘察单位(公章)

项目负责人:
(签章)

年　月　日</td><td>设计单位(公章)

项目负责人:
(签章)

年　月　日</td><td>施工单位(公章)

项目负责人:
(签章)

年　月　日</td><td>监理单位(公章)

总监理工程师:
(签章)

年　月　日</td></tr>
<tr><td colspan="5">建设单位

项目负责人(签字):

法定代表人(签字):

建设单位
(公章)
年　月　日</td></tr>
</table>

3)填表指导书

(1)实际填写表格

• 建筑物(构筑物)定位(放线)测量记录(SG-015)

建筑物(构筑物)定位放线应以当地城市规划部门批准的“红线图”为依据,开工前规划部门的有关技术人员亲自到施工现场进行建筑物(构筑物)的定位,并给出“规划建设工程放线记录”,在此基础上,施工单位进行施工测量放线。

本表格的填写按照实训指导书中定位放线方案进行,但要在表中绘出实际放线图。如建筑面积较大,可另外附图表示,表格中填写“另详附图”字样,但附图中应有有关技术人员签字。

• 建筑工程隐蔽检验记录(SG-026)

建筑施工过程中有很多工序会被后续工序掩盖,而在竣工验收时无法实际检测,这就需要在施工过程中进行隐蔽工程验收,并填写隐蔽工程验收记录,这是施工中最重要的表格之一。如现浇混凝土、基础等均应填写此表格。

表中主要内容的填写方法:

①隐蔽部位、内容。根据实际隐蔽情况填写,如“二层、构造柱”“三层现浇板”等。

②检查情况。施工的依据是施工图、规范等,检查中对存在的问题应整改,以满足要求,最后应填写“符合设计、规范要求”等字样。

③有关测试资料。主要是隐蔽部位的所用材料的测试情况说明。

④附图。应详细绘制出隐蔽部位构件的断面(剖面)图、配筋情况、断面尺寸等。

• 砖砌体工程检验批质量验收记录(SG-2020101)

这是砖混结构中常用的表格(填充墙、混凝土小型砌块另有表格),表中主要内容的填写方法:

①主要以文字形式说明施工的情况,如满足要求填写“符合设计、规范要求”等字样。

②“主控项目”中第 6,7 项及“一般项目”中每 1—8 项,以数据形式填写,表中已列出允许偏差值,实测时按现行规范规定的检查方法、抽检数量进行实测(检测工具的使用、偏差值的读取方法可由任课老师在课堂上进行补充或实训时由指导老师现场讲解)。

③施工单位检查评定结果。按现行规范规定:主控项目必须满足规范要求,一般项目的合格率应在 80% 及其以上。满足要求填写“合格”字样。

• 砌筑砂浆强度评定(SG-022)

砌筑砂浆应按规定取样送检,并进行强度评定。

①养护条件。规范规定应以在标准养护条件下养护 28 d 的试块为准,在实际施工时是与工程实体“同条件养护”。

②强度评定:

a. 规范规定:同一验收批砂浆试块抗压强度平均值必须大于或等于设计强度等级所对应的立方体抗压强度;同一验收批砂浆试块抗压强度的最小一组平均值必须大于或等于设计强度等级所对应的立方体抗压强度的 75%。砌筑砂浆的验收批,同一类型、强度等级的砂浆试块应不少于 3 组。当同一验收批只有一组试块时,该组试块抗压强度的平均值必须大于或等于设计强度等级所对应的立方体抗压强度。

b. 强度评定:首先按砂浆试压报告统计出同一验收批同类型、同强度等级砂浆试块强度值,然后进行评定,其强度必须同时满足下列两式要求:

$$Mf_{\mathrm{m}} \geqslant f_{\mathrm{m,k}}$$

$$F_{\mathrm{m,min}} \geqslant 0.75 f_{\mathrm{m,k}}$$

当单位工程只一组试块时,其强度必须满足:$F_{\mathrm{m,min}} \geqslant f_{\mathrm{m,k}}$。

现给出 5 组强度值,实训时可任选一组进行模拟评定,见表 4.18。

表 4.18 砂浆实训数据

序 号	设计强度等级	强度标准值/MPa	试压结果/MPa							
1	M7.5	7.5	8.0	7.9	7.9	7.4	7.6	7.0	8.2	6.5
2	M7.5	7.5	7.5	7.4	7.3	8.0	8.2	7.8	5.5	6.9
3	M10	10	11.0	10.5	10.3	10.8	9.5	8.0	11.2	10.5
4	M10	10	10.5	10.5	10.8	11.2	9.8	7.2	—	—
5	M15	15	16.0	15.8	16.5	15.5	13.0	14.5	14.9	—

c. 评定结论。当同时满足上述两式时，强度合格，填写"评定合格"字样。

• 模板工程检验批质量验收记录(2010101)

表中主要内容填写方法：

①主控项目以文字形式说明实际情况，如满足要求填写"符合设计、规范要求"等字样。

②以数据形式填写，表中已列出允许偏差值，实测时按现行规范规定的检查方法、抽检数量进行实测。

③检测数量、方法、用具已在《建筑施工技术》教材中列出。

④施工单位检查评定结果。按现行规范规定：主控项目必须满足规范要求，一般项目的合格率应在 80% 及其以上。满足要求填写"合格"字样。

• 钢筋安装工程检验批质量验收记录(2010204)

表中主要内容填写方法同"模板工程检验批质量验收记录(2010101)"。

• 混凝土(弯拉)强度合格评定(SG-T111)

按《混凝土强度检验评定标准》(GB/T 50107—2010)规定进行评定。

①当试块组数 $n \geqslant 10$ 组时，采用统计方法评定，其强度应同时符合下列两式的规定：

$$m_{fcu} - \lambda_1 S_{fcu} \geqslant 0.9 f_{cu,k}$$

$$f_{cu,min} \geqslant \lambda_2 f_{cu,k}$$

当 S_{fcu} 的计算值小于 $0.06 f_{cu,k}$ 时，取 $S_{fcu} = 0.06 f_{cu,k}$。合格判定系数(λ_1, λ_2)见《建筑施工技术》教材。

②当试块组数 $n<10$ 组时，采用非统计方法评定，其强度应同时符合下列两式的规定：

$$m_{fcu} \geqslant 1.15 f_{cu,k}$$

$$f_{cu,min} \geqslant 0.95 f_{cu,k}$$

③当单位工程中仅有一组试块时，其强度应满足：

$$f_{cu,0} \geqslant 1.15 f_{cu,k}$$

现给出 5 组强度值(见表 4.19)，实训时可任选一组进行模拟评定。

表 4.19 混凝土实训数据

序 号	设计强度等级	强度标准值/MPa	试压结果/MPa											
1	C15	15	14.5	14.3	15.5	17.0	19.2	18.0	17.0	16.5	—	—	—	—
2	C20	20	18.2	20.0	24.3	19.5	21.1	23.4	22.5	24.3	22.3	24.7	19.2	24.0
3	C25	25	24.0	25.6	27.0	28.0	25.2	25.0	29.3	28.4	27.0	26.5	27.7	25.8
4	C30	30	34.7	33.3	32.0	31.0	28.5	29.8	33.0	34.5	32.0	31.2	28.8	29.9
5	C40	40	43.5	44.0	45.0	43.0	42.3	39.4	38.9	43.3	42.5	44.0	43.5	44.4

(2)模拟填写表格

除以上表格外,其余表格在实训时,由指导教师讲解填写方法和要求,然后学生模拟填写。

(3)填表注意问题

①各种表格下方均有相关单位签字盖章栏,这是对检查(测)内容的确认,这一步骤十分重要。

②在各种表格的最下方均有要求填写的分数及保存单位,一般均需要原件,有时可以是非原件,但必须加盖印章。

4)设计成果的组成

设计成果包括子目录和一套完整的资料,按照“表格选用”中的序号进行装订。

4.2.9 安全注意事项

1)安全目标

安全目标是全过程无任何安全事故。

2)安全组织及机构

(1)由指导教师组成安全领导小组,每位指导教师为安全组成员,负责日常安全检查监督工作。

(2)各班指导教师作为安全事故第一责任人。

(3)各班由班长负责,组成由3人组成的安全监督小组,负责本班训练过程中的安全检查监督工作,挂牌上岗,兼职履行义务。

(4)全部训练过程中,聘请一名有经验的专职安全员负责每天的安全检查工作,发现问题,及时处理。

3)安全措施

(1)学生应着工作服、戴安全帽参加训练,学校统一发放劳保手套。

(2)危险机械的使用必须有专业技师专职辅助作业,学生不得独立操作。

(3)指导教师在安排指导学生作业时,对具有危险的作业内容要事先给予指导,使学生做到正确操作,安全施工。

(4)安全标志挂牌、安全条例上墙,提示操作人员注意。

(5)发现安全隐患和不安全行为,各级安全责任人都应立即制止,并对情节严重者给予批评教育甚至处分。

(6)每项训练开始前,各班由指导教师进行安全交底并组织学生学习相关安全常识。

4.2.10 实训成绩

1)成绩组成

实训总成绩=实际操作成绩+内业作业成绩。

成绩由指导教师根据每位学生的实训日记、实训报告、单位工程施工组织设计的编制、实际操作成果得分情况以及个人在实训中的表现进行综合评定。

(1)实训日记、实训报告、内业资料的填写、主体结构施工方案编制:50%(按个人资料评分)。

(2)现场作业部分实训:50%(按组评分)。

(3)个人在实训中的表现分为4等,具体等级及得分系数如下:积极认真(×1.0)、一般(×0.85)、差(×0.7)、很差(×0.5~0)。

2)成绩评定

(1)实际操作成绩按实际完成任务的质量效果作为基本成绩,每人一份成绩(A、B、C、D、E或优、良、中、及格、不及格)，成绩考核标准见表4.20。

(2)按考勤状况、劳动态度，加减处理。

(3)内业作业成绩按完成的单位工程施工组织设计质量、施工日志、实训报告、施工资料填报情况打分。

(4)最后总评成绩以前3项综合评定，由指导教师确定。

(5)成绩评定应参考指导技师和班级组织管理者的意见。

(6)方案评分参考标准见表4.21。

表4.20 钢筋混凝土结构综合实训实际操作训练成绩考核表

序号	项目	工作内容		分值	检测方法	得分	备注
1	模板工程质量	配板科学合理		10	检查梁、柱、墙3处		随机抽查、尺量、观测，分析评比，给定分值，每错1处扣2分
		支撑系统正确规范		10	检查3条轴线		
		节点配板安装正确		10	检查梁、柱、墙3处节点		
		允许偏差项目	表面平整度	5	检查梁、柱、墙板各2点		随机抽查，按质检表2010101中一般项目标准评分，共检测40个点，合格1点得1分，满分40分
			层高垂直度	5	检查墙、柱，共8个点		
			底模表面标高	10	检查梁、板，共8个点		
			截面内部尺寸	10	检查梁、柱、墙，共10个点		
			轴线位置	10	检测6个点		
2	钢筋工程质量	绑扎钢筋管架		10	随机抽查8个点		按表2010204相关标准评分，共检查一般项目中的2,3,4,5(保护层不检)，共测30个点，合格1点得1分，满分30分
		受力钢筋间距、排距		10	随机抽查8个点		
		箍筋、横向钢筋间距		5	随机抽查8个点		
		钢筋弯起点位置		5	随机抽查6个点		
3		劳动态度		15	按实训中服从安排情况、完成任务情况、文明施工情况、安全生产等评分		由指导老师和师傅依据个人表现客观打分
		出勤状况		15	迟到15分钟以内扣3分，迟到2小时按旷课处理并扣15分，扣分累加计算，不设底线		由指导老师和师傅按时点名，以点名考勤记录计算
4		总评成绩					

表4.21 单位工程施工组织设计评分标准

序号	优	良	及格
1	内容齐全，文字工整	内容齐全	内容基本齐全
2	总平面布置合理，内容齐全，有工作一览表	总平面布置基本合理，内容基本齐全，有表格	有总平面布置，有基本内容，有表格
3	有定位放线计算式，放线布置安排图，控制桩布置正确	有放线布置安排图，控制桩布置基本正确	有放线内容叙述，有控制桩布置

续表

序号	优	良	及 格
4	基础施工顺序基本正确,有作业计划,有模板图	基础施工顺序基本正确,有模板图	有施工顺序安排
5	有主体施工、装饰工程顺序正确,有轴线标高控制方法	有主体施工、装饰工程顺序正确,有轴线标高控制方法(基本正确)	有主体施工、装饰工程顺序正确,有轴线标高控制方法(达到要求)
6	有施工现场临时水电布置详图,计算公式	有施工现场临时水电布置详图,计算公式(基本正确)	有施工现场临时水电布置详图,计算公式(达到要求)
7	有正确梁、柱、剪力墙模板图	有正确梁、柱、剪力墙模板图(基本正确)	有正确梁、柱、剪力墙模板图(达到要求)
8	有正确的楼板安装工艺,有正确的现浇板缝工艺	有正确的楼板安装工艺,有正确的现浇板缝工艺	有正确的楼板安装工艺,或有正确的现浇板缝工艺
9	有计划表: ①工期控制计划 ②劳动需求计划 ③机具计划	有计划表: ①工期控制计划 ②劳动需求计划 ③机具计划	有计划表
10	有完整的装饰工程施工方案,有技术要求措施	有相关的装饰工程施工方案,有技术要求措施	有相关的装饰工程施工方案
11	有完整的质量、文明安全、进度保证措施	有相关的质量、文明安全、进度保证措施	

注:①引用教学上内容多的加分;

②节点图正确的加分;

③施工方案按5级成绩进行评定,具体由指导老师根据方案内容及质量评定。

3)实训态度和纪律要求及扣分事项

(1)学生要明确实训的目的和意义,重视并积极自觉地参加实训,未按要求进行安全文明实训(如未正确佩戴安全帽、手套等行为),1次扣10分,3次以上者本次实训成绩为“不及格”。

(2)实训过程需谦虚、谨慎、刻苦、好学,爱护国家财产,遵守国家法令,遵守学校及施工现场的规章制度,有严重违反实训安全制度的实训成绩一律为“不及格”。

(3)服从指导教师的安排,同时每个同学必须服从本组组长的安排和指挥,未按要求进行实训作业的1次扣5分。

(4)小组成员应团结一致、互相督促、相互帮助,人人动手,共同完成任务。

(5)遵守学院的各项规章制度,不得迟到、早退、旷课。点名2次不到者或请假超过1天者,实训成绩为“不及格”。

(6)实训过程结束后2天内,学生必须上交实训总结。实训总结应包括实训内容、技术总结、实训体会等方面,要求字数不少于2 000字,未按要求进行着,总分扣10分。

(7)学生每天实训前,在“实训工作日志”上签到,组长每天在“实训情况”栏中记录本小组当天的实训内容、实训情况,并在“小结” 栏中对本小组当天的实训情况作简单总结。

4.2.11 图纸

钢筋混凝土结构建筑施工图和结构施工图见附录Ⅱ。

任务3 钢结构综合训练

4.3.1 目的和要求

1)钢结构综合训练目的

钢结构作为主要建筑结构类型之一,具有诸多优势。由于其强度高,能够把构件或者结构体系做得更加轻巧,在节省材料的同时又降低了地震作用效应;钢结构构件可以通过螺栓、焊接或混合式等多种方式连接形成稳定的结构体系,可以实现构件工厂制作、现场拼装,其施工工艺简单、安装方便,建设速度快;钢结构自重轻、材料耗能延性好,其抗震性能很好;钢材可以再回收利用,绿色环保。随着近年来国家全面推广建筑工业化,钢结构建筑因其天然的工业化、装配化属性,能够更加节能环保、减少现场劳动力、提高生产效率、降低建造成本、提升建筑品质,再次受到重点关注。

从事钢结构专业工作需掌握钢结构施工详图深化、质量检验、安装施工、工程项目管理等专业知识,同时具有较强的实际工作能力和创新及应变能力,能够完成建筑钢结构施工详图深化设计,产品质量检验、安装技术指导等技术工作及工程项目管理工作。

通过钢结构综合训练,使学生对钢结构深化设计流程、钢结构构件生产线、钢结构厂房安装施工、钢结构质量检查有一个较完整的认识,加深学生对钢结构施工的生产车间、现场组织、工料分析的掌握,并一定程度上掌握组织管理过程,达到理论联系实际、加深和巩固专业理论知识的理解、增强实际动手能力的目的。

2)钢结构综合训练要求

综合训练围绕给定的钢结构施工项目,在4周的教学周内完成以下任务:

(1)图纸识读,模拟图纸会审。

(2)对给定图纸进行钢结构深化设计(钢结构模型建立与构件拆分出图),统计用钢量。

(3)认识钢结构生产线,编制构件加工方案。

(4)编制钢结构工程施工组织设计。

(5)指定典型构件连接,进行高强螺栓连接实训,完成螺栓连接检查。

(6)完成指定原材料、构件、连接(焊接、螺栓)、安装成品的质量检查与评定。

4.3.2 计划及仪器工具

1)钢结构综合训练计划

按照给定施工图纸(轻钢门式刚架结构)进行综合实训,全过程按日历周数4周,完成内业部分(图纸识读与模拟图纸会审、钢结构深化设计与计算用钢量、钢结构生产线认识与编制构件加工方案、编制钢结构工程施工组织设计)和实操部分(钢结构连接与检测实训、钢结构质量检查与评定),具体计划见表4.22。

表 4.22 钢结构综合训练计划

阶 段	完成内容	所需时间/d	备 注
第一阶段（内业部分）	图纸识读，模拟图纸会审	1	提前两周发给图纸
	钢结构深化设计，计算用钢量	4	结合钢结构深化课程教授知识进行钢结构拆分，形成图纸与统计表格
	钢结构生产线认识，编制构件加工方案	3	完成构件加工方案撰写
	编制钢结构工程施工组织设计	5	完成施工组织设计
第二阶段（实操部分）	钢结构连接与检测实训	3	实操：安装、检测、填表、评比
	钢结构质量检查与评定	2	实操：检测、填表
第三阶段	施工资料、技术文件整理、装订成册	2	作业交老师评阅
合计		20	

2）实训所需实训仪器及工具

实训所需的仪器和工具有工作服、安全帽、手套、卷尺、钢尺、角尺、塞尺、线锤、挂锁、钢丝刷、羊角锤、角磨机、高强螺栓连接副、普通螺栓、冲钉、高强螺栓扳手、扳手、油漆、毛笔、焊缝探伤仪、水桶、经纬仪、水平仪（上述材料部分可重复利用）。

4.3.3 实训任务书

1）训练目的

通过钢结构综合训练，使学生对钢结构深化设计流程、钢结构构件生产线、钢结构厂房安装施工、钢结构质量检查有一个较完整的认识，加深学生对钢结构施工的生产车间、现场组织、工料分析的掌握，并一定程度上掌握组织管理过程，达到理论联系实际、加深和巩固专业理论知识的理解、增强实际动手能力的目的。

2）实现目标

通过完成综合训练任务应实现下列知识和能力目标：

（1）掌握钢结构图纸识读要点，熟悉图纸会审流程，能进行图纸会审。

（2）会进行钢结构深化设计，掌握结构建模与拆分基本思路，能根据给定的施工图生成构件加工图，并完成用钢量统计。

（3）掌握钢构件加工流程，熟悉 H 型钢生产线，熟悉各机械设备的用途、使用与维护知识。

（4）具有编写施工组织设计的能力，能够编制对应的钢结构施工方案。掌握钢结构厂房的施工程序、技术控制方法和手段，掌握和熟悉施工工艺及工种之间的工序关系。

（5）指定典型构件连接，进行高强螺栓连接实训，完成螺栓连接检查。

（6）掌握钢结构质量检测知识，能对原材料、构件、连接、安装成品进行质量检查与评定。

3）训练项目及任务

- 训练项目

轻钢门式刚架钢结构综合训练。

• 项目任务

(1)图纸识读,模拟图纸会审。

(2)对给定图纸进行钢结构深化设计(钢结构模型建立与构件拆分出图),统计用钢量。

(3)钢结构生产线认识,编制构件加工方案。

(4)编制钢结构工程施工组织设计。

(5)高强螺栓连接实训与连接检查。

(6)完成指定原材料、构件、连接(焊接、螺栓)、安装成品的质量检查与评定。

• 训练时间

全过程按日历周数 4 周。

• 任务内容及要求

(1)图纸识读,模拟图纸会审。

①主要内容:给定图纸识读,模拟图纸会审,为后续深化设计、加工方案编制、钢结构施工组织设计编制做好准备。

②图纸会审过程以仿真模拟模式开展:要求学生对所给的钢结构图纸进行审查,发现问题并能够进行正确处理,培养识读钢结构图纸和组织图纸会审的能力;对指定构件进行材料需求量进行简单计算;熟悉并组织模拟图纸会审,填写图纸会审记录相关资料。

(2)钢结构深化设计,统计用钢量。根据给定的钢结构施工图纸,使用 Tekla Structures 软件建立整栋门式刚架模型(完成相对应的门钢柱、吊车梁牛腿、门钢梁、抗风柱、屋面檩条、檩条节点、墙面檩条、抗风柱侧檩条、门窗框架及其节点、柱脚、拉条、屋面系杆、柱间支撑、梁柱节点、吊车梁、彩钢板的创建);生成工程构件施工图详图;生成模型材料清单并计算用钢量。

(3)钢结构生产线认识,编制构件加工方案。钢结构生产线认识:抽取典型的 H 型钢进行加工设备认识(数控切割机、H 型钢组立机、门型自动埋弧焊机、翼缘校正机、数控三维钻床、摇臂钻床等),根据给定的构件详图编制构件加工方案。

(4)编制钢结构工程施工组织设计。根据给定的项目,编制完整的施工组织设计,设计包含:

①熟悉图纸。

②按规范的格式编制施工组织设计(施工部署、平面布置、施工技术措施等)。

③各种计划的编制、汇总。

(5)钢结构高强螺栓连接实训。按给定的图纸与钢构件实物进行高强螺栓的安装实训,主要完成梁和钢连接、主次梁连接,高强螺栓为大六角头高强螺栓。

(6)钢结构质量检查与评定。按现行规范要求,对 H 型钢构件组装进行验收,给定具体 1 组 3 个构件(轻钢门式刚架 H 型钢构件),结合图纸按照下列要求对构件进行检验(拼接对接焊缝检查、焊接 H 型钢组装精度检查、焊接组装精度检查、顶紧接触面检查),并填写钢结构(构件组装)分项工程检验批质量验收记录表。

• 参考的规范、标准、图集

《钢结构设计标准》(GB 50017)

《混凝土结构设计规范》(GB 50010)

《建筑结构制图标准》(GB/T 50105)

《门式刚架轻型房屋钢结构技术规范》(GB 51022)

《冷弯薄壁型钢结构技术规范》(GB 50018)

《建筑用压型钢板》(GB/T 12755)

《钢结构工程施工质量验收标准》(GB 50205)

《钢结构高强螺栓连接技术规程》(JGJ 82)

《碳素结构钢》(GB/T 700)
《焊接 H 型钢》(YB/T 3301)
《钢结构焊接规范》(GB 50661)
《非合金钢及细晶粒钢焊条》(GB/T 5117)
《焊缝无损检测 超声检测 技术、检测等级和评定》(GB 11345)
《钢结构用高强度大六角头螺栓》(GB/T 1228)
《钢结构用高强度大六角螺母》(GB/T 1229)
《钢结构用高强度大六角头螺栓、大六角螺母、垫圈技术条件》(GB/T 1231)
《钢结构用扭剪型高强螺栓连接副》(GB/T 3632)
《涂装前钢材表面处理规范》(SY/T 0407)
《钢结构防火涂料》(GB 14907)
《建筑工程施工质量验收统一标准》(GB 50300)
《施工现场临时用电安全技术规范》(JGJ 46)
《建设工程工程量清单计价规范》(GB 50500)
《全国土建工程消耗量定额》
《全国建筑装饰工程消耗量定额》
(注:以上规范、标准、图集应获取国家、地方或行业颁布的最新版本)

● 提交成果

(1)图纸会审资料(会审纪要)一套。
(2)指定图纸深化设计构件详图(PDF 格式),用钢量统计清单。
(3)指定构件加工方案一份。
(4)指定项目施工组织设计一份。
(5)钢结构连接实训过程资料一套(连接方案、安全技术交底及检查表)。
(6)质量检查与评定实训过程资料一套(质检方案、安全技术交底及检查表)。
(7)实训日记一份(时长 4 周)。

4.3.4 图纸会审指导书

1)形式组织

(1)以各组图纸内容相同者组合成一个班,共分成 4 个班。

(2)由指导老师引导学生组成四套班子,分别代表业主、设计、施工、监理各方。其中业主代表 1 人,设计单位代表 2 人,监理方代表 1 人。

(3)指定教室作为会场。

(4)各班推选 4 名代表参加会审,在指定席位上代表施工单位代表。其中:主讲人 2 名,记录员 2 名,补充发言人 2 名,预备发言人 2 名。

2)会审程序及方法

● 参加单位

(1)业主(建设单位):业主代表(专业技术负责人)。
(2)监理单位:总监理工程师、专业监理工程师、监理员等。
(3)设计单位:项目负责人、各专业设计师等。
(4)施工单位:项目经理、技术负责人、各专业主要工长、质检安全员等。

• 会审召集主持

(1)由施工单位提出会审时间(或由业主指定时间),由业主召集安排并具体负责相关事宜。

(2)由业主或业主委托监理工程师主持。

• 会审过程和方法

(1)由主持人致开场白并安排会议顺序和相关事项。

(2)由设计单位进行设计交底或对图纸中的相关问题进行说明等(对特殊部位有特殊要求处应进行技术措施交底)。

(3)由施工单位代表、监理单位代表针对图纸中的相关疑问或问题请设计单位答复。

(4)会审可能的重大变更。

(5)会审交流后形成会审纪要。

注:会议中各参加方均应记录相关事宜,主要内容以施工单位记录的为主(图纸会审记录表见表4.23)。在会审时,参照各方记录,形成统一意见后,由施工单位整理,报请各参加单位审查并签章后形成正式设计施工文件并生效。

表4.23 图纸会审记录表

<table>
<tr><td>工程名称</td><td colspan="4"></td><td colspan="2">共 页 第 页</td></tr>
<tr><td>会审地点</td><td colspan="2"></td><td>记录整理人</td><td></td><td>日期</td><td>年 月 日</td></tr>
<tr><td rowspan="4">参加人员</td><td colspan="4">建设单位:</td><td colspan="2"></td></tr>
<tr><td colspan="4">设计单位:</td><td colspan="2"></td></tr>
<tr><td colspan="4">监理单位:</td><td colspan="2"></td></tr>
<tr><td colspan="4">施工单位:</td><td colspan="2"></td></tr>
<tr><td>序号</td><td>图纸编号</td><td colspan="3">提出图纸问题</td><td colspan="2">图纸修订意见</td></tr>
<tr><td>1</td><td>建施 1</td><td colspan="3"></td><td colspan="2"></td></tr>
<tr><td>2</td><td>建施 2</td><td colspan="3"></td><td colspan="2"></td></tr>
<tr><td>3</td><td>结施 1</td><td colspan="3"></td><td colspan="2"></td></tr>
<tr><td>4</td><td>结施 2</td><td colspan="3"></td><td colspan="2"></td></tr>
<tr><td>5</td><td>结施 3</td><td colspan="3"></td><td colspan="2"></td></tr>
<tr><td>6</td><td>结施 4</td><td colspan="3"></td><td colspan="2"></td></tr>
<tr><td>7</td><td>结施 5</td><td colspan="3"></td><td colspan="2"></td></tr>
<tr><td colspan="2">建设单位:
年 月 日</td><td colspan="2">设计院代表:
年 月 日</td><td colspan="2">监理单位:
年 月 日</td><td>施工单位:
年 月 日</td></tr>
</table>

注:①所有会审图纸均应记录在表内。无意见时,应在“提出图纸问题”“图纸修订意见”栏内注明“无”。

②本表一式四份,由施工单位填写、整理并存一份,与会单位会签各存一份。

3)会审的准备工作

(1)会审前,各班应组织内部预审,反复推敲问题内容,在正式确定后再列出来。

(2)问题确定后,各班确定会议发言代表,按前面安排的名额及内容做相应准备工作。

(3)会审中应注意把握提问方式、方法、言辞技巧等,本着解决疑问、弄清问题、有利施工的原则进行。

(4)问题按列表的方式打印成册,交给参加会议的各方代表。

4)会审问题的答复与资料整理

(1)图纸中的问题由指导老师在会上作正式答复,不能确定的内容由老师直接指定或假定结果作为会审文件依据。

(2)会审后的资料(会审纪要)由各班整理并印发给每个指导老师和同学,作为编制方案或其他作业的依据,正式印发前应交指导老师审查。

4.3.5 深化设计与用钢量计算指导书

1)主要内容

(1)根据给定钢结构施工图纸建立整栋门式刚架模型,完成相对应的门钢柱、吊车梁牛腿、门钢梁、抗风柱、屋面檩条、檩条节点、墙面檩条、抗风柱侧檩条、门窗框架及其节点、柱脚、拉条、屋面系杆、柱间支撑、梁柱节点、吊车梁、彩钢板的创建。

(2)生成模型材料清单。生成主要构件的材料清单,并形成相应的材料清单文件,分规格、分型号计算用钢量,汇总成册,可参考表4.24统计用量,提出材料计划表,计算总的用钢量。

表4.24 用钢量统计表

构 件	型 号	长 度	数 量	每米质量	单根质量	总质量	备 注

①钢结构设计量计算应符合下列规定:

a. 型钢、管材、索杆等应按规格、形状、尺寸分类,算出设计长度后乘以其产品标准规定的单位质量为设计量。

b. 钢板、钢带、压型钢板等板材应按规格、厚度分类,根据设计尺寸算出面积(或体积)后乘以其产品标准规定的单位质量为设计量。

c. 紧固件(螺栓)、栓钉等应根据设计文件按规格、形状、尺寸分类确定个数(套数)或换算其质量(个数乘以单位质量)为设计量。

d. 高强螺栓连接副应根据设计文件按规格分类确定套数;高强大六角头螺栓连接副由1个螺栓、1个螺母和2个垫圈组成;扭剪型高强螺栓连接副由1个螺栓、1个螺母和1个垫圈组成。

e. 焊缝设计量应根据设计文件所要求的焊缝尺寸计算熔敷金属量来确定。

f. 节点钢板应按设计尺寸来计算其面积,对于不规则或多边形钢板可取其外接矩形面积来计算。

g. 对螺栓孔、坡口、扇形切角以及梁柱连接间隙等不应扣除,开孔面积小于0.1 m^2 的设备管道开口也不应扣除。

②工程量计算应符合下列规定：

a. 钢结构工程量应为设计量乘以损耗调整系数，损耗调整系数应按表 4.25 执行。

表 4.25　损耗调整系数

种　类	调整系数	备　注
钢板、钢带	1.06	焊接球除外
型钢、钢管、索杆	1.05	—
焊缝	1.03	—
紧固件（螺栓）、地脚螺栓、栓钉	1.03	—
压型钢板	1.05	—
连接节点	1.02	—

b. 复杂结构钢材的损耗调整系数可由合同双方根据实际情况协商确定。

c. 计算数值应保留两位小数，数字尾数可按四舍五入取舍。

（3）生成工程构件施工图详图。完成单件图、多件图、布置图、剖面图、节点图的调图及出图工作，并形成相应的文件。

2）具体要求

使用 Tekla Structures 软件建模及出图，输出 PDF 格式构件详图，形成模型材料清单。

4.3.6　构件加工方案指导书

1）钢结构生产线认识

钢结构综合训练抽取典型的 H 型钢进行加工设备认识，这类加工设备主要包括数控切割机、H 型钢组立机、门形自动埋弧焊机、翼缘校正机、数控三维钻床、摇臂钻床、剪板机等，如图 4.9 所示。

（a）数据切割机

（b）H型钢组立机

（c）门形自动埋弧焊机

（d）翼缘校正机

(e)数控三维钻床　　(f)摇臂钻床

(g)剪板机

图4.9　典型的H型钢加工设备

2)构件加工方案编制

- 主要内容

(1)材料准备与管理。

(2)劳动力组织准备。

(3)现场与加工机械准备。

(4)主要构件加工工艺。典型的H型钢构件加工制作顺序为:材料质量检验→放样→号料→板材切割→矫正、平直→边缘加工→半成品堆放→组立→焊接→矫正→钻孔、锁口→抛丸→油漆包装(可结合实际情况调整顺序)。

方案中应分述每一步加工制作及其质量控制标准。

(5)半成品和成品的管理。

(6)钢构件预拼装和出厂检验。

(7)构件包装和运输。

- 具体要求

(1)结合工程实际,以方便施工为前提,用文字说明,必要时应画出示意图。

(2)说明过程中做到措施具体化,讲求科学性、可靠性、适用性。

4.3.7　施工组织设计指导书

1)工程概况

- 主要内容

(1)建筑概况:建筑高度、建筑面积、建筑层数、建筑用途。

(2)结构概况:基础结构形式及主要尺寸、主体结构形式及主要尺寸、所用混凝土强度情况、所用钢筋类型、填充墙材料、设防烈度、抗震等级。

(3)地质、地貌、气象概况:按地质勘探报告摘要说明。

(4)编制依据:参照的规范、标准、图集(应获取最新版本)。

- 具体要求

(1)结合工程实际,逐条文字说明。

(2)文字简练、通顺,避免大段摘录。

2)钢结构工程总体部署

(1)钢结构工程总体管理流程:简要文字说明,附机构框图。

(2)施工总平面布置:

①施工总平面布置主要内容。主要内容包括:项目施工用地范围内的地形状况;拟建建(构)筑物、设备和其他基础设施的位置和尺寸;项目施工用地范围内的加工设施、运输设施、存储设施、供电设施、供水供热设施、排水排污设施、临时施工道路和临时房屋(办公室、宿舍、食堂、厕所等);施工现场必备的安全、消防、保卫和环保设施;地上、地下的相邻既有建(构)筑物情况。

②布置具体要求。绘制出施工平面布置图,标识出以上内容,生产生活应分开,可列表标明规格、面积、完成时限、要求等。

平面布置应注意:平面布置科学合理,占用面积少;合理组织场内道路与原材料堆放加工点,减少二次搬运;施工区域的划分和场地的临时占用应符合总体施工部署和施工流程的要求,减少相互干扰;充分利用既有建(构)筑物和既有基础设施为项目服务,降低临时设施的建造费用;临时设施应方便生产和生活;办公区、生活区、生产区宜分区域设置;符合节能、环保、安全和消防等要求;遵守当地主管部门和建设单位关于施工现场安全文明施工的相关规定。

(3)拟投入本工程的安装设备:

①钢构件吊装机械设备。

②焊接、紧固设备。

③检测设备。

(4)执行和参照的技术规范标准:

①原材料及成品类。

②紧固标准件类。

③施工及质量验收类。

④安全生产管理类。

3)钢结构工程组织管理及劳动力

(1)主要内容:

①参与本项目主要管理人员。

②施工现场各专业人员的配置。

(2)具体要求:明确主要管理人员及施工人员的配置计划安排。

4)钢结构工程施工进度计划

(1)主要内容:施工计划安排,横道图。

(2)具体要求:绘制进度计划图加相关说明。

5)临时用电用水计划

(1)主要内容:

①临时用水管理。根据实际情况计算临时用水量,计算用水管井,配置供水设施,明确临时用水管理。

②临时用电管理。明确临时用电管理措施,配电线路布置,配电箱与开关箱的设置。

(2)具体要求:结合工程实际,逐条文字说明,文字简练、通顺。

6)钢结构工程安装

(1)主要内容:

①吊装前的准备工作。吊装前应进行施工机具及设备准备、钢结构构件及材料准备、施工作业条件准备等内容,对以上内容进行细化。

在经过文件资料及技术准备之后,正式吊装之前需要进行施工机具及设备准备、钢结构构件及材料准备、施工作业条件准备等。施工机具及设备准备包括起重机具、吊装机具、测量设备的选择等内容;构件及材料准备包括现场安装的材料准备、钢构件预检与堆放、构件弹线、钢构件配套供应等内容;施工作业条件准备包括现场作业环境检查、清理,吊装作业面抄平与弹线等内容。

②钢构件的吊装。轻钢门式刚架安装构件主要有钢柱(带牛腿钢柱)、抗风柱、屋面檩条、檩条节点、墙面檩条、抗风柱侧檩条、门窗框架及其节点、柱脚、拉条、屋面系杆、柱间支撑等。以下以钢柱吊装为例简单介绍说明,其他构件的吊装工艺也在此基础上细化。

钢柱的吊装包含吊装方法、临时固定、吊装顺序、质量控制、安全技术措施等内容。在多高层钢结构建筑工程中,钢柱多采用实腹式。实腹式钢柱的截面有工字形、箱形、十字形和圆形等多种形式。钢柱接长时,多采用对接接长,也有用高强螺栓连接接长的。

钢柱的安装顺序是:柱基检查→放线→确定吊装机械→设置吊点→吊装钢柱→校正钢柱→固定钢柱→验收。

在柱的吊装中应穿插对于基础的处理,基础的施工包括基础标高的调整、垫放垫铁、基础灌浆及地脚螺栓埋设等内容。

③测量工艺,包括平面控制、高程控制、吊装测量、标准柱和基准点的选择、钢柱的校核。

④高强螺栓施工工艺,包括高强螺栓的储运与保管、高强螺栓安装工艺流程、高强螺栓安装、接触面间隙处理方法、高强螺栓施工质量验收。

⑤施工焊接工艺,包括焊接部署及工艺准备、焊接方法和焊接顺序、防变形措施、焊接检验、焊接施工中质量管理。

⑥现场安装与工厂制作的配合协调。

⑦检测方案,包括原材料检测、制作过程检测、焊接检测、高强螺栓检测、安装质量检测、安装过程累计误差检测。

(2)具体要求:

①结合工程实际,查阅相关资料,写出具体措施,文字简练、通顺。

②必要时应画出示意图或列表说明。

7)钢结构工程质量控制和施工安全措施

(1)主要内容:

①质量保证体系,包括质量管理体系,质量保证组织机构,质量控制程序,质量保证制度。

②安全保证措施,包括安全管理体系,安全保证措施,安全管理控制程序,现场施工安全管理。

(2)具体要求:

①结合工程实际,查阅相关资料,写出具体措施的,文字简练、通顺。

②结合工程实际,查阅相关资料,写出具体措施,应有自己的见解。

8)施工工期保证措施

(1)主要内容:

①施工组织保证措施。写出应采取什么组织措施(如组织流水作业,现场协调会,签订工期合同

等)。

②材料供应保证措施。写出应采取什么措施保证材料的充足供应。

③劳动力组织保证措施。写出应采取什么措施证劳动力的充足供应。

④施工机具配备保证措施。写出应采取什么措施保证配备的机具满足现场所需(如数量充足、维修保养得力)。

(2)具体要求:结合工程实际,查阅相关资料,写出具体措施,应有自己的见解。

9)季节性施工措施

(1)主要内容:冬季施工、雨季施工,防风施工措施。

(2)具体要求:结合工程实际,查阅相关资料,写出具体措施,应有自己的见解。

10)职业健康与环境保护措施

(1)主要内容:施工现场环境保护、施工现场卫生与防疫、文明施工、职业病防范、绿色建筑与绿色施工等措施。

(2)具体要求:结合工程实际,查阅相关资料,写出具体措施,应有自己的见解。

11)文件资料管理和工程验收

(1)主要内容:文件资料管理原则、项目技术资料管理人员的职责、文件资料的管理、竣工验收。

(2)具体要求:结合工程实际,查阅相关资料,写出具体措施,应有自己的见解。

4.3.8 钢结构连接实训指导书

1)任务及任务量

(1)按给定图纸与钢构件实物进行高强螺栓的安装实训,主要完成梁和柱连接、主次梁连接,高强螺栓为大六角头高强螺栓。

(2)作业内容含材料及工具准备、安全技术交底、高强螺栓的安装、高强螺栓的安装质量检查、螺栓拆除与现场清理等。

2)完成任务施工

(1)以班级为单位分工合作完成上述任务。

(2)任务实施完全依据所编制的施工组织设计文件中的技术措施(或工艺设计)执行。

(3)班级分工组合由班上自由安排。

3)分工组织与安排

(1)每个班派1人,负责全过程的施工技能作业指导。指导师傅在各班平行作业时相对集中合作指导。

(2)每个班安排指导老师两名,负责日常管理、理论指导、考勤、考核、纪律检查、成绩评定等。

(3)每班按每6人分成一组,确定一名组长,组长负责分配实操任务,组内分工完成材料及工具准备、安全技术交底、高强螺栓的安装、高强螺栓的安装质量检查、螺栓拆除与现场清理。

4)实训操作及要求

- 实训准备

每组同学分别认真识读所分配的节点图,进行安装方案分析,由各组组长对组员按照最终连接方案布置任务并进行技术交底,填写交底记录;准备冲钉、高强螺栓、普通螺栓、普通扳手、扭矩扳手、油漆、毛笔等工具设备。

(1)技术准备:

①根据给定图纸与实际构件计算高强螺栓长度。高强螺栓紧固后,以丝扣露出2~3扣为宜,一个工程的高强螺栓,首先按直径分类,统计出钢板束厚度。根据钢板束厚度。按下式选择所需长度:

$$L=\delta+H+nh+c$$

式中 δ——连接构件的总厚度,mm;

H——螺母高度取0.8D(螺栓直径),mm;

n——垫片个数;

h——垫圈厚度,mm;

c——螺杆外露部分长度(2~3扣为宜,一般取5 mm),计算后取5的整倍数,mm。

②高强螺栓安装前的试验。高强螺栓使用前,应按《钢结构工程施工质量验收标准》的有关规定对高强螺栓及连接件至少进行以下检验。

a. 高强螺栓连接副扭矩系数试验:大六角头高强螺栓,实际项目中施工前按每3 000套螺栓为一批,不足3 000套的按一批计,复验扭矩系数,每批复验8套。实训中由教师进行扭矩系数试验,或直接给出该批次螺栓平均扭矩系数。

b. 连接件的摩擦系数试验及复验:采用与钢构件同材质、同样摩擦面处理方法、同批生产、同等条件堆放的试件,每批3组,由钢构件制作厂及安装现场分别做摩擦系数试验。试件数量,以单项工程每2 000 t为一批,不足2 000 t者视作一批。试件的具体要求和检验方法按照《钢结构工程施工质量验收标准》(GB 50205—2020)的有关要求执行。实训中由教师讲解摩擦系数试验及复验知识点,或学生自主查阅相关规范。

③施工轴力与终拧力矩的换算

表4.26列出了一般国产高强螺栓的预拉力设计取值。若设计给出了轴力时,按设计要求施工,若设计没有给出高强螺栓的轴力要求,则可按该表选用。施工轴力比设计轴力一般要增加5%。

表4.26 一般国产高强螺栓的预拉力设计取值 单位:kN

螺栓的性能等级	螺栓规格						
	M12	M16	M20	M22	M24	M27	M30
8.8s	45	80	125	150	175	230	280
10.9s	55	100	155	190	225	290	355

对于大六角高强螺栓,施工时必须把施工轴力换算为施工扭矩作为施工控制参数。大六角头高强螺栓施工扭矩可由下式确定:

$$T_c=K_c \cdot P_c \cdot d$$

式中 T_c——施工扭矩,N·m;

K_c——高强螺栓连接副的扭矩系数平均值,该值由复验测得的合格的平均扭矩系数代入;

P_c——高强螺栓施工预拉力,kN;

d——高强螺栓螺杆直径,mm。

④作业指导书的编制和安全技术交底。实训小组成员根据质量技术要求结合工程实际编制专项作业指导书,用书面的形式,根据工作范围、作业要求交底到每一个参与实训的组员。安全技术交底书应明确其施工安全、技术责任,使之清楚地知道上道工序应达到什么质量要求,使用何种施工方法,施工中发现问题按照什么途径寻求技术指导,达到什么施工质量标准,如何交接给下一施工工序等,使整个施工进程良性有序。高强螺栓的施工技术交底见表4.27。

表 4.27　高强螺栓施工技术交底表

施工单位名称				工程名称	
施工内容					
安全技术交底内容					
交底人签字		被交底人签字		交底时间	
操作人员签字					

(2)施工机具。高强螺栓施工最主要的施工机具就是力矩扳手。本次实训主要面向大六角螺栓,因此使用紧固工具主要为:

①电动扭矩型高强螺栓扳手。该扳手一般由机体、扭矩控制盒、套筒、反力承管器、漏电保护器组成。

②其他必备的工具:检测合格的力矩扳手(一般不用于直接施工,专用于其他施工工具的校准和施工检测)、手动棘轮扳手、橄榄冲子(过眼冲钉,形似橄榄)、力矩倍增计、手锤等。

(3)作业条件:

①实训前应根据图纸与工程特点对作业环境进行检查;

②高强螺栓的有关技术参数已按有关规定进行复验合格;

③钢结构安装的刚度单元的框架构件已经吊装到位,校正合格后应及时进行高强螺栓的施工。

• 高强螺栓安装实操流程

高强螺栓的安装实训,主要完成梁和钢连接、主次梁连接等,高强螺栓为大六角头高强螺栓。螺栓分两次拧紧,初拧到标准预拉力的60% ~80%,终拧到标准预拉力的100%。

安装实操流程:栓孔孔径的检查与修复→摩擦面及连接板间隙的处理→安装临时螺栓,固定钢构件→用高强螺栓替换临时螺栓,初拧并做好标志→高强螺栓施工检查→按对称顺序,由中央向四周终拧高强螺栓→填写相关资料。

(1)栓孔孔径的检查与修复。对照给定的图纸,使用钢尺等工具对待施工的螺栓孔径进行检查,若不满足则使用铰刀修整。高强螺栓连接中连接钢板的孔径略大于螺栓直径,并必须采取钻孔成型方法,钻孔后的钢板表面应平整、孔边无飞边和毛刺,螺栓孔径匹配如表 4.28 所示。

表 4.28　高强螺栓连接的孔径匹配　　单位:mm

螺栓公称直径			M12	M16	M20	M22	M24	M27	M30
孔型	标准孔	直径	13.5	17.5	22	24	26	30	33
	大圆孔	直径	16	20	24	28	30	35	38
	槽孔	短向	13.5	17.5	22	24	26	30	33
		长向	22	30	37	40	45	50	55

高强螺栓的安装应能自由穿入螺栓孔,严禁强行穿入,如不能自由穿入时,使用铰刀进行修整,修

整后孔的最大直径应小于1.2倍螺栓直径。修孔时,为了防止铁屑落入板缝中,铰孔前应将四周螺栓全部拧紧,使板缝密贴后再进行,绞孔后应重新清理孔周围毛刺。

采用钢尺或卷尺对高强螺栓孔距和边距的间距进行测量检查,标准参照表4.29。

表4.29 螺栓的孔距、边距和端距容许值

<table>
<tr><th>名 称</th><th colspan="3">位置和方向</th><th>最大容许间距(取两者的较小值)</th><th>最小容许间距</th></tr>
<tr><td rowspan="4">中心间距</td><td colspan="3">外排(垂直内力方向或顺内力方向)</td><td>$8d_0$ 或 $12t$</td><td rowspan="4">$3d_0$</td></tr>
<tr><td rowspan="3">中间排</td><td colspan="2">垂直内力方向</td><td>$16d_0$ 或 $24t$</td></tr>
<tr><td rowspan="2">顺内力方向</td><td>构件受压力</td><td>$12d_0$ 或 $18t$</td></tr>
<tr><td>构件受拉力</td><td>$16d_0$ 或 $24t$</td></tr>
<tr><td rowspan="5">中心至构件边缘距离</td><td colspan="3">顺内力方向</td><td>—</td><td></td></tr>
<tr><td colspan="3">沿对角线方向</td><td rowspan="4">$4d_0$ 或 $8t$</td><td>$2d_0$</td></tr>
<tr><td rowspan="3">垂直内力方向</td><td colspan="2">剪切边或手工切割边</td><td rowspan="2">$1.5d_0$</td></tr>
<tr><td rowspan="2">轧制边、自动气割或锯割边</td><td>高强螺栓</td></tr>
<tr><td>其他螺栓或铆钉</td><td>$1.2d_0$</td></tr>
</table>

注:① d_0 为螺栓或铆钉的孔径,对槽孔为短向尺寸,t 为外层较薄板件的厚度。

②钢板边缘与刚性构件(如角钢,槽钢等)相连的高强螺栓的最大间距,可按中间排的数值采用。

③计算螺栓孔引起的截面削弱时可取 $d+4$ mm 和 d_0 的较大者。

(2)摩擦面及连接板间隙的处理。检查高强螺栓摩擦面、连接板间隙。为了保证安装摩擦面达到规定的摩擦系数,连接面应平整,不得有毛刺、飞边、焊疤、飞溅物、铁屑以及浮锈等污物;摩擦面上不允许存在钢材卷曲变形及凹陷等现象。检查连接板是否存在板间缝隙,处理连接板的紧密贴合,对因板厚偏差或制作误差造成的接触面间隙,做出处理(图4.10)。

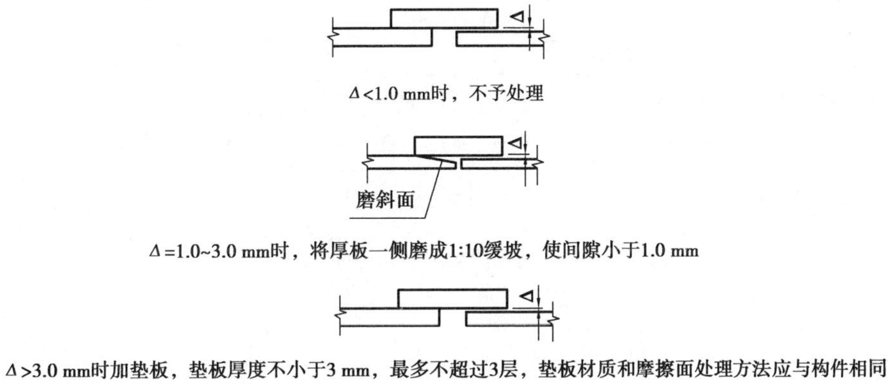
Δ
Δ<1.0 mm时,不予处理
Δ
磨斜面
Δ =1.0~3.0 mm时,将厚板一侧磨成1:10缓坡,使间隙小于1.0 mm
Δ
Δ >3.0 mm时加垫板,垫板厚度不小于3 mm,最多不超过3层,垫板材质和摩擦面处理方法应与构件相同

图4.10 连接板间隙的处理

(3)安装临时螺栓:

①先用橄榄冲对准孔位(橄榄冲穿入数量不宜多于临时螺栓的30%),在适当位置插入临时螺栓,然后用扳手拧紧,使连接面结合紧密。

②临时螺栓安装时,注意不要使杂物进入连接面。临时螺栓的数量不得少于本节点螺栓安装总数的30%且不得少于2个临时螺栓。

③螺栓紧固时,遵循从中间开始,对称向周围进行的顺序。不允许使用高强螺栓兼作临时螺栓,以防损伤螺纹引起扭矩系数的变化。

④一个安装段完成后,经检查确认符合要求方可进行下一步安装高强螺栓。

(4)安装高强螺栓:

①高强螺栓的安装一般是在吊装完成一个施工段,钢结构形成稳定框架单元之后进行。

②螺栓穿入方向以方便施工为准,每个节点应整齐一致,临时螺栓待高强螺栓紧固后再卸下。

③高强螺栓的紧固,必须分初拧和终拧两次进行。初拧完毕的螺栓,应做好标记以供确认。为防止漏拧,当天安装的高强螺栓,当天应终拧完毕。初拧、终拧都应从螺栓群中间向四周对称扩散方式进行紧固。

④因空间狭窄,高强螺栓扳手不宜操作部位,可采用加高套管或用手动扳手安装。

(5)高强螺栓施工检查:

①按照规范要求对整个高强螺栓安装工作的完成情况进行认真检查,将检验结果记录在检验报告中,检查报告送到项目质量负责人处审批。

②高强螺栓终拧完成后进行检查时,螺栓丝扣外露应为 2 ~3 扣,其中允许有 10% 的螺栓丝扣外露 1 扣或 4 扣。

③对于因构造原因而必须用扭矩扳手拧紧的高强螺栓,则使用经过核定的扭矩扳手用转角法进行抽验。

④高强螺栓安装检查在终拧 1 h 以后、24 h 之前完成。

⑤对采用扭矩扳手拧紧的高强螺栓,终拧结束后,检查漏拧、欠拧宜用 0.3 ~0.5 kg 的小锤逐个敲检,如发现有欠拧、漏拧应补拧,超拧应更换。

⑥做好高强螺栓检查记录,填写高强螺栓连接副施工质量检查记录表(表 4.30)。经整理后归入技术档案。

表 4.30　高强螺栓连接副施工质量检查记录表(GB 50205—2020、JGJ82—2011)

工程名称			检查部位			螺栓规格型号				
设计初拧扭矩/(N·m)			设计终拧扭矩/(N·m)			扭矩扳手核定偏差/%				
螺母合格证编号			垫片合格证编号			垫圈合格证编号				
构件编号	初拧值/(N·m)	终拧值/(N·m)	设计预拉力/kN	检验扭矩/(N·m)	测定扭矩/(N·m)	螺栓方向	外露丝扣/扣	螺栓自由度	外观质量	监理检查意见

续表

<table>
<tr><td rowspan="4">构件名称、高强螺栓编号及附图：</td><td colspan="2">检查结论：

检查日期：</td></tr>
<tr><td>检查人员</td><td></td></tr>
<tr><td>项目专业质量检查员</td><td></td></tr>
<tr><td>专业监理工程师
（建设单位项目专业技术负责人）</td><td></td></tr>
</table>

(6)高强螺栓施工质量保证措施：

①雨天不得进行高强螺栓安装，摩擦面上和螺栓上不得有水及其他污物。

②钢构件安装前应清除飞边、毛刺、氧化铁皮、污垢等。已产生的浮锈等杂质，应用电动角磨机认真刷除。

③雨后作业，用氧气、乙炔火焰吹干作业区连接摩擦面。

④高强螺栓不能自由穿入螺栓孔位时，不得硬性敲入，用绞刀扩孔后再插入，修扩后的螺栓孔最大直径不应大于1.2倍螺栓公称直径。

⑤高强螺栓在栓孔内不得受剪，螺栓穿入后及时拧紧。

⑥初拧时用油漆逐个做标记，防止漏拧。

⑦因土建相关工序配合等原因拆下来的高强螺栓不得重复使用。

⑧工厂制作时在节点部位不应涂装油漆。

⑨若构件制作精度相差过大，应现场测量孔位，更换连接板。

5)拆除清理

(1)施工作业完成后，及时进行质检评定，班与班之间还可以相互评比。

(2)质检评比完成后，及时按逻辑关系进行合理拆除。

(3)拆除要求：

①确认钢构件处于安全状态，拆除高强螺栓。

②拆除的高强螺栓视具体的实训情况与安排报废或者集中收集到指定的干燥地点。

(4)完工清场，归还工具用具、节点图纸，完成施工作业。

4.3.9 质量检查与评定实训指导书

1)任务及任务量

(1)按现行规范要求，对H型钢构件组装进行验收，给定具体1组3个构件(轻钢门式刚架H型钢构件)，学生结合图纸按照下列要求对构件进行检验并填写钢结构(构件组装)分项工程检验批质量验收记录表。

(2)作业内容含材料及工具准备、安全技术交底、拼接对接焊缝检查、焊接H型钢组装精度检查、焊接组装精度检查、顶紧接触面检查、现场清理等。

2)分工组织与安排

(1)以班级为单位分工合作完成上述任务,每个班派 1 人,负责全过程的施工技能作业指导,指导师傅在各班平行作业相对集中时合作指导。

(2)每个班安排指导老师两名,负责日常管理、理论指导、考勤、考核、纪律检查、成绩评定等。

(3)每班每 6 人分成一组,确定一名组长,组长负责分配实操任务,组内分工完成任务。

3)实训操作及要求

• 实训准备

每组同学分别识读所分配构件图纸观察待检构件,同时阅读本节“钢结构质量验收基本规定及相关表格”知识点,查阅《建筑工程施工质量验收统一标准》(GB 50300)相关内容,进行检测方案分析,准备钢尺、角尺、塞尺等工具设备。

• H 型钢构件组装验收实训

按现行规范要求,对 H 型钢构件组装进行验收,给定具体 1 组 3 个构件(轻钢门式刚架 H 型钢构件),学生结合图纸按照下列要求对构件进行检验并填写钢结构(构件组装)分项工程检验批质量验收记录表(考虑实际教学情况,验收记录表已精简构件组装分项工程检验批质量验收要素)。

(1)拼接对接焊缝检查。给定图纸与焊缝超声波探伤报告,学生识读图纸,明确 H 型钢构件对接时所采用的焊缝质量等级。图纸上未标明时,会进行焊缝等级判定:当设计无要求时,应采用质量等级不低于二级的熔透焊缝,对直接承受拉力的焊缝,应采用一级熔透焊缝。对焊缝进行外观检查,并查阅检查超声波探伤报告,对焊缝做出评价。

(2)焊接 H 型钢组装精度检查。焊接 H 型钢组装尺寸的允许偏差应符合表 4.31 的规定。采用钢尺、角尺、塞尺等检查对构件进行尺寸检查。

表 4.31　焊接 H 型钢组装尺寸的允许偏差　　单位:mm

项目		允许偏差	图例
截面高度 h	$h<500$	±2.0	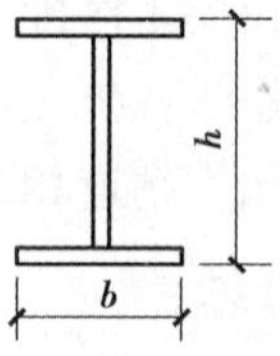
	$500<h<1\ 000$	±3.0	
	$h>1\ 000$	±4.0	
截面宽度 b		±3.0	
腹板中心偏移 e		2.0	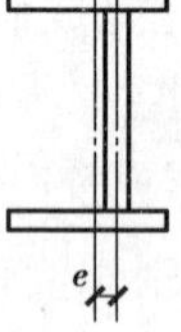
翼缘板垂直度 Δ		$b/100$, 且不应大于 3.0	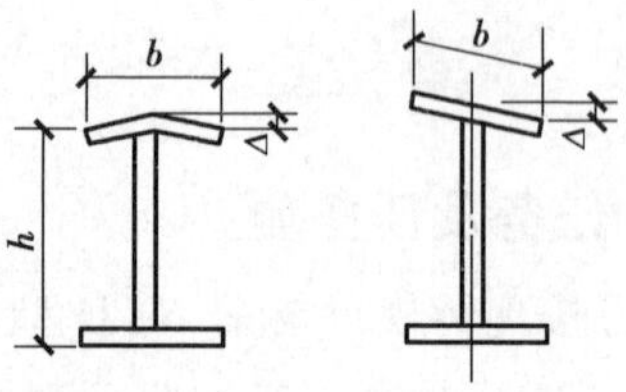
弯曲矢高		$l/1\ 000$,且不大于 10.0	
扭曲		$h/250$,且不大于 5.0	

续表

项目		允许偏差	图例
腹板局部平面度 f	$t \leqslant 6$	4.0	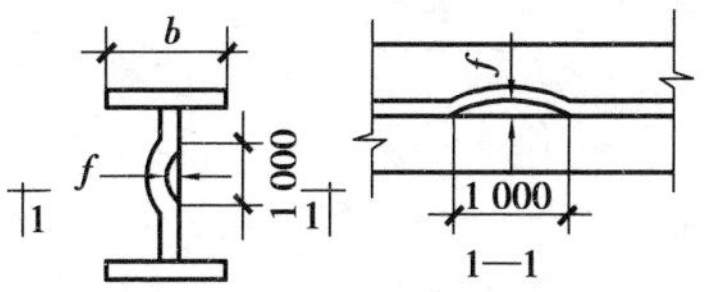
	$6<t<14$	3.0	
	$t \geqslant 14$	2.0	

注：l 为 H 型钢长度，t 为腹板厚度，单位为 mm。

(3)焊接组装精度检查。用钢尺、角尺、塞尺等检查三组构件，焊接连接组装尺寸的允许偏差应符合表 4.32 的规定。

表 4.32　焊接连接组装尺寸的允许偏差　单位：mm

项目		允许偏差	图例
对口错边 Δ		$t/10$，且不大于 3.0	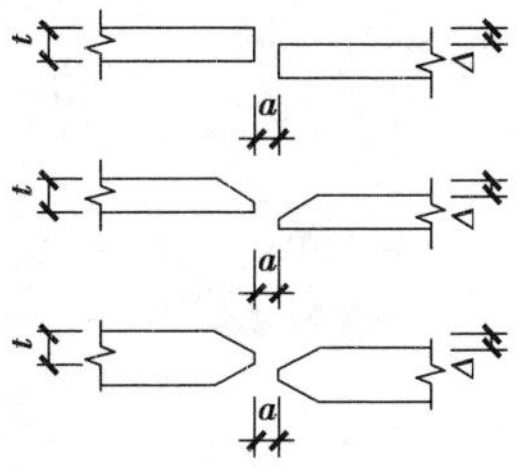
间隙 a		1.0	
搭接长度 a		±5.0	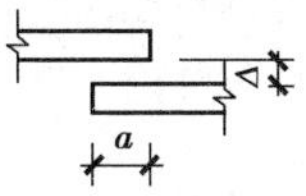
缝隙 Δ		1.5	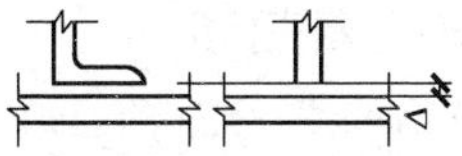
高度 h		±2.0	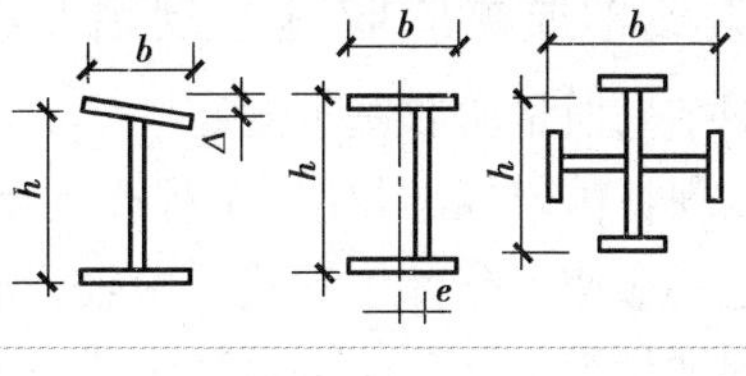
垂直度 Δ		$b/100$，且不大于 3.0	
中心偏移 e		2.0	
型钢错位 Δ	连接处	1.0	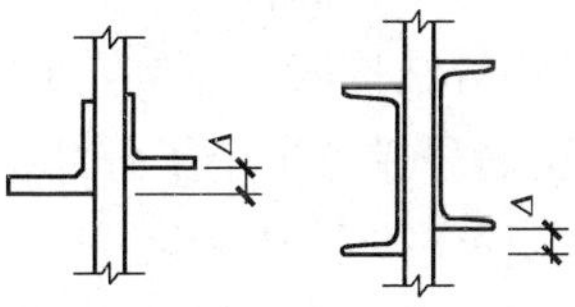
	其他	2.0	

(4)顶紧接触面检查。用 0.3 mm 的塞尺检查全数检查顶紧接触面，其塞入面积应小于 25%，边缘最大间隙不应大于 0.8 mm。设计要求顶紧的接触面应有 75% 以上的面积密贴，且边缘最大间隙不应大于 0.8 mm。

通过以上检测，填写表 4.33。

表 4.33　钢结构(构件组装)分项工程检验批质量验收记录

单位(子单位)工程名称		分部(子分部)工程名称		分项工程名称	
施工单位		项目负责人		检验批容量	
分包单位		分包单位项目负责人		检验批部位	
施工依据			验收依据		
验收项目			最小/实际抽样数量	检查记录	检查结果
1	拼接对接焊缝检查				
2	焊接 H 型钢组装精度检查				
3	焊接组装精度检查				
4	顶紧接触面检查				
施工单位检查结果	专业工长： 项目专业质量检查员： 年　月　日				
监理单位验收结论	专业监理工程师： 年　月　日				

4)清理与仪器归还

检测作业完成后,及时记录数据,完工清场,归还仪器用具、构件图纸。

5)钢结构质量验收基本规定及相关表格

- 钢结构质量验收基本规定

根据现行国家标准《建筑工程施工质量验收统一标准》(GB 50300—2013)的规定,钢结构作为主体结构之一应按子分部工程竣工验收;当主体结构均为钢结构时,应按分部工程竣工验收。其分项工程包括钢结构焊接、紧固件连接、钢零部件加工、钢构件组装及预拼装、单层钢结构安装、多层及高层钢结构安装、钢管结构安装、预应力钢索和膜结构、压型金属板、防腐涂料涂装、防火涂料涂装。大型钢结构工程可划分成若干个子分部工程进行竣工验收。

钢结构工程应按下列规定进行施工质量控制:采用的原材料及成品应进行进场验收;凡涉及安全、功能的原材料及成品应按规范规定进行复验,并应经监理工程师(建设单位技术负责人)见证取样、送样;各工序应按施工技术标准进行质量控制,每道工序完成后,应进行检查;相关各专业工种之间,应进行交接检验,并经监理工程师(建设单位技术负责人)检查认可。

(1)钢材:

①主控项目。钢材、钢铸件的品种、规格、性能等应符合现行国家产品标准和设计要求。进口钢材产品的质量应符合设计和合同规定标准的要求。(检查数量:全数检查;检验方法:检查质量合格证明文件、中文标志及检验报告等)

对属于下列情况之一的钢材,应进行抽样复验,其复验结果应符合现行国家产品标准和设计要求:国外进口钢材;钢材混批;板厚≥40 mm,且设计有 Z 向性能要求的厚板;建筑结构安全等级为一级，大跨度钢结构中主要受力构件所采用的钢材；设计有复验要求的钢材；对质量有疑义的钢材。（检查数量：全数检查；检验方法：检查复验报告）

②一般项目。钢材的表面外观质量除应符合国家现行有关标准的规定外，尚应符合下列规定：当钢材的表面有锈蚀、麻点或划痕等缺陷时，其深度不大于该钢材厚度负允许偏差值的1/2；钢材表面的锈蚀等级应符合 GB/T 8923 族现行标准规定的 C 级及以上；钢材端边或断口处不应有分层、夹渣等缺陷。

（2）连接用紧固标准件：

①主控项目。钢结构连接用高强大六角头螺栓连接副、扭剪型高强螺栓连接副、钢网架用高强螺栓、普通螺栓、铆钉、自攻钉、拉铆钉、射钉、锚栓（机械型和化学试剂型）、地脚锚栓等紧固标准件及螺母、垫圈等标准配件，其品种、规格、性能等应符合现行国家产品标准和设计要求。高强大六角头螺栓连接副和扭剪型高强螺栓连接副出厂时应分别随箱带有扭矩系数和紧固轴力（预拉力）的检验报告。（检查数量：全数检查；检验方法：检查产品的质量合格证明文件、中文标志及检验报告等）

②一般项目。高强螺栓连接副，应按包装箱配套供货，包装箱上应标明批号、规格、数量及生产日期。螺栓、螺母、垫圈外观表面应涂油保护，不应出现生锈和沾染脏物，螺纹不应损伤。（检查数量：按包装箱数抽查5%，且应不小于3箱；检验方法：观察检查）

对建筑结构安全等级为一级、跨度40 m及以上的螺栓球节点钢网架结构，其连接高强螺栓应进行表面硬度试验，对8.8级的高强螺栓其硬度应为HRC21～29；10.9级高强螺栓其硬度应为HRC32～36，且不得有裂纹或损伤。（检查数量：按规格抽查8只；检验方法：硬度计、10倍放大镜或磁粉探伤）

（3）钢结构焊接工程：碳素结构钢应在焊缝冷却到环境温度、低合金结构钢应在完成焊接24 h以后，进行焊缝探伤检验。

①主控项目。焊条、焊丝、焊剂、电渣焊溶嘴等焊接材料与母材的匹配应符合设计要求及国家现行行业标准《钢结构焊接规范》（GB 50061）的规定。焊条、焊剂、药芯焊丝、熔嘴等在使用前，应按其产品说明书及焊接工艺文件的规定进行烘焙和存放。

焊工必须经考试合格并取得合格证书。持证焊工必须在其考试合格项目及其认可范围内施焊。施工单位对其首次采用的钢材、焊接材料、焊接方法、焊后热处理等，应进行焊接工艺评定，并应根据评定报告确定焊接工艺。

设计要求全焊透的一、二级焊缝应采用超声波探伤进行内部缺陷的检验，超声波探伤不能对缺陷作出判断时，应采用射线探伤，其内部缺陷分级及探伤方法应符合现行国家标准《焊缝无损检测　超声检测　技术检测等级评定》（GB 11345）或《焊缝无损检测　射线检测》（GB 3323.1、GB 3323.2）的规定。

焊接球节点网架焊缝、螺栓球节点网架焊缝及圆管T、K、Y形节点相贯线焊缝，其内部缺陷分级及探伤方法应分别符合国家现行标准《钢结构超声波探伤及质量分级法》（JG/T 203）、《钢结构焊接规范》（GB 50061）的规定。

检查数量：全数检查；检验方法：检查超声波或射线探伤记录。

焊缝表面不得有裂纹、焊瘤等缺陷。一级、二级焊缝不得有表面气孔、夹渣、弧坑裂纹、电弧擦伤等缺陷，且一级焊缝不得有咬边、未焊满、根部收缩等缺陷。（检查数量：每批同类构件抽查10%，且应不小于3件；被抽查构件中，每一类型焊缝按条数抽查5%，且应不小于1条，每条检查1处，总抽查数应不小于10条。检验方法：观察检查或使用放大镜、焊缝量规和钢尺检查，当存在疑义时，采用渗透或磁粉探伤检查）

②一般项目。焊缝感观应达到：外形均匀、成型较好，焊道与焊道、焊道与基本金属间过渡较平滑，焊渣和飞溅物基本清除干净。（检查数量：每批同类构件抽查10%，且应不小于3件；被抽查构件

中，每种焊缝按数量各抽查5%，总抽查处应不小于5处。检验方法：观察检查）

(4)紧固件连接工程：

①普通紧固件连接。

主控项目：普通螺栓作为永久性连接螺栓时，当设计有要求或对其质量有疑义时，应进行螺栓实物最小拉力载荷复验，其结果应符合现行国家标准《紧固件机械性能　螺栓、螺钉和螺柱》(GB/T 3098.1)的规定。（检查数量：每一规格螺栓抽查8个；检验方法：检查螺栓实物复验报告）

一般项目：永久性普通螺栓紧固应牢固、可靠，外露丝扣应不小于2扣。检查数量：按连接节点数抽查10%，且应不小于3个。（检验方法：观察和用小锤敲击检查）

②高强螺栓连接。

主控项目：钢结构制作和安装单位应按《钢结构工程施工质量验收标准》(GB 50205—2020)附录B的规定分别进行高强螺栓连接摩擦面的抗滑移系数试验和复验，现场处理的构件摩擦面应单独进行摩擦面抗滑移系数试验，其结果应符合设计要求。（检验方法：检查摩擦面抗滑移系数试验报告和复验报告）

高强大六角头螺栓连接副终拧完成1 h后、48 h内应进行终拧扭矩检查，检查结果应符合《钢结构工程施工质量验收标准》(GB 50205—2020)附录B的规定。（检查数量：按节点数抽查10%且应不小于10个，每个被抽查节点按螺栓数抽查10%且应不小于2个）

一般项目：高强螺栓连接副终拧后，螺栓丝扣外露应为2～3扣，其中允许有10%的螺栓丝扣外露1扣或4扣。（检查数量：按节点数抽查5%，且应不小于10个。检验方法：观察检查）

高强螺栓连接摩擦面应保持干燥、整洁，不应有飞边、毛刺、焊接飞溅物、焊疤、氧化铁皮、污垢等，除设计要求外摩擦面不应涂漆。（检查数量：全数检查；检验方法：观察检查）

高强螺栓应自由穿入螺栓孔。高强螺栓孔不应采用气割扩孔，扩孔数量应征得设计同意，扩孔后的孔径应不大于$1.2d$（d为螺栓直径）。（检查数量：被扩螺栓孔全数检查；检验方法：观察检查及用卡尺检查）

螺栓球节点网架总拼完成后，高强螺栓与球节点应紧固连接，高强螺栓拧入螺栓球内的螺纹长度应不小于$1.0d$（d为螺栓直径），连接处不应出现有间隙、松动等未拧紧情况。（检查数量：按节点数抽查5%，且应不小于10个；检验方法：普通扳手及尺量检查）

(5)钢构件组装工程：

①焊接H型钢。

一般项目：焊接H型钢的翼缘板拼接缝和腹板拼接缝的间距应不小于200 mm。翼缘板拼接长度应不小于2倍板宽；腹板拼接宽度应不小于300 mm，长度应不小于600 mm。（检查数量：全数检查；检验方法：观察和用钢尺检查）

②组装。

主控项目：吊车梁和吊车桁架不应下挠。（检查数量：全数检查。检验方法：构件直立在两端支承后，用水准仪和钢尺检查）

一般项目：顶紧接触面应有75%以上的面积紧贴。（检查数量：按接触面的数量抽查10%，且应不小于10个；检验方法：用0.3 mm塞尺检查，其塞入面积应不小于25%，边缘间隙应不大于0.8 mm）

桁架结构杆件轴线交点错位的允许偏差≤3.0 mm。（检查数量：按构件数抽查10%，且应不小于3个，每个抽查构件按节点数抽查10%，且应不小于3个节点；检验方法：尺量检查）

(6)单房钢结构安装工程：

①一般规定。安装时，必须控制屋面、楼面、平台等的施工荷载，施工荷载和冰雪荷载等严禁超过梁、桁架、楼面板、屋面板、平台铺板等的承载能力。在形成空间刚度单元后，应及时对柱底板和基础顶面的空隙进行细石混凝土、灌浆料等二次浇灌。吊车梁或直接承受动力荷载的梁其受拉翼缘、吊车

桁架或直接承受动力荷载的桁架其受拉弦杆上不得焊接悬挂物和卡具等。

②安装和校正。主控项目:单层钢结构主体结构的整体垂直度允许偏差应符合H/1 000,且应不大于25.0 mm,整体平面弯曲的允许偏差应符合 L/1 500,且应不大于25.0 mm。(检查数量:对主要立面全部检查,对每个所检查的立面,除两列角柱外,尚应至少选取一列中间柱)

(7)多层及高层钢结构安装工程:

①一般规定:柱、梁、支撑等构件的长度尺寸应包括焊接收缩余量等变形值。安装柱时,每节柱的定位轴线应从地面控制轴线直接引上,不得从下层柱的轴线引上。结构的楼层标高可按相对标高或设计标高进行控制。

②安装和校正。

主控项目:多层及高层钢结构主体结构的整体垂直度允许偏差应符合 H/2 500+10.0 mm,且应不大于50.0 mm,整体平面弯曲的允许偏差应符合 L/1 500,且应不大于25.0 mm。(检查数量:对主要立面全部检查,对每个所检查的立面,除两列角柱外,尚应至少选取一列中间柱;检验方法:对于整体垂直度,可采用激光经纬仪、全站仪测量,也可根据各节柱的垂直度允许偏差累计计算,对于整体平面弯曲,可按产生的允许偏差累计计算)

(8)钢结构涂装工程:

①一般规定。钢结构普通涂料涂装工程应在钢结构构件组装、预拼装或钢结构安装工程检验批的施工质量验收合格后进行。钢结构防火涂料涂装工程应在钢结构安装工程检验批和钢结构普通涂料涂装检验批的施工质量验收合格后进行。

涂装时的环境温度和相对湿度应符合涂料产品说明书的要求,当产品说明书无要求时,环境温度宜在5~38 ℃,相对湿度应不大于85%。涂装时构件表面不应有结露,涂装后4 h内应保护免受雨淋。

②防腐涂料涂装。

主控项目:涂料、涂装遍数、涂层厚度均应符合设计要求。当设计对涂层厚度无要求时,涂层干漆膜总厚度:室外应为150 μm,室内应为125 μm,其允许偏差为-25 μm。每遍涂层干漆膜厚度的允许偏差为-5 μm。(检查数量:按构件数抽查10%,且同类构件应不小于3件;检验方法:用干漆膜测厚仪检查,每个构件检测5处,每处的数值为3个相距50 mm测点涂层干漆膜厚度的平均值)

③防火涂料涂装。

主控项目:薄涂型防火涂料的涂层厚度应符合有关耐火极限的设计要求。厚涂型防火涂料涂层的厚度,80%及以上面积应符合有关耐火极限的设计要求,且最薄处厚度应不小于设计要求的85%。(检查数量:按同类构件数抽查10%,且均应不小于3件;检验方法:用涂层厚度测量仪、测针和钢尺检查)

薄涂型防火涂料涂层表面裂纹宽度应不大于0.5 mm;厚涂型防火涂料涂层表面裂纹宽度应不大于1 mm。(检查数量:按同类构件数抽查10%,且均应不小于3件;检验方法:观察和用尺量检查)

- 钢结构分项工程检验批质量验收记录表

《钢结构工程施工质量验收标准》(GB 50205—2020)给出了钢结构分项工程检验批质量验收记录表作为参考(部分),表4.34至表4.40中"第×.×.×条"指上述规范相关条文。

图4.34　钢结构(钢构件焊接)分项工程检验批质量验收记录

<table>
<tr><td colspan="2">单位(子单位)
工程名称</td><td></td><td>分部(子分部)
工程名称</td><td></td><td>分项工程名称</td><td></td></tr>
<tr><td colspan="2">施工单位</td><td></td><td>项目负责人</td><td></td><td>检验批容量</td><td></td></tr>
<tr><td colspan="2">分包单位</td><td></td><td>分包单位项目
负责人</td><td></td><td>检验批部位</td><td></td></tr>
<tr><td colspan="2">施工依据</td><td colspan="2"></td><td>验收依据</td><td colspan="2"></td></tr>
<tr><td colspan="2"></td><td>验收项目</td><td>设计要求及
标准规定</td><td>最小/实际
抽样数量</td><td>检查记录</td><td>检查结果</td></tr>
<tr><td rowspan="7">主控
项目</td><td>1</td><td>焊接材料进场</td><td>第4.6.1条</td><td></td><td></td><td></td></tr>
<tr><td>2</td><td>焊接材料复验</td><td>第4.6.2条</td><td></td><td></td><td></td></tr>
<tr><td>3</td><td>材料匹配</td><td>第5.2.1条</td><td></td><td></td><td></td></tr>
<tr><td>4</td><td>焊工证书</td><td>第5.2.2条</td><td></td><td></td><td></td></tr>
<tr><td>5</td><td>焊接工艺评定</td><td>第5.2.3条</td><td></td><td></td><td></td></tr>
<tr><td>6</td><td>内部缺陷</td><td>第5.2.4条、
第5.2.5条</td><td></td><td></td><td></td></tr>
<tr><td>7</td><td>组合焊缝尺寸</td><td>第5.2.6条</td><td></td><td></td><td></td></tr>
<tr><td rowspan="4">一般
项目</td><td>1</td><td>焊接材料进场</td><td>第4.6.5条</td><td></td><td></td><td></td></tr>
<tr><td>2</td><td>预热或后热处理</td><td>第5.2.9条</td><td></td><td></td><td></td></tr>
<tr><td>3</td><td>焊缝外观质量</td><td>第5.2.7条</td><td></td><td></td><td></td></tr>
<tr><td>4</td><td>焊缝外观尺寸偏差</td><td>第5.2.8条</td><td></td><td></td><td></td></tr>
<tr><td colspan="3">施工单位
检查结果</td><td colspan="4">专业工长：
项目专业质量检查员：
年　月　日</td></tr>
<tr><td colspan="3">监理单位
验收结论</td><td colspan="4">专业监理工程师：
年　月　日</td></tr>
</table>

表 4.35 钢结构(焊钉焊接)分项工程检验批质量验收记录

<table>
<tr><td colspan="2">单位(子单位)
工程名称</td><td></td><td>分部(子分部)
工程名称</td><td></td><td>分项工程名称</td><td></td></tr>
<tr><td colspan="2">施工单位</td><td></td><td>项目负责人</td><td></td><td>检验批容量</td><td></td></tr>
<tr><td colspan="2">分包单位</td><td></td><td>分包单位项目
负责人</td><td></td><td>检验批部位</td><td></td></tr>
<tr><td colspan="2">施工依据</td><td colspan="2"></td><td>验收依据</td><td colspan="2"></td></tr>
<tr><td colspan="2"></td><td>验收项目</td><td>设计要求及
标准规定</td><td>最小/实际
抽样数量</td><td>检查记录</td><td>检查结果</td></tr>
<tr><td rowspan="3">主控
项目</td><td>1</td><td>焊接材料复验</td><td>第 4.6.2 条</td><td></td><td></td><td></td></tr>
<tr><td>2</td><td>焊接工艺评定</td><td>第 5.3.1 条</td><td></td><td></td><td></td></tr>
<tr><td>3</td><td>焊后弯曲试验</td><td>第 5.3.2 条</td><td></td><td></td><td></td></tr>
<tr><td rowspan="3">一般
项目</td><td>1</td><td>焊钉和瓷环尺寸</td><td>第 4.6.3 条</td><td></td><td></td><td></td></tr>
<tr><td>2</td><td>焊钉材料进场</td><td>第 4.6.4 条</td><td></td><td></td><td></td></tr>
<tr><td>3</td><td>焊缝外观质量</td><td>第 5.3.3 条</td><td></td><td></td><td></td></tr>
<tr><td colspan="3">施工单位
检查结果</td><td colspan="4">专业工长:
项目专业质量检查员:
年 月 日</td></tr>
<tr><td colspan="3">监理单位
验收结论</td><td colspan="4">专业监理工程师:
年 月 日</td></tr>
</table>

表 4.36　钢结构(普通紧固件连接)分项工程检验批质量验收记录

单位(子单位)工程名称			分部(子分部)工程名称		分项工程名称	
施工单位			项目负责人		检验批容量	
分包单位			分包单位项目负责人		检验批部位	
施工依据				验收依据		
		验收项目	设计要求及标准规定	最小/实际抽样数量	检查记录	检查结果
主控项目	1	成品进场	第 4.7.1 条			
	2	螺栓实物复验	第 6.2.1 条			
	3	匹配及间距	第 6.2.2 条			
一般项目	1	螺栓紧固	第 6.2.3 条			
	2	外观质量	第 6.2.4 条			
施工单位检查结果			专业工长： 项目专业质量检查员： 年　月　日			
监理单位验收结论			专业监理工程师： 年　月　日			

表 4.37　钢结构(高强螺栓连接)分项工程检验批质验收记录

单位(子单位)工程名称			分部(子分部)工程名称		分项工程名称	
施工单位			项目负责人		检验批容量	
分包单位			分包单位项目负责人		检验批部位	
施工依据				验收依据		
		验收项目	设计要求及标准规定	最小/实际抽样数量	检查记录	检查结果
主控项目	1	成品进场	第 4.7.1 条			
	2	扭矩系数或轴力复验	第 4.7.2 条			

续表

		验收项目	设计要求及标准规定	最小/实际抽样数量	检查记录	检查结果
主控项目	3	抗滑移系数试验	第6.3.1条、第6.3.2条			
	4	终拧扭矩	第6.3.3条、第6.3.4条			
一般项目	1	成品包装	第4.7.5条			
	2	表面硬度检验	第4.7.6条			
	3	镀层厚度	第4.7.4条			
	4	初拧、终拧扭矩	第6.3.5条			
	5	连接外观质量	第6.3.6条			
	6	摩擦面外观	第6.3.7条			
	7	扩孔	第6.3.8条			
施工单位检查结果			专业工长： 项目专业质量检查员： 年 月 日			
监理单位验收结论			专业监理工程师： 年 月 日			

表4.38 钢结构(零件及部件加工)分项工程检验批质量验收记录

单位(子单位)工程名称			分部(子分部)工程名称		分项工程名称	
施工单位			项目负责人		检验批容量	
分包单位			分包单位项目负责人		检验批部位	
施工依据				验收依据		
		验收项目	设计要求及标准规定	最小/实际抽样数量	检查记录	检查结果
主控项目	1	材料进场	第4.2.1条、第5.1.1条、第4.4.1条			

续表

		验收项目	设计要求及标准规定	最小/实际抽样数量	检查记录	检查结果
主控项目	2	钢材复验	第 4. 2. 2 条、第 5. 1. 2 条、第 4.4.2 条			
	3	切面质量	第 7.2.1 条			
	4	矫正和成型	第 7.3.1 条、第 7.3.2 条			
	5	边缘加工	第 7.4.1 条			
	6	螺栓球、焊接球加工	第 7.5.1 条、第 7.5.4 条			
	7	制孔	第 7.7.1 条			
	8	节点探伤	第 7.6.1 条			
一般项目	1	材料规格尺寸	第 4.2.3 条、第 5.1.4 条、第 4.5.1 条			
	2	钢材表面质量	第 4.2.5 条、第 5.1.5 条、第 4.4.4 条、第 4.4.5 条、第 7.6.2 条、第 7.6.6 条			
	3	切割精度	第 7.2.2 条、第 7.2.3 条			
	4	矫正质量	第 7.3.3 条、第 7.3.4 条、第 7.3.5 条、第 7.3.6 条、第 7.3.7 条、第 7.6.5 条			
	5	边缘加工精度	第 7.4.2 条、第 7.5.1 条、第 7.4.4 条			
	6	螺栓球、焊接球加工精度	第 7.5.7 条、第 7.5.9 条			
	7	管件加工精度	第 7.2.4 条			
	8	制孔精度	第 7.6.3 条、第 7.7.2 条			

续表

施工单位 检查结果	专业工长： 项目专业质量检查员： 年 月 日
监理单位 验收结论	专业监理工程师： 年 月 日

表 4.39 钢结构(构件组装)分项工程检验批质量验收记录

单位(子单位)工程名称			分部(子分部)工程名称		分项工程名称	
施工单位			项目负责人		检验批容量	
分包单位			分包单位项目负责人		检验批部位	
施工依据				验收依据		
		验收项目	设计要求及标准规定	最小/实际抽样数量	检查记录	检查结果
主控项目	1	拼接对接焊缝	第 8.2.1 条			
	2	吊车梁(桁架)	第 8.3.1 条			
	3	端部铣平精度	第 8.4.1 条			
	4	外形尺寸	第 8.5.1 条			
一般项目	1	焊接 H 型钢组装精度	第 8.3.2 条			
	2	焊接组装精度	第 8.3.3 条			
	3	轴线交点错位	第 8.3.4 条			
	4	顶紧接触面	第 8.4.2 条			
	5	铣平面保护	第 8.5.1 条			
	6	外形尺寸	第 8.5.2 条—第 8.5.9 条			

续表

施工单位 检查结果	专业工长： 项目专业质量检查员： 年 月 日
监理单位 验收结论	专业监理工程师： 年 月 日

表 4.40 钢结构(单层结构安装)分项工程检验批质量验收记录

单位(子单位) 工程名称			分部(子分部) 工程名称		分项工程名称	
施工单位			项目负责人		检验批容量	
分包单位			分包单位项目 负责人		检验批部位	
施工依据				验收依据		
		验收项目	设计要求及 标准规定	最小/实际 抽样数量	检查记录	检查结果
主控 项目	1	基础验收	第 10.2.1 条、 第 10.2.2 条、 第 10.2.3 条、 第 10.2.4 条			
	2	构件验收	第 10.3.1 条、 第 10.4.1 条、 第 10.5.1 条、 第 10.7.1 条			
	3	顶紧接触面	第 10.3.2 条			
	4	垂直度和侧向弯曲	第 10.4.2 条			
	5	构件对接节点偏差	第 10.5.2 条			
	6	平台等安装精度	第 10.8.2 条			
	7	主体结构尺寸	第 10.9.1 条			

续表

		验收项目	设计要求及标准规定	最小/实际抽样数量	检查记录	检查结果
一般项目	1	地脚螺栓精度	第10.2.6条			
	2	标记	第10.3.3条			
	3	屋架、桁架、梁安装精度	第10.5.1条、第10.4.5条			
	4	钢柱安装精度	第10.3.4条			
	5	吊车梁安装精度	第10.4.4条			
	6	檩条等安装精度	第10.7.3条			
	7	现场组对精度	第10.5.4条、第10.5.5条			
	8	结构表面	第10.3.6条			
施工单位检查结果			专业工长： 项目专业质量检查员： 年 月 日			
监理单位验收结论			专业监理工程师： 年 月 日			

4.3.10 注意事项

1)安全目标

做到全过程无任何安全事故。

2)安全组织及机构

(1)由指导老师组成安全领导小组,每位指导老师为安全组成员,负责日常安全检查监督工作。

(2)各班指导老师作为安全事故第一责任人。

(3)各班由班长负责,组成由3人组成的安全监督小组,负责本班训练过程中的安全检查监督工作,挂牌上岗,兼职履行义务。

(4)全部训练过程聘请一名有经验的专职安全员,负责每天的安全检查工作,发现问题,及时处理。

3)安全措施

(1)参加实训的学生身着工作服、戴安全帽参加训练,学校统一发放劳保手套。

(2)危险机械的使用必须有专业师傅专职辅助作业,学生不得独立操作。

(3)指导老师在安排指导学生作业时,对具有危险的作业内容要事先给以指导,使学生做到正确操作,安全施工。

(4)安全标志、安全条例挂牌上墙,提示操作人员注意。

(5)发现安全隐患和不安全行为,各层安全责任人都应立即制止,并对情节严重者给予批评教育直到处分。

(6)每项训练开始前,各班由指导老师进行安全交底并组织学习相关安全常识。

4.3.11 成绩评定

1)成绩组成

实训总成绩=内业作业部分成绩+实际操作部分成绩。

成绩由指导教师根据提交资料和实际操作成果得分情况以及个人在实训中的表现进行综合评定。

其中实训任务书提交:

(1)图纸会审资料(会审纪要)一套。

(2)指定图纸深化设计构件详图(PDF格式),用钢量统计清单。

(3)指定构件加工方案一份。

(4)指定项目施工组织设计一份。

(5)钢结构连接实训过程资料一套(连接方案、安全技术交底及检查表)。

(6)质量检查与评定实训过程资料一套(质检方案、安全技术交底及检查表)。

(7)实训日记一份(4周)。

以上提交成果评分占比50%。实际操作评分占比50%(按组评分)。

个人在实训中的表现分为四等,具体等级及得分系数为:积极认真(×1.0)、一般(×0.85)、差(×0.7)、很差(×0.5~0)。

2)成绩评定

实际操作部分成绩按实际完成任务的质量效果作为基本成绩,每人一份成绩(A、B、C、D、E或优、良、中、及格、不及格)。按考勤状况、劳动态度加减处理,最后总评成绩以前三项综合评定,由指导老师作出。成绩评定应征求指导师傅和班级组织管理者的意见并作为参考。

3)实训态度和纪律要求及扣分事项

(1)学生要明确实训的目的和意义,重视并积极自觉地参加实训,未按要求进行安全文明实训(如未正确佩戴安全帽、戴手套等行为),一次扣10分,三次以上者本次实训成绩为不合格。

(2)实训过程需谦虚、谨慎、刻苦、好学、爱护国家财产、遵守国家法令;遵守学校及施工现场的规章制度;有严重违反实训安全制度的实训成绩一律为不及格。

(3)服从指导教师的安排,同时每个同学必须服从本组组长的安排和指挥,未按要求进行实训作业的一次扣5分。

(4)小组成员应团结一致,互相督促、相互帮助,人人动手,共同完成任务。

(5)遵守学院的各项规章制度,不得迟到、早退、旷课。点名2次不到者或请假超过1天者,实训成绩为不及格。

4.3.12 图纸

钢结构施工图详见附录Ⅲ××××钢结构项目施工图。

模块小结

本模块施工综合训练主要围绕砌体结构、钢筋混凝土结构、钢结构施工项目完成,内容包括实训任务书、指导书、模拟图纸会审,施工组织设计,成绩评定的组成。学生可对三大结构体系的施工过程有一个较完整的认识,体验和一定程度上掌握组织管理过程,达到理论联系实际、加深和巩固对专业理论知识的理解、增强实际动手能力的目的。

参考文献

[1] 袁小平.建筑工程技术专业实训基地功能探析[J].重庆工贸职业技术学院学报,2008(3).

[2] 韩玉文.建筑施工实训指南[M].北京:冶金工业出版社,2010.

[3] 于红杰,姚艳红.建筑工程专业校内实训基地建设探析[J].民营科技,2010(5):75-76.

[4] 钟振宇,秦虹,张喜娥.高职建筑工程技术专业校内实训基地“分类化”建设初探[J].职业教育研究,2010(10):105-106.

[5] 王兆.建筑施工实训指导[M].北京:机械工业出版社,2006.

[6] 钟振宇.建筑工程实训指导[M].北京:机械工业出版社,2008.

[7] 杨卫国,马彩霞,王京.高等职业教育国家级建筑技术实训基地建设探讨——以邯郸职业技术学院建筑技术实训基地为例[J].中国成人教育,2011(3).

[8] 毛桂平,周任,张一非,等.高职建筑工程“全过程”实践课程教学探索[J].职业教育研究,2009(12).

[9] 程建芳.借鉴国外经验强化应用型本科教育实践教学[J].中国高教研究,2007(8):54-55.

[10] 方修建.从职业资格证书制度谈高职建筑工程专业建设[J].成功(教育),2011(7).

[11] 袁慧.新形势下培养提高工科学生工程实践能力的认识与实践[J].高教探索,2007(2).

[12] 汤书福,刘泽刚,应志成.建筑工程类专业“3+3”工学交替模式的探索与实践——以丽水职业技术学院工程监理专业人才培养新模式探索为例[J].太原城市职业技术学院学报,2009(7).

[13] 石磊.工程教育中实践能力的培养研究[D].西安电子科技大学教育学硕士学位论文,2007.

[14] 潘睿.关于构建特色土木工程教育的教学对策研究[J].黑龙江高教研究,2005(3).

附录Ⅰ

农民（移民）集中居住区5#楼

建施图目录

图别	图号	图幅	图纸内容	备注
封面		A2+1/4		
建施	1/11	A2+1/4	建施图目录 工程特征表 设计总说明 节能设计说明	
建施	2/11	A2+1/4	节能设计说明 门窗统计表 室内装修表	
建施	3/11	A2+1/4	底层平面图	
建施	4/11	A2+1/4	二至五层平面图	
建施	5/11	A2+1/4	六层平面图	
建施	6/11	A2+1/4	屋面平面图	
建施	7/11	A2+1/4	①~㉝立面图	
建施	8/11	A2+1/4	㉝~①立面图	
建施	9/11	A2+1/4	Ⓐ~Ⓖ立面图 Ⓖ~Ⓐ立面图 1~1剖面图	
建施	10/11	A2+1/4	厨房卫生间大样图 楼梯大样图	
建施	11/11	A2+1/4	节点详图 门窗大样图	

工程特征表

建设单位:	小田村村委会	总建筑面积:	2629.45 m²
工程名称:	四川省某县小田村农民(移民)集中居住区5#楼	抗震设防烈度:	6度
建设地点:	四川省某县小田村	建筑工程结构类别:	乙类
建筑结构形式:	砖混结构	建筑工程复杂等级:	4级
建筑高度:	19.3 m	建筑耐火等级:	二级
建筑层数:	六层	屋面防水等级:	Ⅱ级
建筑基底面积:	458.66 m²		

设计总说明

一、设计依据:

1. 城乡规划管理局批准的建筑方案。
2. 甲方提供设计委托。
3. 国家现行相关规范、标准:

《民用建筑设计通则》(GB 50352—2019)、《建筑设计防火规范》(GB 50016—2014版)、《住宅建筑规范》(GB 50368—2005)、《住宅设计规范》(GB 50096—2011)、《工程建设标准强制性条文》(房屋建筑部分，2013年版)、《建筑玻璃应用技术规范》(JGJ 113—2015)、《屋面工程技术规范》(GB 50345—2012)、《建筑内部装修设计防火规范》(GB 50222—2017)、《无障碍设计规范》(GB 50763—2012)、《建筑玻璃应用技术规程》(JGJ 113—2015)、《建筑外窗、遮阳及天窗节能设计规程》(DB51/T 5065—2009)、《夏热冬冷地区居住建筑节能设计标准》(JGJ 134—2010)。

二、工程概况:

1. 农民(移民)集中居住区5#楼工程。
2. 本工程为砖混结构建筑，设计为六层：一至五层层高均为3.000 m；六层层高为2.700 m；建筑面积为2629.45 m²。
3. 本工程室内地坪与人行道高差为1.0 m，建筑高度为19.4 m。
4. 本工程室内标高±0.000所对应的绝对高程为440.500。
5. 本工程建筑结构类别为乙类，复杂等级为4级，主体结构设计合理使用年限为50年，耐火等级为二级，屋面防水等级为Ⅱ级。
6. 本工程抗震设防烈度为6度。基本地震加速度为0.10g，Ⅱ类场地，设计特征周期为0.40 s。

三、设计范围:

本设计仅包括建筑、结构、给排水、电气专业设计。室外工程部分及内装需进行二次设计的，由甲方另行委托。

四、设计要求:

1. 施工中除应按照设计文件进行外，还必须严格遵照国家颁发的各项现行施工和验收规范，确保施工质量。
2. 施工中若有更改设计处，必须通过设计单位同意后方可进行修改，不得任意更改设计。
3. 图中屋面标高均指结构板面标高。
4. 施工中若发现图纸中有矛盾处或其他未尽事宜，应及时召集设计、建设、施工、监理单位现场协商解决。

五、墙体工程:

1. 本工程中墙体除标注外均为240厚页岩实心砖砌体，砌体及砂浆强度等级详见结施。
2. 墙身防潮层：无地梁处增设墙身水平防潮层做法详见西南11J112第50页相应做法。
3. 在土建施工中各专业工种应及时配合敷设管道，减少事后打洞。

六、楼地面工程:

1. 地面施工须符合《建筑地面工程施工质量验收规范》(GB 50209—2010)要求。
2. 本工程地面回填土应分层夯实，夯实系数≥0.94。
3. 本工程楼地面敷管层采用1:6水泥炉渣找平或找坡。
4. 地面有积水的厨房、卫生间沿周边墙体作(120×120)C20 细石混凝土止水线，泛水做至迎水面上300 mm高。
5. 本工程厨卫洁具除蹲便外，其余均由用户自理，设计文件只作示意。

七、屋面工程:

1. 屋面施工须符合《屋面工程质量验收规范》(GB 50207—2012)要求。
2. 本工程屋面防水等级：屋面防水材料为高聚物改性沥青防水卷材一道(≥4 mm)，防水等级为Ⅱ级。

八、门窗工程:

1. 外窗采用塑钢窗，玻璃的外观质量和性能及玻璃安装材料均应符合《建筑玻璃应用技术规程》(JGJ 113—2015)中各项要求及规定。
2. 门窗尺寸为洞口尺寸，预留抹灰厚度，加工门窗时应扣除。

九、抹灰工程:

1. 抹灰应先清理基层表面，用钢丝刷清除表面浮土和松散部分，填补缝隙孔洞并浇水润湿。
2. 所有窗台、外墙洞口上沿及突出外墙面部分，其顶面做1%斜坡，坡向向外，并在抹面砂浆中加入5%防水剂，下面做滴水线，宽窄应整齐一致，滴水线做法详见西南11 J516-J/12。

十、油漆工程:

1. 凡金属构件（不锈钢除外）先刷防锈漆，再刷调合漆两遍，详见西南11J312第80页5113节点。
2. 凡木饰面油漆选用酚醛清漆，做法详见西南11J312第79页5107节点。

十一、其他:

1. 所有材料施工及备案均按国家有关标准办理，外墙装饰材料及色彩须经规划部门、设计单位、甲方三方看样确定后再施工。
2. 所有楼面、吊顶等装饰面材料和构造不得降低本工程的耐火等级，并不得任意填加设计规定以外的超载物。
3. 两种墙体的交接处，应根据饰面材质在做饰面前加钉金属网或在施工中加贴玻璃丝网格布，防止裂缝。

节能设计说明

一、地理气候条件:

四川省某县该村地处川西盆地，属于亚热带湿润季风气候。夏季气温较高、湿度大、风速小、潮湿闷热；冬季气温低、湿度大、日照率低，阴冷潮湿。气象参数如下:

年平均温度	16.1 ℃	最冷月平均温度	5.4 ℃
极端最低温度	−5.9 ℃	最热月平均温度	25.5 ℃
极端最高温度	37.3 ℃	冬季平均相对湿度	78%
夏季平均相对湿度	80%	全年日照率	28%
冬季日照率	14%	冬、夏季主导风向	NNE
主导风向频率	33%	夏季平均风速	1.4 m/s

二、设计依据性文件、规范、标准:

1. 《夏热冬冷地区居住建筑节能设计标准》(JGJ 134—2010)。
2. 建设主管部门有关建筑节能设计的相关文件、规定。
3. 建设单位有关建筑节能设计的相关文件资料、要求。

三、建筑体形系数(S):

1. 建筑物与室外大气接触的外表面积为2856.14 m²；
2. 建筑物的体积为 8852.13 m³；
3. 体形系数 (S)为2856.14/8852.13=0.32≤0.4；
4. 满足《夏热冬冷地区居住建筑节能设计标准》(JGJ 134—2010)第4.0.3条要求。

四、外门窗节能要求及技术措施:

窗墙面积比=各朝向(或建筑不同立面)外窗面积/各朝向外墙面积(包括外窗面积)

外窗节能措施表

部位	外窗面积/m²	外墙面积/m²	窗墙面积比	遮阳措施设计值及限值(SC)	做法	设计及（限值）/(kW·m²·K⁻¹)
Ⓐ~Ⓖ轴（东）	5.7	229.68	0.02	—	PVC-6C	k=4.56(k≤4.7)
①~㉝轴（南）	288.0	969.06	0.30	—	PVC-6C+9A+6C	k=2.82(k≤4.0)
Ⓖ~Ⓐ轴（西）	5.7	229.68	0.02	—	PVC-6C	k=4.56(k≤4.7)
㉝~①轴（北）	251.42	969.06	0.26	—	PVC-6C+9A+6C	k=2.82(k≤4.0)

注:①本表中住宅外门窗均为多腔塑钢门窗，节能技术措施仅为参考，门窗生产厂家须提供法定检测机构的实际检测值，且须满足本表对门窗热工参数的限定要求。

②建筑物一~六层的外窗及敞开式阳台门的气密性等级，不应低于国家标准《建筑外门窗气密、水密、抗风压性能分级及检测方法》(GB/T 7106—2008)中规定的4级。

③满足《夏热冬冷地区居住建筑节能设计标准》(JGJ 134—2010)第4.0.5条要求。

五、屋面保温隔热设计:

1. 上人屋面构造措施与热工参数如表所示:

序号	材料名称	导热系数λ /(W·m⁻¹·K⁻¹)	蓄热系数(s) /(W·m⁻²·K⁻¹)	修正系数a	材料厚度d /m	材料层热阻R	热惰性指标$D=R\cdot S$
1	地面砖	2.18	19.67	1.0	0.015	0.007	0.135
2	10厚1：2.5水泥砂浆结合层	0.93	11.37	1.0	0.01	0.012	0.125
3	20厚1：3水泥砂浆保护层	0.93	11.37	1.0	0.020	0.022	0.245
4	SBS高聚物改性沥青防水卷材一道(≥4.0 mm)	0.23	9.37	1.0	0.004	0.017	0.002
5	20厚1：3水泥砂浆找平层	0.93	11.37	1.0	0.020	0.022	0.245
6	60厚03级配泡沫混凝土保温系统兼找坡，i=2%，最薄处≥60 mm	0.077	0.95	1.5	0.06	0.52	0.494
7	隔汽层(丙烯酸脂涂膜>0.5mm)						
8	钢筋混凝土屋面板	1.74	17.20	1.0	0.100	0.058	0.99
9	20厚膨胀玻化微珠保温层	0.07	1.5	1.2	0.020	0.238	0.357
10	5厚聚合物抗裂砂浆层（附加耐碱网格布）	0.93	11.37	1.0	0.005	0.008	0.09
总热阻 R=0.9；热惰性指标D=2.685							

总传热阻$R_0=R+R_f$=0.9+1/8.7+1/23=1.058 m²·K·W⁻¹

传热系数$K=1/R_0$=0.95 W·m⁻²·K⁻¹<1.0 W·m⁻²·K⁻¹

热惰性指标D=2.685>2.5

满足《夏热冬冷地区居住建筑节能设计标准》(JGJ 134—2010)第4.0.4条要求。

2. 非上人屋面构造措施与热工参数如表所示:

序号	材料名称	导热系数λ /(W·m⁻¹·K⁻¹)	蓄热系数(s) /(W·m⁻²·K⁻¹)	修正系数a	材料厚度d /m	材料层热阻R	热惰性指标$D=R\cdot S$
1	20厚1：3水泥砂浆保护层，分格缝间距≤1.0 m	0.93	11.37	1.0	0.020	0.022	0.245
2	SBS高聚物改性沥青防水卷材一道(≥4.0 mm)	0.23	9.37	1.0	0.004	0.017	0.002
3	20厚1：3水泥砂浆找平层	0.93	11.37	1.0	0.020	0.022	0.245
4	80厚03级配泡沫混凝土保温系统兼找坡，i=2%，最薄处≥30 mm	0.077	0.95	1.5	0.080	0.69	0.655
5	隔汽层(丙烯酸脂涂膜>0.5 mm)						
6	钢筋混凝土屋面板	1.74	17.20	1.0	0.100	0.058	0.99
7	20厚膨胀玻化微珠保温层	0.07	1.5	1.2	0.020	0.238	0.357
8	5厚聚合物抗裂砂浆层（附加耐碱网格布）	0.93	11.37	1.0	0.005	0.008	0.09
总热阻 R=1.055；热惰性指标D=2.584							

总传热阻$R_0=R+R_t$=1.055+1/8.7+1/23=1.21 m²·K·W⁻¹。

传热系数$K=1/R_0$=0.83 W·m⁻²·K⁻¹<1.0 W·m⁻²·K⁻¹热惰性指标D=2.584>2.5。

满足《夏热冬冷地区居住建筑节能设计标准》(JGJ 134—2010)第4.0.4条要求。

资质等级：QUALIFICATION AND QUALITY CLASS: FIRST CLASS	
证书编号：CHIROGRAPH NO	
审定 APPD	
审核 CHECK	
校对 REVISION	
项目负责人 PROJECT. CHIEF	
设计负责人 DESIGED. CHIEF	
辅助设计 ASSIST DESIGN	
工程名称 PROJECT	农民(移民)集中居住区5#楼
图名 TITLE	图纸目录 工程概况 设计总说明 节能设计说明
工程号 PROJ. NO.	
日期 DATE	
图号 DWG No.	JS-1

3. 坡屋面构造措施与热工参数如表所示：

序号	材料名称	导热系数 λ /(W·m⁻¹·K⁻¹)	蓄热系数 (s) /(W·m⁻²·K⁻¹)	修正系数 a	材料厚度 d/m	材料层热阻 R	热惰性指标 D=R·S
1	波形瓦	1.51	15.36	1.0	0.020	0.013	0.200
2	挂瓦条30×30 顺水条30×20						
3	25厚1：3水泥砂浆找平层（内配Φ6@500×500钢筋网）	0.93	11.37	1.0	0.027	0.022	0.307
4	SBS高聚物改性沥青防水卷材一道(≥4.0mm)	0.23	9.37	1.0	0.004	0.017	0.002
5	20厚1：3水泥砂浆找平层	0.93	11.37	1.0	0.020	0.022	0.245
6	40mm厚复合硅酸盐板保温系统	0.065	0.95	1.25	0.040	0.492	0.467
7	隔汽层(丙烯酸脂涂膜>0.5mm)						
8	20厚1：3水泥砂浆找平层	0.93	11.37	1.0	0.020	0.022	0.245
9	钢筋混凝土屋面板	1.74	17.20	1.0	0.100	0.058	0.99
10	20厚膨胀玻化微珠保温层	0.07	1.5	1.2	0.020	0.238	0.357
11	5厚聚合物抗裂砂浆层（附加耐碱网格布）	0.93	11.37	1.0	0.005	0.008	0.09
总热阻 R=0.892；热惰性指标 D=2.903							

总传热阻 $R_0=R+R_f=0.892+1/8.7+1/23=1.05$ m²·K·W⁻¹

传热系数 $K=1/R_0=0.95$ W·m⁻²·K⁻¹<1.0 W·m⁻²·K⁻¹

热惰性指标 $D=2.903>2.5$

满足《夏热冬冷地区居住建筑节能设计标准》(JGJ 134—2010)第4.0.4条要求。

六、外墙内保温隔热设计：

保温墙体中各部位做法参见《膨胀玻化微珠干混砂浆构造》(DBJT 20—59)。

1. 主体部分：采用25厚膨胀玻化微珠保温系统，构造措施与热工参数如表所示：

序号	材料名称	导热系数 λ /(W·m⁻¹·K⁻¹)	蓄热系数 (s) /(W·m⁻²·K⁻¹)	修正系数 a	材料厚度 d/m	材料层热阻 R	热惰性指标 D=R·S
1	内墙面层						
2	5厚聚合物抗裂砂浆层（附加耐碱网格布）	0.93	11.37	1.0	0.005	0.008	0.09
3	20厚膨胀玻化微珠保温系统	0.07	1.5	1.2	0.020	0.238	0.357
4	240厚页岩实心砖	0.76	9.96	1.0	0.240	0.316	3.14
5	20厚1：3水泥砂浆找平层	0.93	11.37	1.0	0.020	0.022	0.245
6	外墙饰面材料						
总热阻 R=0.584；热惰性指标 D=3.832							

总传热阻 $R_0=R+R_f=0.584+1/8.7+1/23=0.734$ m²·K·W⁻¹

传热系数 $K_b=1/R_0=1.362$ W·m⁻²·K⁻¹

2. 冷热桥部分：采用30厚膨胀玻化微珠保温系统，构造措施与热工参数如表所示：

序号	材料名称	导热系数 λ /(W·m⁻¹·K⁻¹)	蓄热系数 (s) /(W·m⁻²·K⁻¹)	修正系数 a	材料厚度 d/m	材料层热阻 R	热惰性指标 D=R·S
1	内墙面层						
2	5厚聚合物抗裂砂浆层（附加耐碱网格布）	0.93	11.37	1.0	0.005	0.008	0.09
3	20厚膨胀玻化微珠保温系统	0.07	1.5	1.2	0.020	0.238	0.357
4	240厚钢筋混凝土	1.74	17.2	1.0	0.240	0.138	1.98
5	20厚1：3水泥砂浆找平层	0.93	11.37	1.0	0.020	0.022	0.245
6	外墙饰面材料						
总热阻 R=0.406；热惰性指标 D=2.672							

总传热阻 $R_0=R+R_f=0.406+1/8.7+1/23=0.556$ m²·K·W⁻¹

传热系数 $K_b=1/R_0=1.799$ W·m⁻²·K⁻¹

3. 主体部分为框架结构，A、B取值分别为0.35、0.65。

外墙平均传热系数 $K_m=K_b\cdot 0.25+K_p\cdot 0.75=1.471$ W·m⁻²·K⁻¹≤1.5 W·m⁻²·K⁻¹。

热惰性指标 $D_m=D_b=2.93>2.5$。

满足《夏热冬冷地区居住建筑节能设计标准》(JGJ134—2010)第4.0.4条要求。

4. 外墙凸窗顶部、底部、侧面：采用35厚膨胀玻化微珠保温系统，构造措施与热工参数如表所示：

序号	材料名称	导热系数 λ /(W·m⁻¹·K⁻¹)	蓄热系数 (s) /(W·m⁻²·K⁻¹)	修正系数 a	材料厚度 d/m	材料层热阻 R	热惰性指标 D=R·S
1	内墙面层						
2	5厚聚合物抗裂砂浆层（附加耐碱网格布）	0.93	11.37	1.0	0.005	0.008	0.09
3	40厚膨胀玻化微珠保温系统	0.07	1.5	1.2	0.040	0.476	0.714
4	100厚钢筋混凝土	1.74	17.20	1.0	0.100	0.058	0.99
5	15厚水泥砂浆找平	0.93	11.37	1.0	0.015	0.016	0.18
6	外墙饰面材料						
总传热阻 R=0.558；热惰性指标 D=1.974							

总传热阻 $R_0=R+R_f=0.498+1/8.7+1/23=0.716$ m²·K·W⁻¹

传热系数 $K_b=1/R_0=1.40$ W·m⁻²·K⁻¹<1.5 W·m⁻²·K⁻¹

满足《夏热冬冷地区居住建筑节能设计标准》(JGJ 134—2010)第4.0.4条要求。

七、分户墙、楼梯间隔墙及走道隔墙的保温隔热设计：

保温隔热构造措施：240厚页岩空心砖砌体双面抹灰

序号	材料名称	导热系数 λ /(W·m⁻¹·K⁻¹)	蓄热系数 (s) /(W·m⁻²·K⁻¹)	修正系数 a	材料厚度 d/m	材料层热阻 R	热惰性指标 D=R·S
1	非采暖空调空间装饰面层						
2	20厚混合砂浆找平	0.93	11.37	1.0	0.02	0.022	0.25
3	240厚页岩实心砖砌体	0.76	9.96	1.0	0.24	0.316	3.15
4	20厚混合砂浆找平	0.93	11.37	1.0	0.02	0.022	0.25
5	采暖空调空间装饰面层						
总传热阻 R=0.36；热惰性指标 D=3.66							

总传热阻 $R_0=R+R_f=0.36+1/8.7+1/23=0.51$ m²·K·W⁻¹

传热系数 $K_b=1/R_0=1.96$ W·m⁻²·K⁻¹< 2.0 W·m⁻²·K⁻¹

满足《夏热冬冷地区居住建筑节能设计标准》(JGJ 134—2010)第4.0.4条要求。

八、楼板的保温隔热设计（住户二装自理）：

分户楼板保温隔热设计：

膨胀玻化微珠干混砂浆保温系统，构造措施与热工参数如表所示：

序号	材料名称	导热系数 λ /(W·m⁻¹·K⁻¹)	蓄热系数 (s) /(W·m⁻²·K⁻¹)	修正系数 a	材料厚度 d/m	材料层热阻 R	热惰性指标 D=R·S
1	干硬性水泥砂浆粘贴地砖或石材面层						
2	120厚钢筋混凝土	1.74	17.2	1.0	0.12	0.069	1.18
3	25厚膨胀玻化微珠保温干混砂浆兼找平	0.07	1.5	1.2	0.025	0.298	0.447
4	5厚聚合物抗裂砂浆层（附加耐碱网格布）	0.93	11.37	1.0	0.005	0.008	0.09
5	饰面材料						
总传热阻 R=0.375；热惰性指标 D=1.717							

总传热阻 $R_0=R+R_f=0.375+1/8.7+1/23=0.533$ m²·K·W⁻¹

传热系数 $K_b=1/R_0=1.876$ W·m⁻²·K⁻¹<3.0 W·m⁻²·K⁻¹

满足《夏热冬冷地区居住建筑节能设计标准》(JGJ 134—2010)第4.0.4条要求。

九、户门为成品防盗、保温、隔热门。K=3.0(通往封闭空间)，K=2.0(通往非封闭空间或户外)，满足《夏热冬冷地区居住建筑节能设计标准》(JGJ 134—2010)第4.0.4条要求。

十、地面保温：

本工程基础持力层标高在±0.000标高1.5m以下，若仅按标高-1.500以上的夯实黏土进行保温隔热计算 R=1.5 m/1.16 m²K/w=1.29就已达限值1.2，满足《夏热冬冷地区居住建筑节能设计标准》(JGJ 134—2010)第4.0.4条要求。

十一、其他：施工单位需提供法定检测机构的实际检测值，且需满足本保温设计说明中热工参数的限定要求，若所提供的保温材料的导热系数、蓄热系数等参数与本保温设计说明中的参数有出入时，应及时与设计协商。

十二、本工程保温节能设计规定性指标均满足《夏热冬冷地区居住建筑节能设计标准》(JGJ 134—2010)的规定，不需进行建筑物的节能综合指标动态计算。

门窗统计表

类型	设计编号	名称	洞口尺寸 /(mm×mm)	数量	立面样式	备注
普通门	M0821	半玻塑钢平开门	750×2100	72	厂家提供	采用6厚磨砂玻璃
	M0921	夹板平开门	900×2100	66	厂家提供	
	M1021	金属防盗门	1000×2100	42	厂家提供	K≤3.0
	M1521	金属防盗门	1500×2100	3	厂家提供	
	M1525	塑钢推拉门	1500×2500	36	厂家提供	
	M2725	塑钢推拉门	2700×2500	36	厂家提供	
普通窗	C1216	塑钢推拉窗	1200×1600	36	详建施11	窗台高1200 mm，PVC-6C K≤4.5
	C1516	塑钢推拉窗	1500×1600	15	详建施11	窗台高900 mm，PVC-6C K≤4.5
	GC0909	塑钢平开窗	900×900	36	详建施11	窗台高1800 mm，PVC-6C K≤4.5
凸窗	TC1419	塑钢推拉窗	1460×1900	36	详建施11	窗台高600 mm，PVC-6C+9A+6C
	TC1519	塑钢推拉窗（正面）	1500×1900	30	详建施11	窗台高600 mm，PVC-6C+9A+6C K≤3.2 SC_W≤0.45
		塑钢固定窗（侧面）	600×1900	30	详建施11	
洞口	DK1825		1800×2500	6		

注：所有活动门玻璃、固定门玻璃和落地窗玻璃的公称厚度应符合《建筑玻璃应用技术规程》(JGJ 113—2015)中表 7.1.1-1的规定，并满足节能设计要求。

室内装修表

部位	做法			客厅餐厅卧室	阳台	厨房卫生间	楼梯间
地面	地面（一）	原浆地面（赶光）	详西南11J312-3101Da/7				
	地面（二）	300×300地砖地面	详西南11J517-2/37				
楼面	楼面（一）	水泥砂浆楼面（赶光）	详西南11J312-3102La/7	○			○
	楼面（二）	300×300地砖楼面	详西南11J312-3122L2/12			○	
	楼面（三）	300×300地砖楼面	详西南11J517-3/37				
	楼面（四）	水泥砂浆楼面（赶光）	详西南11J512-3103L/7		○		
内墙面	内墙面（一）	仿瓷刮白	详西南11J515-N08/7 第6条调整为刷仿瓷两道	○			○
	内墙面（二）	白瓷砖墙面	详西南11J515-N10/9			○	
顶棚	顶棚（一）	仿瓷刮白	详西南11J515 P08/32 第6条调整为刷仿瓷两道	○	○	○	○
踢脚	踢脚（一）	水泥砂浆踢脚150高	详西南11J312-4101Ta/68				○

1. 本室内装修表中楼地面、墙面、顶棚做法应与节能措施表中的做法相结合。
2. 本室内装修表中楼地面防水层均为SBC聚乙烯丙纶复合卷材(≥1.2 mm)防水层；生活阳台泛水做至迎水面上1800 mm高。
3. 本室内装修表中阳台墙面做法按外墙面施工，并在找平层中加4%防水剂，具体详见立面图。

资质等级：
QUALIFICATION AND QUALITY CLASS: FIRST CLASS
证书编号：
CHIROGRAPH NO

审定 APPD		
审核 CHECK		
校对 REVISION		
项目负责人 PROJECT. CHIEF		
设计负责人 DESIGED. CHIEF		
辅助设计 ASSIST DESIGN		

工程名称 PROJECT：农民(移民)集中居住区5#楼

图名 TITLE：节能设计说明 门窗统计表 室内装修表

工程号 PROJ. NO.	
日期 DATE	
图号 DWG No.	JS-2

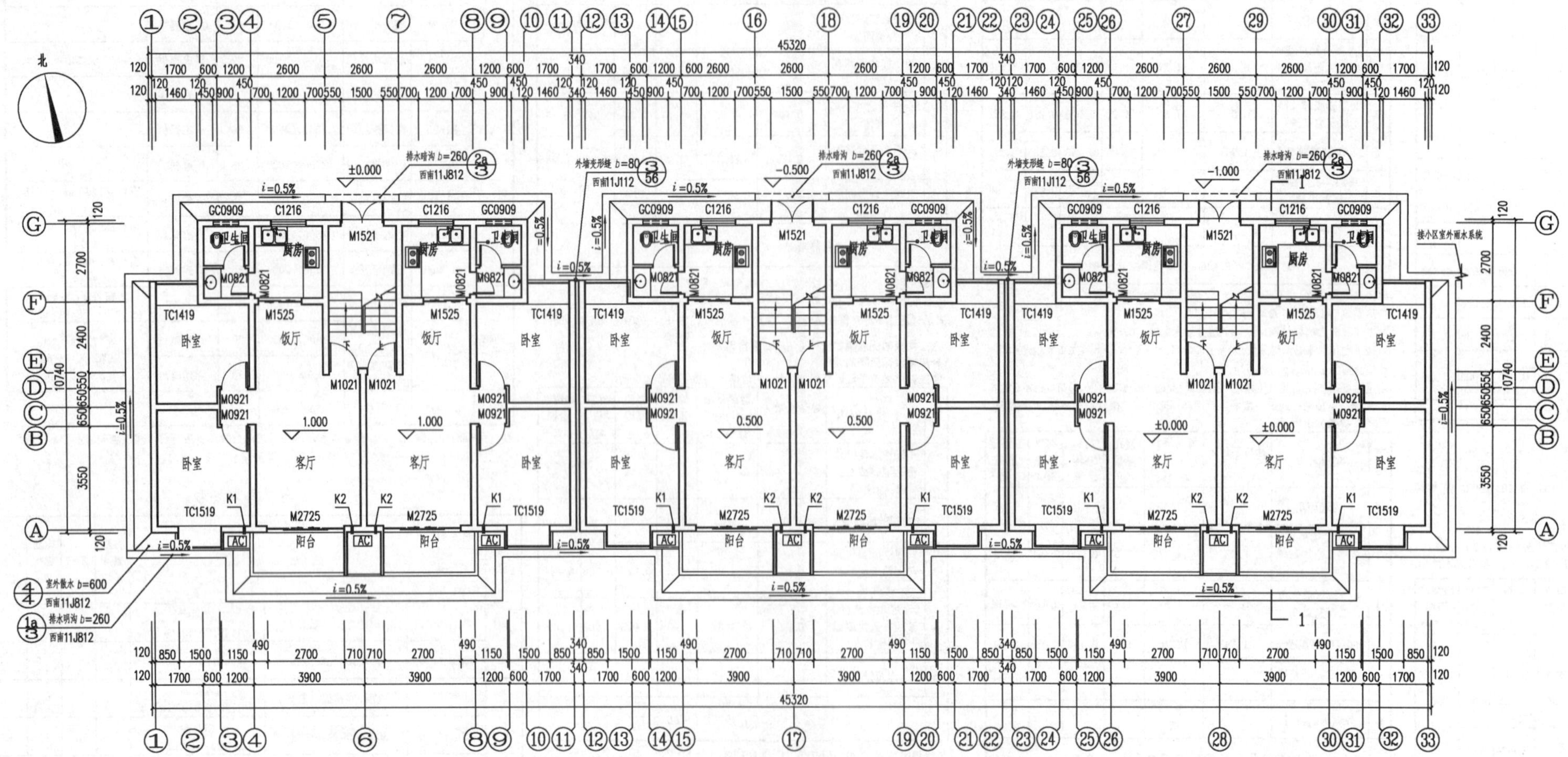

底层平面图 1:100

注：
1.本图中所有墙体除标注外均为240 mm厚页岩实心砖砌体。
2.本图中K1为ϕ75PVC空调洞(排水坡向墙外，坡度1%)，洞中距地2200 mm，距侧墙200 mm。
3.本图中K2为ϕ75PVC空调洞(排水坡向墙外，坡度1%)，洞中距地150 mm，距侧墙200 mm。
4,本图中卫生间排水坡向地漏，坡度均为1%，地漏位置详见水施。

资质等级： QUALIFICATION AND QUALITY CLASS: FIRST CLASS		
证书编号： CHIROGRAPH NO		
审定 APPD		
审核 CHECK		
校对 REVISION		
项目负责人 PROJECT. CHIEF		
设计负责人 DESIGED. CHIEF		
辅助设计 ASSIST DESIGN		
工程名称 PROJECT 农民(移民)集中居住区5#楼		
图名 TITLE 底层平面图		
工程号 PROJ. NO.		
日期 DATE		
图号 DWG No.	JS-3	

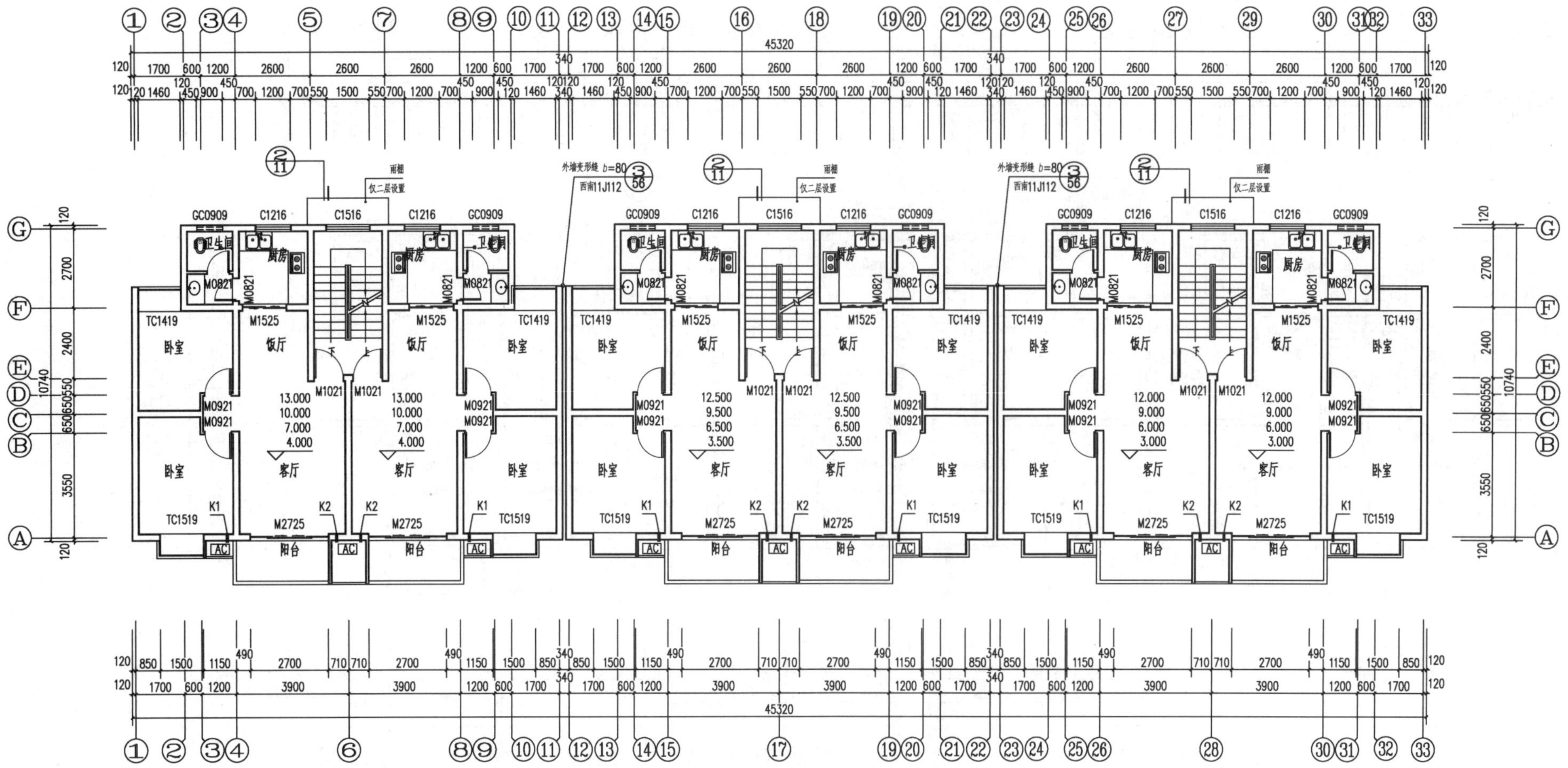

二至五层平面图 1:100

注:
1.本图中所有墙体除标注外均为240 mm厚页岩实心砖砌体。
2.本图中K1为ϕ75PVC空调洞(排水坡向墙外,坡度1%),洞中距地2200 mm,距侧墙200 mm。
3.本图中K2为ϕ75PVC空调洞(排水坡向墙外,坡度1%),洞中距地150 mm,距侧墙200 mm。
4.本图中卫生间排水坡向地漏,坡度均为1%,地漏位置详见水施。

资质等级: QUALIFICATION AND QUALITY CLASS: FIRST CLASS		
证书编号: CHIROGRAPH NO		
审定 APPD		
审核 CHECK		
校对 REVISION		
项目负责人 PROJECT.CHIEF		
设计负责人 DESIGED.CHIEF		
辅助设计 ASSIST DESIGN		
工程名称 PROJECT	农民(移民)集中居住区5#楼	
图名 TITLE	二至五层平面图	
工程号 PROJ.NO.		
日期 DATE		
图号 DWG No.	JS-4	

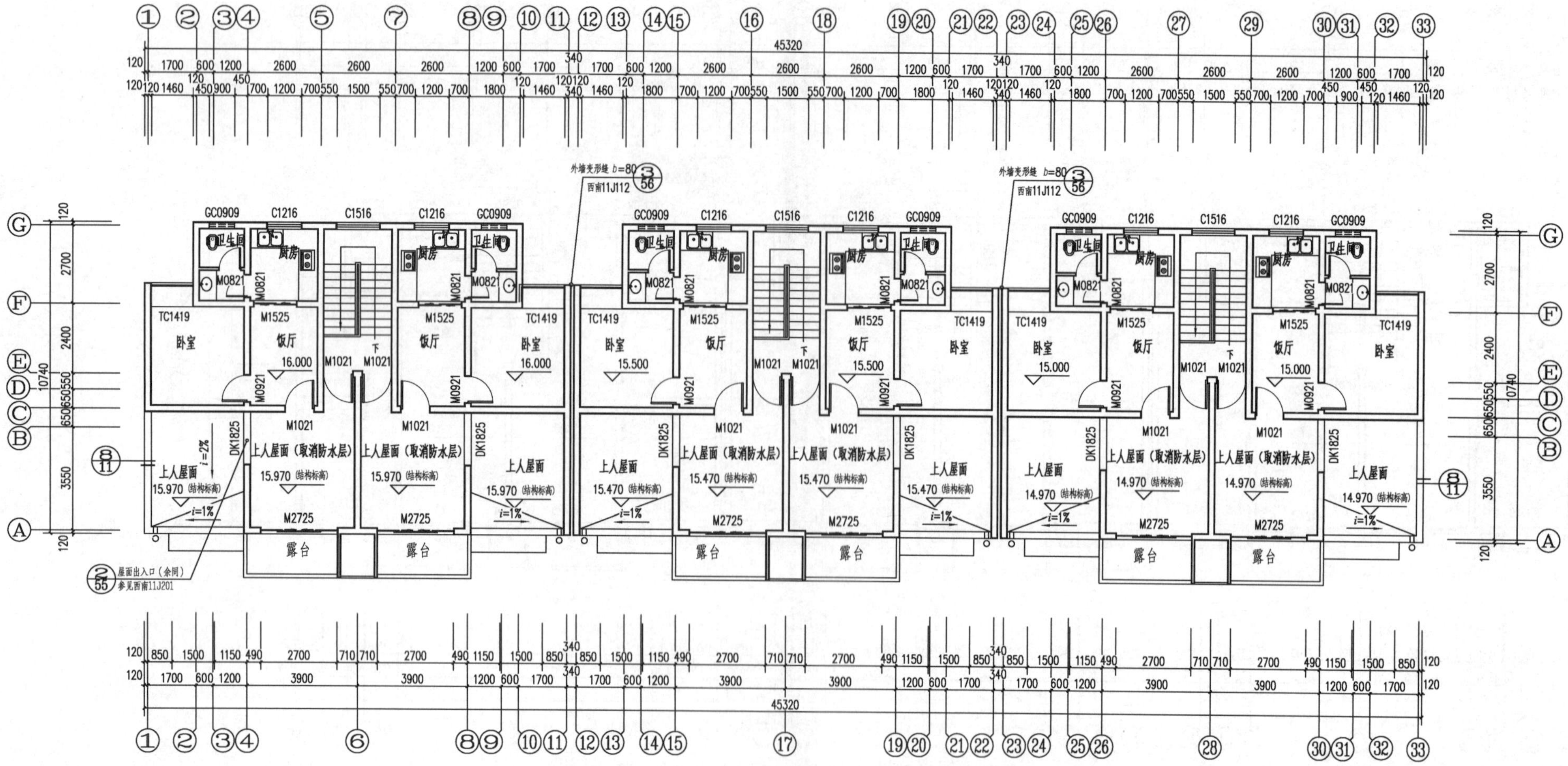

六层平面图 1:100

注：

1.本图中所有墙体除标注外均为240 mm厚页岩实心砖砌体。

2.本图中K1为ϕ75PVC空调洞(排水坡向墙外，坡度1%)，洞中距地2200 mm，距侧墙200 mm。

3.本图中K2为ϕ75PVC空调洞(排水坡向墙外，坡度1%)，洞中距地 150 mm，距侧墙200 mm。

4.本图中卫生间排水坡向地漏,坡度均为1%，地漏位置详见水施。

5.本图中上人屋面做法详见西南11J201-2206a/ 23，防水层采用≥4 mm厚SBS改性沥青防水卷材，保温层采用泡沫混凝土兼找坡层，厚度详见节能设计说明。

资质等级：QUALIFICATION AND QUALITY CLASS: FIRST CLASS	
证书编号：CHIROGRAPH NO	
审定 APPD	
审核 CHECK	
校对 REVISION	
项目负责人 PROJECT. CHIEF	
设计负责人 DESIGED. CHIEF	
辅助设计 ASSIST DESIGN	
工程名称 PROJECT	农民(移民)集中居住区5#楼
图名 TITLE	六层平面图
工程号 PROJ. NO.	
日期 DATE	
图号 DWG No.	JS-5

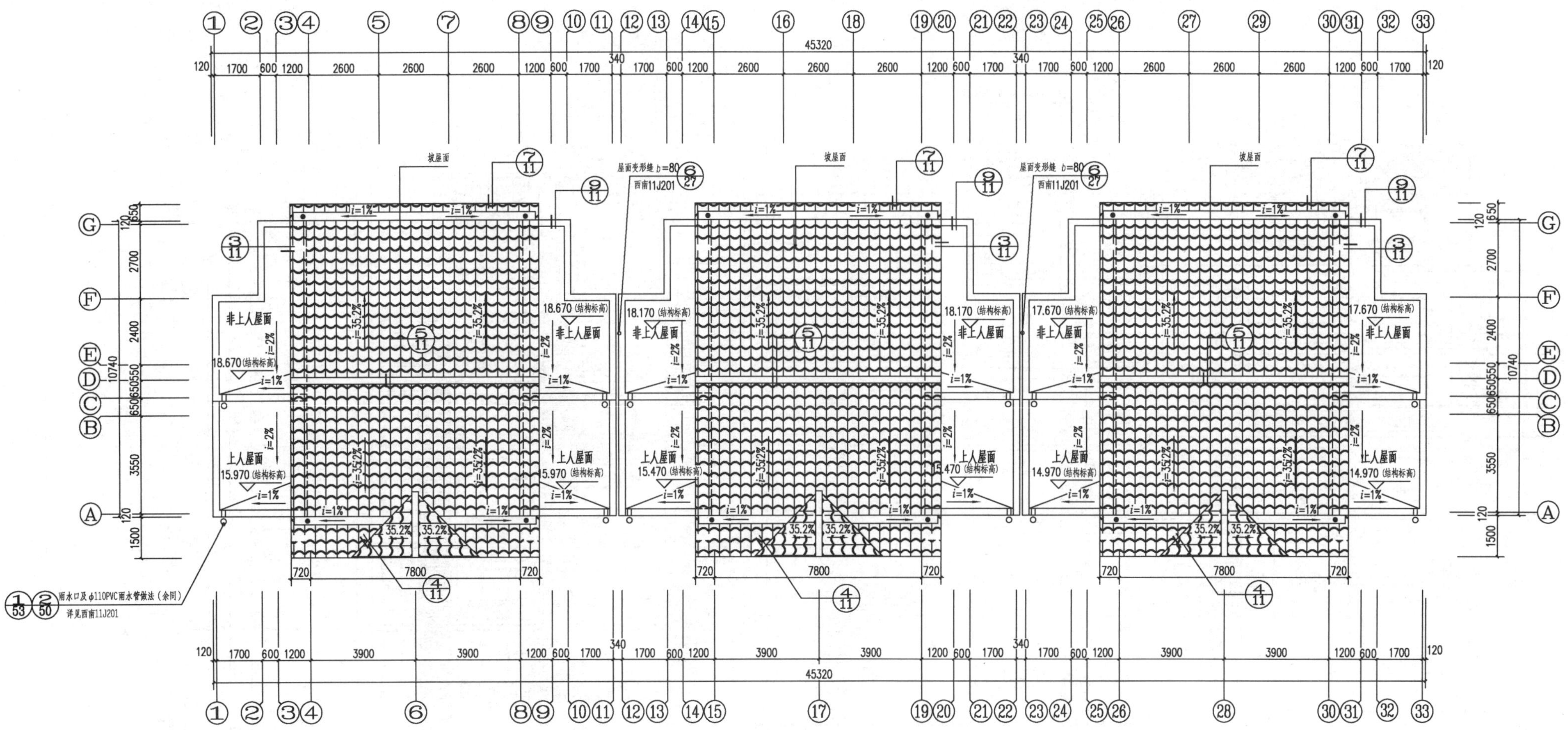

屋面平面图 1:100

注:

1.本图中非上人屋面做法详见西南11J201- 2203a/22，取消2、3、8条，第6条调整为20 mm厚，3 mm水泥砂浆找平层，防水层采用≥4 mm厚SBS改性沥青防水卷材，保温层采用泡沫混凝土兼找坡层，厚度详见节能设计说明。

2.本图中坡屋面做法详见西南11J202-③/8，防水层采用≥4 mm厚SBS改性沥青防水卷材，保温层采用泡沫混凝土兼找坡层，厚度详见节能设计说明。

3.本图中封闭式保温屋面排气道做法详见西南11J201-A/32。

4.本图中坡屋面管道泛水做法详见西南11J202-1/37（有保温层）。

5.本图中屋面变压式排烟道泛水做法详见西南11J202-2/38。

资质等级: QUALIFICATION AND QUALITY CLASS: FIRST CLASS		
证书编号: CHIROGRAPH NO		
审定 APPD		
审核 CHECK		
校对 REVISION		
项目负责人 PROJECT. CHIEF		
设计负责人 DESIGED. CHIEF		
辅助设计 ASSIST DESIGN		
工程名称 PROJECT	农民(移民)集中居住区5#楼	
图名 TITLE	屋面平面图	
工程号 PROJ. NO.		
日期 DATE		
图号 DWG No.	JS-6	

①～㉝立面图 1:100

注：
1.本图中立面色彩详见效果图。
2.本图中外墙面砖做法详见西南11J516-5407、5408/95.面砖尺寸为45 mm×45 mm，缝宽≤5 mm。
3.本图中外墙涂料做法详见西南11J516-5313、5314/91。

资质等级：QUALIFICATION AND QUALITY CLASS: FIRST CLASS	
证书编号：CHIROGRAPH NO	
审定 APPD	
审核 CHECK	
校对 REVISION	
项目负责人 PROJECT. CHIEF	
设计负责人 DESIGED. CHIEF	
辅助设计 ASSIST DESIGN	
工程名称 PROJECT	农民(移民)集中居住区5#楼
图名 TITLE	①~㉝立面图
工程号 PROJ. NO.	
日期 DATE	
图号 DWG No.	JS-7

③③~①立面图 1:100

注:
1.本图中立面色彩详见效果图。
2.本图中外墙面砖做法详见西南11J516-5407、5408/95,面砖尺寸为45 mm×45 mm,缝宽≤5 mm。
3.本图中外墙涂料做法详见西南11J516-5313、5314/91。

资质等级: QUALIFICATION AND QUALITY CLASS: FIRST CLASS		
证书编号: CHIROGRAPH NO		
审定 APPD		
审核 CHECK		
校对 REVISION		
项目负责人 PROJECT. CHIEF		
设计负责人 DESIGED. CHIEF		
辅助设计 ASSIST DESIGN		
工程名称 PROJECT	农民(移民)集中居住区5#楼	
图名 TITLE	③③~①立面图	
工程号 PROJ. NO.		
日期 DATE		
图号 DWG No.	JS-8	

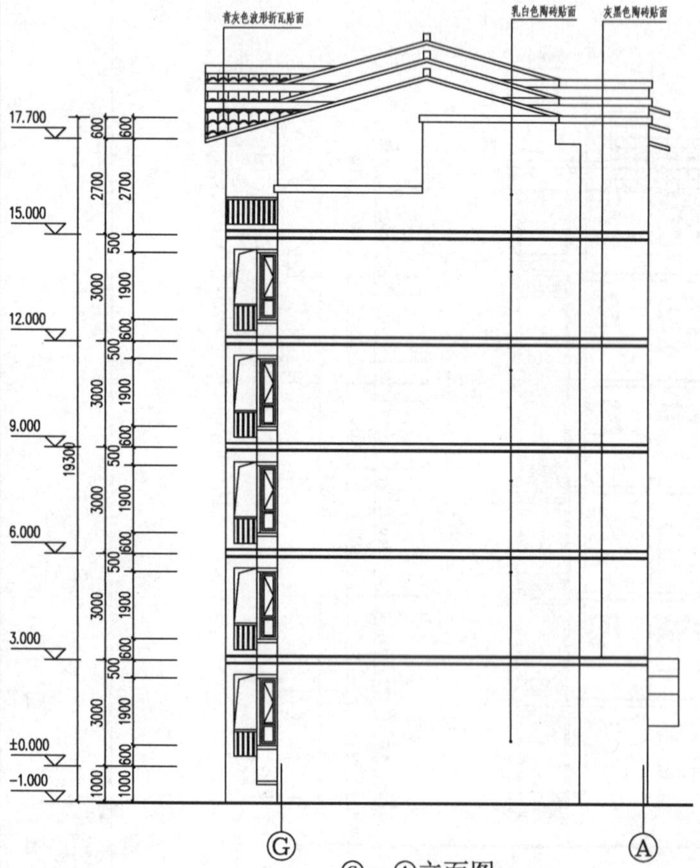

Ⓖ～Ⓐ立面图 1:100

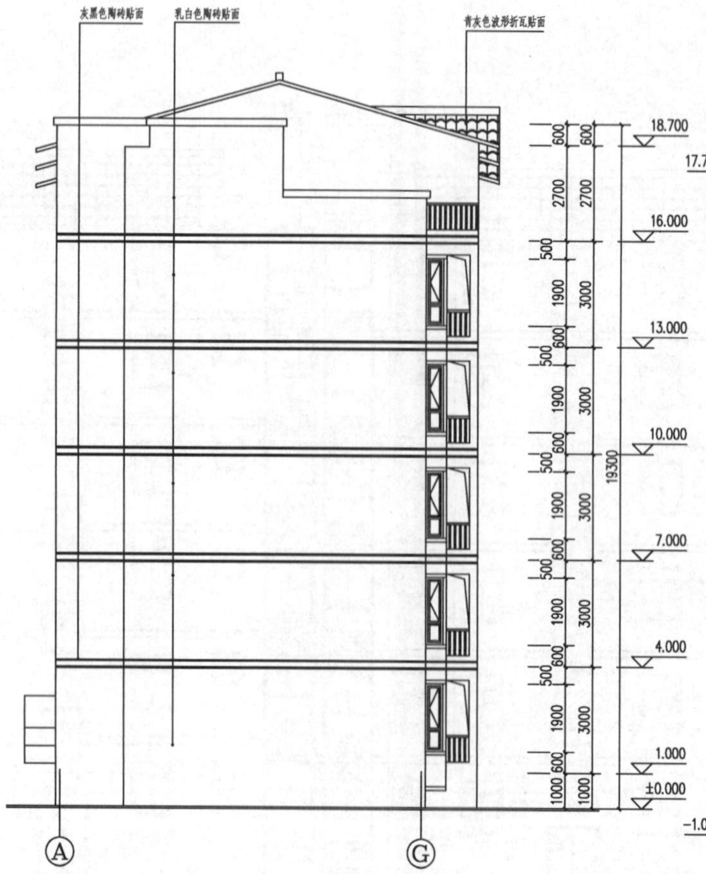

Ⓐ～Ⓖ立面图 1:100

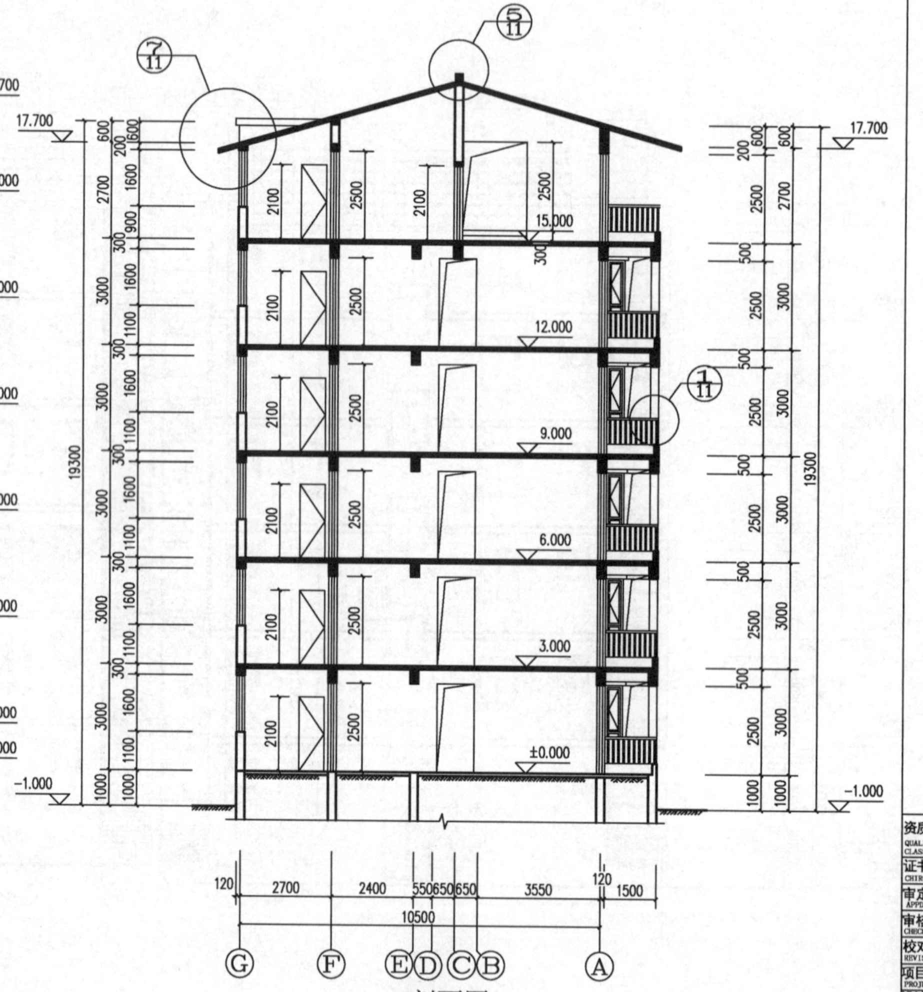

1—1剖面图 1:100

注：
1.本图中立面色彩详见效果图。
2.本图中外墙面砖做法详见西南11J516-5407、5408/95,面砖尺寸为45 mm×45 mm，缝宽≤5 mm。
3.本图中外墙涂料做法详见西南11J516-5313、5314/91。

资质等级：QUALIFICATION AND QUALITY CLASS: FIRST CLASS		
证书编号：CHIROGRAPH NO		
审定 APPD		
审核 CHECK		
校对 REVISION		
项目负责人 PROJECT. CHIEF		
设计负责人 DESIGED. CHIEF		
辅助设计 ASSIST DESIGN		
工程名称 PROJECT	农民(移民)集中居住区5#楼	
图名 TITLE	Ⓐ～Ⓖ立面图 Ⓖ～Ⓐ立面图 1—1剖面图	
工程号 PROJ. NO.		
日期 DATE		
图号 DWG No.	JS-9	

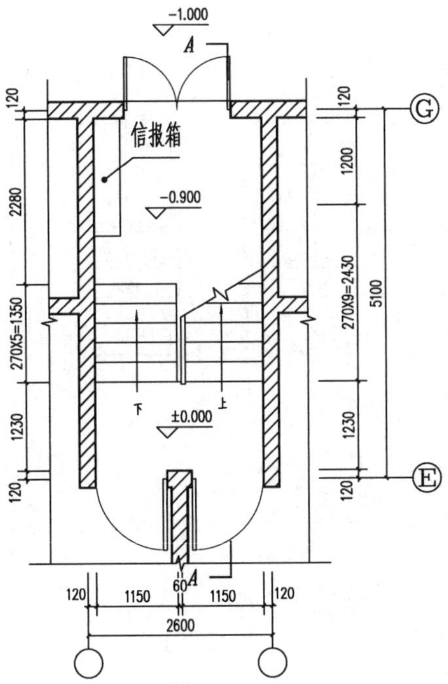

楼梯间底层平面图 1:50

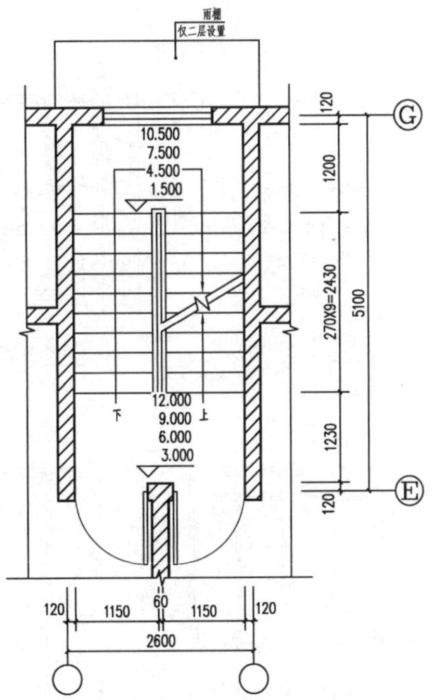

楼梯间底二至五层平面图 1:50

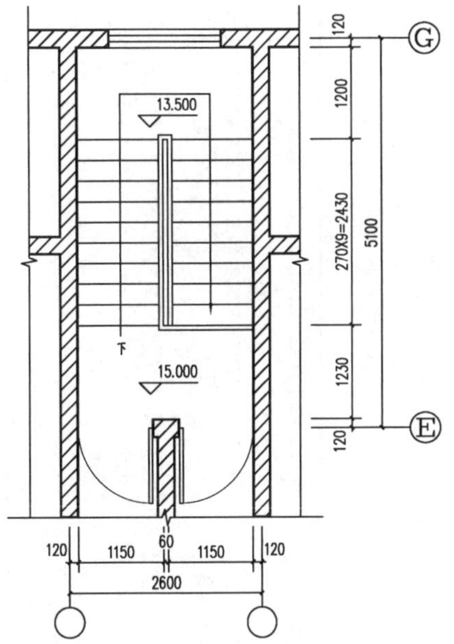

楼梯间六层平面图 1:50

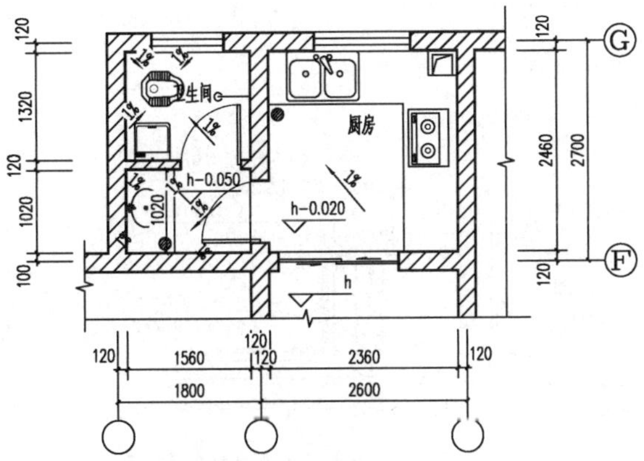

厨房、卫生间大样图 1:50

厨房、卫生间设施做法

1a/18 详见西南11J517 灶台	
2a/17 详见西南11J517 洗涤盆	
1,2/37 详见西南11J517 蹲便器	
4,5/37 详见西南11J517 地漏	
4c/53 详见西南11J517 拖布池	
1-4/A-1 07J916-1 厨房排气道	
1/33 详见西南11J517 沐浴头	

楼地面做法参见西南11J517第37页2，3节点，防水层采用SBC120聚乙烯丙纶防水卷材，上返墙面1.8 m高(一道≥1.2 mm厚)。

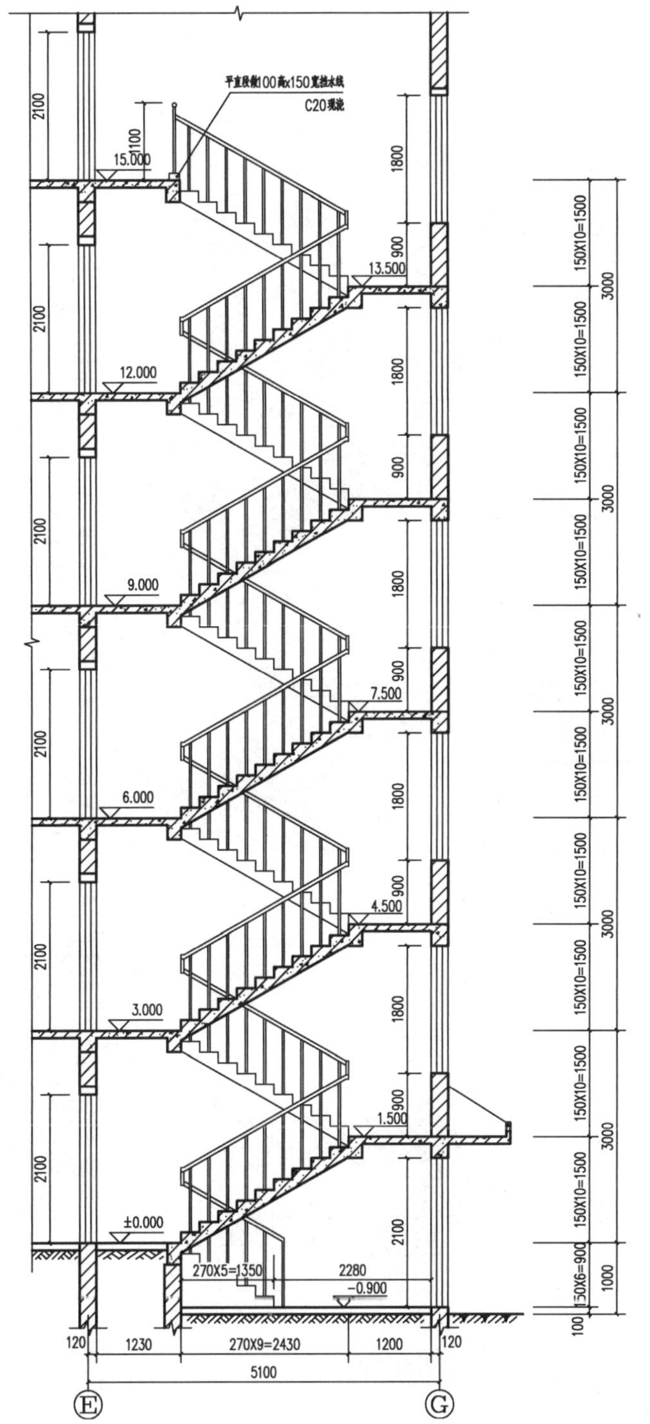

A—A剖面图 1:50

注:

1.踏步与栏杆连接做法详见西南11J412-2/56。
2.墙体与扶手连接做法详见西南11J517-4/55。
3.100 mm×100 mm挡水线采用C20细石混凝土。
4.未标注楼梯栏杆高度为900 mm。

资质等级: QUALIFICATION AND QUALITY CLASS: FIRST CLASS		
证书编号: CHIROGRAPH NO		
审定 APPD		
审核 CHECK		
校对 REVISION		
项目负责人 PROJECT. CHIEF		
设计负责人 DESIGED. CHIEF		
辅助设计 ASSIST DESIGN		
工程名称 PROJECT	农民(移民)集中居住区5#楼	
图名 TITLE	厨房卫生间大样图 楼梯大样图	
工程号 PROJ. NO.		
日期 DATE		
图号 DWG No.	JS-10	

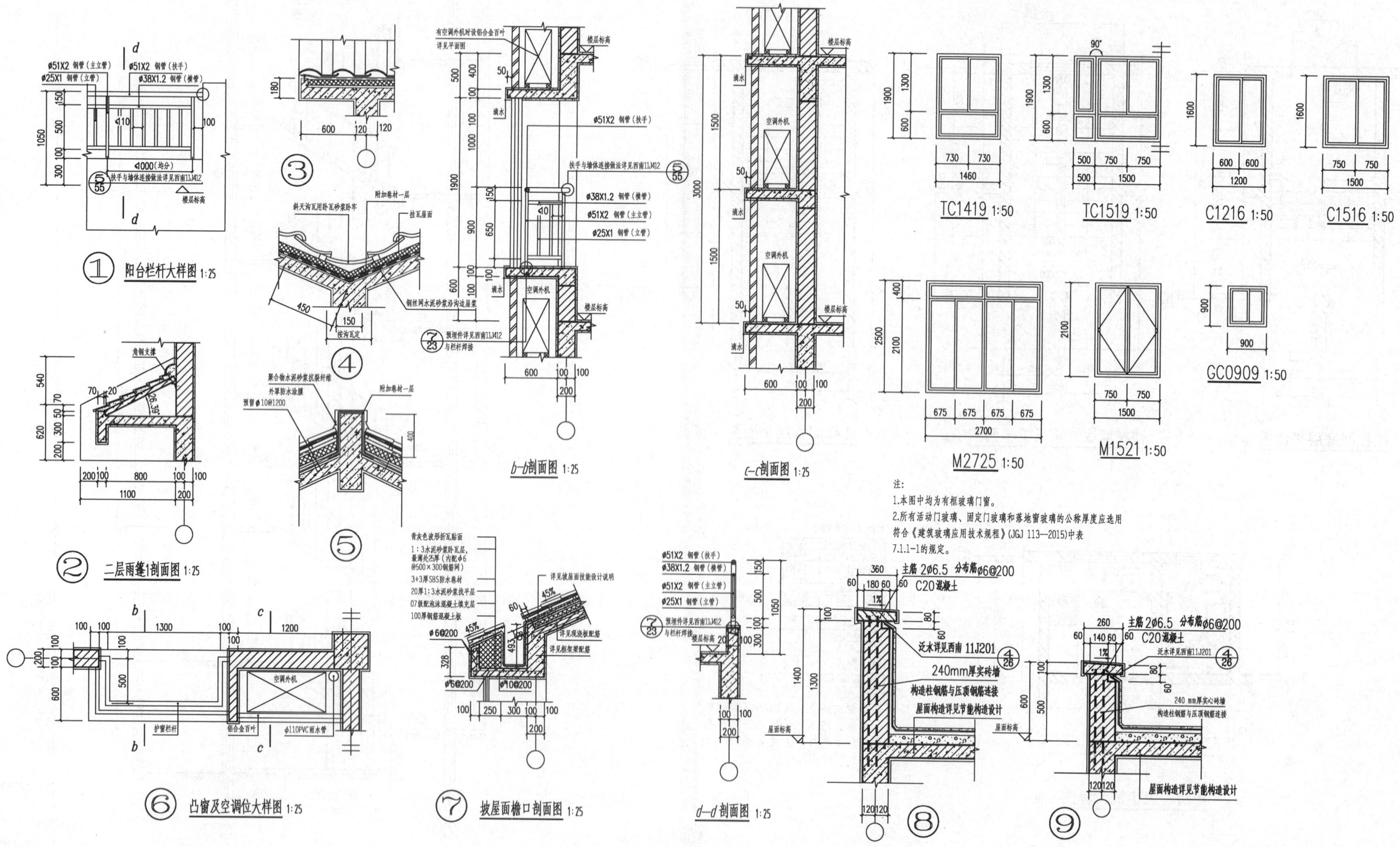

注：

1.本图中均为有框玻璃门窗。

2.所有活动门玻璃、固定门玻璃和落地窗玻璃的公称厚度应选用符合《建筑玻璃应用技术规程》(JGJ 113—2015)中表7.1.1-1的规定。

资质等级: QUALIFICATION AND QUALITY CLASS: FIRST CLASS	
证书编号: CHIROGRAPH NO	
审定 APPD	
审核 CHECK	
校对 REVISION	
项目负责人 PROJECT CHIEF	
设计负责人 DESIGNED CHIEF	
辅助设计 ASSIST DESIGN	
工程名称 PROJECT	农民(移民)集中居住区5#楼
图名 TITLE	节点详图 门窗详图
工程号 PROJ. NO.	
日期 DATE	
图号 DWG No.	JS-11

结 构 设 计 说 明

一、本工程设计依据国家现行规范和规程进行设计：

《建筑结构可靠度设计统一标准》(GB 50068—2018)

《建筑结构荷载规范》(GB 50009—2012)

《建筑地基基础设计规范》(GB 50007—2011)

《混凝土结构设计规范》(GB 50010—2010)

《建筑抗震设计规范》(GB 50011—2010)

《砌体结构设计规范》(GB 50003—2011)

《建筑桩基技术规范》(JGJ 94—2008)

《预应力混凝土管桩》(10G409)

《建筑工程抗震设防分类标准》(50223—2008)

建筑结构设计软件采用中国建筑科学研究院编制的PK、PM2012年版设计程序。

建设单位提供的岩土工程勘察报告。

二、自然条件：

1.本工程结构设计的±0.000相对标高同建筑设计的±0.000相对标高。

2.基本风压为0.3 kN/m²地面粗糙度为B类。

3.抗震设防烈度为6度，设计地震分组为第三组；设计地震加速度为值0.05g，场地类别为Ⅱ类.建筑抗震设防分类为标准设防类(丙类)。

4.本工程标高以m为单位，其余尺寸以mm为单位。

5.本工程建筑结构安全等级为二级。

6.本工程为地上六层砖混结构。

7.本工程结构设计使用年限为50年。

8.本工程建筑柱基设计等级为丙级。

本工程使用和施工荷载标准值(kN/m²)不得大于下表设计取值。

三、使用和施工荷载限制：

序号	部　位	恒载标准值	活载标准值	序号	部　位	恒载标准值	活载标准值
1	客厅、餐厅	2.0	2.0	5	楼梯	3.75	2.0
2	居室	2.0	2.0	6	上人屋面	3.5	2.0
3	厨、厕	3.75	2.0	7	非上人屋面	3.5	0.5
4	阳台	2.0	2.5	8	阳台、楼梯栏杆水平荷载		1.0

(注：恒载标准值不含楼板自重)

四、材料和保护层：

1.混凝土强度等级：

序号	部分或构件	混凝土强度	序号	部位或构件	混凝土强度
1	基础垫层	C15	4	±0.000以上构造柱，圈梁，现浇板	C25
2	墙下条形基础	C25	5	楼梯及其他现浇构件	C25
3	±0.000以下其他现浇构件	C25			

(混凝土工作环境±0,000以下为I-B类，±0.000以上为I-A类)

2.钢筋：Φ(HPB300)，Φ(HRB335)，Φ(HRB400)，$Φ^R$(CRB550)。

3,钢筋锚固、搭接长度：

序号	钢筋类型	锚固长度La			备　注
		C20	C25	C30	
1	Ⅰ级钢筋(HPB300)	31d	27d	27d	任何情况下La≥250
2	Ⅱ级钢筋(月牙纹)(HPB335)	39d	33d	33d	
3	CRB550($Φ^R$)	40d	35d	30d	

搭接长度L_1=1.2La

搭接面积比25%：$ζ$=1.2；搭接面积比50%：$ζ$=1.4；搭接面积比100%：$ζ$=1.6

(注：梁纵筋同一塔接区断面内，钢筋搭接面积不超过50%)

4.砌体材料：

砌体标高范围	砖强度等级	砂浆强度等级	砌体标高范围	砖强度等级	砂浆强度等级
±0.000以下	MU15	M10	19.17以上	MU15	M7.5
±0.000至19.17m	MU15	M10	零星砌体	MU15	M5

(零星砌体采用MU10砌块M5.0砂浆。)

(附注：防潮层以下为水泥砂浆，防潮层以上为混合砂浆。砌体均为实心页岩砖。)

住宅结构材料的强度标准值应具有不低于95%的保证率；抗震设防地区的住宅，其结构用钢村应符合抗展性能要求。

5.受力筋保护层厚度见下表：

序号	部位或构件	保护层厚度	序号	部位或构件	保护层厚度
1	楼梯板，现浇板	20	4	±0.000以上梁	30
2	基础	40	5	构造柱	30
3	±0.000下梁、柱承台梁上部主筋	30			

五、基础：

1.基础设计：根据该工程地勘报告，本工程采用中风化泥质页岩作为基础持力层，地基承载力特征值为F_{ak}=700 kPa。基础埋深为±0.000以下1.5 m。

局部超深部分采用放阶处理，放阶大样按西南03G 601P17页有关大样施工。

2.回填土要分层夯实，其回填后土的压实系数不应小于0.94。

3.其余事项详基础设计说明。

六、楼屋面：

1.楼板顶面结构标高比同层建筑标高低30 mm。

厨房、卫生间及其他需要降板的房间板面标高详见平面图，周边梁相应降低标高。

2.各层门窗过梁要满足支座长度要求，现场当无法满足时采用现浇过梁；构件相碰时采用同时现浇。

3.图中过梁选用图集“西南03G301(一)”。

4.图中现浇板板底钢筋的布置为短向筋在下，长向筋在上,未注明现浇板分布钢筋为$Φ^R$6@200。

七、施工制作及其他：

1.砌体施工质量控制等级为B级。

2.上一层施工前，要首先对下层已施工的结构进行检测，核对结构轴线、标高、预留洞口、预埋件、插筋等位置，当不符合设计要求时要会同设计部门处理后，方可继续施工。

3.管径50~120 mm的水电管线水平埋入墙内时采用图(一)构造，管径为50~120 mm的水电管线竖直埋入墙内时采用图(二)构造须先辅设管道后砌墙并按图(二)所示加拉接钢筋。

4.图中用平面整体法表示的梁参11G101-1,其支座构造如图(三)所示。

5.水平暗埋直径≤50 mm水管时预制图(四)所示C20混凝土块。

6.多于两根管子竖直埋入墙内时采用图(五)构造。

7.屋面女儿墙构造柱详见屋面结构布置图，断面和配筋详见结施图。

8.电管线在楼面暗埋时水电与土建工种要密切配合，严禁事后开洞、开槽。

9.构造柱主筋锚至承台梁内不小于La(除电气要求防雷接地处构造柱主筋伸入基础垫层与预埋扁钢焊接外)。

10.构造柱边如有240 mm以内的墙垛，改为混凝土，与构造柱同时浇筑。

11.楼梯间墙体出屋面段每隔500 mm设2Φ6通长钢筋和Φ4分布钢筋平面内电焊组成的拉结网片。楼梯间在休息平台标高处设置60 mm厚的钢筋混凝土带,内配钢筋2Φ1 0。

12.墙体定位详见建施图，墙和地梁连接处节点详见图(六)。

13.本工程±0.000至第二层标高每隔500 mm设2Φ6水平钢筋和Φ4分布短筋平面内点焊组成的拉结网片或Φ4点焊钢筋网片，沿墙体通长布置。

八设计采用的标准图见表(一)选用标准图的构件及节点时应同时按照标准图说明施工。

九、图中未尽事宜遵守国家现行规范和规程。

十、未经技术鉴定或设计变更,不得改变结构用途和使用环境。

十一、结构说明书的解释权在设计公司，对本设计有疑问和不同建议者请与该工程专业负责人联系。

十二、本工程施工图必须通过施工图审查合格盖章后方可施工。

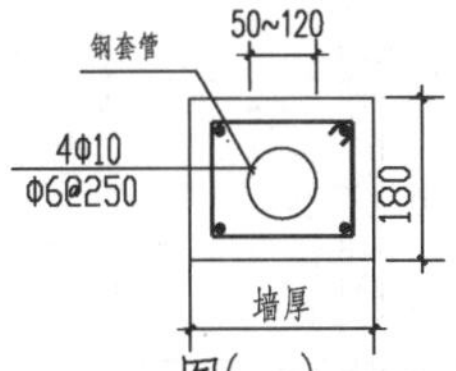

图(一)

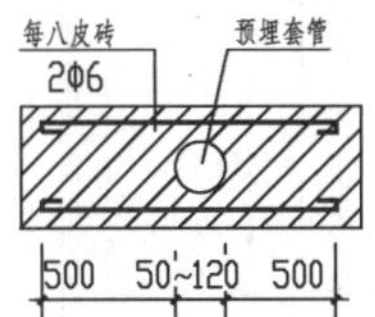

图(二)

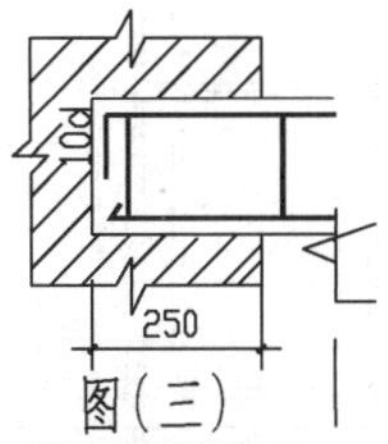

图(三)

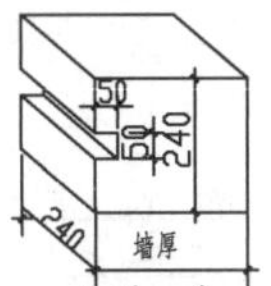

图(四)

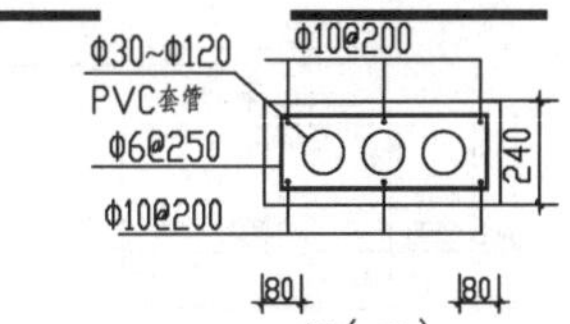

图(五)

标准图集目录　　表(一)

序号	标准图名称	图集号	序号	标准图名称	图集号
1	钢筋混凝土过梁	西南 03G 3301 (一)	3	混凝土结构施工图平面整体表示方法、制图规则和构造详图	11G 101-1 11G 101-3
2	多层砖房抗震构造图集	西南03G 601			

抗震构造选用表　　表(二)

构造部位	详图结点	施工图选用节点	构造部位	详图结点	施工图选用节点
基础埋深不同时的处理	见17页	●	构造柱屋盖节点	—/38,39　—/40	●
基础圈梁	13,5/17　24,6/17	●	构造柱与上下圈梁连接	—/41	●
构造柱立面构造	—/22	●	大洞口两侧构造柱	7/42	●
构造柱与地圈梁连接	—/23,24　—/44	●	外墙角及内墙交接处配筋	—/18	●
构造柱与墙体连接	—/26,27　—/46,47	●	现浇板与墙体的连接	—/77	●
构造柱与现浇梁连接	—/28,29　—/48,49	●	外墙角及内墙交接处配筋	—/18	●
构造柱与横盖圈梁连接	—/33,34　—/35,36　15,16,17/37	●	现浇板与墙体的连接	—/77	●
构造柱与横盖圈梁连接	—/53-56　18,19/59	●	女儿墙构造柱详图	—/91-93	●
构造柱与屋盖圈梁连接	18/37　20/59	●	女后砌砖墙连接	—/99,100	●
构造柱在垫层上	5,6/42	●			

附注：施工过程中还存在二次选标准图结点的过程，其选用原则是依据建筑和结构图所采用的材料，抗震强度，部位和构件详图进行选用

图纸日录

序号	序号	图纸内容	图幅
结施1	1/5	结构设计说明　图纸目录　标准图集目录　抗震构造选用表	A2+1/4
结施2	2/5	基础平面图　桃梁配筋图	
结施3	3/5	二~五层结构平面图　GZ-1~4	
结施4	4/5	屋面结构平面图	
结施5	5/5	局部屋面结构平面图　楼梯详解	

资质等级：QUALIFICATION AND QUALITY CLASS: FIRST CLASS		
证书编号：CHIROGRAPH NO		
审定 APPD		
审核 CHECK		
校对 REVISION		
项目负责人 PROJECT. CHIEF		
设计负责人 DESIGED. CHIEF		
辅助设计 ASSIST DESIGN		
工程名称 PROJECT	农民(移民)集中居住区5#楼	
图名 TITLE	结构设计说明 图纸目录 标准图集目录 抗震构造选用表	
工程号 PROJ. NO.		
日期 DATE		
图号 DWG. No.	GS-1	

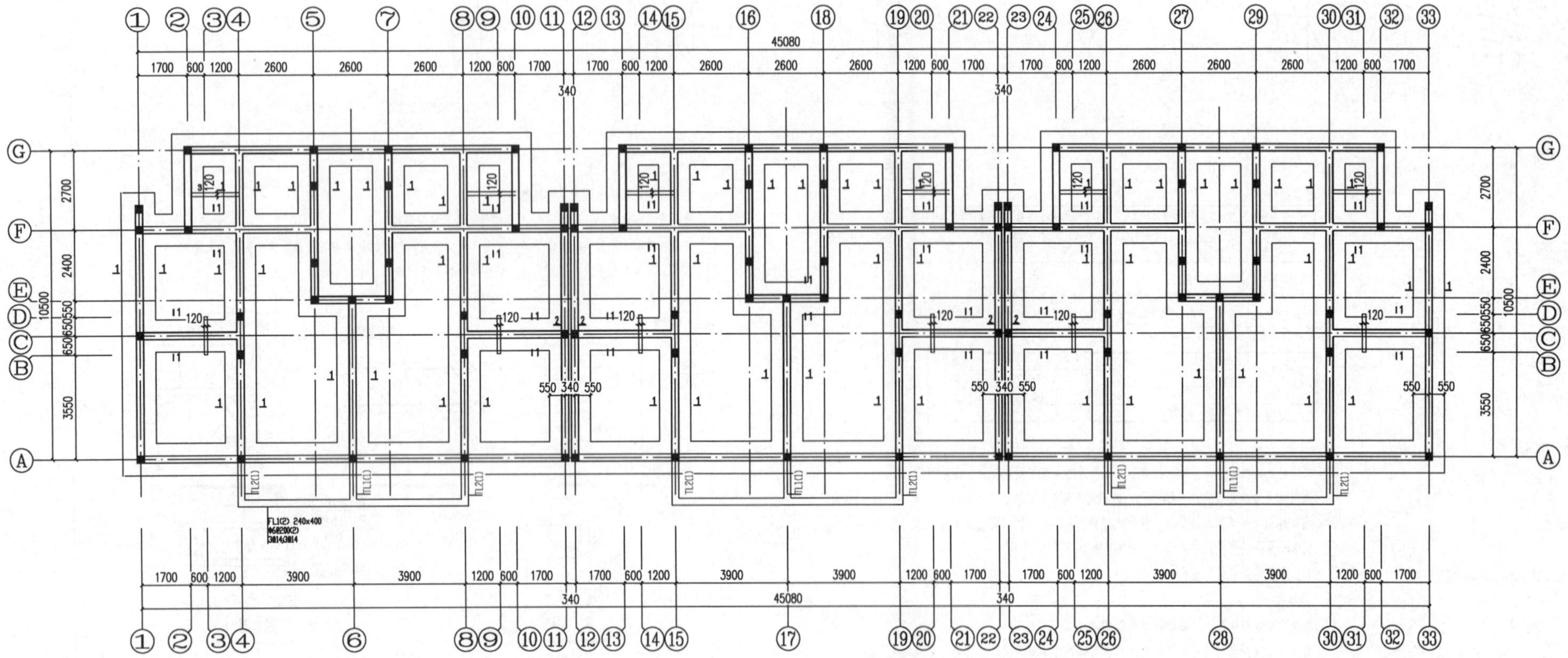

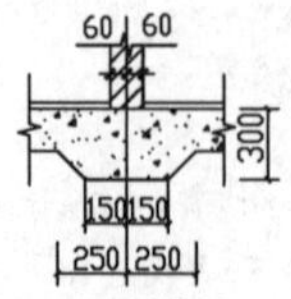

120墙基础

基础平面图 1:100

注：图中未注明构造柱为GZ-1。

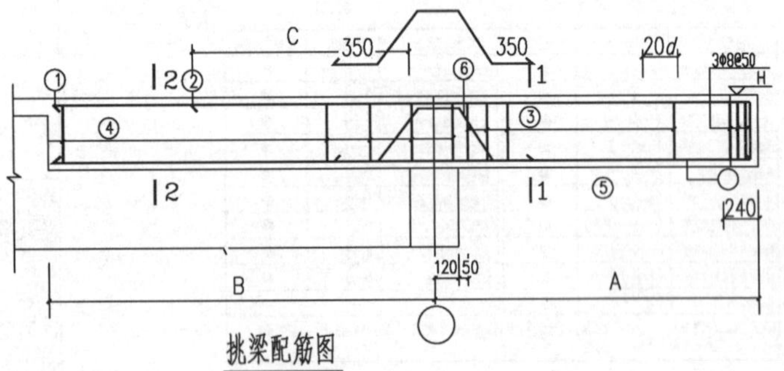

挑梁配筋图

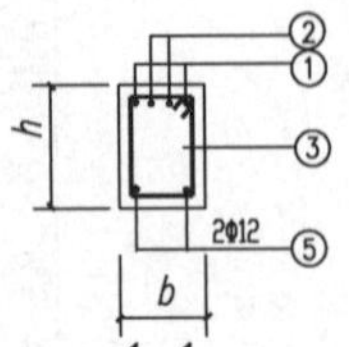

1-1

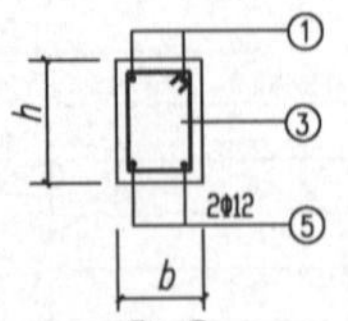

2-2

挑梁参数表

挑梁编号	①	②	③	④	⑤	⑥	b	h	A	B	C	H
TL-1	2Φ22	2Φ22	Φ8@100	Φ8@200	2Φ12	2Φ16	240	400	1620	2400	1600	11.920 (12.420) (12.920) 8.920 (9.420) (9.920) 5.920 (6.420) (6.920) 2.920 (3.420) (3.920) -0.080 (-0.580) (-1.080)
TL-2	2Φ22	1Φ22	Φ8@100	Φ8@200	2Φ12	2Φ16	240	400	1620	3300	2200	11.920 (12.420) (12.920) 8.920 (9.420) (9.920) 5.920 (6.420) (6.920) 2.920 (3.420) (3.920) -0.080 (-0.580) (-1.080)
TL-3	2Φ22	1Φ22	Φ8@100	Φ8@200	2Φ12	2Φ16	240	400	1620	3300	2200	14.920 (15.420) (15.920)
TL-4	2Φ22	2Φ22	Φ8@100	Φ8@200	2Φ12	2Φ16	240	400	1620	3300	2200	4.920 (15.420) (15.920)

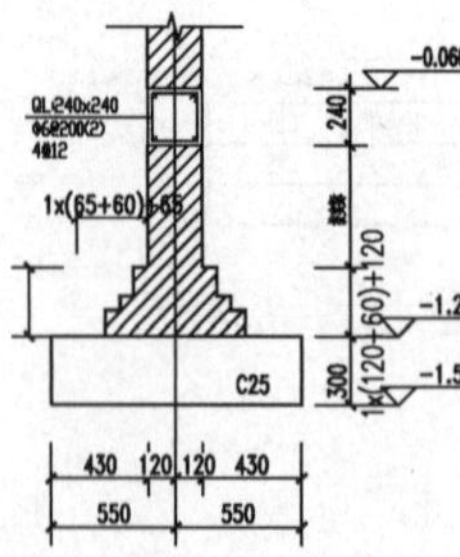

1-1

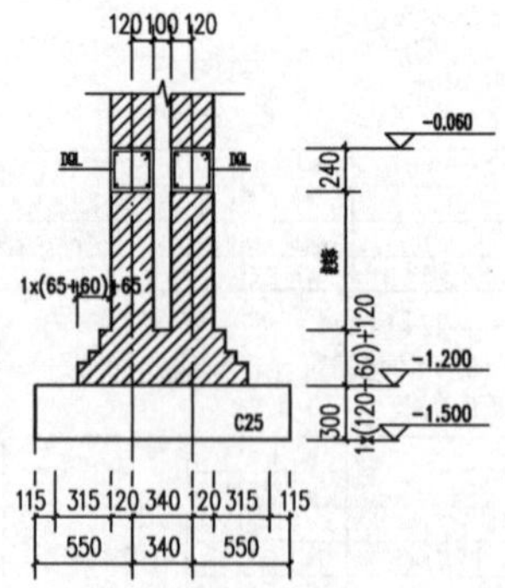

2-2

资质等级：
QUALIFICATION AND QUALITY CLASS: FIRST CLASS
证书编号：
CHIROGRAPH NO
审定 APPD
审核 CHECK
校对 REVISION
项目负责人 PROJECT. CHIEF
设计负责人 DESIGED. CHIEF
辅助设计 ASSIST DESIGN
工程名称 PROJECT
农民(移民)集中居住区5#楼
图名 TITLE 基础平面图 挑梁配筋图
工程号 PROJ. NO.
日期 DATE
图号 DWG No. GS-2

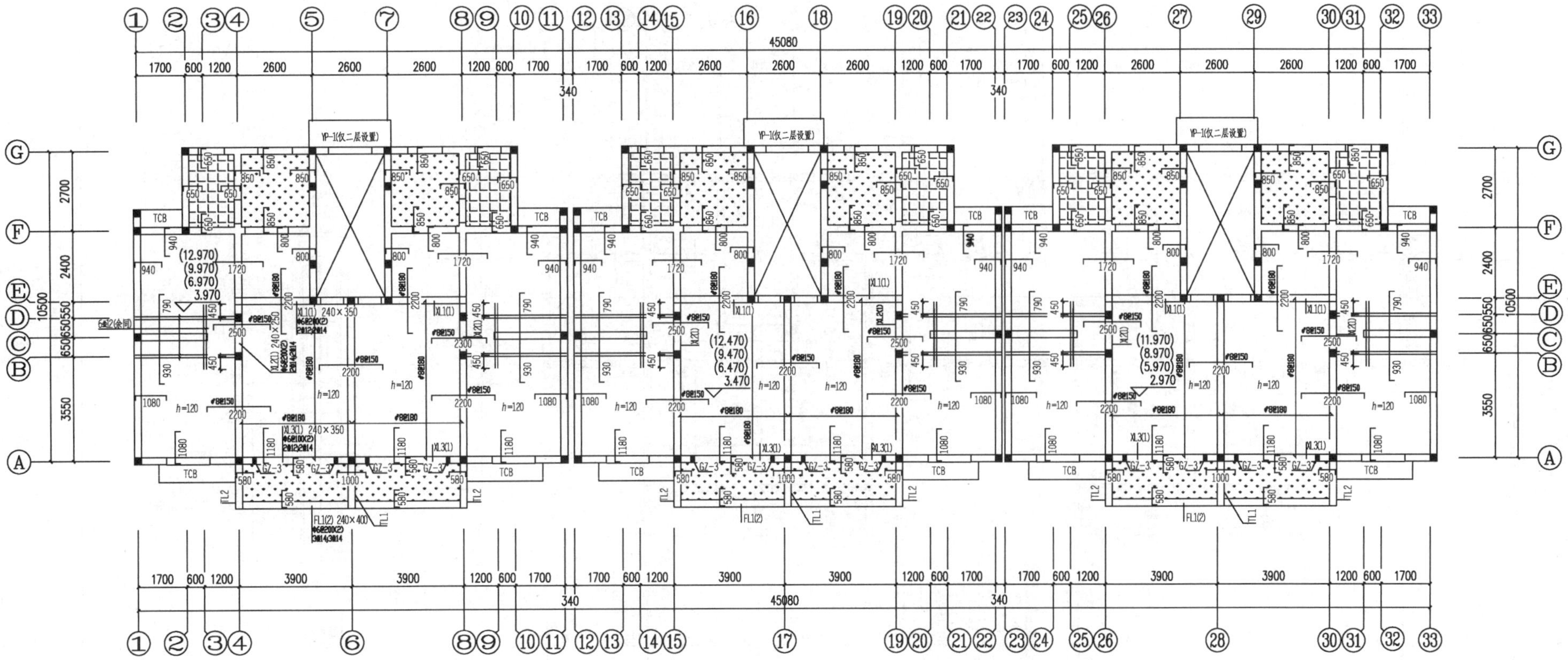

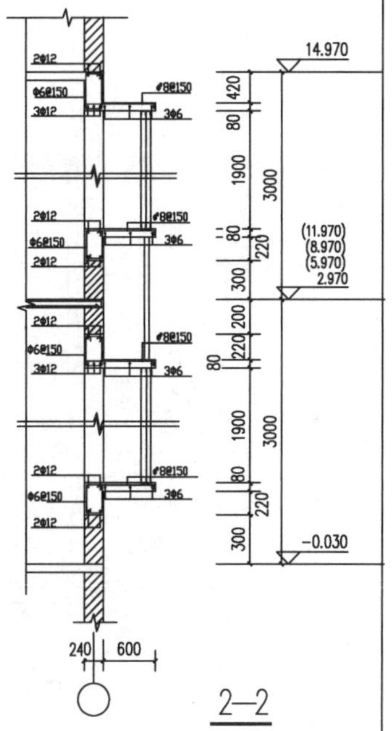

2—2

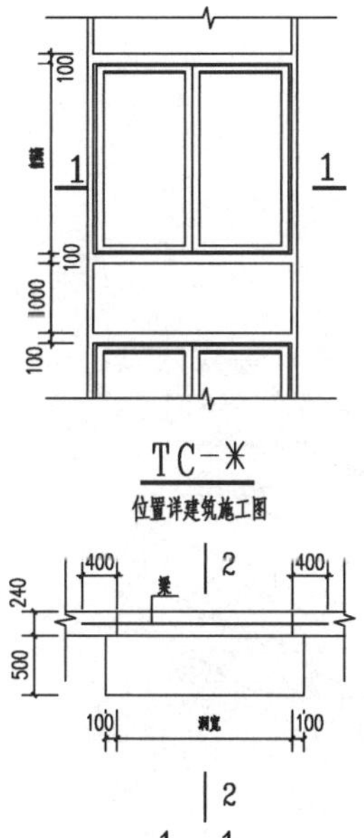

TC-※

位置详建筑施工图

1—1

二至五层结构平面图 1:100

注：1.图中未注明构造柱为GZ-1。

2.图中现浇板与240墙交接处沿240墙方向通长布置2ϕ10。

3.图中未注明现浇板上部受力钢筋为$\phi^{R}8@200$。

未注明现浇板板底受力钢筋为$\phi^{R}8@200$，双向布置。

4.图中未注明现浇板厚度为100 mm。

5.图中洞口宽度800 mm和900 mm未注明过梁按GL-4××3配筋，

其中××表示洞口宽度；

图中洞口宽度不大于2000 mm未注明过梁按GL-4××3配筋，

其中××表示洞口宽度。

6.图中现浇板（点状填充）标高为H-0.08；（方格填充）标高为H-0.35。

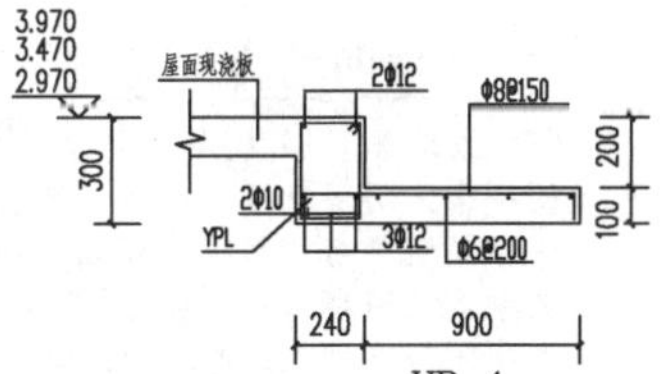

YP-1

YPL:L=2000

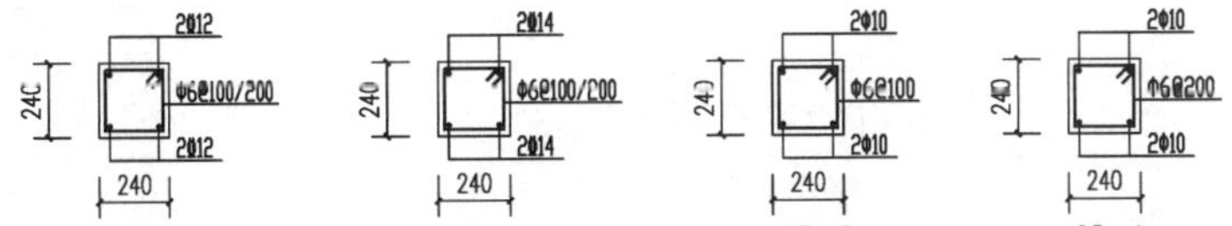

GZ-1　GZ-1a（外墙转角处及变形缝处转角墙体）　GZ-2（用于屋面女儿墙）　QL-1

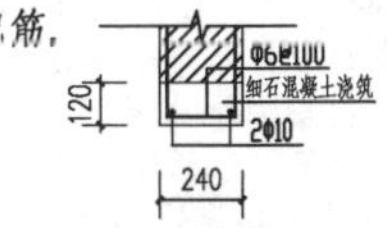

GZ-3（用于大于2100 mm洞口处）

资质等级：QUALIFICATION AND QUALITY CLASS: FIRST CLASS		
证书编号：CHIROGRAPH NO		
审定 APPD		
审核 CHECK		
校对 REVISION		
项目负责人 PROJECT. CHIEF		
设计负责人 DESIGED. CHIEF		
辅助设计 ASSIST DESIGN		
工程名称 PROJECT	农民(移民)集中居住区5#楼	
图名 TITLE	二至五层结构平面图 GZ-1—4	
工程号 PROJ. NO.		
日期 DATE		
图号 DWG No.	GS-3	

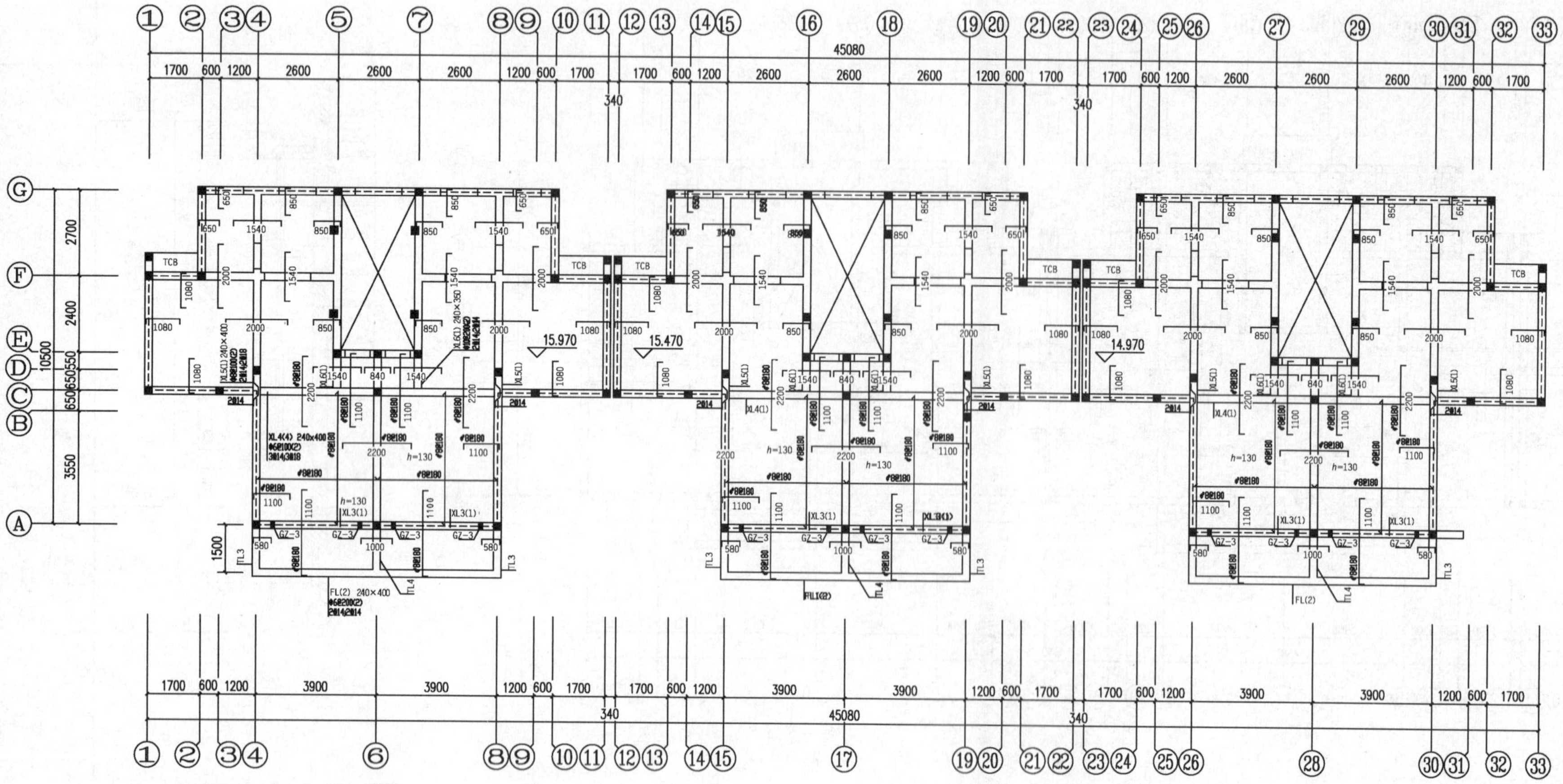

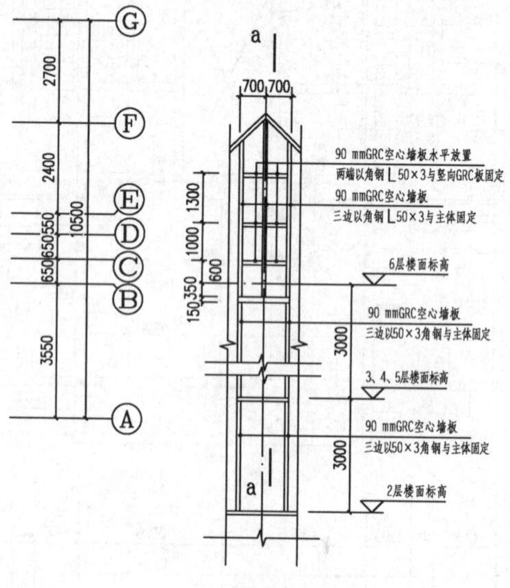

立面构架1 1:100

屋面结构平面图 1:100

注：1.图中未设置QL-1处,现浇板与240墙交接处沿240墙方向通长布置2ϕ10。
2.图中未注明现浇板上部受力钢筋为ϕ^R8@200。
未注明现浇板板底受力钢筋为ϕ^R8@200，双向布置。
3.图中未注明现浇板厚度为100 mm。
4.图中洞口宽度800 mm和900 mm未注明过梁按CL-4××3配筋,其中××表示洞口宽度;
图中洞口宽度不大于2000 mm未注明过梁按GL-4××3配筋,其中××表示洞口宽度。
5.图中屋面部分现浇板厚均应增设屋面温度钢筋，其配筋为ϕ^R6@200双向，
与上部受力钢筋的分布钢筋搭接,搭接长度不小于200 mm。
6.女儿墙构造柱在转角处必须设置，且间距不大于2 m，构造柱采用GZ-2，
出屋面楼梯间的500 mm高女儿墙不设置构造柱。
7.图中粗虚线为QL-1。

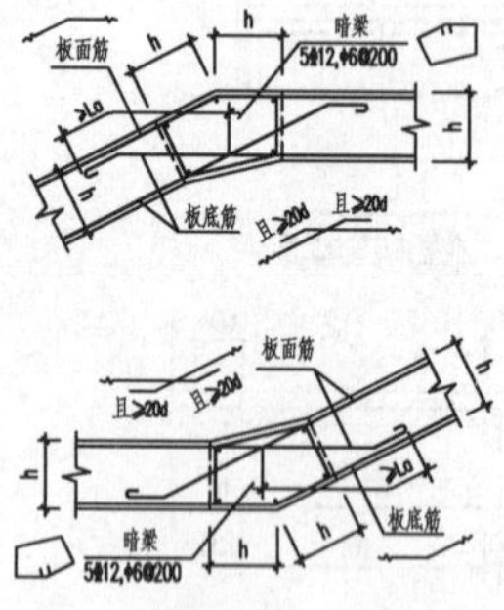

折板配筋

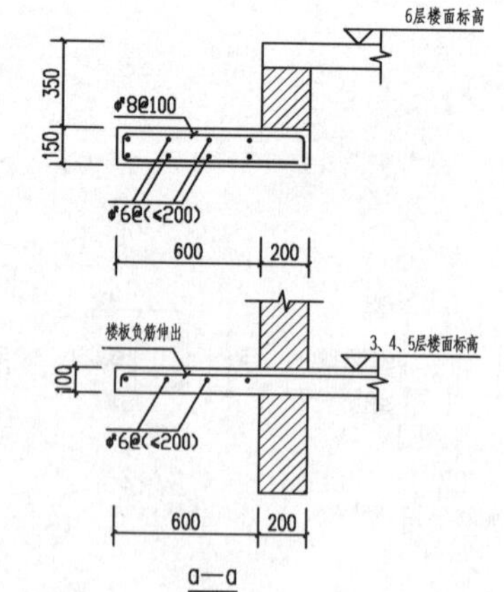

a—a

资质等级：QUALIFICATION AND QUALITY CLASS: FIRST CLASS		
证书编号：CHIROGRAPH NO		
审定 APPD		
审核 CHECK		
校对 REVISION		
项目负责人 PROJECT.CHIEF		
设计负责人 DESIGED.CHIEF		
辅助设计 ASSIST DESIGN		
工程名称 PROJECT	农民(移民)集中居住区5#楼	
图名 TITLE	屋面结构平面图	
工程号 PROJ.NO.		
日期 DATE		
图号 DWG.No.	GS-4	

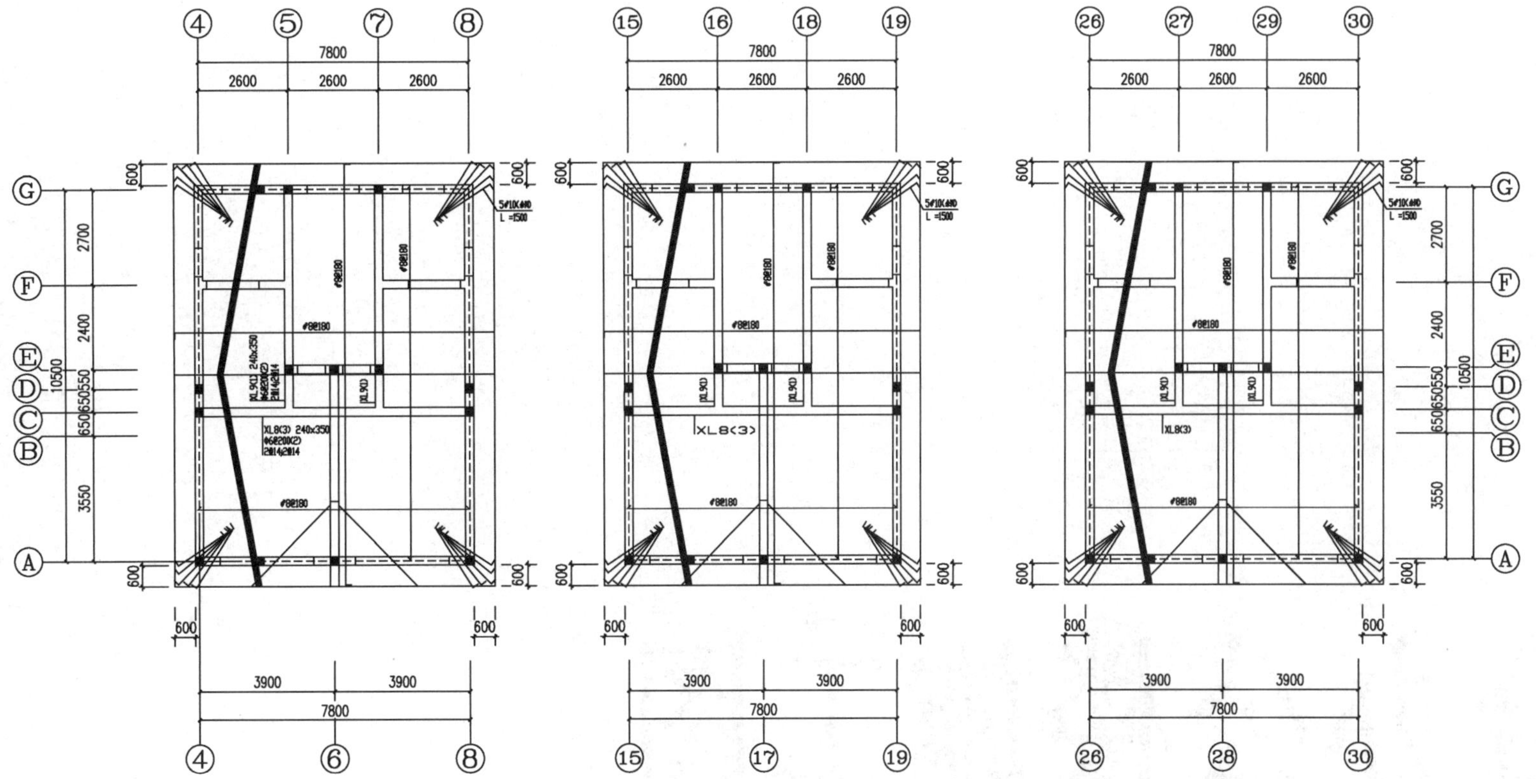

局部屋面结构平面图 1:100

注：1.图中未设置QL-1处,现浇板与240墙交接处沿240墙方向通长布置2ϕ10。
2.图中现浇板板面标高为建筑标高-0.03 m。
3.图中未注明现浇板上部受力钢筋为$\phi^{R}8$@200；K10表示$\phi^{R}10$@200。
未注明现浇板板底受力钢筋为$\phi^{R}8$@200，双向布置。
4.图中未注明现浇板厚度为100 mm。
5.图中洞口宽度800 mm和900 mm未注明过梁按CL-4 ××3配筋,其中××表示洞口宽度；
图中洞口宽度不大于2000 mm未注明过梁按GL-4 ××3配筋,其中××表示洞口宽度。
6.图中粗虚线为QL-1。
7.图中现浇板与240墙体接触处底均布WL-1。

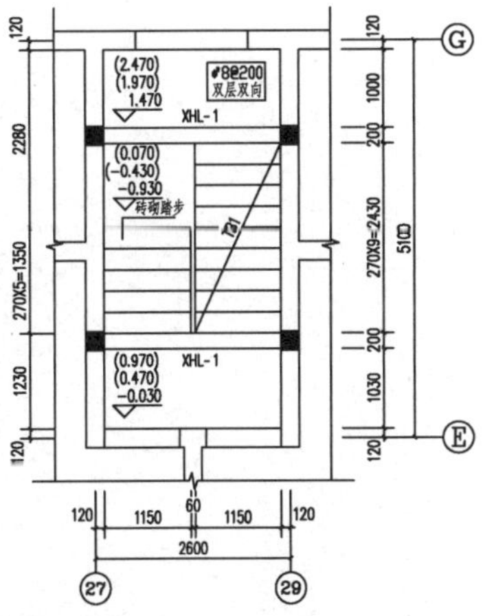

楼梯底层平面图 1:50

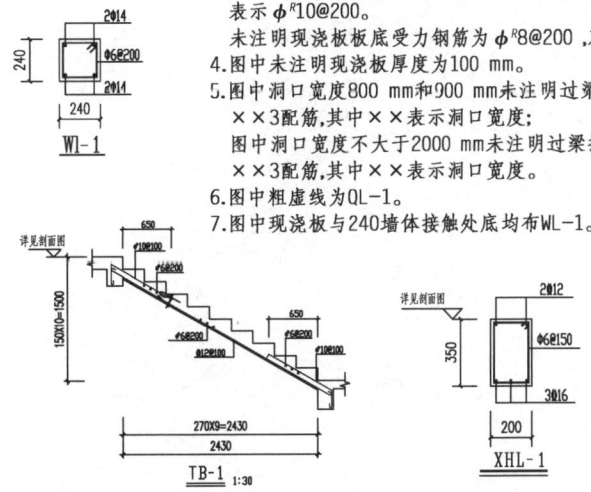

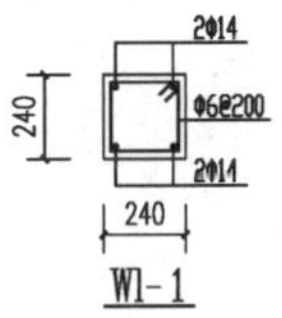

WL-1

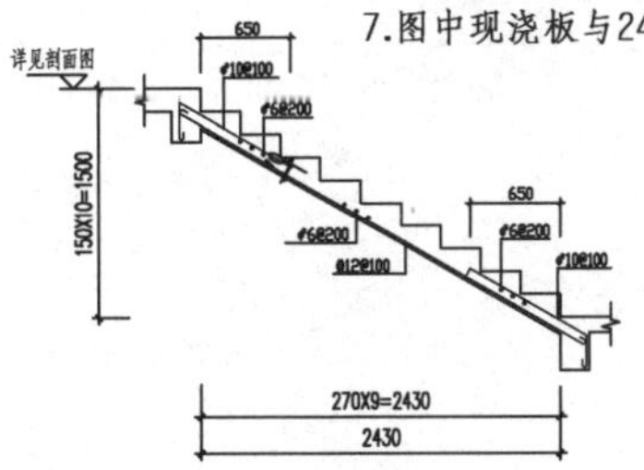

TB-1 1:30

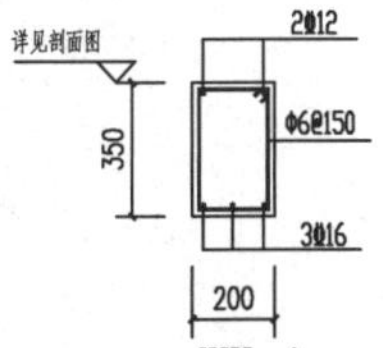

XHL-1

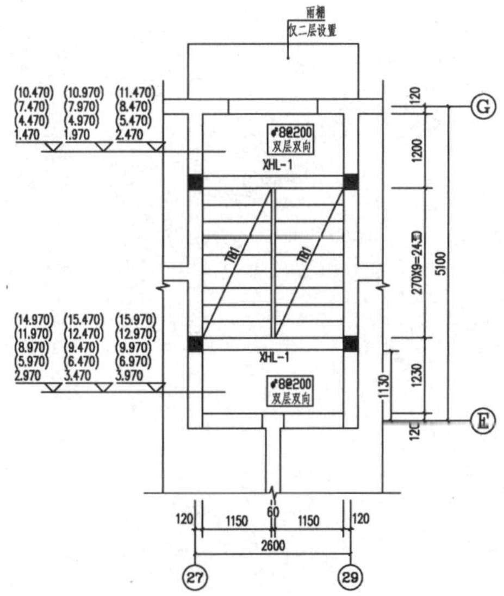

楼梯标准层平面图 1:50

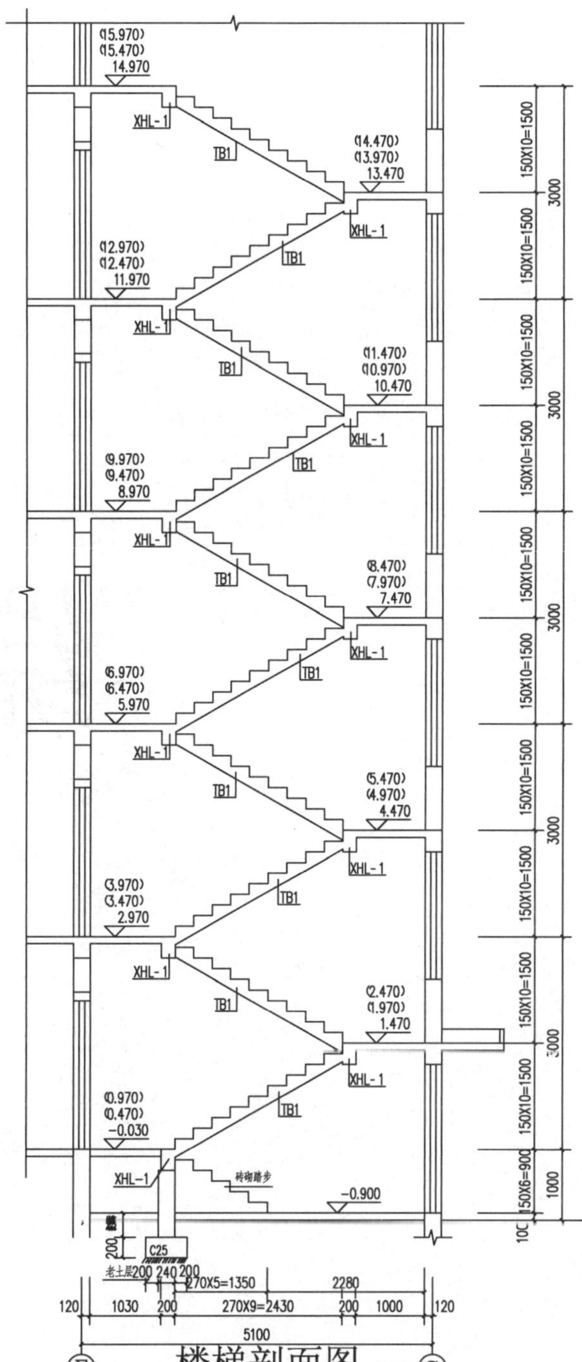

楼梯剖面图 1:50

资质等级：QUALIFICATION AND QUALITY CLASS: FIRST CLASS	
证书编号：CHINOGRAPH NO.	
审定 APPD	
审核 CHECK	
校对 REVISION	
项目负责人 PROJECT CHIEF	
设计负责人 DESIGNED CHIEF	
辅助设计 ASSIST DESIGN	
工程名称 PROJECT	农民(移民)集中居住区5#楼
图名 TITLE	局部屋面结构平面图 楼梯详图
工程号 PROJ. NO.	
日期 DATE	
图号	GS-5

附录Ⅱ

综合办公楼施工图

建筑施工图设计总说明

1.设计依据

1.1甲方提供的设计要求、地质资料，水、电源及雨水、污水排放等相关设计资料及电子文件。

1.2规划和建设局2013年9月11日对本项目建筑规划设计方案的批复。

1.3甲乙双方经磋商形成的设计调整、补充意见和相关设计标准。

1.4现行的国家有关建筑设计规范、规程和规定。

(1)《民用建筑设计通则》(GB 50352—2019);

(2)《办公建筑设计规范》(JGJ 67—2019);

(3)《商店建筑设计规范》(JGJ 48—2014);

(4)《汽车库建筑设计规范》(JGJ 100—2015);

(5)《汽车库、修车库、停车场设计防火规范》(GB 50067—2014);

(6)《建筑地面设计规范》(GB 50037—2013);

(7)《建筑设计防火规范》(GB 50016—2014);

(8)《无障碍设计规范》(GB 50763—2012);

(9)《公共建筑节能设计标准》(GB 50189—2015);

(10)《民用建筑热工设计规范》(GB 50176—2016);

(11)《屋面工程技术规范》(GB 50345—2012)。

1.5本工程除图纸及设计说明规定外，还应切实按照国家颁布的《屋面工程施工及验收规范》《地面工程施工及验收规范》《装饰工程施工及验收规范》《建筑玻璃应用技术规程》《外墙外保温工程技术规程》等相关建筑安装工程施工及验收规范进行操作，工程中采用的各种材料及设备必须符合国家规定的质量标准，严禁使用假冒伪劣或不合格产品。

2.项目概况

2.1本项目为综合楼，位于成都市。建筑面积为4096.31 m²，建筑总高度为38.25 m。结构形式为混凝土框架结构，地上九层地下一层，地下一层设有汽车库（IV类）、设备用房，地上一层为商业服务网点，2—9层为写字间（开放式办公用房）。建筑分类为二类高层。

2.2本工程抗震设防烈度为七度(0.1 g)，抗震设防分类为丙类，建筑结构安全等级为二级，设计合理使用年限为50年。建筑耐火等级地上为二级，地下为一级；屋面防水等级为II级，地下室防水等级为I级。

2.3本工程施工图设计文件包括建筑、结构、给排水、电气（含强弱电）等各专业图纸；本工程施工图设计文件不包括二次装修、庭院景观等设计部分，相关内容由甲方另行委托设计。

3.设计标高

3.1本工程采用城建坐标，高程系统室内标高±0.000相当于总图绝对标高 507.30 m。

3.2各层平面标注标高为建筑完成面标高，屋面标高为结构面标高。

3.3本工程总图的标高、长度、高度及子项的标高均以m为单位。

4.墙体工程

4.1墙体的基础部分详见结施图；除特殊标注外，门窗垛均为100或与柱平齐。

4.2图中地下室外围墙体、消防水池墙体为300厚P6自防水钢筋混凝土墙，其余未标注墙体均为200厚页岩空心砖。

4.3工程砌体选用需达到《建筑材料放射性核素限量》(GB 6566—2010)的要求，其他构造和技术要求详见西南G701〈一〉图集中的相关规定和做法。所有填充墙上的门窗过梁、构造柱及圈梁等的布置、构造及施工要求均详结施总说明及结施图。

4.4墙体留洞及封堵。

4.4.1钢筋混凝土墙上的留洞详结施图和设施图，分体式空调室外机安装做法详见西南11J516第40页2。

4.4.2预留洞的封堵：

4.4.2.1钢筋混凝土墙留洞的封堵详结施图；

4.4.2.2砌筑墙体留洞应待管道设备安装完毕后用C20细石混凝土填实；

4.4.2.3防火墙当有管道穿过时，应采用不燃烧体防火材料将其周围的空隙填塞密实。

4.5配电箱及消火栓等留洞将墙体打通时，在留洞后衬5厚钢板封堵，周边交接处加0.8厚400宽金属网(9×25孔)，抹灰与墙边平；

4.6所有设备用房及机房的围护墙应与安装工程配合，待大体积设备就位后再砌筑到位。

4.7所有通风管井内表面要求随砌砖随抹灰；水电管井墙体应在设备及管道安装完毕后砌筑。

5.屋面工程

5.1本工程屋面防水等级为II级，平屋面采用高分子防水卷材屋面构造，防水层合理使用年限为10年，屋面防水做法详建施工程做法及相关节点详图。

5.2屋面工程施工应遵照《屋面工程质量验收规范》(GB 50207—2012)和《屋面工程技术规范》(GB 50345—2012)的有关规定。屋面排水组织及雨水管下水口位置详见建施屋面平面图。

5.3屋面雨水口：

5.3.1出水口周围直径500 mm范围内坡度不小于5%，并设一层防水卷材附加层；

5.3.2外排水雨水斗、雨水管采用钢板雨水斗及UPVC塑料雨水管，做法详建施；

5.3.3内排水雨水斗采用成品87型雨水斗，内排水雨水管见水施图；

5.3.4除图中另有注明外，雨水管的直径均为DN100；

5.3.5室内外雨水管外包，做法参见西南11J201第54页1号大样。

5.4屋面保温层排气道作法西南11J201第32页A大样、第33页1b大样。

5.5卷材防水屋面基层与突出屋面结构（女儿墙、出屋面房间立墙、装饰墙、天窗壁、变形缝、出屋面烟道、构造柱等）的交接处，以及基层的转角处（水落口、檐口、天沟、檐沟、屋脊等），均应做成半径不小于50 mm的圆弧。

5.6屋面设施的基座与结构层相连时，防水层应包裹设施基座的上部，做法详见国标99J201—1第481，并在地脚螺栓周围用密封膏做密封处理，做法详见国标99J201—1第48页-C；在防水层上放置设施时，设施下部的防水层应做一层同材质卷材增强层，并在其上浇筑50厚的细石混凝土；需经常维护的设施周围和屋面出入口至设施间的人行道应铺设砖保护层。

5.7屋面女儿墙及泛水作法详大样图。

5.8其他构造做法：

5.8.1防水找平层及保护层分格缝间距均为1 m，做法详见西南11J201第26页6、9大样图；

5.8.2屋面出入口做法详见西南11J201第55页2；

5.8.3上层屋面雨水排至下层屋面处做C15细石混凝土水簸箕，做法详见国标03J930-1第305页-D；

5.9屋面工程所采用的防水、保温隔热材料应有产品合格证书和性能检测报告，材料的品种、规格、性能等应符合现行国家产品标准和要求；材料进场后应按规定抽样复验，严禁使用不合格的材料。

5.10屋面防水工程应由相应资质的专业队伍进行施工；作业人员应持有建设主管部门颁发的上岗证。

5.11屋面施工应按有关规定对各道工序进行检验，合格后方可进行下道工序施工，工序或相邻工程间施工应对已完成部分采取保护措施。

5.12伸出屋面的管道、设备或预埋件等，应在防水层施工前安设完毕，屋面防水层完工后，不得在其上凿孔、打洞或重物冲击。

5.13排水系统应保持畅通，严防水落口、天沟、檐沟等堵塞。

5.14屋面防水工程及构造均应满足西南11J201图集中的相关说明及其他要求。

6.门窗工程

6.1门窗玻璃的选用应遵照《建筑玻璃应用技术规程》和《建筑安全玻璃管理规定》发改[2009]2116号的有关规定。

6.2门窗立面均表示洞口尺寸，门窗加工尺寸应按门窗洞口设计尺寸扣除墙面装修材料厚度后的净尺寸加工。

6.3外门窗均采用断桥铝合金门窗，外门单块玻璃超过0.5 m²时采用安全玻璃，外窗单块玻璃超过1.5 m²时采用安全玻璃，安全玻璃均采用12厚钢化夹层玻璃；其他门窗要求见门窗表。

7.外装修工程

7.1外装修设计和做法见建筑技术措施表、建施立面图及外墙节点详图；各类管道的色彩与该部位墙面同。

7.2由专业公司二次设计的广告位等轻钢结构、装饰构架等外装构件，经确认后，向施工单位提供预埋件的设置要求，配合各专业施工图进行预埋设置。

7.3外墙内保温材料采用膨胀玻化微珠干混砂浆，构造详见建施节能说明。

8.内装修工程

8.1内装修工程执行《建筑内部装修设计防火规范》(GB 50222—2017)，楼地面部分执行《建筑地面设计规范》(GB 50037—2013)，一般装修见建筑技术措施表。

8.2卫生间楼地面防水层接墙处上翻1800高，上翻高度均自建筑层高面起算。男、女卫生间楼地面完成面标高低于相邻房间标高30。残疾人卫生间入口处不应有高差。卫生间的地漏、洁具等定位详水施。

8.3栏杆竖向杆件间的净距不得大于110。楼梯栏杆详大样图，楼梯水平扶手长度超过0.5 m时其净高度不应小于1.10 m。外窗窗台高度低于900处设不锈钢护窗栏杆，做法详见西南11J412第53页1a大样，栏杆高度为挡水线以上1100。同时各类栏杆采取防止儿童攀爬的安全措施，其安装应满足维护结构的强度要求。

9.油漆涂料工程

9.1室内装修所采用的油漆涂料见建筑技术措施表。

9.2木构件油漆均为漆油性调和漆，详见西南11J312第79页-5102。

9.3金属构件油漆为醇酸磁漆，详见西南11J312第81页-5114；所有外露的上下金属管道均应先刷防锈漆2道，并按各专业规定的颜色罩调和漆2道。

10.建筑设备、设施工程

10.1卫生器具均为陶瓷成品、隔断采用塑钢隔断详西南11J517第45页1a。

10.2本工程设置无障碍电梯两部，其中一部为观光电梯，由专业厂家定做；另一部为消防电梯，其井道尺寸暂选用三菱GPSIII系列乘客电梯，电梯型号为 GPSIII-1000-CO，详02J404-1-M4额定速度为1.0 m/s。施工时需专业电梯厂家提供电梯工艺要求，配合各专业施工图进行预埋设置。

11.建筑隔声设计

11.1室外台阶、坡道详见大样图。

11.2底层散水、排水沟做法详见大样图，散水每10 m长度设散水伸缩缝。

11.3砖砌踏步台阶作做法详见大样图。

12.其他施工中注意事项

12.1图中所选用标准图中有对结构中的预埋件、预留洞，如钢结构楼梯、金属栏杆、门窗、建筑配件等，以及本图所标注的各种留洞和预埋件应与各工种密切配合后，确认无误方可施工。施工中应强调土建与设备安装之间的密切配合，除按施工图选用的标准图及设备产品说明等要求进行施工外，还应严格按照国家相关施工规范规程进行施工，并做好隐蔽工程的记录。如发现图纸矛盾，应及时与设计单位协商解决，严禁擅自更改、隐瞒，避免出现严重的工程质量问题和设计意图受到破坏。

12.2两种材料的墙体交接处，应根据饰面材质在做饰面前加钉金属网或在施工中加贴玻璃丝网格布，防止裂缝。

12.3预埋木砖及相邻墙体的木质面均做防腐处理，露明铁件均做防锈处理。

12.4楼板留洞待设备管线安装完毕后，用C20细石混凝土封堵密实。

12.5二次装修材料不得降低原建筑材料的耐火等级；二次装修不得影响消防设施的正常使用。

12.6施工图中的房间功能不得任意变更，若确有需要，必须先通知设计单位并确认同意。

12.7管道穿墙、板孔洞应结合设备专业预留、预埋，不得事后开孔打洞。

12.8所有防水工程必须由合格的专业防水施工单位施工；屋面应做24 h蓄水试验，卫生间内楼板必须捣制密实预防渗漏。

12.9落地窗及挑窗护窗栏杆高度均为距地面或距窗台板面900净高；

12.10凡本说明未尽事宜，均应严格遵照国家有关规范和规定执行；施工过程中应严格执行国家各项施工质量验收规范。

13.节能设计

13.1详建施节能设计。

说 明
Illustration

注：本图未经相关建设主管部门批准不得使用。

项目负责人 Project Director	姓 名 Name	
	注册证书编号 Registration Seal No.	
执行项目负责人 Perform Project Director		
专业负责 Specialized Person in Charge		
设 计 Design		
校 对 Check		
审 核 Examiner		
审 定 Approved		
工程名称 Project		
单体名称 Single Name	综合办公楼	
图 名 Drawing Name	建筑施工图设计总说明 图纸目录	
图 别 Drawing Sort	建 施	工程编号 Project No.
图 号 Drawing No.	1/25	日 期 Date
地 址 ADD		
电 话 TEL		
传 真 FAX		

建筑技术措施表

类别	编号	名称	做法	使用部位	备注
屋面	1	上人屋面	400x400地砖	详图	防水卷材具体做法详见厂家说明
			25厚1:2.5水泥砂浆结合层		
			4厚SBS防水层		
			SBS改性沥青防水卷材冷底油		
			25厚1:2.5水泥砂浆找平层		
			最薄处150厚XH04级配泡沫混凝土保温兼找坡		
			现浇钢筋混凝土屋面板		
			20厚混合砂浆抹灰		
	2	非上人屋面	25厚1:2.5水泥砂浆保护层，分隔缝<1.0沥青油膏嵌缝	详图	防水卷材具体做法详见厂家说明 分仓缝用沥青油膏嵌实
			4厚SBS防水层		
			SBS改性沥青防水卷材冷底油		
			25厚1:2.5水泥砂浆找平层		
			最薄处150厚XH04级配泡沫混凝土保温兼找坡		
			现浇钢筋混凝土屋面板		
			20厚混合砂浆抹灰		
地面	1	花岗石地面	20厚芝麻白花岗石块面层水泥浆擦缝	地下室合用前室楼梯间地面	规格：800x800 800x200黑色花岗石镶边 楼梯梯步面层做法详见大样图
			20厚1:2干硬性水泥砂浆粘合层，上撒1~2厚干水泥并洒清水适量		
			水泥浆结合层一道		
			150厚C25混凝土		
			素土夯实		
	2	混凝土压光地面	150厚C25混凝土底板压光收面（向排水沟找坡0.5%）	地下室除合用前室、楼梯间外所有房间	
			素土夯实		
楼面	1	花岗石楼面	20厚芝麻白花岗石块面层水泥浆擦缝	合用前室、前室门厅、入口阶梯入口平台楼梯间楼面	规格：800x800 800x200黑色花岗石镶边
			20厚1:2干硬性水泥砂浆粘合层，上撒1~2厚干水泥并洒清水适量		
			20厚1:3水泥砂浆找平层		
			水泥浆结合层一道		
			结构板		
	2	防滑石英砖楼面	防滑地砖面层水泥浆擦缝	卫生间	规格：350x350
			20厚1:2干硬性水泥砂浆结合层，上撒1～2厚干水泥并洒清水适量		
			20厚1:2.5水泥砂浆找平层		
			1:6水泥炉渣找坡层		
			聚合物（丙烯酸）乳液防水涂料不小于1.5厚		
			20厚1:2.5水泥砂浆找平层		
			钢筋混凝土结构层，四周侧墙与地面交接处做混凝土翻边高150		
	3	水泥砂浆楼面	20厚1:2水泥砂浆面层	商店、消防控制室、地上车位、写字间、机房	
			水泥浆水灰比0.4～0.5结合层一道		
			结构板		

续表

类别	编号	名称	做法	使用部位	备注
外墙面	1	外墙漆墙面	喷甲基硅醇钠憎水剂	详立面	
			喷外墙漆两遍		
			6厚1:2.5水泥砂浆找平		
			12厚1:3水泥砂浆打底，两次成活，扫毛或划出纹道		
			砖基层（混凝土基层需刷界面处理剂）		
	2	花岗石墙面	花岗石干挂详图集西南11J516第54、55页	详立面	
内墙面	1	水泥砂浆打底	9厚1:1:6水泥石灰砂浆打底扫毛	商店、写字间	
			基层处理（混凝土基层刷水泥砂浆一道）		
	2	混合砂浆刷乳胶漆墙面（B1）	刷乳胶漆	合用前室、前室门厅、楼梯间	
			5厚1:0.3:2.5水泥石灰砂浆罩面压光		
			7厚1:1:6水泥石灰砂浆垫层		
			9厚1:1:6水泥石灰砂浆打底扫毛		
			基层处理（混凝土基层刷水泥砂浆一道）		
	3	深灰色无机涂料墙面（A级）	深灰色无机涂料（A级）	地下室除合用前室、楼梯间外所有房间消防控制室、机房、地上车位	
			水泥浆一道（内掺建筑胶）		
			12厚水泥混合砂浆打底扫毛，8厚水泥混合砂浆抹面		
			基层处理（混凝土基层刷水泥砂浆一道）		
	4	瓷砖墙面	300x450面砖贴面（高度至吊顶）	卫生间	
			8厚1:0.15:2水泥石灰砂浆黏结层（加建筑胶适量）		
			聚合物（丙烯酸）乳液防水涂料，沿墙上翻1800		
			10厚1:3水泥石灰砂浆打底，分两次抹		
			基层处理（混凝土基层刷水泥砂浆一道）		
	5	外墙内保温	内墙面层做法	外墙	
			抗裂柔性腻子两遍刮平		
			5厚水泥砂浆保护层		
			5厚抗裂砂浆压入两层耐碱玻纤网格布		
			45厚膨胀玻化微珠保温干混砂浆		
			8厚聚合物砂浆		
			200厚页岩空心砖砌体		
			外墙装饰面		
顶棚	1	铝合金条板吊顶（A级）	钢筋混凝土内预留Ø6吊环，双向吊点、中距900～1200	卫生间	
			Ø8钢筋吊杆，双向吊点，中距900～1200		
			龙骨（专用），中距<1200		
			0.5～0.8厚铝合金条板，中距100，150，200等		
	2	无机涂料顶棚（A级）	无机涂料（A级）	卫生间外所有房间	
			4厚1:0.3:3水泥石灰砂浆		
			10厚1:1:4水泥石灰砂浆		
			水泥浆一道（内掺建筑胶）		
			基层处理（混凝土基层刷水泥砂浆一道）		

说明
Illustration

注：本图未经相关建设主管部门批准不得使用。

项目负责人 Project Director	姓名 Name
	注册证书编号 Registration Seal No.
执行项目负责人 Perform Project Director	
专业负责 Specialized Person In Charge	
设计 Design	
校对 Check	
审核 Examiner	
审定 Approved	
工程名称 Project	
单体名称 Single Name	综合办公楼
图名 Drawing Name	建筑技术措施表
图别 Drawing Sort	建施
工程编号 Project No.	
图号 Drawing No.	2 / 25
日期 Date	
地址 ADD	
电话 TEL	
传真 FAX	

建筑节能设计计算书

一、地理气候条件

成都地处川西盆地，属于亚热带湿润季风气候。夏季气温较高、湿度大、风速小、潮湿闷热；冬季气温低、湿度大、日照率低，阴冷潮湿（参照最近的成都地区）。气象参数如下：

年平均温度	16.1 ℃	最冷月平均温度	5.4 ℃
极端最低温度	−5.9 ℃	最热月平均温度	25.5 ℃
极端最高温度	37.3 ℃	冬季平均相对湿度	85%
夏季平均相对湿度	80%	全年日照率	28%
冬季日照率	14%	冬、夏季主导风向	NNE
主导风向频率	33%	夏季平均风速	1.4 m/s

二、设计依据性文件、规范、标准

1.《公共建筑节能设计标准》(GB 50189—2015)

2.《民用建筑热工设计规范》(GB 50176—2016)

三、建筑体形系数及相应措施

城市名称	成都	体形系数	在夏热冬冷地区公共建筑不进行建筑的体形系数（S）的计算
建筑楼层数		建筑高度	

四、外墙的保温设计

建筑各部位内保温构造参照图集外墙内保温建筑构造 11J122−第C1～C10。

1.200厚页岩空心砖墙（内保温）

材料名称	厚度 /mm	导热系数 /(W·m⁻¹·K⁻¹)	导热系数修正系数	修正后导热系数 /(W·m⁻¹·K⁻¹)	蓄热系数 /(W·m⁻²·K⁻¹)	热阻值 /(m²·K·W⁻¹)	热惰性指标 $D=R\cdot S$
内墙面层	—	—	—	—	—	—	—
抗裂柔性腻子两遍刮平	—	—	—	—	—	—	—
5厚水泥砂浆保护层	5	0.930	1.00	0.930	11.370	0.005	0.057
5厚抗裂砂浆保护层 压入两层耐碱玻纤网格布	5	0.930	1.00	0.930	11.370	0.005	0.057
45厚膨胀玻化微珠保温干混砂浆	45	0.070	1.15	0.0805	0.950	0.560	0.551
8厚聚合物砂浆	8	0.930	1.00	0.930	11.370	0.009	0.102
200厚页岩空心砖砌体	200	0.58	1.00	0.58	11.110	0.357	4.77
8厚1:3水泥砂浆	8	0.930	1.00	0.930	10.750	0.009	0.099
7厚1:3水泥砂浆找平	7	0.930	1.00	0.930	11.370	0.008	0.171
外墙水刷石面层	0	—	—	—	—	—	—
合　计	278	—	—	—	—	0.953	5.807
墙主体传热阻	$R_0=R_i+\Sigma R+R_e$=0.04+0.953+0.11= 1.103 $m^2\cdot K\cdot W^{-1}$						
墙主体传热系数	0.907 $W\cdot m^{-2}\cdot K^{-1}$						

2.200厚钢筋混凝土构造柱，梁（内保温）

材料名称	厚度 /mm	导热系数 /(W·m⁻¹·K⁻¹)	导热系数修正系数	修正后导热系数 /(W·m⁻¹·K⁻¹)	蓄热系数 /(W·m⁻²·K⁻¹)	热阻值 /(m²·K·W⁻¹)	热惰性指标 $D=R\cdot S$
内墙面层	—	—	—	—	—	—	—
抗裂柔性腻子两遍刮平	—	—	—	—	—	—	—
5厚水泥砂浆保护层	5	0.930	1.00	0.930	11.370	0.005	0.057
5厚抗裂砂浆保护层 压入两层耐碱玻纤网格布	5	0.930	1.00	0.930	11.370	0.005	0.057
45厚膨胀玻化微珠保温干混砂浆	45	0.070	1.15	0.0805	0.950	0.560	0.551
8厚聚合物砂浆	8	0.930	1.00	0.930	11.370	0.009	0.102
钢筋混凝土	200	1.740	1.00	1.740	17.200	0.115	2.372
8厚1:3水泥砂浆	8	0.930	1.00	0.930	10.750	0.009	0.099
7厚1:3水泥砂浆找平	7	0.930	1.00	0.930	11.370	0.008	0.171
外墙面砖面层	0	—	—	—	—	—	—
合　计	300	—	—	—	—	0.711	3.409
墙主体传热阻	$R_0=R_i+\Sigma R+R_e$=0.04+0.711+0.11= 0.861 $m^2\cdot K\cdot W^{-1}$						
墙主体传热系数	1.16 $W\cdot m^{-2}\cdot K^{-1}$						
墙体平均传热系数	0.907×0.65+1.16×0.35=0.996 $W\cdot m^{-2}\cdot K^{-1}\leqslant 1.0$						

墙体传热系数满足公共建筑节能设计标准4.2.2—4条的要求

五、屋顶的保温设计

上人屋面

材料名称	厚度 /mm	导热系数 /(W·m⁻¹·K⁻¹)	导热系数修正系数	修正后导热系数 /(W·m⁻¹·K⁻¹)	蓄热系数 /(W·m⁻²·K⁻¹)	热阻值 /(m²·K·W⁻¹)	热惰性指标 $D=R\cdot S$
铺地砖		—	—	—	—	—	—
20厚水泥砂浆结合层	20	0.930	1.00	0.930	11.370	0.022	0.25
4厚SBS防水层	4	0.17	1.00	0.17		0.024	
SBS改性沥青防水卷材冷底油		—	—	—	—	—	—
25厚水泥砂浆找平层	25	0.930	1.00	0.930	11.370	0.027	0.31
XH04级配泡沫混凝土保温兼找坡	150	0.08	1.50	0.12	3.59	1.25	4.49
钢筋混凝土	120	1.740	1.00	1.740	17.06	0.069	1.177
20厚水泥石灰砂浆顶棚抹灰	20	0.870	1.00	0.870	10.750	0.023	0.247
合　计	339	—	—	—	—	1.415	6.474
屋顶传热阻	$R_0=R_i+\Sigma R+Re$ =0.04+1.415+0.11=1.565 $m^2\cdot K\cdot W^{-1}$						
屋顶传热系数	0.64 $W\cdot m^{-2}\cdot K^{-1}\leqslant 0.7$						

屋顶传热系数满足《公共建筑节能设计标准》4.2.2条的要求

非上人屋面

材料名称	厚度 /mm	导热系数 /(W·m⁻¹·K⁻¹)	导热系数修正系数	修正后导热系数 /(W·m⁻¹·K⁻¹)	蓄热系数 /(W·m⁻²·K⁻¹)	热阻值 /(m²·K·W⁻¹)	热惰性指标 $D=R\cdot S$
25厚水泥砂浆保护层	25	0.930	1.00	0.930	11.370	0.027	0.25
4厚SBS防水层	4	0.17	1.00	0.17		0.024	
SBS改性沥青防水卷材冷底油		—	—	—	—	—	—
25厚水泥砂浆找平层	25	0.930	1.00	0.930	11.370	0.027	0.31
XH04级配泡沫混凝土保温兼找坡	150	0.08	1.50	0.12	3.59	1.25	4.49
钢筋混凝土	120	1.740	1.00	1.740	17.06	0.069	1.177
20厚水泥石灰砂浆顶棚抹灰	20	0.870	1.00	0.870	10.750	0.023	0.247
合　计	339	—	—	—	—	1.420	6.474
屋顶传热阻	$R_0=R_i+\Sigma R+Re$ =0.04+1.420+0.11=1.570 $m^2\cdot K\cdot W^{-1}$						
屋顶传热系数	0.64 $W\cdot m^{-2}\cdot K^{-1}\leqslant 0.7$						

屋顶传热系数满足《公共建筑节能设计标准》4.2.2条的要求

六、外窗的保温设计

窗墙面积比：

朝向	外窗面积 /m^2	外墙（包括外窗）面积 /m^2	窗墙面积比
东	137.60	912.31	0.151
南	179.32	714.78	0.251
西	280.25	912.31	0.307
北	287.96	714.78	0.403

宿舍根据各朝向窗墙面积比确定外窗，外窗均选用铝合金断热型材

朝向	传热系数	外窗的技术要求	可见光透射比	遮阳系数	遮阳系数限值
东	4.0~4.7	6高透光Low−E	50%	0.5	—
南	3.4~3.5	6透明+9空气+6透明	80%	0.83	0.55
西	2.5~3.0	6高透光Low−E+12 空气+6透明	50%	0.5	0.5
北	2.5~2.8	6高透光Low−E+12 空气+6透明	50%	0.5	0.55

遮阳系数不足的房间室内采用深色窗帘遮阳

外门窗选型满足公共建筑节能设计标准表4.2.2—4 的规定

七、地面保温隔热设计

本工程基础持力层标高在 −1.500 以下，若仅按标高 −1.500 以上的夯实黏土进行保温隔热计算 R=1.5 m/1.16 $W\cdot m^{-1}\cdot K^{-1}$=1.29 $m^2\cdot K\cdot W^{-1}$，就已大于限值1.2 $m^2\cdot K\cdot W^{-1}$，满足《公共建筑节能设计标准》4.2.2−6条要求

八、地下室外墙

序号	材料名称	导热系数 λ	厚度 /m	材料层热阻 R /$W\cdot m^{-2}\cdot K^{-1}$
1	水泥砂浆	0.93	0.02	0.021
2	钢筋混凝土墙	1.74	0.25	0.14
3	SBC防水卷材	0.17	0.0007	0.004
3	水泥砂浆	0.93	0.02	0.06
4	挤塑板	0.028	0.05	1.78

总传热阻=2.00

$$k=\frac{1}{0.04+2.00+0.11}=0.46\ W\cdot m^{-2}\cdot K^{-1}$$

$k<1.5\ W\cdot m^{-2}\cdot K^{-1}$，满足规范要求

九、结论

1.体形系数满足标准要求

2.屋顶的传热系数满足标准要求

3.外墙的传热系数满足标准要求

4.外窗的传热系数及遮阳系数满足标准要求

5.地面的传热系数满足标准要求

十、节能选用标准设计做法

1.保温墙体中阴阳角及内外墙交接处做法参见国标 03J122中H9页

2.门窗洞口边框部位保温节能做法参见 03J122中H10及H11页

3.附加固定件做法参见03J122中K5页

说　明

Illustration

注：本图未经相关建设主管部门批准不得使用。

项目负责人 Project Director	姓 名 Name		
	注册证书编号 Registration Seal No.		
执行项目负责人 Perform Project Director			
专业负责 Specialized Person in Charge			
设 计 Design			
校 对 Check			
审 核 Examiner			
审 定 Approved			
工程名称 Project			
单体名称 Single Name	综合办公楼		
图 名 Drawing Name	建筑节能设计计算书		
图 别 Drawing Sort	建 施	工程编号 Project No.	
图 号 Drawing No.	3 / 25	日 期 Date	
地 址 ADD			
电 话 TEL			
传 真 FAX			

门窗表

类型	设计编号	洞口尺寸/(mm×mm)	数量	选用型号		备注
普通门	FHJL2944	2850×4400	1	厂家定做	甲级防火卷帘门	
	FHJL3442	3400×4200	1			
	M0821	800×2100	14		甲级防火卷帘门	
	M0921	900×2100	7			门分隔尺寸详门大样图 外门玻璃选型详节能设计
	M1521	1500×2100	1		塑钢门	
	M1647	1550×4700	1		铝合金门 铝合金断热型材	
	M1747	1700×4700	1			
	M3147	3050×4700	1			
	M4547	4450×4700	1			
	M6447	6350×4700	1			
	M2142	2050×4200	1			
	M1221a乙	1200×2100	12		钢制乙级防火门	
	M1521a乙	1500×2100	9			
	M1121丙	1100×2100	19		钢制丙级防火门	
	M1221乙	1200×2100	3		钢制乙级防火门	
	M1421乙	1400×2100	1			
	M1521乙	1500×2100	19			
	M1021甲	1000×2100	1		钢制甲级防火门	
	M1521甲	1500×2100	3			
普通窗	C1115	1100×1500	1	厂家定做	铝合金窗 铝合金断热型材	窗分隔尺寸详窗大样图 外窗玻璃选型详节能设计
	C1421	1400×2100	24			
	C1515	1500×1500	18			
	C1521	1450×2100	12			
	C1527	1500×2700	11			
	C1530	1500×3000	4			
	C1624	1600×2400	1			
	C1627	1600×2700	5			
	C1630	1600×3000	2			
	C1633	1600×3300	1			
	C1660	1550×6000	5			
	C1721	1725×2100	24			
	C1760	1700×6000	2			
	C1927	1900×2700	12			
	C1930	1900×3000	4			
	C1933	1900×3300	1			
	C2418	2400×1800	1			
	C2421	2400×2100	5			
	C2424	2400×2400	2			
	C6421	6400×2100	5			
	C6424	6400×2400	2			
	C1527甲	1500×2700	12		甲级防火窗	
	C1530甲	1500×3000	4			
	GC1515	1500×1500	7		铝合金窗 铝合金断热型材	窗分隔尺寸详窗大样图 外窗玻璃选型详节能设计
	C3238	3200×3800	1			
	C5538	5500×3800	1			
	C1060	1000×1500	2			
	C1560	1500×1500	2			

注：1.门窗表中尺寸均表示洞口尺寸，门窗加工尺寸应按门窗洞口设计尺寸扣除墙面装修材料厚度后的净尺寸加工，并以现场实际测量数据为准。

2.塑钢上悬窗设自动摇窗机。

3.门窗大样图仅示意门窗分格，制作时应计算材料尺寸。

4.门窗大样图中⊠为平开扇 ⊟ 为推拉扇 ◿ 为上悬窗。未明确指出窗扇开启方式的均为固定窗。

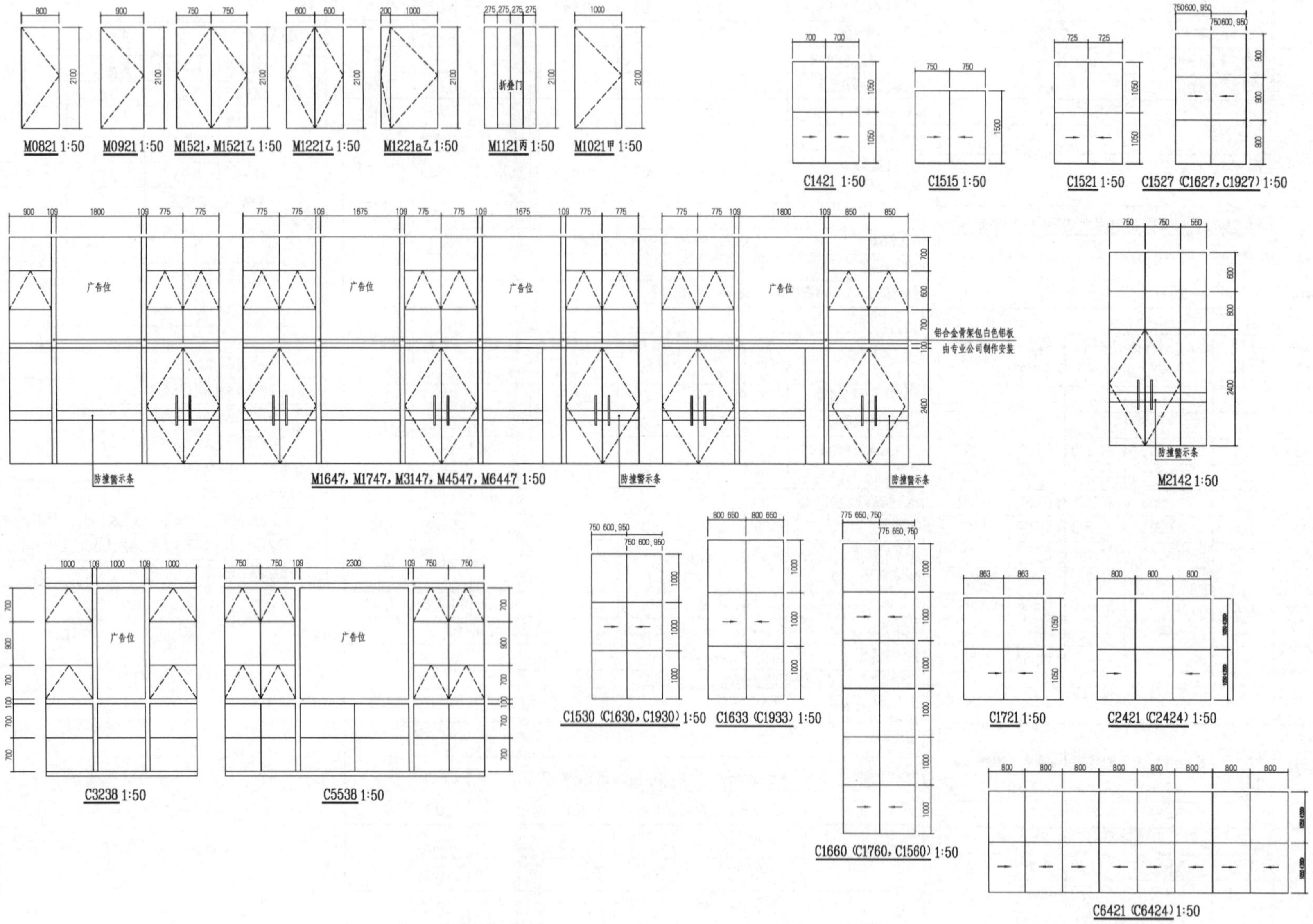

说 明
Illustration

注：本图未经相关建设主管部门批准不得使用。

项目负责人 Project Director	姓 名 Name		
	注册证书编号 Registration Seal No.		
执行项目负责人 Perform Project Director			
专业负责 Specialized Person in Charge			
设 计 Design			
校 对 Check			
审 核 Examiner			
审 定 Approved			
工程名称 Project			
单体名称 Single Name	综合办公楼		
图 名 Drawing Name	门窗表 门窗大样图		
图 别 Drawing Sort	建 施	工程编号 Project No.	
图 号 Drawing No.	5/25	日 期 Date	

地 址 ADD
电 话 TEL
传 真 FAX

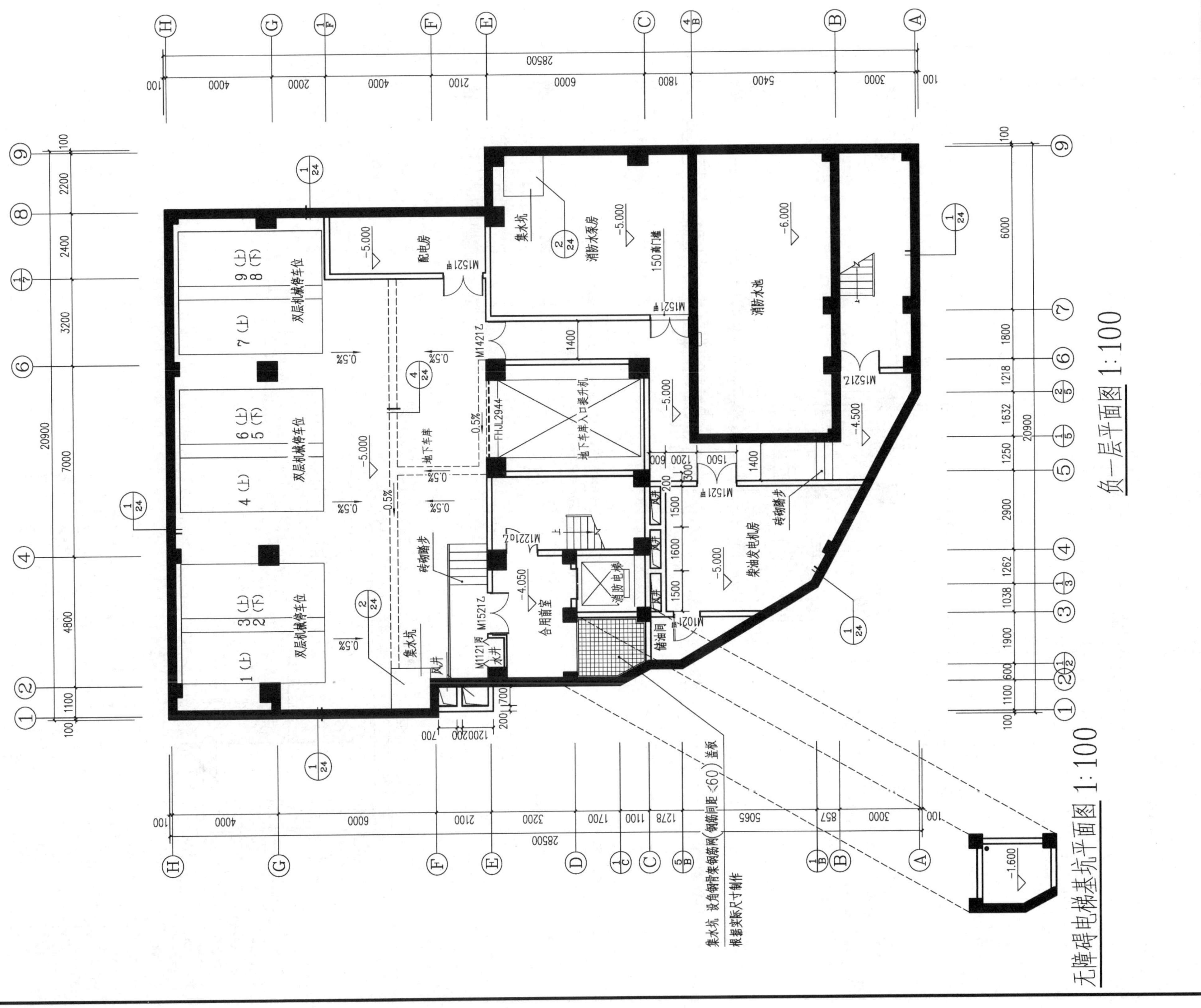

说 明

Illustration

1. 未标注墙体为200 mm厚页岩空心砖砌筑。
2. 地下室四周墙体与消防水池四周墙体均为300 mm厚P6自防水钢筋混凝土墙。
3. 未标注门垛为100 mm宽或齐柱边、墙边。

注：本图未经相关建设主管部门批准不得使用。

项目负责人 Project Director	姓 名 Name		
	注册证书编号 Registration Seal No.		
执行项目负责人 Perform Project Director			
专业负责 Specialized Person in Charge			
设 计 Design			
校 对 Check			
审 核 Examiner			
审 定 Approved			
工程名称 Project			
单体名称 Single Name	综合办公楼		
图 名 Drawing Name	负一层平面图		
图 别 Drawing Sort	建 施	工程编号 Project No.	
图 号 Drawing No.	6 / 25	日 期 Date	
地 址 ADD			
电 话 TEL			
传 真 FAX			

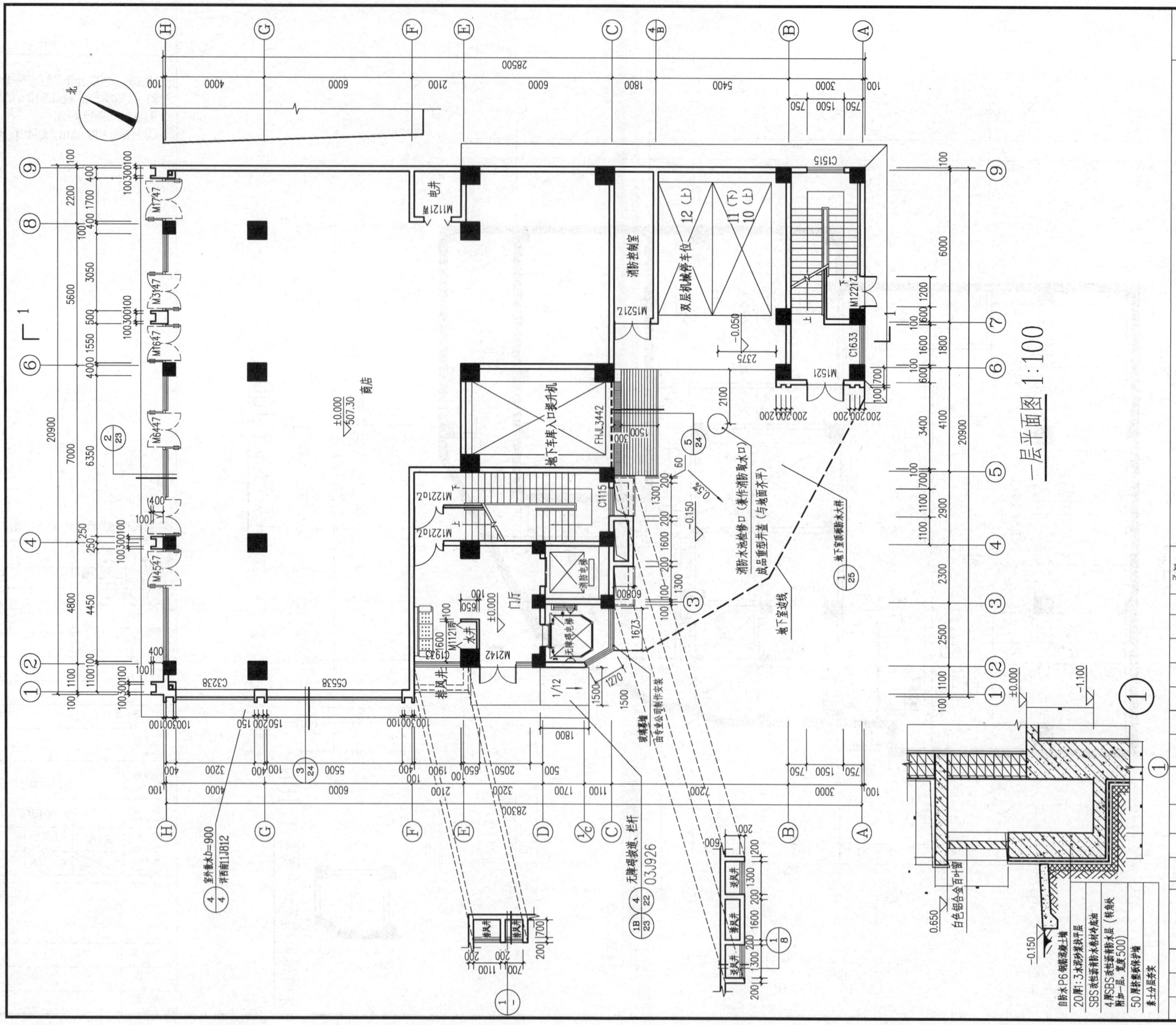

说 明

Illustration

注：本图未经相关建设主管部门批准不得使用。

项目负责人 Project Director	姓 名 Name	
	注册证书编号 Registration Seal No.	
执行项目负责人 Perform Project Director		
专业负责 Specialized Person In Charge		
设 计 Design		
校 对 Check		
审 核 Examiner		
审 定 Approved		
工程名称 Project		
单体名称 Single Name	综合办公楼	
图 名 Drawing Name	一层平面图	
图 别 Drawing Sort	建 施	工程编号 Project No.
图 号 Drawing No.	7 25	日 期 Date
地 址 ADD		
电 话 TEL		
传 真 FAX		

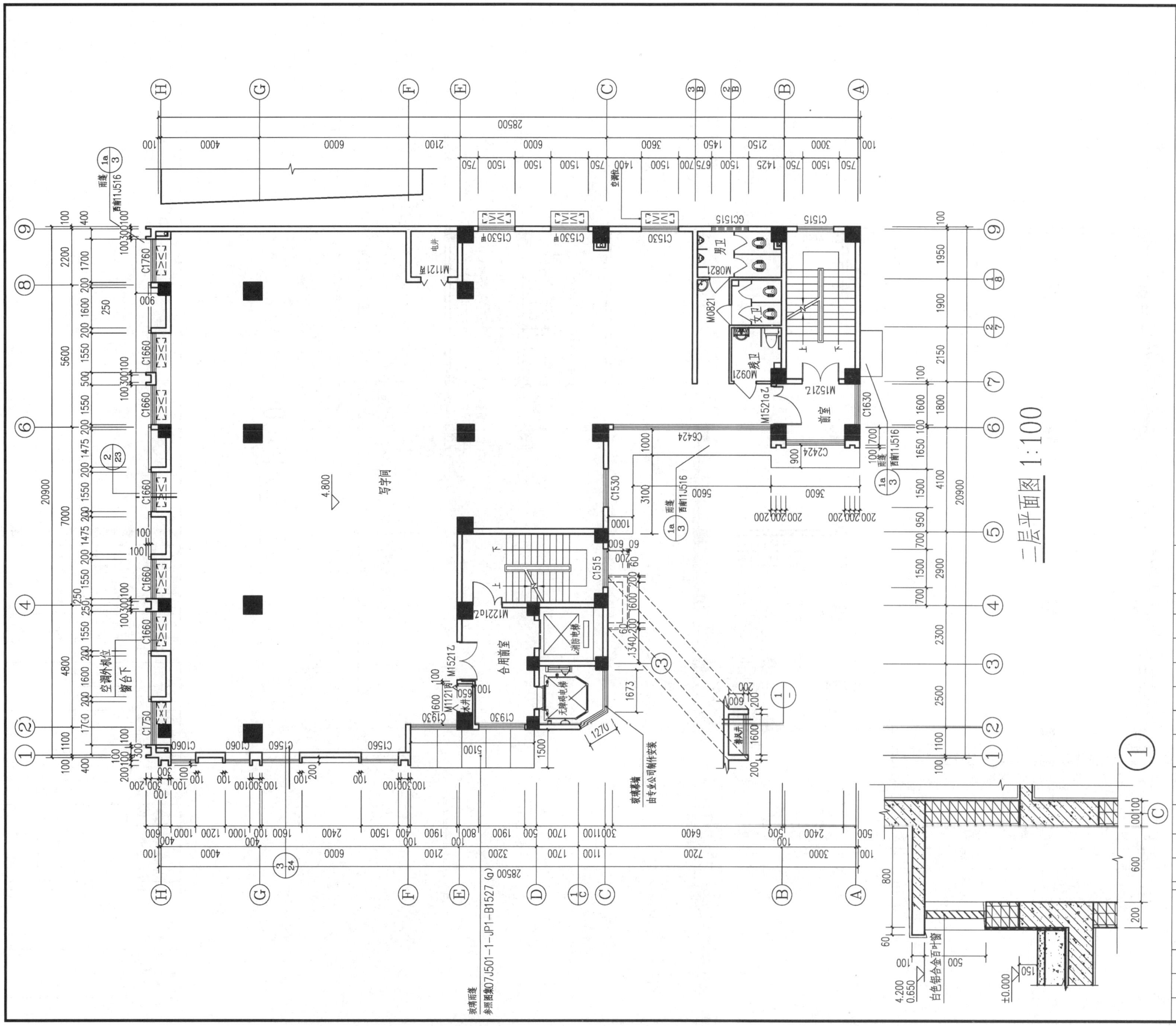

说 明

Illustration

注：本图未经相关建设主管部门批准不得使用。

项目负责人 Project Director	姓名 Name		
	注册证书编号 Registration Seal No.		
执行项目负责人 Perform Project Director			
专业负责 Specialized Person in Charge			
设计 Design			
校对 Check			
审核 Examiner			
审定 Approved			
工程名称 Project			
单体名称 Single Name	综合办公楼		
图名 Drawing Name	二层平面图		
图别 Drawing Sort	建施	工程编号 Project No.	
图号 Drawing No.	8 / 25	日期 Date	
地址 ADD			
电话 TEL			
传真 FAX			

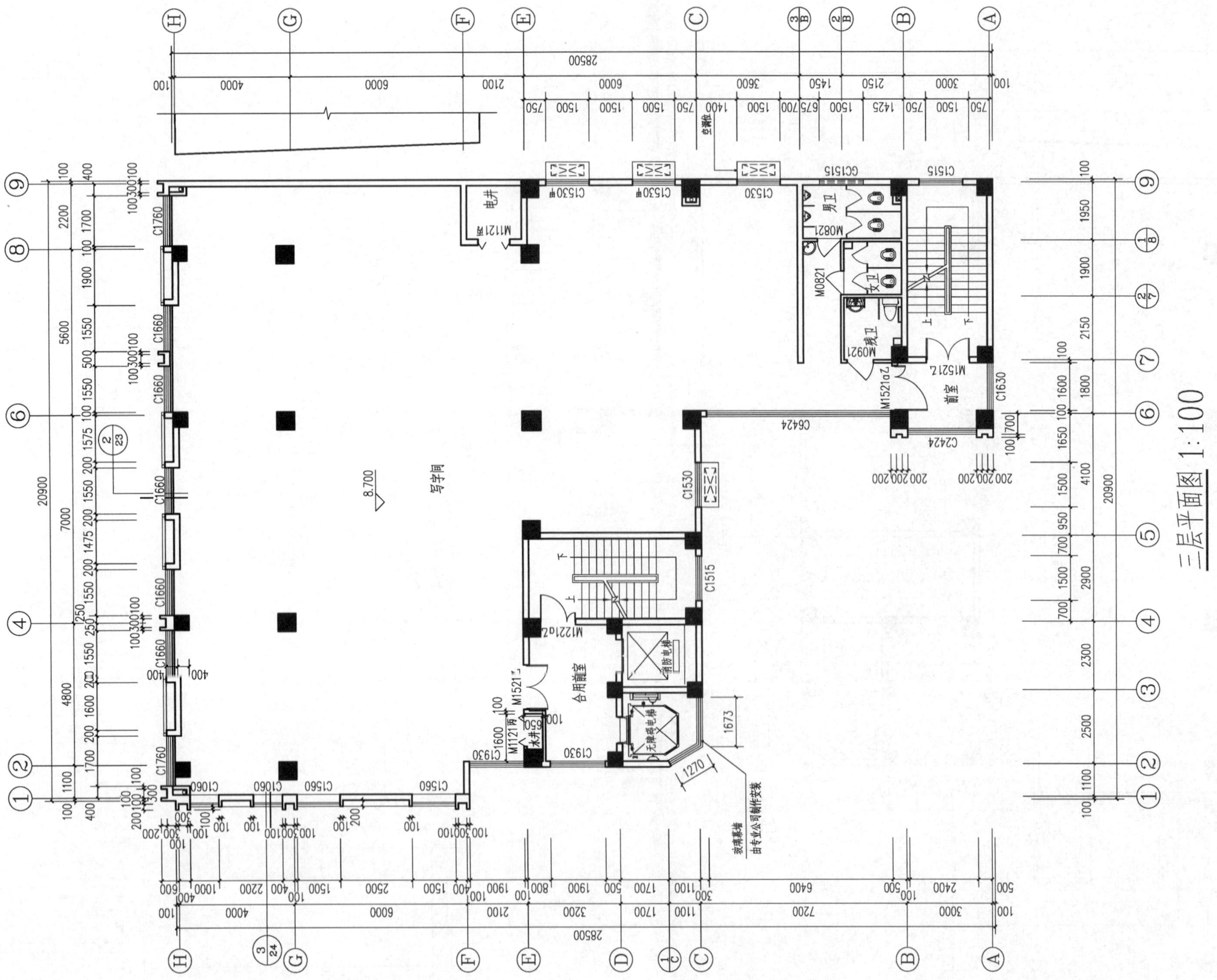

说 明

Illustration

注：本图未经相关建设主管部门批准不得使用。

项目负责人 Project Director	姓 名 Name		
	注册证书编号 Registration Seal No.		
执行项目负责人 Perform Project Director			
专业负责 Specialized Person in Charge			
设 计 Design			
校 对 Check			
审 核 Examiner			
审 定 Approved			
工程名称 Project			
单体名称 Single Name	综合办公楼		
图 名 Drawing Name	三层平面图		
图 别 Drawing Sort	建 施	工程编号 Project No.	
图 号 Drawing No.	9/25	日 期 Date	
地 址 ADD			
电 话 TEL			
传 真 FAX			

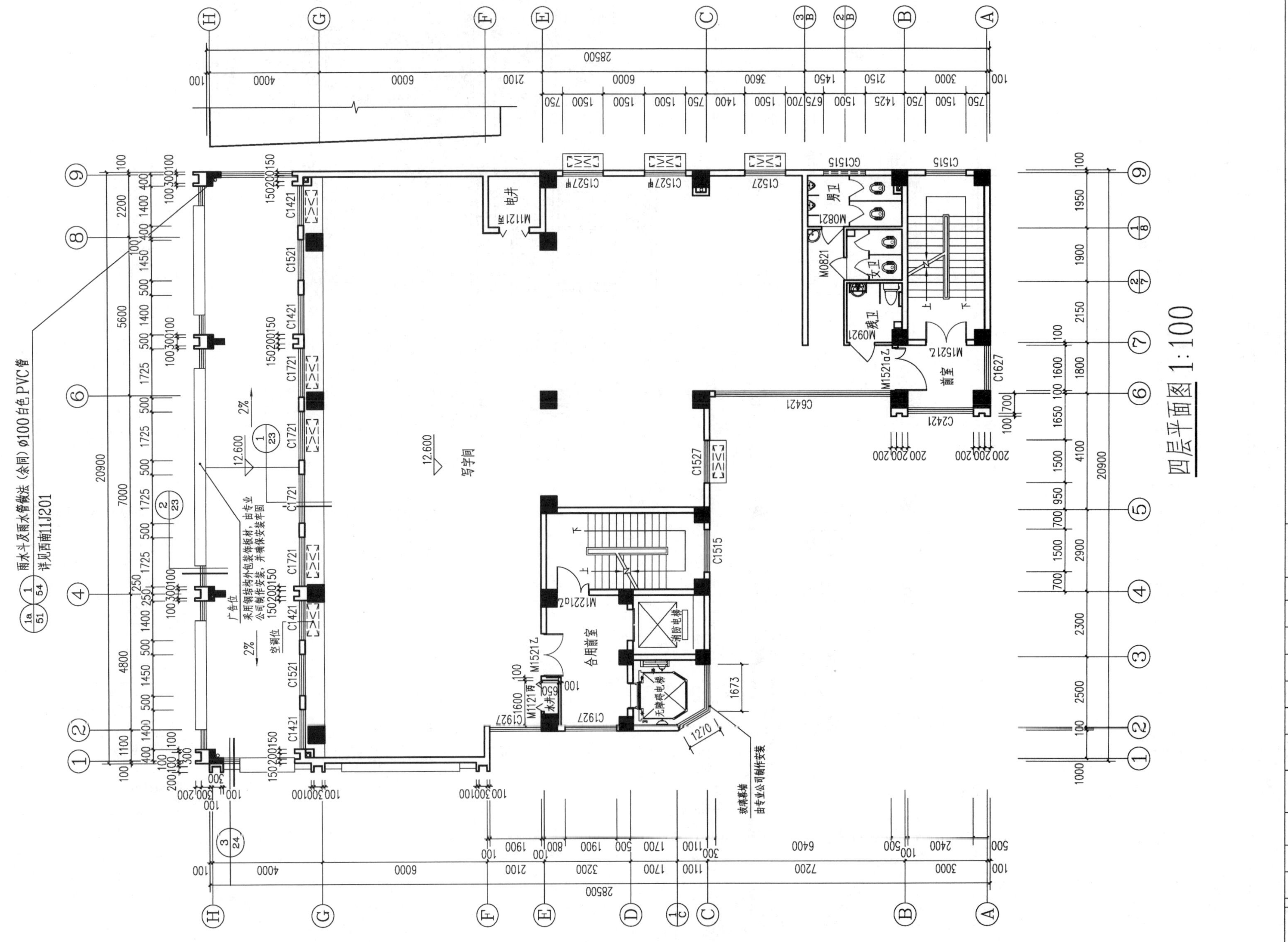

说 明
Illustration

注：本图未经相关建设主管部门批准不得使用。

项目负责人 Project Director	姓 名 Name		
	注册证书编号 Registration Seal No.		
执行项目负责人 Perform Project Director			
专业负责 Specialized Person in Charge			
设 计 Design			
校 对 Check			
审 核 Examiner			
审 定 Approved			
工程名称 Project			
单体名称 Single Name	综合办公楼		
图 名 Drawing Name	四层平面图		
图 别 Drawing Sort	建 施	工程编号 Project No.	
图 号 Drawing No.	10 / 25	日 期 Date	
地 址 ADD			
电 话 TEL			
传 真 FAX			

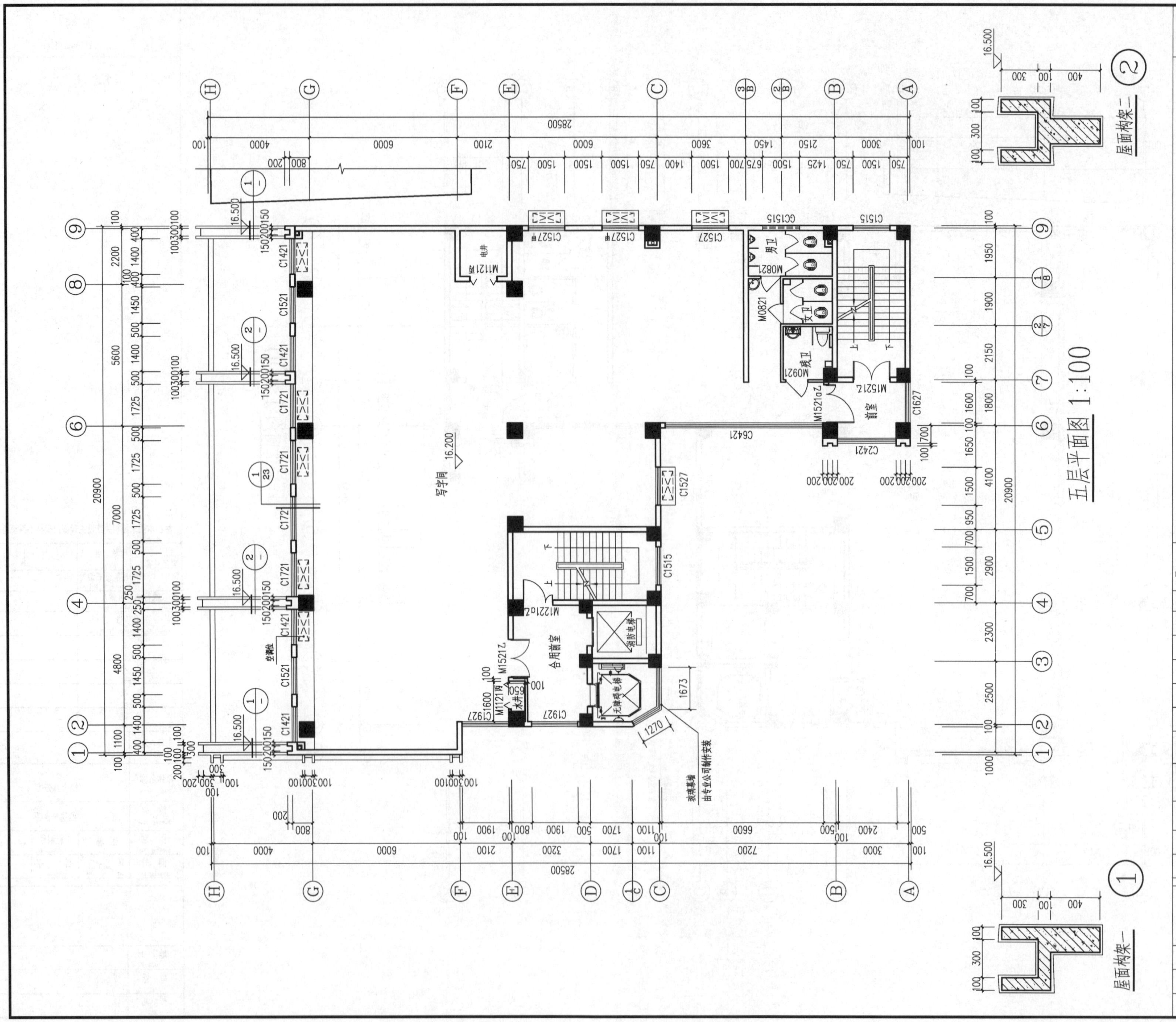

说 明

Illustration

注：本图未经相关建设主管部门批准不得使用。

项目负责人 Project Director	姓 名 Name		
	注册证书编号 Registration Seal No.		
执行项目负责人 Perform Project Director			
专业负责 Specialized Person in Charge			
设 计 Design			
校 对 Check			
审 核 Examiner			
审 定 Approved			

工程名称 Project			
单体名称 Single Name	综合办公楼		
图 名 Drawing Name	五层平面图		
图 别 Drawing Sort	建 施	工程编号 Project No.	
图 号 Drawing No.	11/25	日 期 Date	

地 址 ADD	
电 话 TEL	
传 真 FAX	

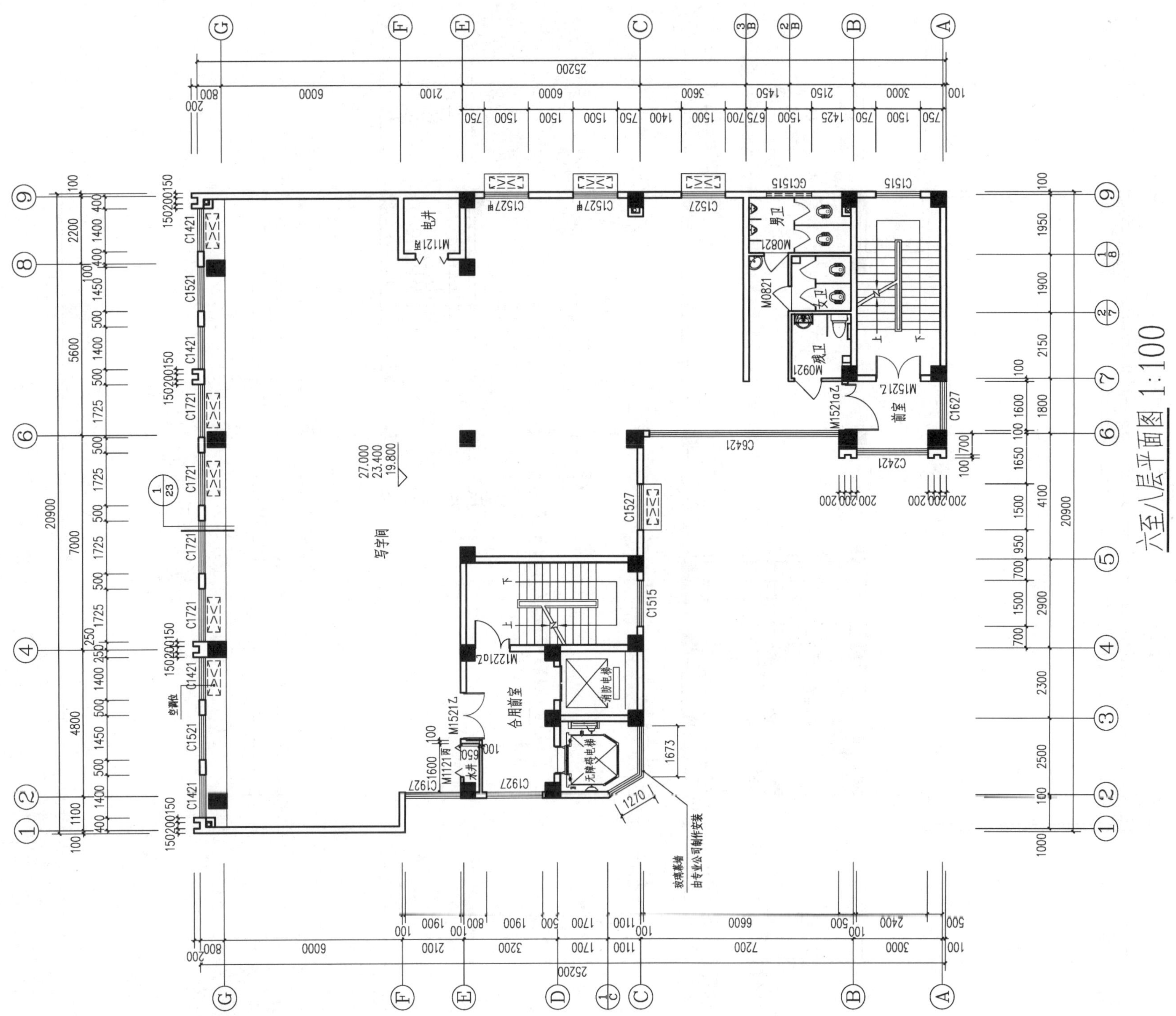

说 明

Illustration

注：本图未经相关建设主管部门批准不得使用。

项目负责人 Project Director	姓 名 Name	
	注册证书编号 Registration Seal No.	
执行项目负责人 Perform Project Director		
专业负责 Specialized Person in Charge		
设 计 Design		
校 对 Check		
审 核 Examiner		
审 定 Approved		
工程名称 Project		
单体名称 Single Name	综合办公楼	
图 名 Drawing Name	六～八层平面图	
图 别 Drawing Sort	建 施	工程编号 Project No.
图 号 Drawing No.	12 / 25	日 期 Date

地 址 ADD	
电 话 TEL	
传 真 FAX	

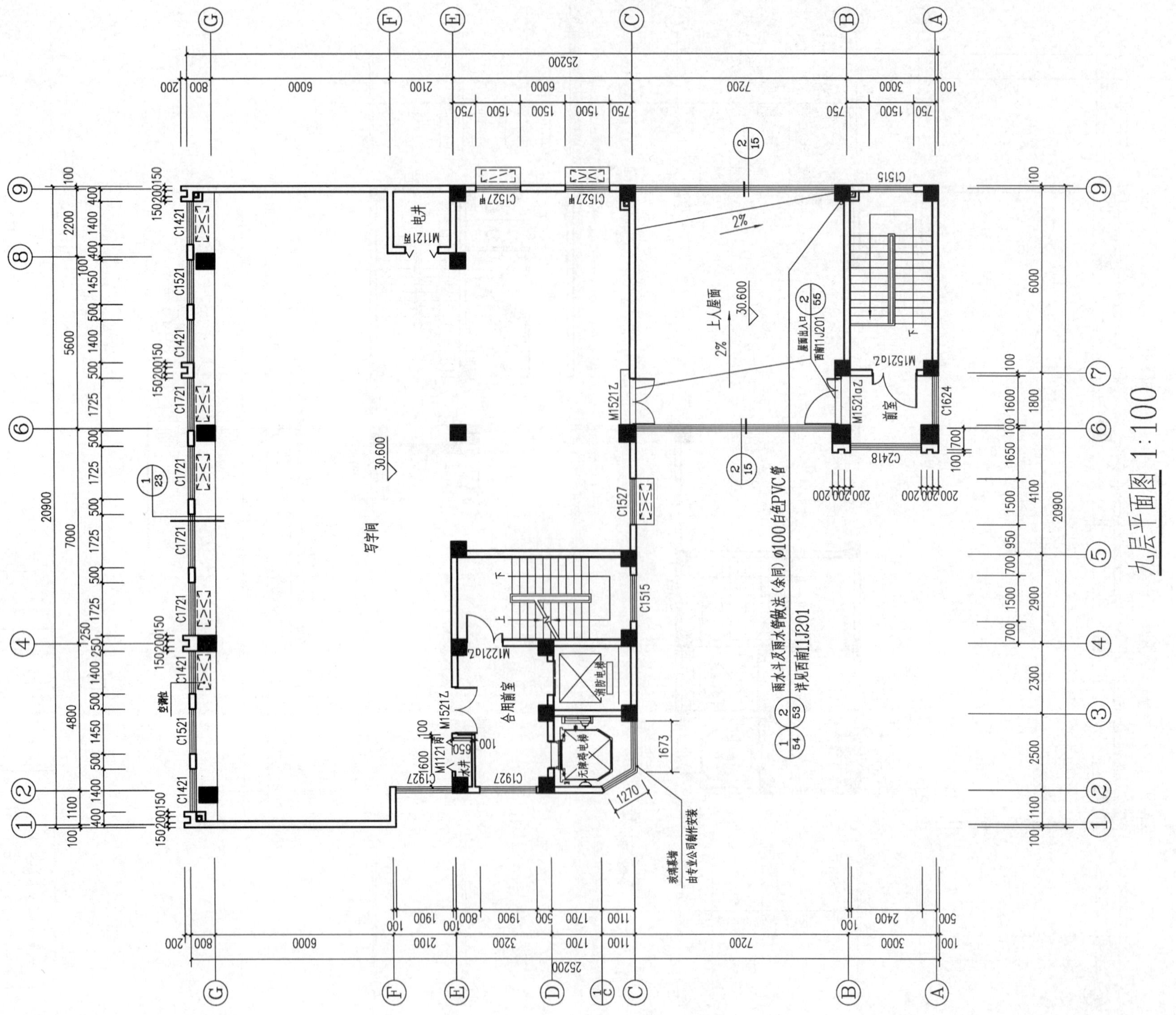

说 明

Illustration

注：本图未经相关建设主管部门批准不得使用。

项目负责人 Project Director	姓 名 Name	
	注册证书编号 Registration Seal No.	
执行项目负责人 Perform Project Director		
专业负责 Specialized Person in Charge		
设 计 Design		
校 对 Check		
审 核 Examiner		
审 定 Approved		
工程名称 Project		
单体名称 Single Name	综合办公楼	
图 名 Drawing Name	九层平面图	
图 别 Drawing Sort	建 施	工程编号 Project No.
图 号 Drawing No.	13 / 25	日 期 Date
地 址 ADD		
电 话 TEL		
传 真 FAX		

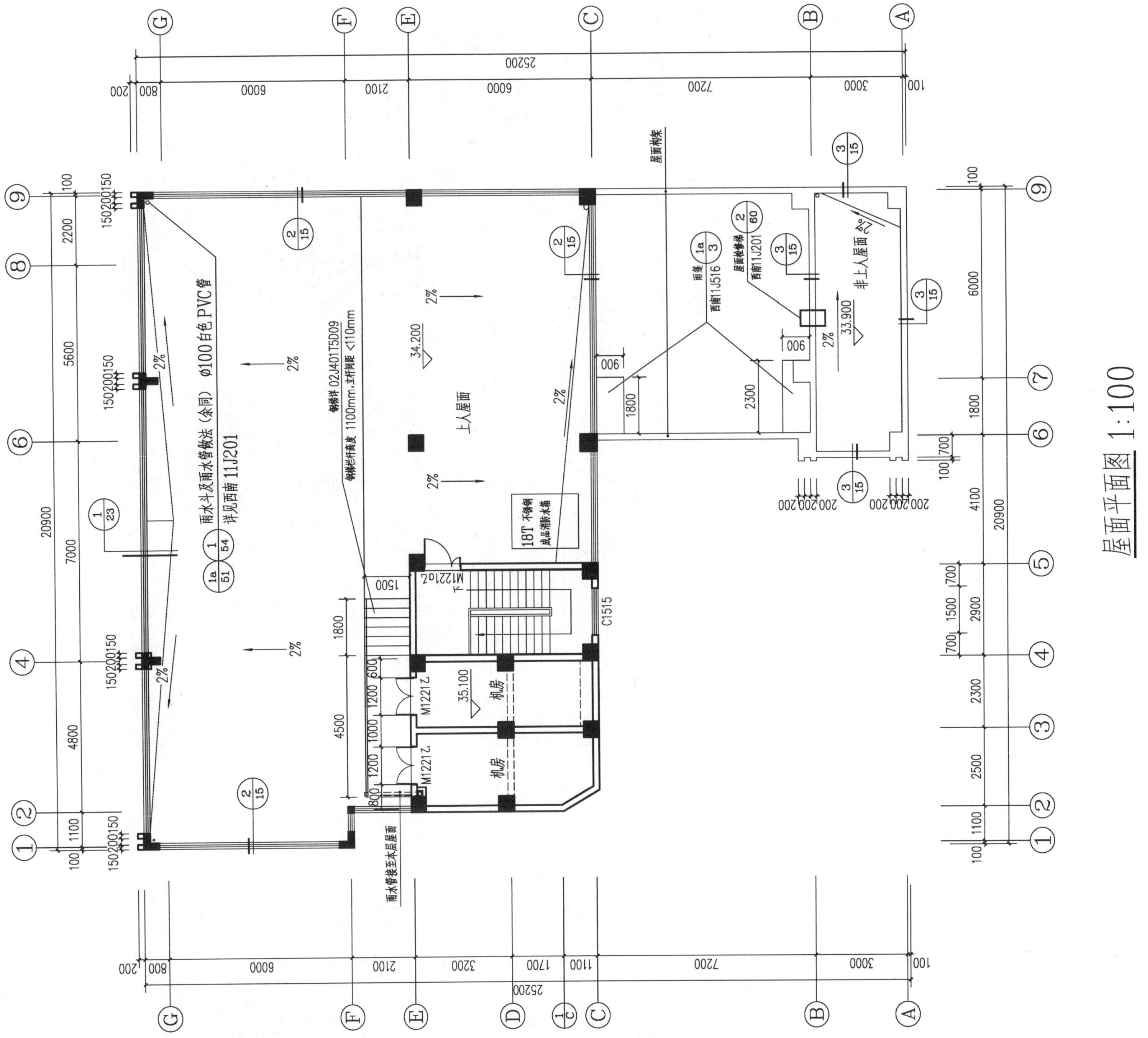

说 明
Illustration

注：本图未经相关建设主管部门批准不得使用。

项目负责人 Project Director	姓 名 Name		
	注册证书编号 Registration Seal No.		
执行项目负责人 Perform Project Director			
专业负责 Specialized Person in Charge			
设 计 Design			
校 对 Check			
审 核 Examiner			
审 定 Approved			
工程名称 Project			
单体名称 Single Name	综合办公楼		
图 名 Drawing Name	屋面平面图		
图 别 Drawing Sort	建 施	工程编号 Project No.	
图 号 Drawing No.	14 25	日 期 Date	
地 址 ADD			
电 话 TEL			
传 真 FAX			

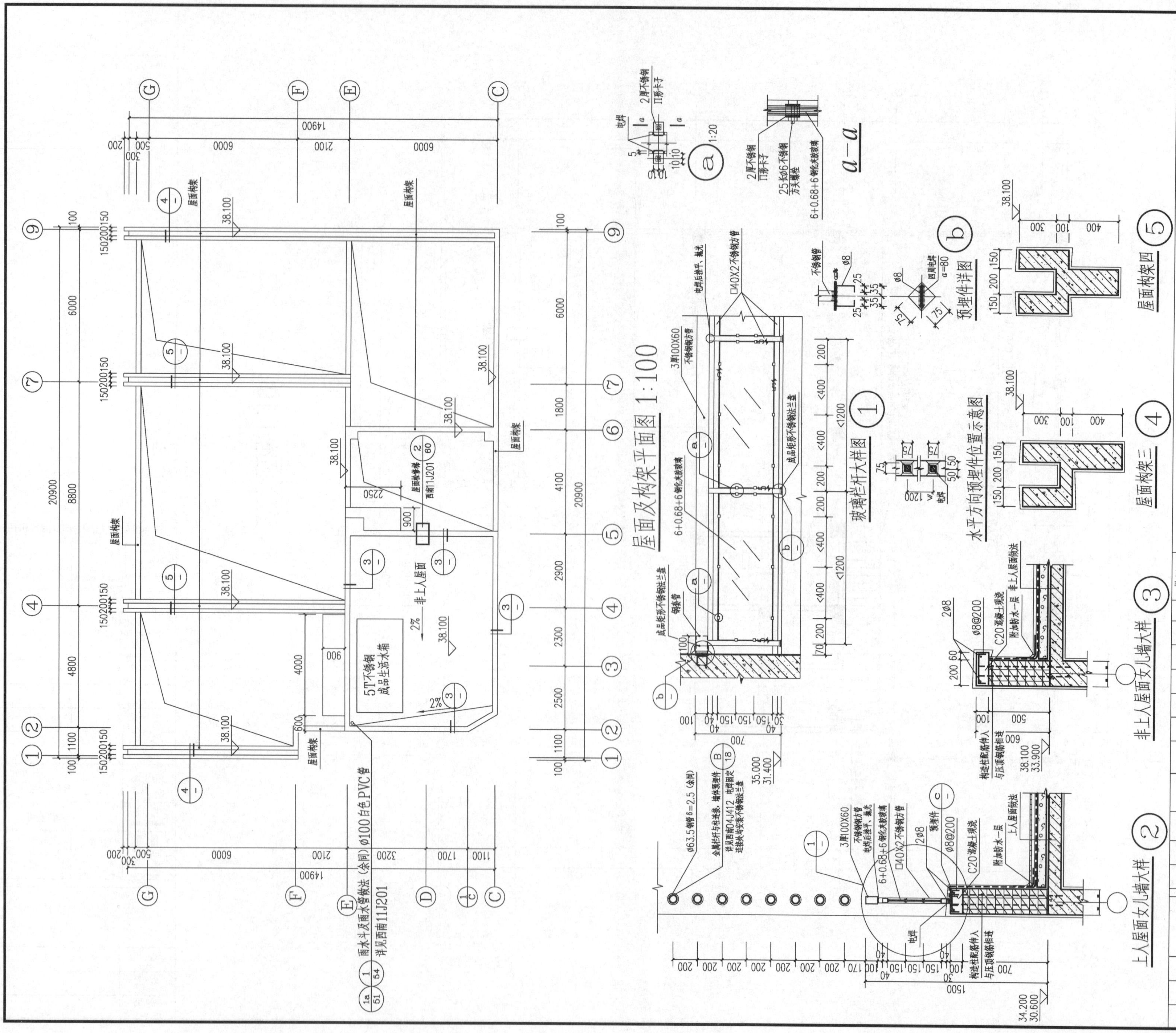

说 明

Illustration

注：本图未经相关建设主管部门批准不得使用。

项目负责人 Project Director	姓 名 Name	
	注册证书编号 Registration Seal No.	
执行项目负责人 Perform Project Director		
专业负责 Specialized Person in Charge		
设 计 Design		
校 对 Check		
审 核 Examiner		
审 定 Approved		
工程名称 Project		
单体名称 Single Name	综合办公楼	
图 名 Drawing Name	屋面及构架平面图 节点详图	
图 别 Drawing Sort	建 施	工程编号 Project No.
图 号 Drawing No.	15 25	日 期 Date
地 址 ADD		
电 话 TEL		
传 真 FAX		

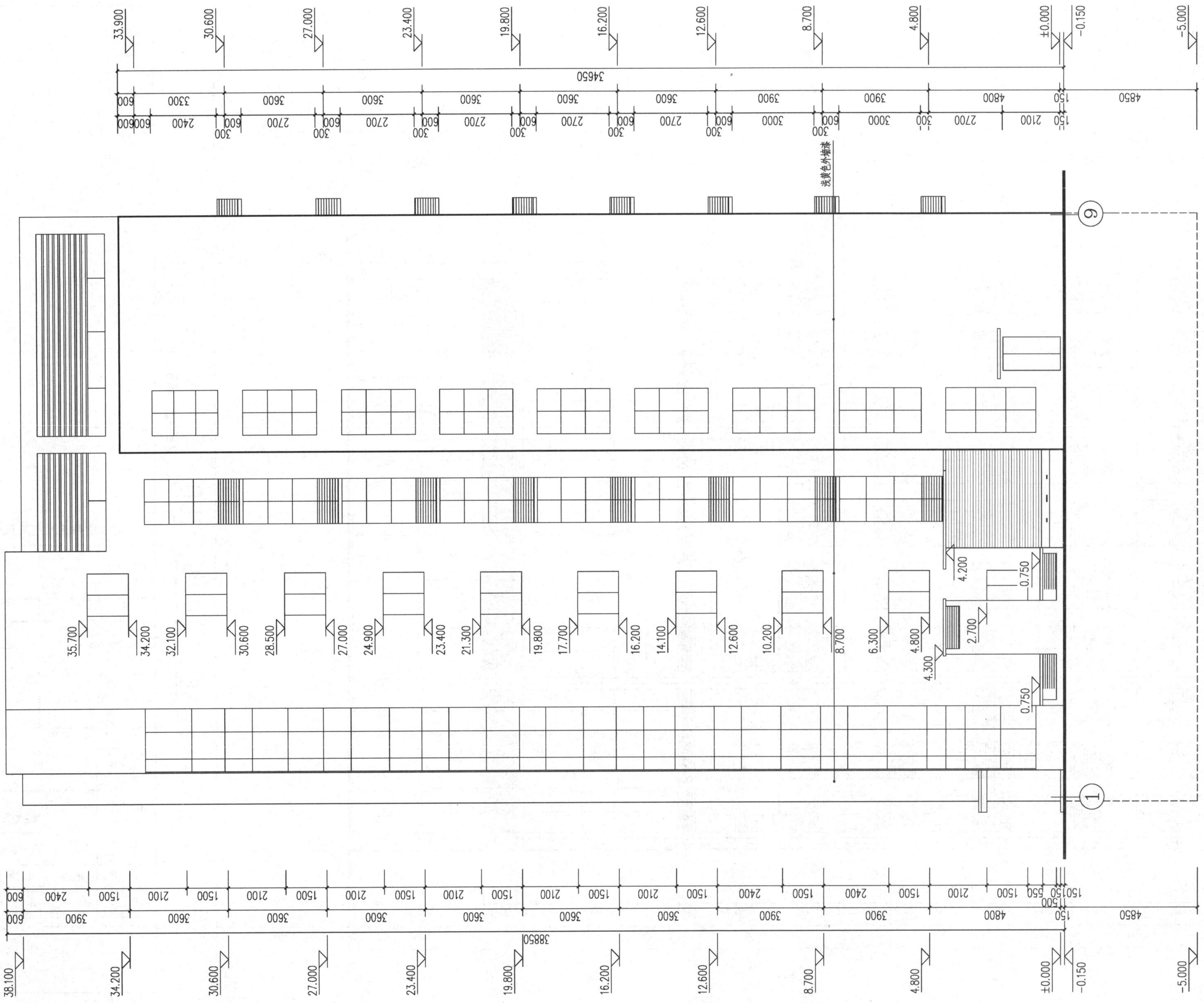

①～⑨立面图 1:100

立面色彩参照效果图

说 明

Illustration

注：本图未经相关建设主管部门批准不得使用。

项目负责人 Project Director	姓 名 Name		
	注册证书编号 Registration Seal No.		
执行项目负责人 Perform Project Director			
专业负责 Specialized Person in Charge			
设 计 Design			
校 对 Check			
审 核 Examiner			
审 定 Approved			
工程名称 Project			
单体名称 Single Name	综合办公楼		
图 名 Drawing Name	①～⑨立面图		
图 别 Drawing Sort	建 施	工程编号 Project No.	
图 号 Drawing No.	16 / 25	日 期 Date	
地 址 ADD			
电 话 TEL			
传 真 FAX			

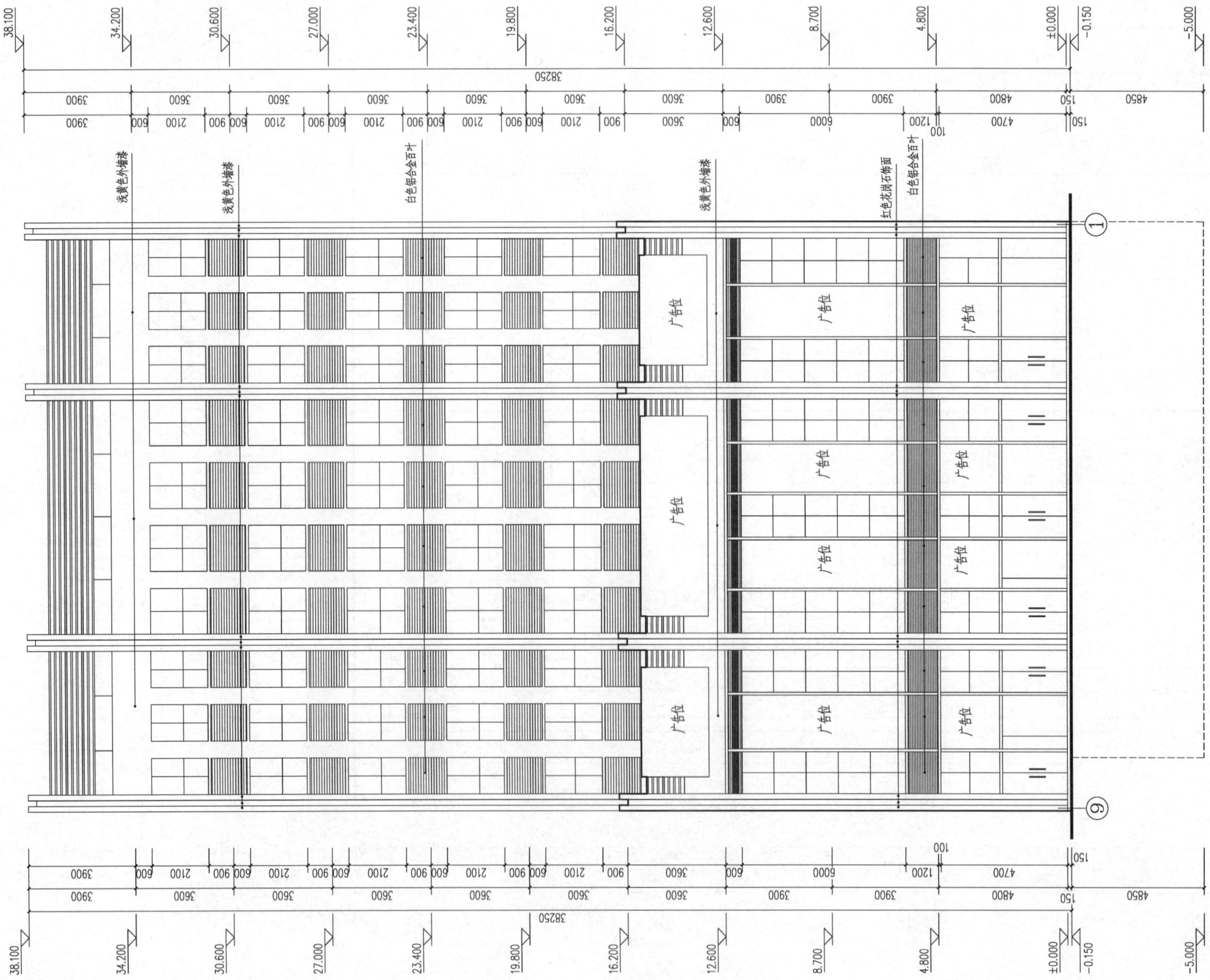

⑨~①立面图 1:100

立面色彩参照效果图

说 明
Illustration

注：本图未经相关建设主管部门批准不得使用。

项目负责人 Project Director	姓 名 Name	
	注册证书编号 Registration Seal No.	
执行项目负责人 Perform Project Director		
专业负责 Specialized Person in Charge		
设 计 Design		
校 对 Check		
审 核 Examiner		
审 定 Approved		
工程名称 Project		
单体名称 Single Name	综合办公楼	
图 名 Drawing Name	⑨~①立面图	
图 别 Drawing Sort	建 施	工程编号 Project No.
图 号 Drawing No.	17 / 25	日 期 Date
地 址 ADD		
电 话 TEL		
传 真 FAX		

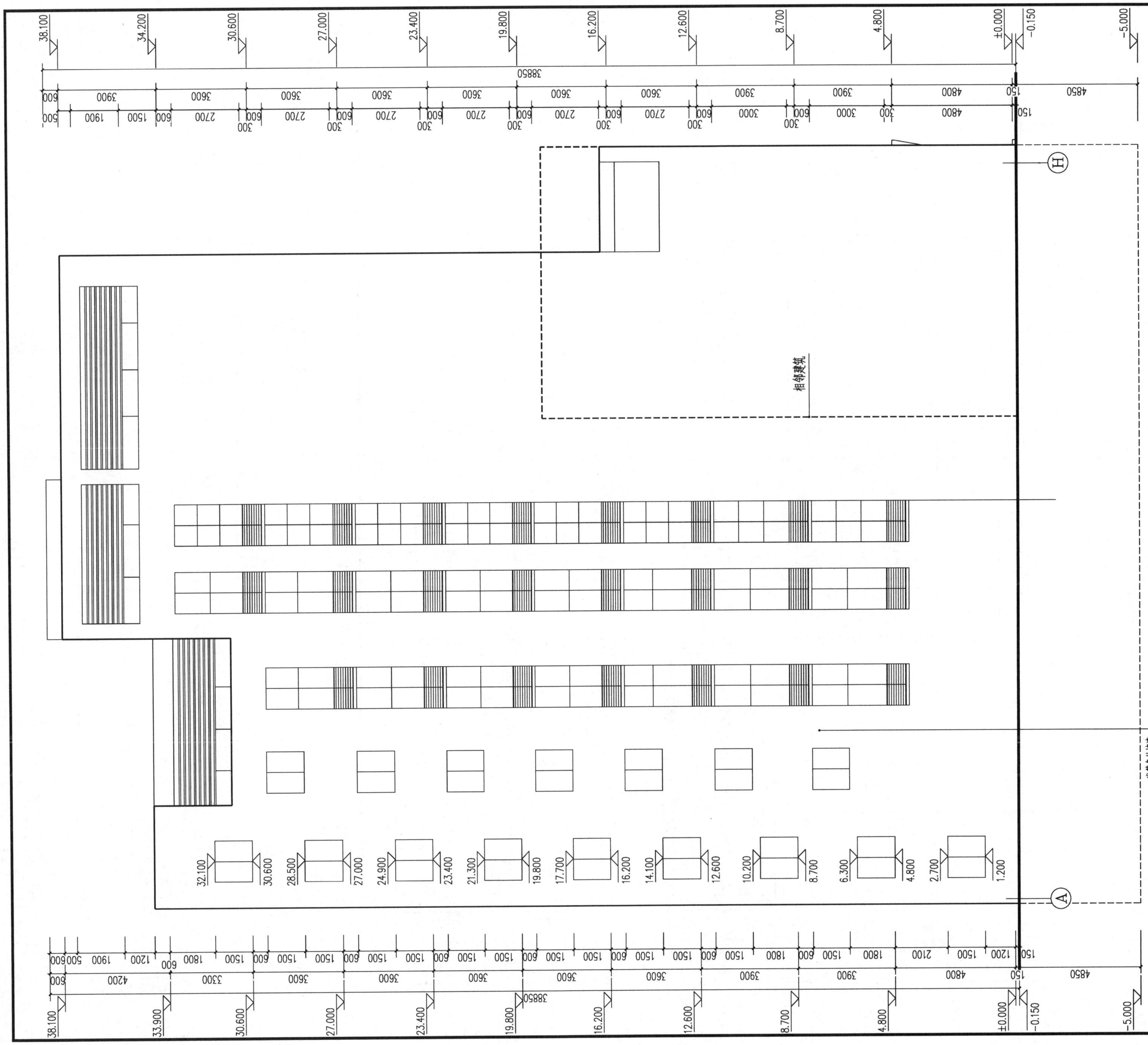

Ⓐ~Ⓗ立面图 1:100

立面色彩参照效果图

说 明
Illustration

注：本图未经相关建设主管部门批准不得使用。

项目负责人 Project Director	姓 名 Name		
	注册证书编号 Registration Seal No.		
执行项目负责人 Perform Project Director			
专业负责 Specialized Person in Charge			
设 计 Design			
校 对 Check			
审 核 Examiner			
审 定 Approved			
工程名称 Project			
单体名称 Single Name	综合办公楼		
图 名 Drawing Name	Ⓐ~Ⓗ立面图		
图 别 Drawing Sort	建 施	工程编号 Project No.	
图 号 Drawing No.	18 / 25	日 期 Date	
地 址 ADD			
电 话 TEL			
传 真 FAX			

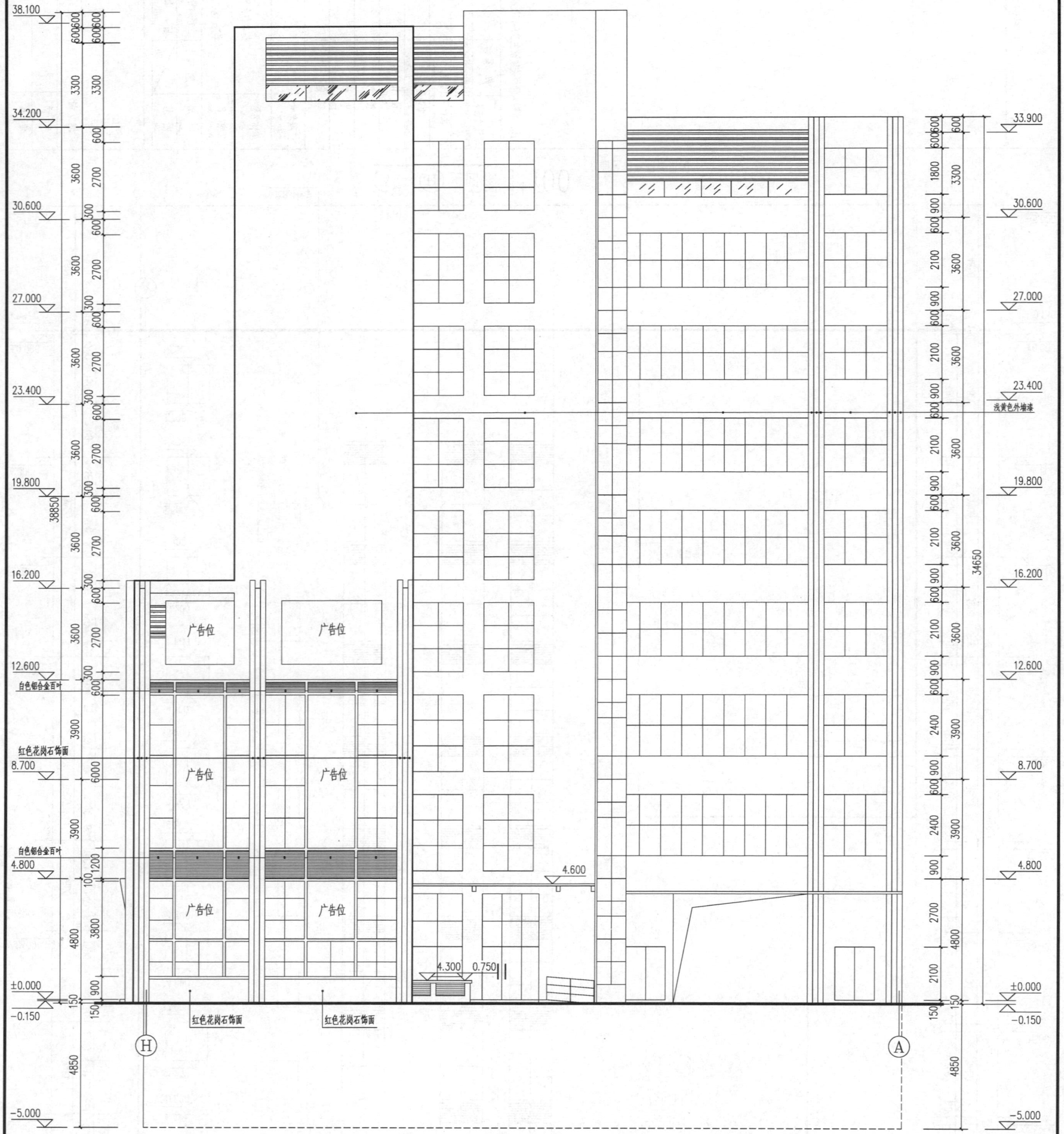

Ⓗ~Ⓐ立面图 1:100　立面色彩参照效果图

说 明
Illustration

注：本图未经相关建设主管部门批准不得使用。

项目负责人 Project Director	姓 名 Name	
	注册证书编号 Registration Seal No.	
执行项目负责人 Perform Project Director		
专业负责 Specialized Person in Charge		
设 计 Design		
校 对 Check		
审 核 Examiner		
审 定 Approved		
工程名称 Project		
单体名称 Single Name	综合办公楼	
图 名 Drawing Name	Ⓗ~Ⓐ立面图	
图 别 Drawing Sort	建 施	工程编号 Project No.
图 号 Drawing No.	19/25	日 期 Date
地 址 ADD		
电 话 TEL		
传 真 FAX		

说 明

Illustration

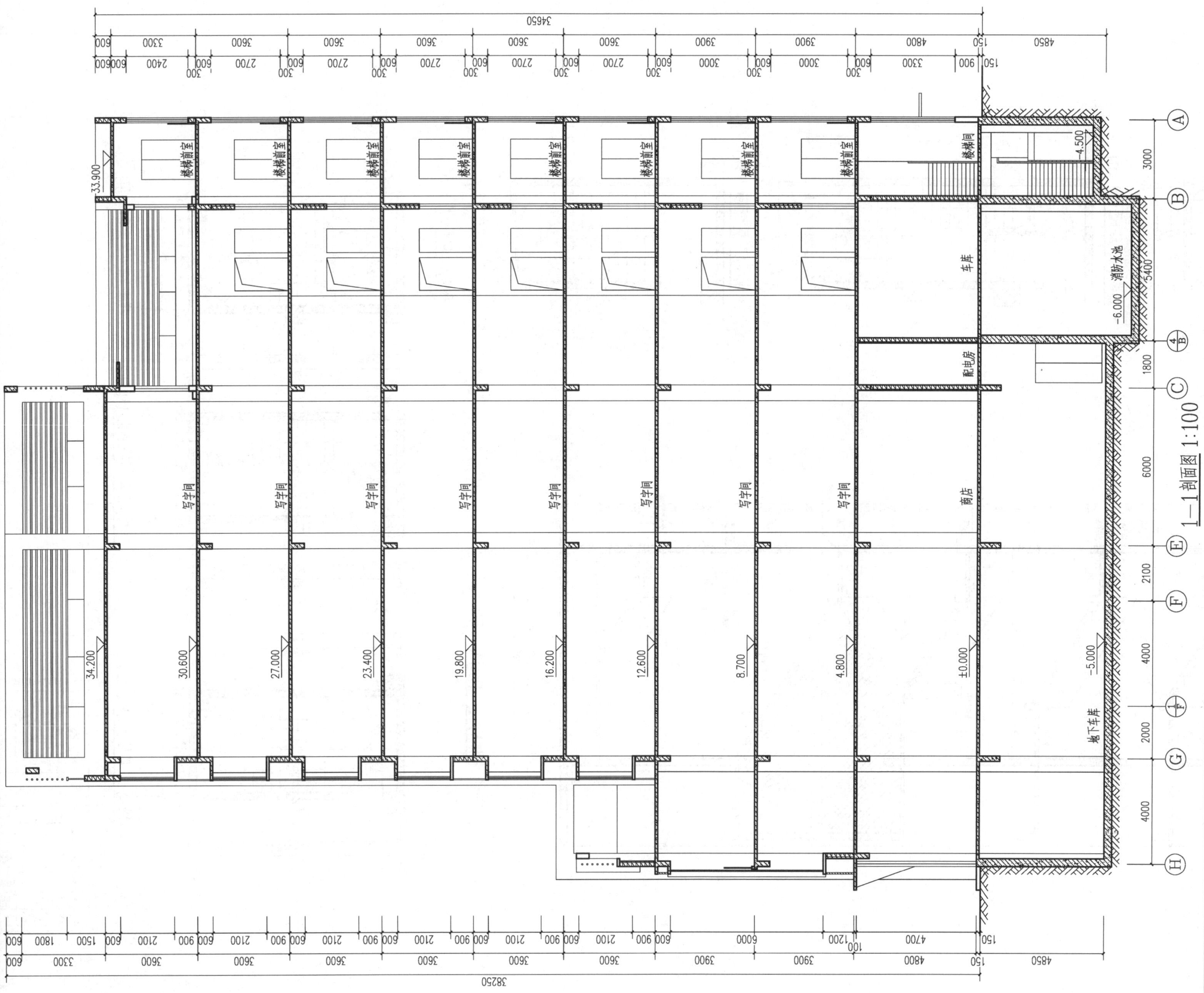

注：本图未经相关建设主管部门批准不得使用。

项目负责人 Project Director	姓 名 Name		
	注册证书编号 Registration Seal No.		
执行项目负责人 Perform Project Director			
专业负责 Specialized Person in Charge			
设 计 Design			
校 对 Check			
审 核 Examiner			
审 定 Approved			
工程名称 Project			
单体名称 Single Name	综合办公楼		
图 名 Drawing Name	1—1 剖面图		
图 别 Drawing Sort	建 施	工程编号 Project No.	
图 号 Drawing No.	20 / 25	日 期 Date	
地 址 ADD			
电 话 TEL			
传 真 FAX			

说 明
Illustration

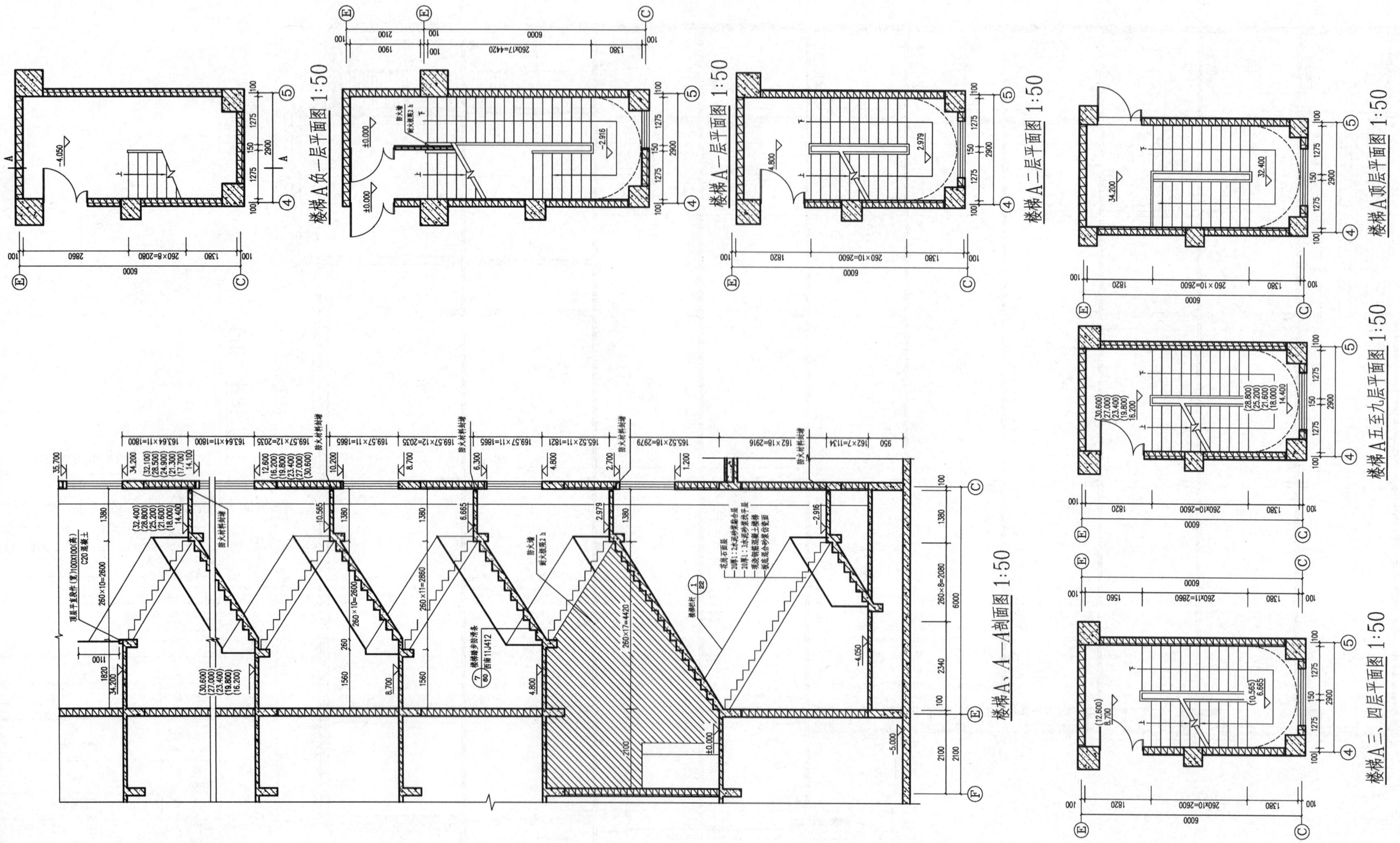

注：本图未经相关建设主管部门批准不得使用。

项目负责人 Project Director	姓 名 Name		
	注册证书编号 Registration Seal No.		
执行项目负责人 Perform Project Director			
专业负责 Specialized Person in Charge			
设 计 Design			
校 对 Check			
审 核 Examiner			
审 定 Approved			
工程名称 Project			
单体名称 Single Name	综合办公楼		
图 名 Drawing Name	楼梯A大样图		
图 别 Drawing Sort	建 施	工程编号 Project No.	
图 号 Drawing No.	21 / 25	日 期 Date	
地 址 ADD			
电 话 TEL			
传 真 FAX			

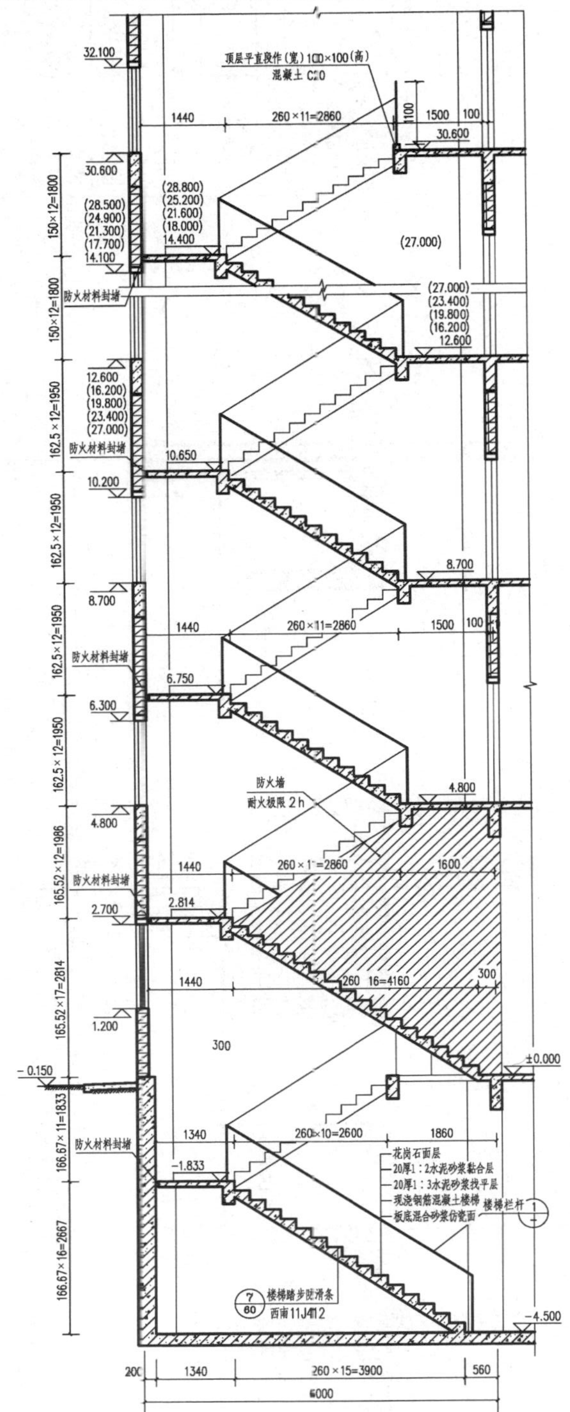

楼梯B、B—B剖面图 1:50

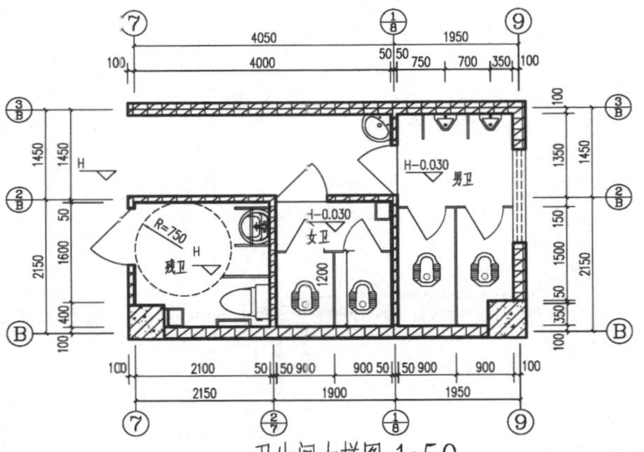

卫生间大样图 1:50

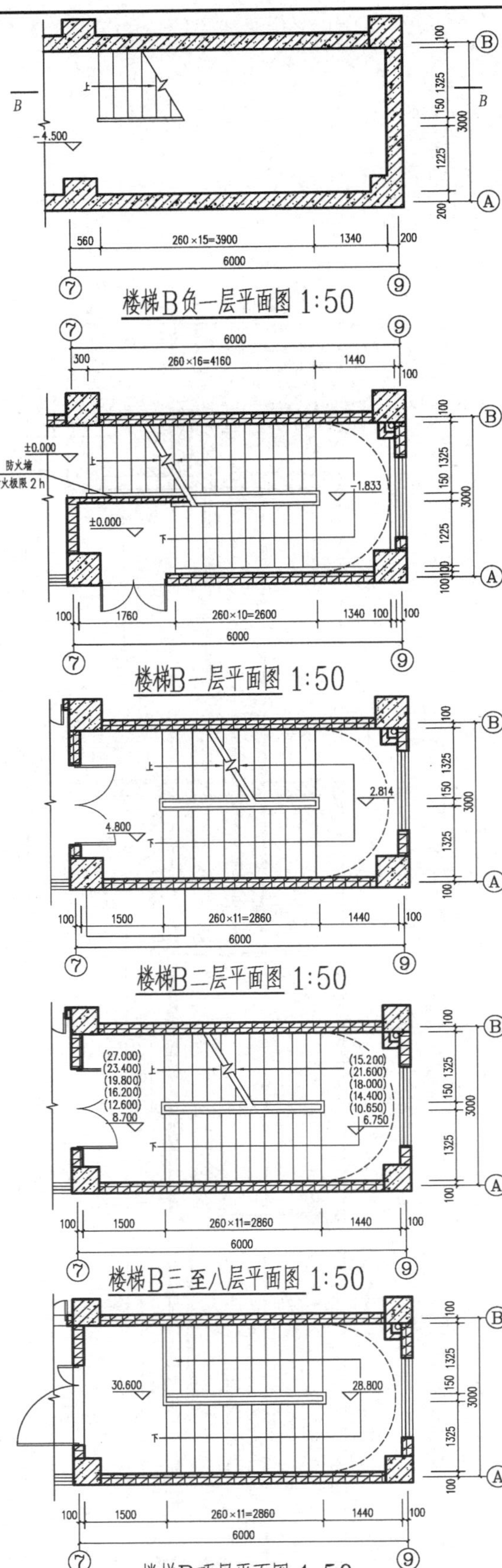

楼梯B负一层平面图 1:50

楼梯B一层平面图 1:50

楼梯B二层平面图 1:50

楼梯B三至八层平面图 1:50

楼梯B顶层平面图 1:50

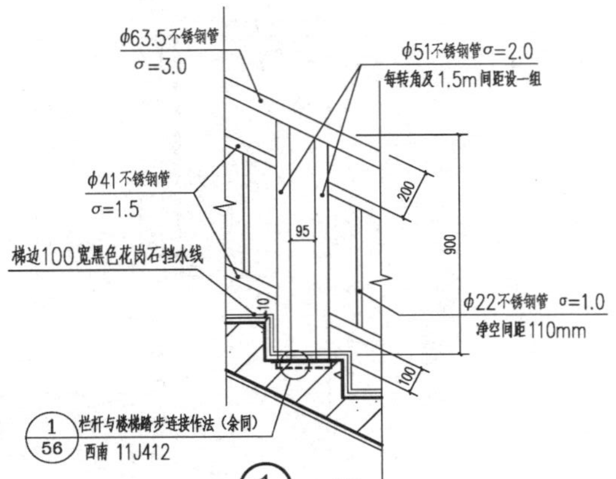

① 1:20

卫生间设施做法表

名称	编号	标准图集编号	备注
地漏	1	参西南11J517-P37编号④⑤	地漏位置详见水施
洗面盆	2	陶瓷成品	
蹲便器	3	参西南11J517-P37编号①	
小便器	4	参西南11J517-P42编号①	
拖布池	5	参西南11J517-P53编号③a	
残疾人小便器及大便器抓握扶手	6	参西南11J517-P36编号② 11J517-P56编号③a	
残卫洗面盆抓握扶手	7	参西南11J517-P56编号④a	
塑钢隔断	8	参西南11J517-P45编号②a	
卫生间、浴室排气道	9	参07J916-1-A-WF	出屋面作法参07J916-1第A-10页1节点
卫生间楼地面防水作法	10	参西南11J517-P37编号②③	防水层选用聚合物（丙烯酸）乳液防水涂料不小于1.5 mm厚

卫生间建筑标高低于楼地面标高30 mm，卫生间楼面向地漏找 $i=1\%$ 坡度

结构标高至建筑基层部分用炉渣填充

说明 Illustration

注：本图未经相关建设主管部门批准不得使用。

项目负责人 Project Director	姓名 Name
执行项目负责人	注册证书编号 Registration Seal No.
专业负责 Specialized Person in Charge	
设计 Design	
校对 Check	
审核 Examiner	
审定 Approved	
工程名称 Project	
单体名称 Single Name	综合办公楼
图名 Drawing Name	楼梯B大样图 卫生间大样图
图别 Drawing Sort	建施
工程编号 Project No.	
图号 Drawing No.	22 / 25
日期 Date	
地址 ADD	
电话 TEL	
传真 FAX	

说明
Illustration

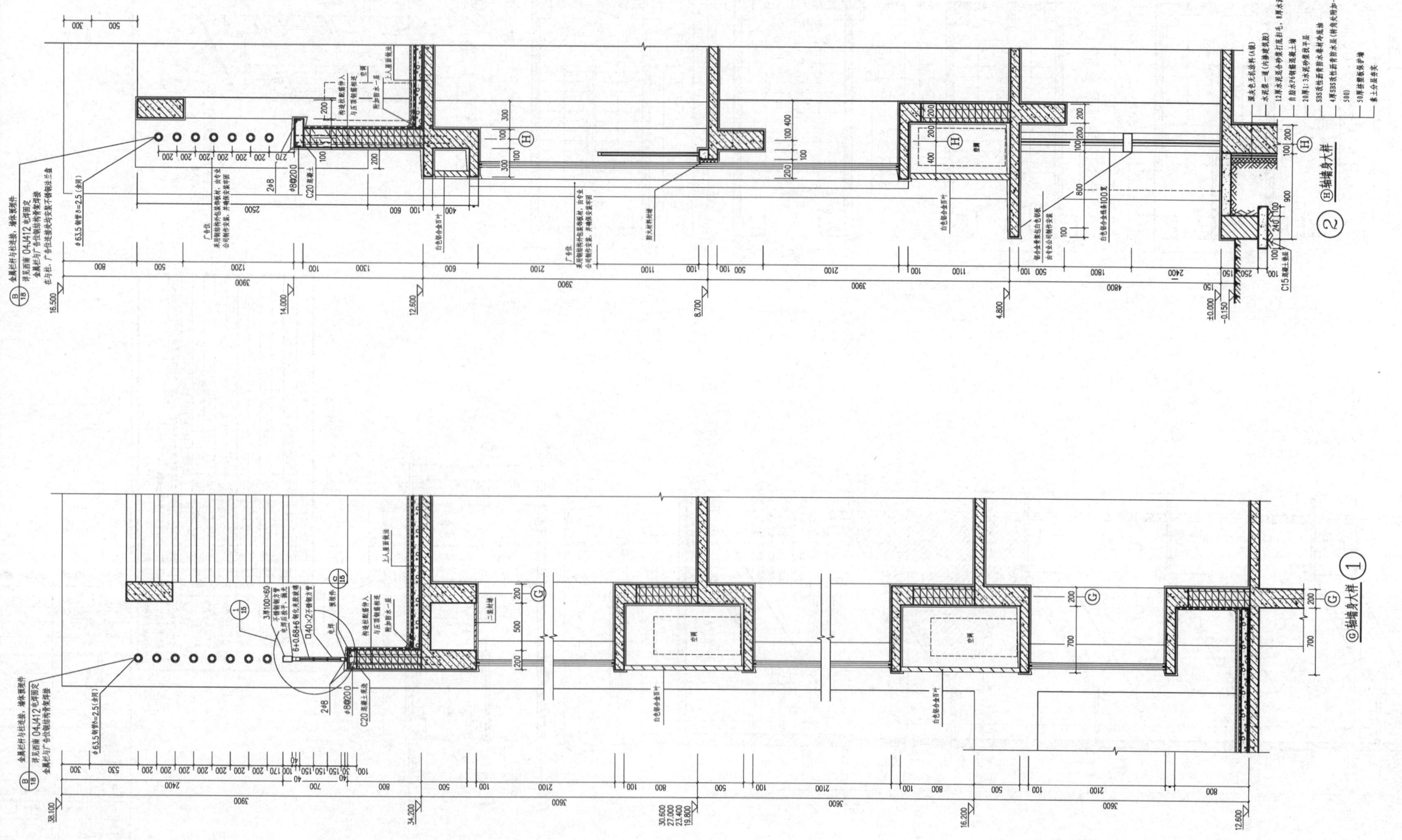

注：本图未经相关建设主管部门批准不得使用。

项目负责人 Project Director	姓名 Name
	注册证书编号 Registration Seal No.
执行项目负责人 Perform Project Director	
专业负责 Specialized Person in Charge	
设计 Design	
校对 Check	
审核 Examiner	
审定 Approved	
工程名称 Project	
单体名称 Single Name	综合办公楼
图名 Drawing Name	节点详图
图别 Drawing Sort	建施 工程编号 Project No.
图号 Drawing No.	23 25 日期 Date
地址 ADD	
电话 TEL	
传真 FAX	

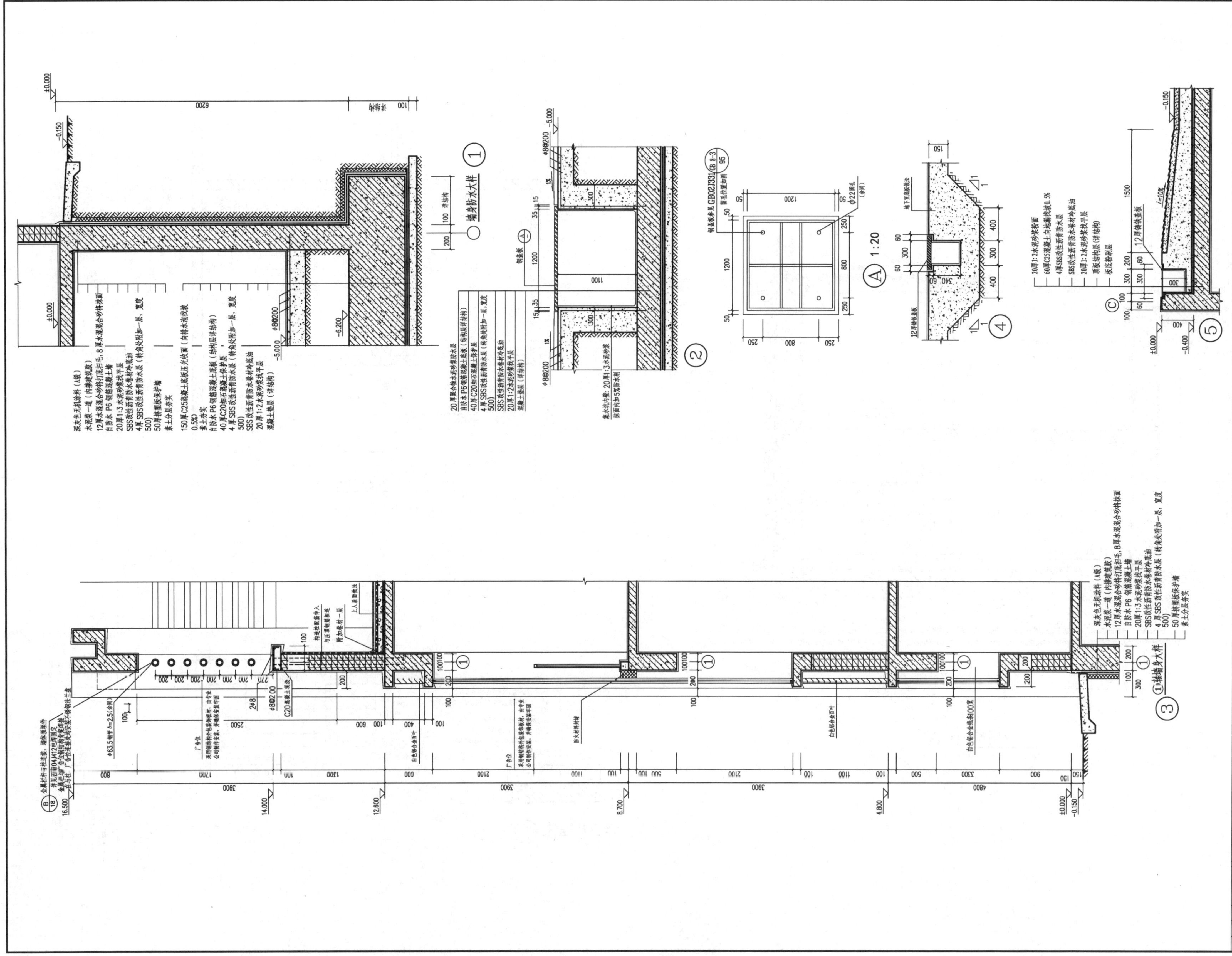

说 明
Illustration

注：本图未经相关建设主管部门批准不得使用。

项目负责人 Project Director	姓名 Name	
	注册证书编号 Registration Seal No.	
执行项目负责人 PaoKuan Project Director		
专业负责 Specialized Person in Charge		
设计 Design		
校对 Check		
审核 Examiner		
审定 Approved		
工程名称 Project		
单体名称 Single Name	综合办公楼	
图名 Drawing Name	节点详图	
图别 Drawing Sort	建施	工程编号 Project No.
图号 Drawing No.	24/25	日期 Date
地址 ADD		
电话 TEL		
传真 FAX		

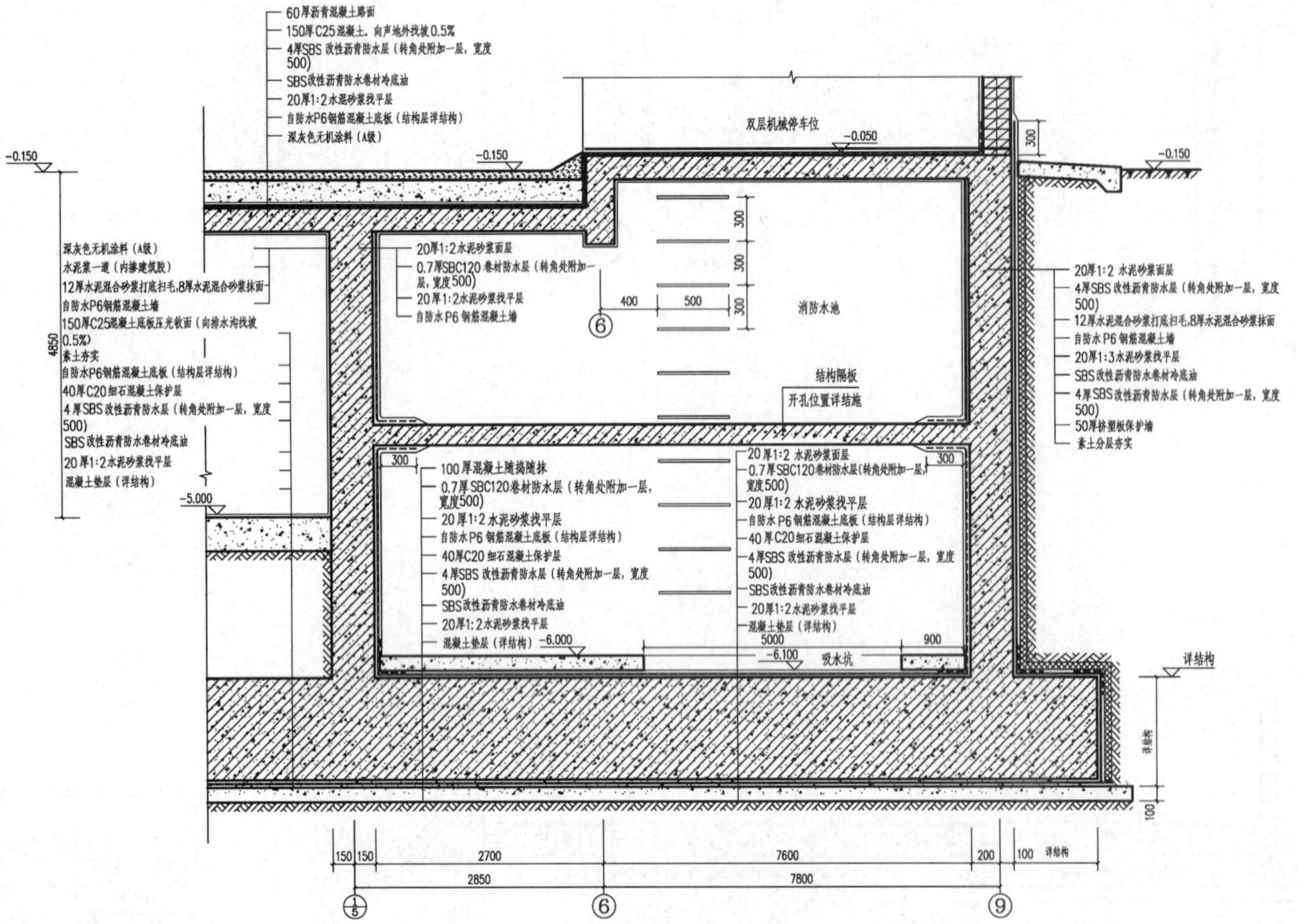

C—C剖面图 1:100

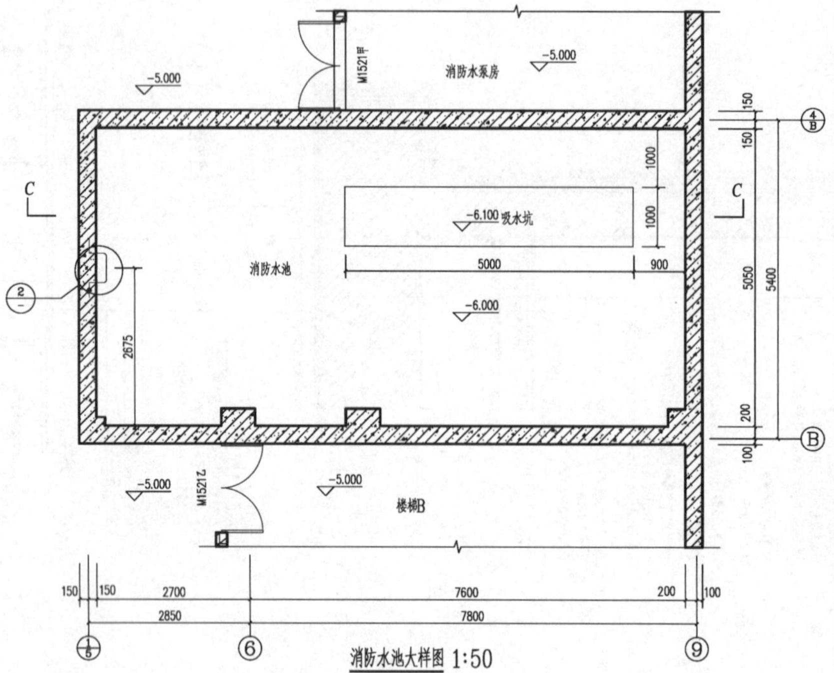

消防水池大样图 1:50

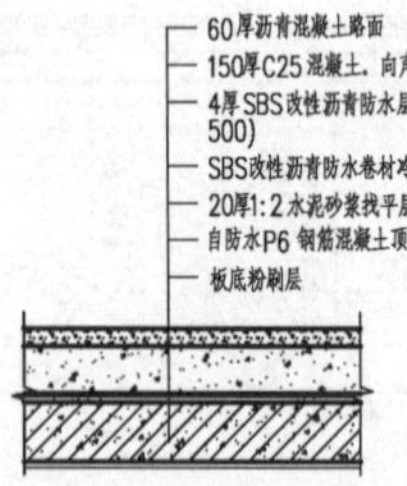

地下室顶板防水大样 ①

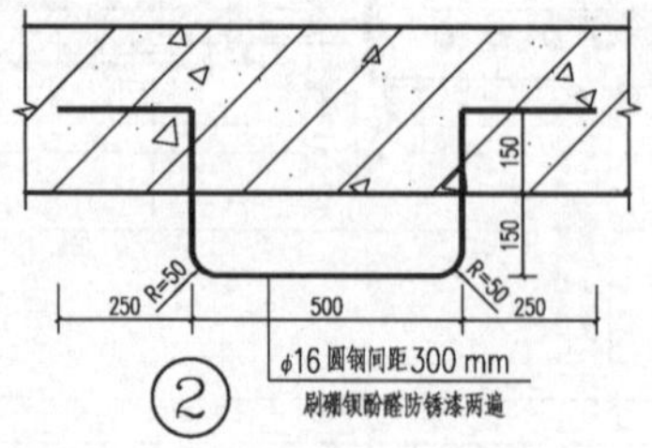

②

说 明
Illustration

注：本图未经相关建设主管部门批准不得使用。

项目负责人 Project Director	姓 名 Name		
	注册证书编号 Registration Seal No.		
执行项目负责人 Perform Project Director			
专业负责 Specialized Person in Charge			
设 计 Design			
校 对 Check			
审 核 Examiner			
审 定 Approved			
工程名称 Project			
单体名称 Single Name	综合办公楼		
图 名 Drawing Name	消防水池大样图 节点详图		
图 别 Drawing Sort	建 施	工程编号 Project No.	
图 号 Drawing No.	25 / 25	日 期 Date	
地 址 ADD			
电 话 TEL			
传 真 FAX			

结构设计总说明(一)

1.工程概况

1	工程名称	综合办公楼	6	结构总高	38.25 m
2	建设单位	××××××	7	总长×总款	20.9 m×28.6 m
3	建设地点	成都市	8	基础形式	筏板基础
4	结构形式	框架	9	使用性质	办公楼
5	结构层数	地上九层、局部十层	10	建筑面积	4096.31 m^2

2.建筑结构分类等级

1	结构设计安全使用年限	50年					
2	结构设计等级	建筑结构安全等级	地基基础设计等级	建筑抗震设防类别	建筑耐火等级	地下室防水等级	地下室混凝土抗渗等级
		二级	乙级	标准设防类	二级		
3	结构抗震等级	框架二级					

注：本混凝土结构设计使用年限为50年，每5年一次定期地对结构进行检测；或者在火灾、地震等特殊情况后对结构进行检测，对结构出现耐久性或安全缺陷时,应经相关处理 后方能使用。

3.自然条件

1	建筑场地的工程地质及水文地质情况	建筑场地类别	砂土液化判别	常年地下水位绝对标高		抗浮设计水位绝对标高
		Ⅱ类	不液化			
2	地震参数	本地区抗震设防烈度	设计地震加速度	设计地震分组	用于结构抗震验算的烈度	用于确定结构抗震措施的烈度
		7度	0.10g	第二组	7度	7度
3	风、雪荷载	基本风压		地面粗糙度类别		基本雪压
		W_0=0.30 kN/m²		B类		S=0.20 kN/m²

4.设计的±0.000对应绝对高程同建筑设计的±0.000对应绝对高程为507.3 m

5.设计依据

5.1建设规划主管部门相关审批文件。

5.2建设单位的设计委托书。

5.3各相关专业条件图。

5.4现行国家及行业标准规范及规程。　　注：凡有标记[●]者，均表示本工程应选用。

序号	规范名称及编号	选用	序号	规范名称及编号	选用
一	中华人民共和国国家标准		13	砌体结构设计规范(GB 50003—2019)	●
1	建筑结构可靠度设计统一标准(CB 50068—2018)	●	14	先张法预应力混凝土管桩(GB 13476—2009)	
2	建筑地基基础设计规范(CB 50007—2011)	●	二	中华人民共和国行业标准	
3	建筑结构荷载规范(GB 50009—2012)	●	1	高层建筑混凝土结构技术规程(JGJ 3—2010)	●
4	混凝土结构设计规范(GB 50010—2010)	●	2	冷轧带肋钢筋混凝土结构技术规程(JGJ 95—2011)	
5	建筑抗震设计规范(GB 50011—2010)	●	3	混凝土异形柱结构技术规程(JGJ 149—2006)	
6	建筑工程抗震设防分类标准(GB 50223—2008)	●	4	建筑桩基技术规范(JGJ 94—2018)	
7	混凝土结构耐久性设计规范(GB/T 50476—2019)(仅为参考)	●	5	建筑桩基技术规范(JGJ 94—2018)	
8	建筑结构制图标准(CB/T 50105—2010)	●			
9	地下工程防水技术规范(GB 50108—2008)(仅为参考)	●			
10	住宅设计规范(GB 50096—2011)	●	三	地区标准	
11	人民防空地下室设计规范(GB 50038—2005)		1	四川省抗震设防超限高层建筑工程界定标准(DB51/T 5058—2008)	
12	工业建筑防腐蚀设计规范(CB 50046—2018)		2	先张法预应力高强度混凝土管桩基础技术规程(DB51/5070—2010)	

本工程按现行国家设计标准进行设计，施工时除应遵守本说明及各设计图纸说明外，尚应严格执行现行国家及工程所在地区的有关规范或规程。

5.5本工程根据中国建筑西南勘察设计研究院有限公司提供的《综合楼岩土工程勘察报告》进行基础设计。

6.设计计算程序

结构建模、整体分析计算、基础计算：分别采用PKPM系列软件——PMCAD2010版、SATWE2010版、JCCAD2010版，发行日期为2012年5月。

7. 使用和施工荷载限制

7.1本工程使用和施工荷载标准值(kN/m²)不得大于下表(恒载均不包含结构自重)。

序号	部位	恒载标准值	活载标准值	序号	部位	恒载标准值	活载标准值
1	底层商铺	1.8	5.0	1	电梯机房	1.8	7.0
2	楼梯间、合用前室	1.8	3.5	2	卫生间	5.0	2.5
3	非上人屋面	5.0	0.5	3	双层机械停车位	1.8	10
4	上人屋面	5.5	2.0	4	写字间	1.8	2.5
5	室外地下室顶板	5.0	35	5			

7.2楼梯、阳台、看台和上人屋面栏杆顶部应能承受水平荷载：学校、食堂、剧场、电影院、车站、礼堂、展览馆或体育场，栏杆顶部水平荷载为1.0 kN/m，竖向荷载为1.2 kN/m，水平荷载与竖向荷载应分别考虑；其他建筑栏杆顶部应能承受水平荷载为1.0 kN/m。

8.地基、基础

8.1场地的工程地质及地下水条件。

(1)本工程地基土的工程地质特征详见勘察报告。

(2)地勘表明，地下水对钢筋混凝土中钢筋有微腐蚀。

8.2基础方案：详基础施工图。

8.3地下室基坑采用机械开挖时，最后应留出300 mm，用人工挖掘、修整。

8.4施工开挖基坑时应注意边坡稳定，定期观测基坑对周围道路市政设施和建筑物有无不利影响，非自然放坡开挖时基坑护壁应做专门设计。

8.5基坑开挖时严禁超挖相邻建筑物、构筑物基础，且应有可靠 措施确保基坑边坡稳定安全。

8.6基础施工前应进行钎探、验槽，如发现土质与勘察报告不符时，须会同建设、勘察、设计、施工及监理各单位共同协商研究处理。验槽通过后，应立即按要求对基坑进行回填，防止暴晒或雨水浸泡造成基土破坏。

8.7基坑回填土及位于设备基础、地面、散水、踏步等基础之下的回填土采用素土分层对称回填压实，每层厚度≤200，压实系数≥0.94。

8.8底层内隔墙，非承重墙(高度≤4000)可直接砌筑在混凝土地面上，做法见大样二十五。

3.9除本说明外，尚应满足本工程勘察报告的其他要求。

9.主要结构材料

9.1所有结构材料的强度标准值应具有不低于95%的保证率。钢筋、水泥除必须有出厂合格证明以外，还需专门抽样检验,质量合格方可使用。

9.2钢筋及钢材:

(1)钢筋级别：

HPB300级钢筋(Φ)屈服强度标准值f_{yk}=300 N/mm²，抗拉、压强度设计值$f_{yk}(f_y)$=270 N/mm²。

HRB335级钢筋(Φ)屈服强度标准值f_{yk}=335 N/mm²，抗拉、压强度设计值$f_{yk}(f_y)$=300 N/mm²。

HRB400级钢筋(Φ)屈服强度标准值f_{yk}=400 N/mm²，抗拉、压强度设计值$f_{yk}(f_y)$=360 N/mm²。

HRB550级($Φ^R$)极限抗拉强度标准值f_{yk}=550 N/mm²，抗拉、压强度设计值$f_{yk}(f_y)$=360 N/mm²。

(2)普通部位钢筋在最大力下的总伸长率：HPB300不应小于10%，HRB335、HRB400、CRB550不应小于7.5%。

(3)一、二、三级抗震等级的各类框架和斜撑构件(含梯段)中的纵向受力钢筋，当采用普通钢筋时，其检验所得强度实测值应符合下列要求：

a.钢筋抗拉强度实测值与屈服强度实测值的比值不应小于1.25。

b.钢筋屈服强度实测值与强度标准值的比值不应大于1.3。

c.钢筋在最大拉力下的总伸长率实测值不应小于9%。

(4)钢筋代换应按照等强的原则换算，并应满足最小配筋率、抗裂验算和构造等要求，同时应经过设计同意。

(5)钢板、型钢、钢管采用Q235B钢。

(6)吊钩、吊环均采用HPB300级钢筋，吊钩、吊环及预埋件的锚筋不得采用冷加工钢筋。

(7)结构用钢材应符合抗震性能要求，应具有抗拉强度、屈服强度、伸长率合格保证。

9.3混凝土强度等级:

序号	构架或部位		混凝土强度等级	混凝土抗渗等级	序号	构架或部位	混凝土强度等级	混凝土抗渗等级
1	基础垫层		C15		5	楼梯板、梯梁及相应构件	C30	
2	筏板基础		C30		6	地下室混凝土墙体	C35	
3	框架柱	基础~16.15 m标高	C35		7	其他现浇、预制构配件	C25	
		16.15 m以上标高	C30		8	采用图集构件	按图集	
4	梁、板		C30		9			

9.4混凝土结构环境类别及耐久性的基本要求:

(1)混凝土结构环境类别：见10.1条。

(2)混凝土结构耐久性的基本要求见下表。

环境类别	最大水胶比	最低混凝土强度等级	最大氯离子含量/%	最大碱含量/(kg·m⁻³)
一	0.60	C20	0.30	不限制
二(a)	0.55	C25	0.20	3.0
三(b)	0.50	C30	0.15	3.0
三(a)	0.45	C35	0.15	3.0
三(b)	0.40	C40	0.10	3.0

9.5焊条、焊剂:

一.焊条：钢筋电弧焊焊条型号如下。				
钢筋级别	帮条焊、搭接焊	坡口焊、熔槽帮条焊预埋件穿孔塞焊	窄间隙焊	钢筋与钢板搭接焊预埋件T形角焊
HPB300级(Φ)	E4303	E4303	E4316、E4315	E4303
HPB335级(Φ)	E4303	E5003	E5016、E5015	E4303
HPB400级(Φ)	E4303	E5503	E6016、E6015	—
一.焊条：在电渣压力焊和预埋件埋弧压力焊中，可采用HJ431焊剂				

9.6油漆所有外露的钢铁件表面(包括仅有装修面层包覆的钢表面)均应除锈后涂防腐漆，面漆两道，并经常注意维护。

9.7非承重砌体:

构件部位			墙厚/mm	砌块(砖)强度等级	砂浆强度等级	砌块材料容重
所有位置	屋顶女儿墙(200 mm厚)		200	Mu5空心页岩砖	M5水泥砂浆	≤10(kN/m³)
	电梯井道		200	Mu15实心页岩砖	M5混合砂浆	≤10(kN/m³)
室外地面以上	外墙		200	Mu5实心页岩砖	M5混合砂浆	≤10(kN/m³)
	内墙	厨房、卫生间	200	Mu5实心页岩砖	M5水泥砂浆	≤19(kN/m³)
			100	Mu5多孔页岩砖	M5水泥砂浆	≤14(kN/m³)
		其他部位	100	Mu3.5空心页岩砖	M5混合砂浆	≤10(kN/m³)
			200	Mu3.5空心页岩砖	M5混合砂浆	≤10(kN/m³)
室外地面以下	其他内隔墙		100	Mu15实心页岩砖	M5水泥砂浆	≤19(kN/m³)
			200	Mu15实心页岩砖	M5混合砂浆	≤19(kN/m³)

注：填充墙及隔墙(断)的位置，厚度见建筑平面图。(厨、卫100厚多孔砖孔洞率为30%~40%)

9.8屋面找坡层：填充材料见建筑做法，容重≤13 kN/m³。

9.9结构构件的耐火极限(括号内为一级):

部位或构件	墙	柱	梁	现浇板
耐火极限/h	2.50(3.00)	2.50(3.00)	1.50(2.00)	1.00(1.50)

10.混凝土结构的构造要求

10.1钢筋混凝土构件中最外层钢筋的混凝土保护层的最小厚度见下表。

构件名称	基础		地下室底板		地下室外墙		水池				梁、柱		板、剪力墙(含边缘构件)	
具体部位	底面	顶面	底面	顶面	外侧	内侧	底板	顶板底面	顶板顶面	池壁	地下室.露天的梁.临土的梁和柱.泵房.公共浴室.雨篷梁	其他	地下室.露天的板.临土的板和墙.泵房.公共浴室.雨篷板	其他
保护层厚度	40	25	25	20	25	20	25	25	20	25	25	20	20	15
环境类别	二(b)										二(a)	—	二(a)	—

附注:①混凝土强度等级不大于C25时，表中保护层厚度数值应增加5 mm。

②受力钢筋的混频土保护层厚度应从最外层钢筋的外皮算起;同时不得小于钢筋的公称直径d。

③梁板中预埋管的混凝土保护层厚度≥40。

④各构件中应采用不低于构件强度等级的素混凝土垫块来控制钢筋的保护层厚度。

⑤人防地下室墙、板、架、柱钢筋的混凝土保护层厚度详见《人防结构设计说明》。

10.2纵向钢筋的锚固专项要求:

10.21纵向受拉钢筋最小锚固长度详见图集1G101-1第53页。板中冷扎带肋钢筋CRB550最小锚固长度按图集中HRB400执行。

10.2.2纵向钢筋的弯钩与机械锚固形式应由设计指定，施工单位不能根据图集11G101-1第55页自行确定。

10.2.3墙、柱纵筋锚入基础的做法详见基础施工图。

10.2.4连梁(LL)纵筋锚入剪力墙的做法详见图集11G101-1第74页，其纵筋的锚固长度按剪力墙的抗震等级计算，当由于上层剪力墙变短造成连梁支座处上部无墙时，连梁(LL)纵筋应按墙顶LL锚固。

10.2.5框架梁(KL、WKL)与剪力墙平面内连接时，其锚入剪力墙的做法同连梁(LL)，其纵筋的储固长度按剪力墙的抗震等级计算。

10.2.6框架梁(KL、WKL)纵筋锚入柜架柱的做法详见图集11C101-1第79、80页，其纵筋的错固长度按框架的抗震等级计算。

10.2.7框架梁(KL、WKL)与剪力墙平面外相连而导致梁纵筋水平长度不满足要求时，可体至墙体外侧向下锚固，且总长度满足L_{aE}(受拉钢筋的抗震锚固长度)，同时增加横向锦固长度，做法详见大样一。

10.3纵向钢筋的连接专项要求:

10.3.1纵向受拉钢筋搭按长度、连接区段长度、接头面积百分率计算详见图集1G101-1第55页。

10.3.2筏板钢筋应采用机械连接，同一连接区段内的钢篇接头面积百分率不超过50%。

10.3.3地下室外墙整筋应采用搭接接头，同一连接区段搭接接头百分率不大于25%。接头位置详见图集11G101-1第77页。

10.3.4剪力墙竖向分布餶连接详见图集11G101-1第70页。水平筋连接许见图集11G101-1第68页。

10.3.5剪力墙的边缘构件内纵向钢筋连接详见图集11G101-1第73页，当纵筋直径d≥20时应采用机械连接。

10.3.6框架柱纵筋接头位置详见图集11G101-1第57、58页，柱纵筋直径d≥20时应采用机械连接。

10.3.7框架梁纵向钢接头除详图中注明者外，采用机械连接或焊接，当直径d≥22时采用机械连接。位于同一连接区段内的受拉钢筋接头面积百分率不超过50%。

10.3.8次梁纵向受力钢筋应尽量利用自然长度。当需连接时，同一连接区段内钢能搭接接头面积百分率不大于25%，焊接成机桃连接接头面积百分率不大于50%。直径d≥22者应采用机械连接。

10.3.9梁上部钢筋接头位置在跨中1/3范围内，下部钢筋自然长度小于跨度时，接头位置在支座两侧1/4跨度范围内，不应在路中范围内连接。

10.3.10连梁、悬臂梁纵篇不允许有接头。

10.3.11纵向钢筋连接位置应避开梁端、柱端箍篇加密区，无法避开时，应通知设计单位，由设计单位确定连接做法。

10.3.12梁、柱纵向钢筋的搭接范围内的箍筋构造要求详见图集11G101-1第54页。

10.3.13现说楼板，地下室防水底板中(除图中注明者外)受力钢筋采用绑扎搭接，同一连接区段内的受拉钢筋搭接接头面积百分率不大于25%。冷轧带助钢筋严禁采用焊接接头。

10.3.14现浇楼板上部钢筋接头位置在跨中1/3范围内，下部钢船自然长度小于路度时，接头位置在支座两侧1/4跨度范围内,不应在跨中范围内连接。

10.3.15地下室防水底板底部钢接头位置在跨中1/3范围内，项部钢5接头位置在支座两侧1/4跨度范围内，不应在跨中范围内连接。

10.3.16焊接、搭接接头及质量应符合《混凝土结树工程施工及验收规苑》(GB 50204—2002)(2011年版)的有关规定，机械接头应符合《钢筋机械连接通用技术规程》(JCJ107—2010)的有关规定。

10.4箍筋的构造专项要求:

10.4.1封闭箍筋及拉筋的弯钩构造详见图集11G101-1第56页，拉筋应选用同时钩住纵向钢筋和箍筋的做法。

10.4.2螺旋箍筋做法详见图集11G101-1第56页。

10.4.3柱矩形箍筋复合方式详见图集11G101-1第67页。

10.4.4当梁箍筋为四肢箍时形式详见大样六。

10.4.5梁、柱箍筋弯钩沿梁、柱长度方向应交错布置。

10.5结构构件钢筋的其他构造要求:

10.5.1剪力墙、连梁、暗梁、边框梁

10.5.1.1剪力墙、连梁纵筋的锚固、接头及箍筋构造要求详见本说明10.2、10.3、10.4条。

10.5.1.2剪力墙身水平钢筋构造详见图集11G101-1第68、69页。

10.5.1.3剪力墙身竖向钢筋构造详见图集11C101-1第70页。其中当剪力墙变截面处竖向钢筋采用不截断钢筋的构造时，锚入墙内的LL纵筋应设置在墙纵筋外侧及墙顶暗梁箍筋内侧。

10.5.1.4.剪力墙的边缘构件构造详见图集11G101-1第71、73页，且应满足框架柱的构造要求。

10.5.1.5连梁、暗梁、边框梁构造详见图集11G101-1第74、75、76页。

10.5.1.6连梁、暗梁、边框梁的抗震等级应与剪力墙的抗震等级相同。

10.5.1.7剪力墙、连梁开洞除结构图中已标注的洞口外，尚应配合各专业图纸预留，预留前须经结构设计许可，并严格按结构设计要求设置，补强构造详见图集11G101-1第78页。

10.5.1.8在一层板面以上，对平面外梁跨度大于2.5 m且梁高大于2倍的墙厚的框架梁垂直于墙体搭设，且在该梁端墙体未设暗柱时，均在该部位设梁宽+200 mm宽的暗柱，暗柱高度同本层层高。剪力墙与平面外方向楼面梁连接做法详见大样一。

10.5.1.9由于安装电梯招呼器需要在剪力墙暗柱上留洞时，剪力墙暗柱上的开洞构造详见大样九。

10.5.1.10当结构为框架-剪力墙结构时，在楼层与现浇板交接处（主楼范围外地下室外围挡土墙与楼层交接处不设暗梁)无现浇梁时设暗梁。截面、配筋如下表，要求纵筋锚入两侧剪力墙暗柱或柱各L_{aE}。

墙厚	200~250	300~350	400~550	>550
暗梁高				
上下纵筋(各)				
箍筋				

10.5.2柱

10.5.2.1柱纵筋的锚固、接头及箍筋构造要求详见本说明10.2、10.3、10.4条。

10.5.2.2框架柱的配筋构造详见图集11G101-1第57至62页。

10.5.2.3框支柱构造详见图集11G101-1第90页。

10.5.3框架梁、次梁

10.5.3.1框架梁、次梁纵筋的锚固、接头及箍筋构造要求详见本说明10.2、10.3、10.4条。

10.5.3.2框架梁的配筋构造详见图集11G101-1第79、80、83、84、85页，均应选用抗震构造。对于大于两排的钢筋的截断位置，同两排筋。顶层框架梁(WKL)上部钢筋应伸至柱外侧纵筋内侧，做法详见图集11G101-1第59页，当图中KL的某边支座柱上无柱时，该梁端应按WKL施工。

10.5.3.3非框架梁的配筋构造详见图集11G101-1第86、88页，其中边支座在平法图中用符号[○]表示时按充分利用钢筋的抗拉强度构造，边支座无特别符号时按铰接构造。当非框架梁梁端箍筋要求加密时，其加密区苑围按抗震

说 明
Illustration

注：本图未经相关建设主管部门批准不得使用。

项目负责人 Project Director	姓 名 Name		
	注册印章编号 Registration Seal No.		
执行项目负责人 Perform Project Director			
专业负责 Specialized Person in Charge			
设 计 Design			
校 对 Check			
审 核 Examiner			
审 定 Approved			
工程名称 Project			
单体名称 Single Name	综合办公楼		
图 名 Drawing Name	结构设计总说明(一)		
图 别 Drawing Sort	结 施	工程编号 Project No.	
图 号 Drawing No.	1/39	日 期 Date	
地 址 ADD			
电 话 TEL			
传 真 FAX			

结构设计总说明(二)

等级为四级的框架梁构造，详见图集11G101-1第85页。弧形非框架梁的下部纵筋锚入支座的长度为L_{aE}。

10.5.3.4当梁腹板高度h_w≥450时，在梁的两侧沿高度设构造纵筋，做法详见图集11G101—1第87页，平法图中设有抗扭纵筋时可不再设构造纵筋，未指明梁侧构造纵筋者为独 12。

10.5.3.5次梁高度小于主梁高度时，次梁支座处主梁附加筋构造详见大样二。

10.5.3.6次梁高度大于主梁高度时，次梁支座处主梁附加筋构造详见大样三。

10.5.3.7等高交叉梁相交处在各梁两侧设附加箍筋4ϕd(同梁箍筋)@50，附加钢筋做法同10.5.3.5条。

10.5.3.8水平、竖向折梁的构造详见图集11G101-1第88页。

10.5.3.9悬挑梁钢筋构造详见图集11G101-1第89页，均采用考虑地震作用的做法，梁端附加箍筋4Φd(同梁箍筋) @50。

10.5.3.10框支梁构造详见图集11G101-1第90页。

10.5.3.11井字梁的配筋构造详见大样四。

10.5.3.12梁纵筋应均匀对称地布置在梁截面中心线两侧，当梁内上下排的纵筋根数不同时，以较多者为准，较少者与较多者上下对齐布置。

10.5.3.13梁内有多排钢筋时，在上下排钢筋之间加放粗短筋相隔(⌀25@1000)。

10.5.3.14梁上严禁竖向穿水电管道。水平垂直梁侧面穿管或预埋件须经设计许可，并严格按设计图纸要求设置，且加设钢套管，做法详见大样五。

10.5.3.15当主次梁底面标高相同时，应将次梁底筋放在主梁底筋之上。

10.5.3.16相同高度的井字梁在纵横交错同一层面钢筋的上下排列为：底部钢筋短跨在下，顶部钢筋短跨在上。

10.5.3.17当梁与柱、墙外皮齐平时，梁外侧的纵向钢筋应稍做弯折，置于柱墙主筋内侧，并在弯折处增加两个梁箍筋，间距50 mm，详见大样七。

10.5.3.18跨内变高度梁钢筋构造详见大样八。

10.5.3.19当框架梁的跨高比小5时，箍筋应全长加密。

10.5.3.20梁内电梯、设备检修安装吊环应在混凝土浇筑前安装定位，吊环严禁冷加，做法详见大样十。

10.5.3.21不同编号的梁，在支座处，如钢筋规格相同且支座长度小于两倍钢筋锚固长度时，应尽量拉通。

10.5.4地下室外墙(DWQ)、地下水池外墙。

10.5.4.1地下室外墙纵筋的锚固、接头构造要求见10.2、10.3条。

10.5.4.2地下室外墙构造详见图集11G101-1第77页。
但墙水平钢筋设置在外层，外墙与顶板的连接采用该页节点2施工。

10.5.4.3地下室防水钢筋混凝土外墙水平施工缝做法详见大样十一。

10.5.4.4地下水池外墙做法同地下室外墙(DWQ)。

10.5.5板

10.5.5.1现浇板钢筋的锚固、接头要求详见本说明10.2、10.3条。

10.5.5.2现浇板的负弯矩钢筋标注及支座构造见大十二。

10.5.5.3图中 现浇板板底钢筋的布置为短向筋在下，长向筋在上，并尽可能沿短跨方向连跨通长布置；板面钢筋布置为短向在上，长向在下。

10.5.5.4当板底与梁底平时，板下部钢筋伸入梁内，并置于梁下部钢筋之上。

10.5.5.5各板角上钢筋纵横两向必须重叠设置成网格状。

10.5.5.6现浇板中的分布筋除注明者外，均为Φ6.5@250。

10.5.5.7施工中必须采取有效措施确保板面钢筋的位置准确无误。配有双层钢筋或负筋的一般楼盖，均应加设支撑钢筋，支撑钢筋的形式为，可用Φ8钢筋制成。

10.5.5.8为防止板角部出现裂缝，在楼、屋面的端跨外角部位加密板面钢筋，平面图中位置用符号[※]表示，做法详见大样十三。

10.5.5.9现浇板上预留洞口边长或直径不大于300 mm时，板中钢筋做法详见图集11G101-1第101页。

10.5.5.10现浇板上预留洞口边长或直径大于300 mm但不大于1 000 mm时，板中钢筋做法详见图集11G101-1第102页。

10.5.5.11楼板上后砌隔墙的位置应严格遵守建筑施工图，不可随意砌筑，同时应在板内设置附加钢筋，详见大样十四，此筋锚入支座的方式同板筋。

10.5.5.12各层楼板上管道井要求：(1)板内钢筋照常设置；(2)暂不浇混凝土；(3)待电缆安装完毕验收后，配吊模补浇混凝土，分隔井道。

10.5.5.13板内预埋管线时，其预埋管道外径应<h/3(h为板厚)管道之间的净距离应大于80 mm，铺设管线应放在板底钢筋之上和板上部钢筋之下。且管线的混凝土保护层应>40。当管线部无负筋时，须在与预埋管道垂直的方向设置防裂筋网，做法详见大样十五。

10.5.5.14单(双)向板配筋示意、纵向钢筋非接触搭接构造详见图集11G101-1第94页。

10.5.5.15悬桃板钢筋构造、折板配筋构造详见图集11G101-1第95页。

10.5.5.16楼、屋面悬臂板阳角处，板面应配置承受负弯矩的放射形钢筋，其直径及1/2悬臂处间距同悬臂板受力钢筋，构造做法详见图集11G101-1第103页。

10.5.5.17楼、屋面悬臂板阴角构造做法详见图集11G101-1第104页。

10.5.5.18楼、屋面异形板阳角构造详见大样十六。

10.5.5.19楼、屋面板顶筋在框架柱角部位置的配筋构造详见大样十七。

10.6混凝土及模板施工要求

10.6.1各层楼板标高均为扣除建筑面层厚度50 mm之后的楼板项面标高。

10.6.2对于外露的现浇钢筋混凝土挑檐、天沟、女儿墙、挂板、拦板等构件应每隔10~15 m设一宽10 mm的缝，钢筋不断，缝用沥青麻丝塞填。

10.6.3厨卫间在周边浇200 mm高素混凝土反口，反口宽同墙厚。

10.6.4梁板起拱要求：(注：任何情况下起拱高度不小于20 mm)

序号	构架	跨度(L)	要求起拱	序号	构架	悬挑长度(L)	要求悬挑起拱
1	现浇板	L>4 m	L/400	3	现浇悬挑梁	L>1.2 m	L/200
2	现浇梁	4 m<L<10 m	L/400	4	现浇悬挑梁	2 m<L<4 m	L/200
		L>10 m	L/300			L>4 m	L/150

10.6.5悬挑构件(阳台、挑梁等)施工时应加设临时支撑，临时支撑须待悬挑构件及其平衡部分的构件强度达到100%方可拆卸。

10.6.6柱与梁相交处(节点核心区)混凝土必须振捣密实，当顶部钢筋较密时，可采用等强度细石混凝土浇筑。

10.6.7水平施工缝：竖向构件的水平施工缝处，在浇注上部混凝土前，一定要将施工缝处杂物及浮石清除，并用水冲洗干净。浇灌前，水平施工缝应刷一道水泥净浆也可在已硬化的混凝土表面涂刷混凝土界面剂后再进行浇筑。

10.6.8后浇带做法：

10.6.8.1楼屋面梁板、地下室外墙、地下室底板后饶带做法详见大样十八、十九、二十、二十一后浇带位置详见平面图，若在基础施工图中，地下室外墙、地下室底板后浇带做法不同时，按基础施工图施工。

10.6.8.2温度后浇带应在本层楼板混凝土饶完两个肪可浇灌伸缩后浇带，沉降后浇带必须特主楼的主体结构施工全部完成后，且主楼的沉降接近稳定标准，方可浇灌后浇带，被后饶带隔断的梁板在本跨内的模板及支撑必须待后浇带混凝土浇筑完成并达到设计强度后可拆除，以确保后浇带两侧梁板不变形。后浇带留置期间，施工方应采取可靠措施加强主楼及裙楼的侧向约束，保证施工期间结构的整体稳定性。

10.6.8.3后浇带宜采用快易收口网模板、强度等级较原设计提高一级的微膨胀混凝土，且浇注时温度宜低于主体混凝土浇注时的温度，后浇带的限制膨胀率不小于0.025%。

10.6.9梁与柱(墙)混凝土强度等级相差大于一个等级以上时(如C40和C30的关系)，其梁柱(墙)核心区的做法详见大样二十二。

10.6.10浇捣混凝土时，应支设临时马道。人、车尽量行走在马道上，以保证板面钢筋的准确位置，严禁踩踏上部负钢筋。

10.6.11凡有重型设备运输经过的梁板下的模板支撑，必须待设备安装就位后方可拆除。

10.6.12作为防雷接地引线所用的柱纵筋采用焊接接头，避雷导体与结构钢筋的连接必须保证焊接质量。具体做法及位置见电气施工图。

10.6.13楼梯栏杆与混凝土梁板的连接及其预埋件，详见有关建施图。

10.6.14吊顶的预埋吊筋见有关建施图，设备管道的预埋吊筋见有关设备工种的施工图。

10.6.15凡在现浇构件上的建筑线条应同结构构件一次浇筑完成。

10.6.16雨季、冬季施工时，须采取有效措施，确保工程质量。

10.6.17本结构施工图应与建筑、电气、给排水、通风、空调和动力等专业的施工图密切配合及时铺设各类管线及套管，并核对留洞及预埋件位置是否准确。设备基础待设备到货经校对无误后方可施工。严禁在已完土的结构构件上开槽开洞。

11.填充墙与混凝土墙(柱)的连接及其圈(过)梁、构造柱的要求

11.1填充墙的布置应按建施平面图施工，填充墙的材料详本说明9.7条，未经结构设计同意，不得更改墙体材料和厚度以及平面位置。

11.2填充墙应按照本页<表一>所选图集的构造措施执行，具体做法详见本页<表二>。

11.3填充墙上过梁、构造柱以及配筋带混凝土强度均为C25。

11.4楼梯间和人流通道的填充墙应双面采用钢丝网砂浆面层进行加强，详细做法：填充墙两面均沿墙全长贯通设置20 mm厚M5钢丝网砂浆面层，钢丝直径为2.5 mm，间距@30 mm×30 mm，用钢钉(直径不小于4 mm，埋深不小于40 mm，间距不大于100 mm)固定在混凝土墙柱上，其填充墙部分需预埋 ϕ6 mm@500 mm的钢筋与钢丝网双面拉结固定。对其通道填充墙定位根据建施图定位。

11.5填充墙拉结钢筋6~7度时宜沿墙全长贯通设置，8~9度时应沿墙全长贯通设置。

11.6当填充墙顶部悬空面设计无结构详图时，应通知设计采取措施。

11.7本工程除按所选图集要求设置填充墙构造柱外，当墙长大8 m且侧向没有与之拉结的墙体时或墙高大于4 m时，还应沿此墙设置间距不大于3 m的构造柱。

11.8构造柱柱顶应与结构梁板拉结，做法详见大样二十三。

11.9在墙体-0.060 m标高处增设防潮层采用1:2水泥砂浆掺5%水泥质量的防水剂，厚20 mm。

11.10对处于室外的围墙、独立转注、踏步等，可按大样二十四设置基础，要求基础下为老土。

11.11底层填充墙应从地梁上做起，当墙下无地梁时，若内墙墙高小于4 m时，可直接从混凝土地坪上做起，做法详见大样二十五，否则应设墙下条基，做法同11.11条。

11.12施工期间应采取有效措施防止围护墙被风刮倒。

11.13当屋面标高不大于60 m时，除设计特别注明外，屋面女儿墙按所选图集要求施工，否则应做成现浇钢筋混凝土女儿墙，做法洋施工图。

11.14填充墙内门窗洞口顶无梁处，均设钢筋混凝土过梁，详见下表。若洞口紧靠混凝土柱、墙边时或混凝土柱、墙边填充墙长度小于过梁的支撑长度时，应先在柱内预留过梁纵筋，再现浇过梁。当门窗洞项至楼层梁底的距离<h(过梁高度)+150 mm而无法另设过梁时，洞项过梁与楼面梁同时浇筑，做法详见大样二十六。

过梁截面形式	过梁净跨	h	每侧支撑长度	主筋	架立筋
梁高；ϕ6@200；主筋	L_n≤1000	90	250	3ϕ8	
	1000<L_n≤1500	120	250	3ϕ10	
架立筋；梁高；ϕ6@150；主筋；墙厚	1500<L_n≤2000	180	250	2⌀14	2ϕ10
	2000<L_n≤2500	200	250	3⌀12	2ϕ10
	2500<L_n≤3000	240	250	3⌀14	2ϕ10
	3000<L_n≤4000	300	370	3⌀16	2ϕ10

过梁与现浇构件相连时过梁必须现浇；当过梁为连续梁时，其项部钢筋改为通底部钢筋。(过梁宽度同填充墙墙厚)

12.标准图及构造节点使用说明

12.1本工程设计所引用的标准图见本页<表一>。

12.2本工程构造节点选用图见本页右图，选用的节点与标准图的节点矛盾时以本图节点为准。

12.3本工程梁配筋采用平法表达，其表达规则与图集11G101-1一致。

12.4本工程梁、板构造只采用图集11G101-1中部分做法，详本页<表三>。<表三>中未注明的内容不应按图集11G101-1的做法施工。

12.5本工程说明与图集矛盾时，按本工程说明执行。

13.其他注意事项

13.1必须严格按图纸及有关规范、规程施工。

13.2本工程结构构件编号对应关系见本页<表四>。

13.3本结构施工图中的Φ6钢筋均为Φ6.5。

13.4.总说明中的内容与详图不符或矛盾时，以各详图为准。

13.5计量单位(除注明外)：长度-mm(毫米)；度-°(度)；标高-m(米)；强度-N/mm²(牛/毫米²)。

13.6未经技术鉴定或设计许可，不得改变结构的用途和使用环境。

13.7本结构施工图的解释权在设计公司，合作单位若有建议、疑问者请与该工程专业负责人联系。

13.8本工程施工图必须通过施工图审查合格盖章后方可施工。

13.9未尽事项依照国家现行的规范和规程执行。

采用的通用图集目录　表一

序号	图集编号	图集名称	选用	序号	图集编号	图集编号	选用
1	11G101-1	混凝土结构施工图平面整体表示方法制图规则和构造详图	●	4	10G419	预应力混凝土管桩	
2	西南05G701(四)	烧结空心砖填充墙	●	5	04SG330	混凝土结构剪力墙缘构件和框架柱构造钢筋选用	
3	西南05G701(一)	加气混凝土填充墙		6	12G614-1	砌体填充墙构造图集	●

选用标准图的构建及节点时应同时按照标准图说明施工。标准图中由设计确定的砼强度等级均为C20 凡有标记 ● 者，均表示本工程应选用

框架轻质填充墙构造图集[选自西南05G701(一)(四)]　表二

注：图集中与砌体填充墙构造图集《12G614-1》做法矛盾者按图集《12G614-1》

构造部位	详图结点 西南05G701(一)	详图结点 西南05G701(四)	选用	构造部位	详图结点 西南05G701(一)	详图结点 西南05G701(四)	选用
总说明	见3-10页	见3-10页	●	半包墙与框架柱的连接节点图	按图集《12G614-1》做法		
砌块规格	见11-12页	见11页	●	拉结筋锚固方法	按图集《12G614-1》做法		
砌块排列	—/13　—/14	—/12　—/13	●	7度及以下地区填充墙与框架梁连接节点图	按图集《12G614-1》做法		
墙体砌法	—/15～—/23	—/16～—/25	●				
无洞口填充墙构造图	按图集《12G614-1》做法			填充墙与框架梁连接节点图	按图集《12G614-1》做法		
6~9度设防有洞口填充墙构造图	按图集《12G614-1》做法			阳台拦板构造节点	—/35	1,2/36	●
填充墙转角连接节点图	—/27	1~6/29	●	女儿墙构造节点	—/36	1,2/37	●
填充墙与内造柱的连接节点图	按图集《12G614-1》做法			窗台构造节点	—/37	1~5/38	●
外包墙与框架柱的连楼节点图	按图集《12G614-1》做法			墙脚构造节点	1,3/38	1~3/39	●
平柱墙及内墙与框架砌柱	按图集《12G614-1》做法			电线管及接线盒安装详图	—/39	1~6/40	●

附注：施工过程中还存在二次选标准图结点的过程，其选用原则是依据建筑和结构图所采用的材料、抗震烈度、部位和构件详图进行选用凡有标记[●]者，均表示本工程应选用。●图集说明5.1.5条中的[宜]政为[应]●凡图集中HPB235钢筋均改为HPB300钢筋图集中26页~33页中所涉及的墙体拉筋筋长度修改为：6~7度时宜沿墙全长贯通设置，8~9度时应沿墙全长贯通设置

平法制图规则及构造选用表(选自11G101-1)　表三

可选用构造	页次	设计要求	可选用构造	页次	设计要求
平面整体表示方法制图规则	1~35	全部	连梁交叉斜筋，连梁集中对角斜筋，连梁对角暗撑配筋构造	76	10.5.1.5
受拉钢筋基本锚固长度，受拉钢筋锚固长度，抗震锚固长度，受拉钢筋锚固长度修正系数	53	10.2.1 10.2.2	地下室外墙箍筋构造	77	10.3.3 10.5.4.2
纵向受力钢筋搭接区箍筋构造	54	10.3.12	剪力墙洞口补强构造	78	10.5.1.7
纵向钢筋弯钩与机械锚固形式 纵向受拉钢筋绑扎搭接长度	55	10.2.3 10.3.1	抗震楼层框架梁纵向钢筋构造	79	10.2.7 10.5.3.2
封闭箍筋及拉筋弯钩构造、梁并筋等效直径最小净距、梁住纵筋间距要求、螺旋箍筋构造	56	10.4.1 10.4.2	抗震屋面框架梁纵向钢筋构造	80	10.2.7 10.5.3.2
抗震框架柱纵向钢筋构造	57	10.5.2.2 10.3.6	框架梁水平、竖向加腋构造	83	10.5.3.2
地下室抗震框架柱纵向钢筋连接构造 地下室抗震框架柱箍筋加密区范围	58	10.5.2.2 10.3.6	KL、WKL中间支座纵向钢筋构造	84	10.5.3.2
抗震边柱和角柱柱顶纵向钢筋构造	59	10.5.2.2 10.5.3.2	抗震框架梁KL、WKL箍筋加密区构造 梁与方柱斜交或与圆柱相交时箍筋起始位置	85	10.5.3.2 10.5.3.3
抗震框架中柱顶纵向钢筋构造 抗震框架柱变截面位置纵向钢筋构造	60	10.5.2.2	非框架梁配筋构造、主次梁斜交箍筋构造	86	10.5.3.3
抗震KZ、QZ、LZ箍筋加密区范围 抗震QZ、LZ纵向钢筋构造	61	10.5.2.2	不伸入支座的梁下部纵向钢筋断点位置、梁侧面纵向构造筋和拉筋	87	10.5.3.4
抗震框架柱和小墙肢箍筋加密区高度选用表	62	10.5.2.2	非框架梁中间支座纵向钢筋构造 水平折梁、竖向折梁钢筋构造	88	10.5.3.8 10.5.3.3
矩形箍筋复合方式	67	10.4.3	纯悬挑梁及各类梁的悬挑端配筋构造	89	10.5.3.9
剪力墙身水平钢筋构造	68 69	10.5.1.2 10.3.4	KZZ、KZL配筋构造	90	10.5.2.3 10.5.3.10
剪力墙身竖向钢筋构造	70	10.5.1.3 10.3.4	单(双)向板配筋示意、纵向钢筋非接触搭接构造	94	10.5.5.14
剪力墙约束边缘构件YBZ构造	71	10.5.1.4	悬挑板钢筋构造、无支撑板端部封边构造、折板配筋构造	95	10.5.5.15
构造边缘构件，非边缘暗柱构造，剪力墙边缘构件纵向钢筋连接构造，剪力墙上起约束边缘构件纵筋构造	73	105.1.4 10.3.5	板开洞与洞边加强钢筋构造(一)	101	10.5.5.9
剪力墙LL、AL、BKL配筋构造	74	10.2.5	板开洞与洞边加强钢筋构造(二)	102	10.5.5.10
剪力墙BKL或AL与LL重叠时配筋构造	75	10.5.1.5	悬挑板阳角放射筋构造	103	10.5.5.16
			悬挑板阴角构造	104	10.5.5.17

构件编号对照表　表四

代号	对应构件	代号	对应构件	代号	对应构件	代号	对应构件	代号	对应构件	代号	对应构件
J	独立基础	CT	桩基承台	DKL	地下框架梁	TL	楼梯梁	TZ	楼梯平台柱	TC	凸窗
TJ	条形基础	JLL	基础连梁	TB	楼梯督班	PTL	楼梯平台梁	GZ	构造柱	KTB	空调板

框架部分编号同11G101-1图集

说 明
Illustration

注：本图未经相关建设主管部门批准不得使用。

项目负责人 Project Director	姓 名 Name		
	注册印章编号 Registration Seal No.		
执行项目负责人 Perform Project Director			
专业负责 Specialized Person in Charge			
设 计 Design			
校 对 Check			
审 核 Examiner			
审 定 Approved			
工程名称 Project			
单体名称 Single Name	综合办公楼		
图 名 Drawing Name	结构设计总说明(二)		
图 别 Drawing Sort	结 施	工程编号 Project No.	
图 号 Drawing No.	2/39	日 期 Date	
地 址 ADD			
电 话 TEL			
传 真 FAX			

结构设计总说明(三)

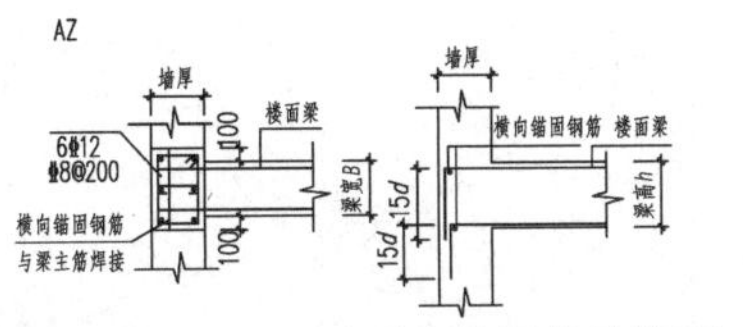

注:梁水平锚固长度小于0.4LaE时应加图示意配置各1⌀20横向锚固钢筋,长度为梁宽+2x100.

大样一 剪力墙平面外与梁连接[详10.2.8和10.5.1.8]

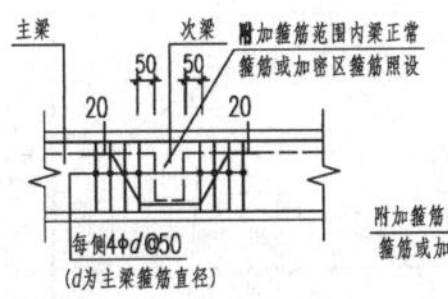

大样二 次梁支座的主梁附加钢筋[详10.5.3.5]

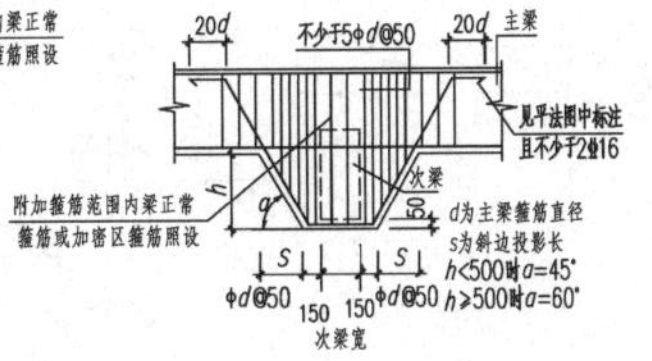

大样三 次梁支座的主梁附加钢筋[详10.5.3.6]

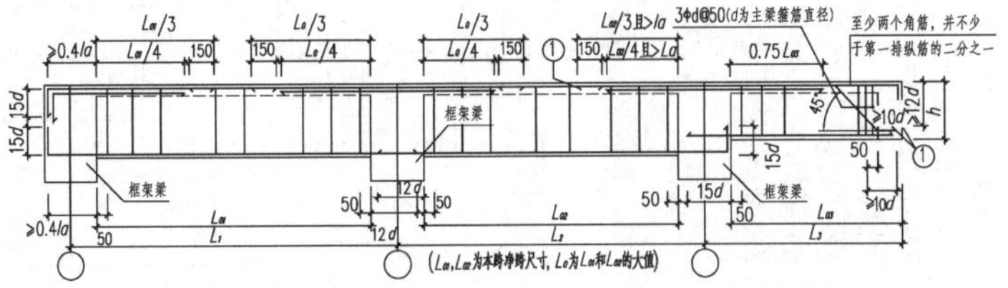

大样四 井字梁配筋立面示意图[详10.5.3.11]

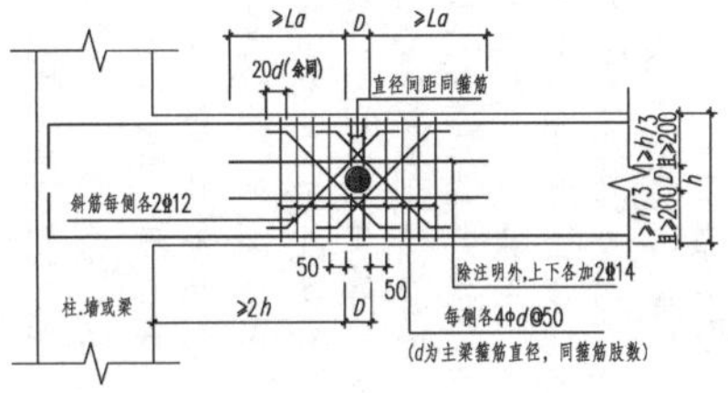

大样五 梁侧面穿孔构造[详10.5.3.14]

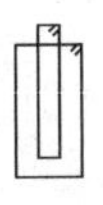

大样六

梁四肢箍形式[详10.4.4]

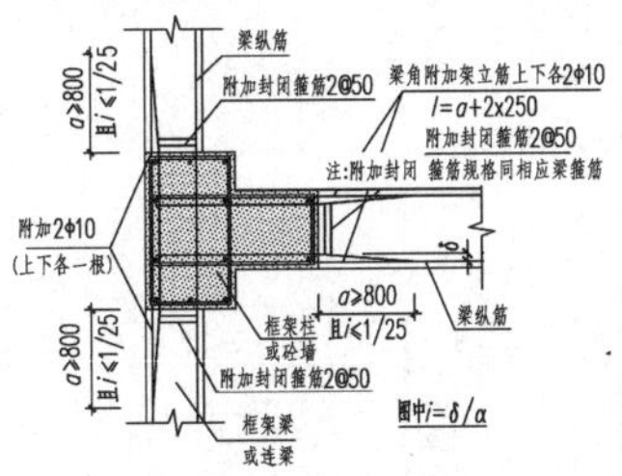

大样七

梁与墙、柱齐边时梁筋构造[详10.5.3.17]

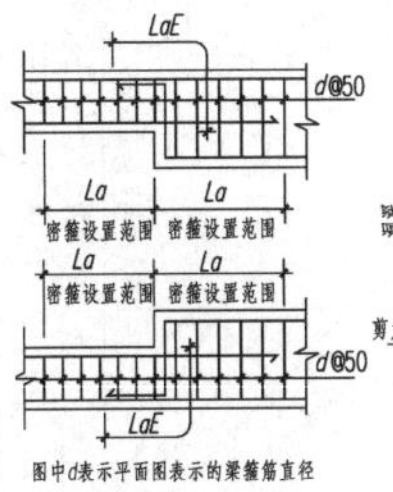

大样八

跨内变截面梁构造[详10.5.3.18]

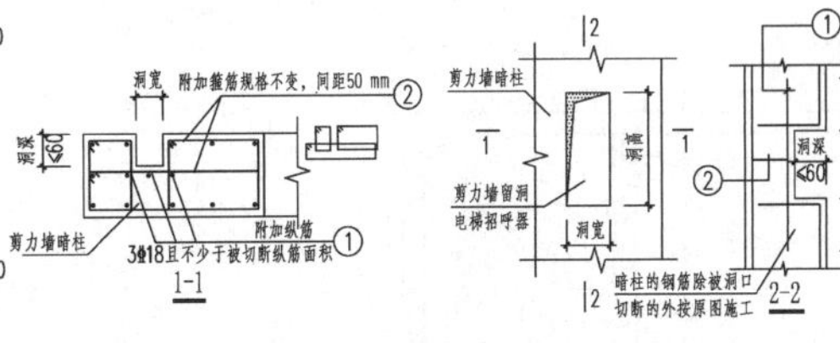

大样九

剪力墙暗柱上电梯招呼器留洞详图[详10.5.1.9]

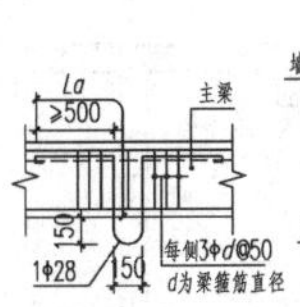

大样十

吊环做法[详10.5.3.20]

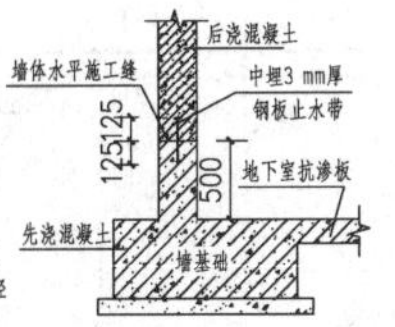

大样十一

DWQ水平施工缝做法[详10.5.4.3和10.5.4.4]

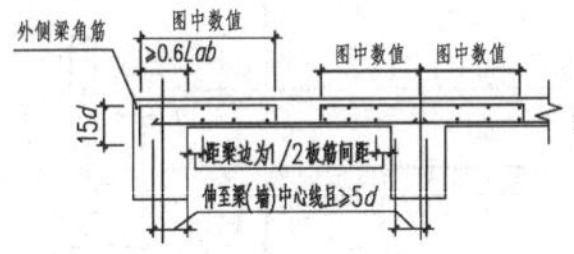

大样十二

板筋锚固构造[10.5.5.2]

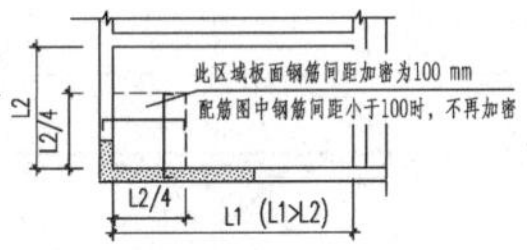

大样十三

楼层四大角加密钢筋[详10.5.5.8]

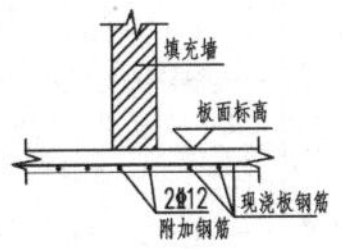

大样十四

填充墙直接砌在板上[详10.5.5.11]

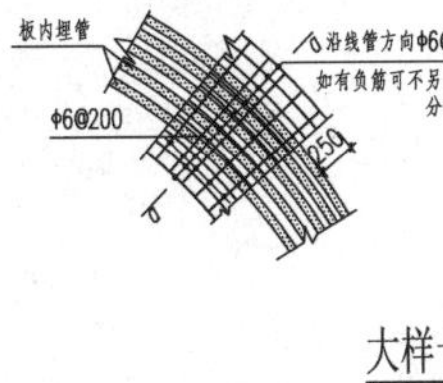

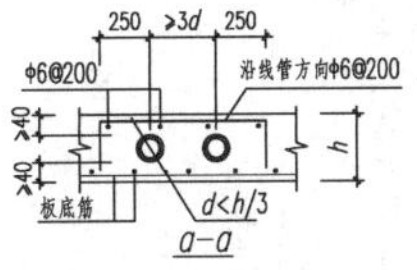

大样十五

板内布线管构造[详10.5.5.131

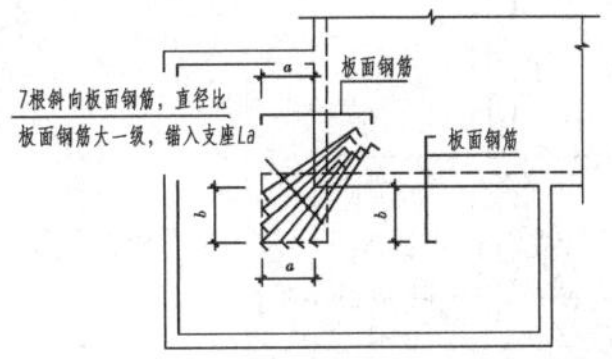

大样十六

异形楼板阳角处板面钢筋配置[详10.5.5.18]

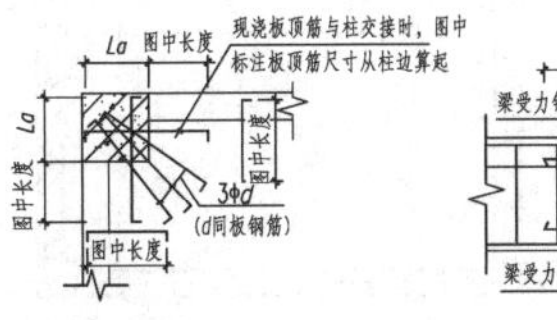

大样十七

KZ柱角板配筋[详10.5.5.19]

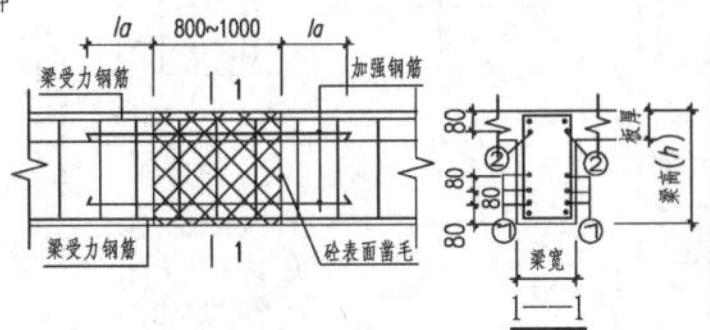

现浇梁后浇带加强钢筋图表			
序号	梁高h	①	②
1	$h<500$	1⌀12	1⌀12
2	$h=550\sim700$	1⌀16	1⌀16
3	$h=750\sim900$	2⌀16	1⌀16
4	$h=1000\sim1200$	3⌀18	1⌀18
5	$h=1300\sim1500$	3⌀20	1⌀20

大样十八

楼面梁后浇带[详10.6.8.1]

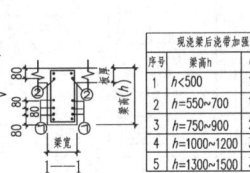

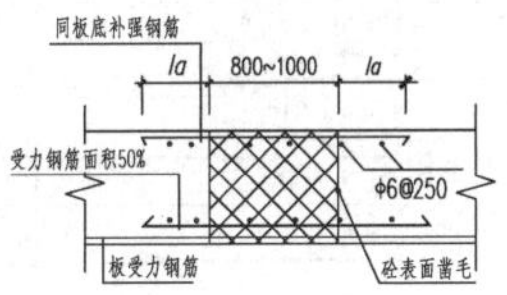

大样十九

楼面板后浇带[详10.6.8.1]

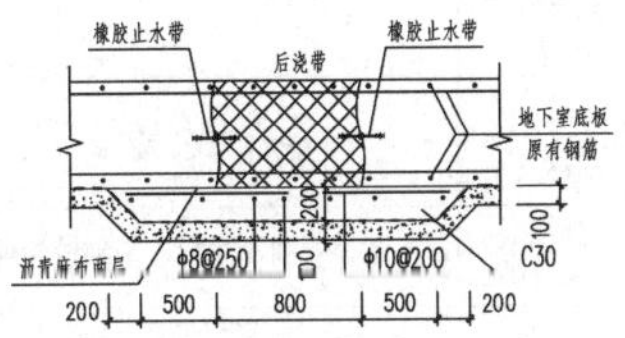

大样二十

地下室底板后浇带[详10.6.8.1]

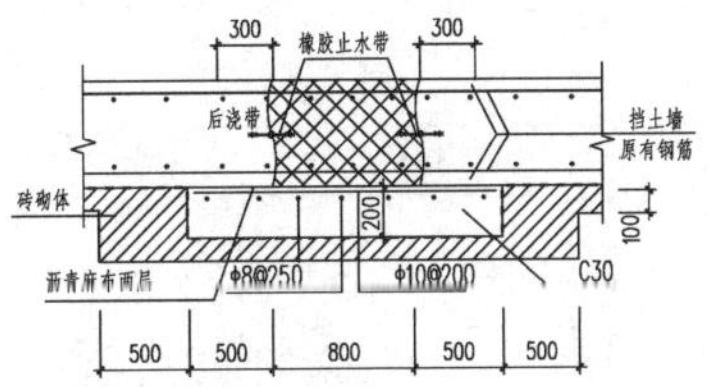

大样二十一

挡土墙后浇带[详10.6.8.1]

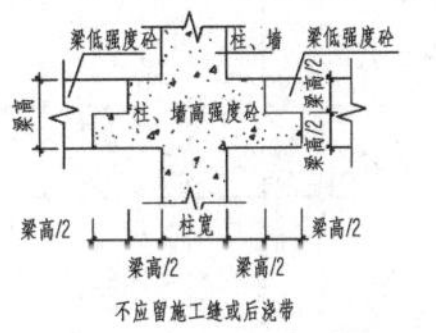

大样二十二

梁与墙、柱混凝土等级大于一级的接头要求[详10.6.9]

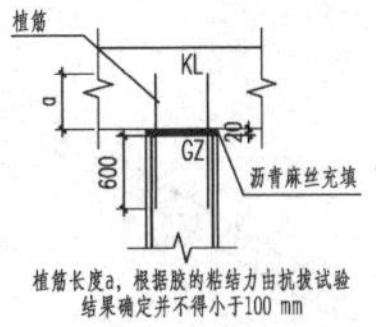

大样二十三

构造柱顶构造[详11.8]

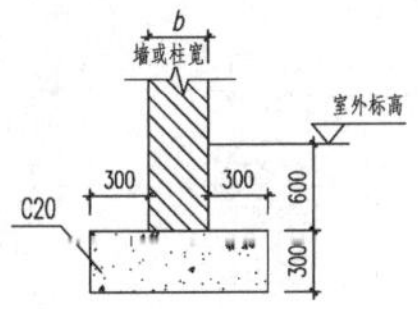

大样二十四

围墙、填充墙基础[详11.11和11.12]

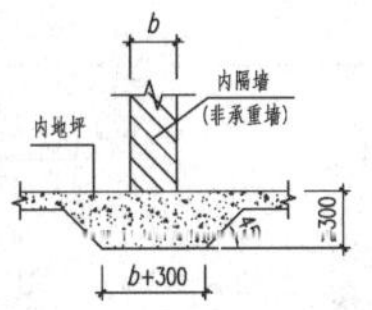

大样二十五

填充墙基础[详8.8和11.12]

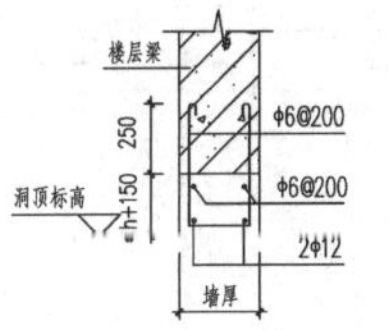

大样二十六

过梁现浇[详11.15]

说 明
Illustration

注：本图未经相关建设主管部门批准不得使用。

项目负责人 Project Director	姓 名 Name		
	注册印章编号 Registration Seal No.		
执行项目负责人 Perform Project Director			
专业负责 Specialized Person in Charge			
设 计 Design			
校 对 Check			
审 核 Examiner			
审 定 Approved			

工程名称 Project			
单体名称 Single Name	综合办公楼		
图 名 Drawing Name	结构设计总说明(二)		
图 别 Drawing Sort	结 施	工程编号 Project No.	
图 号 Drawing No.	2 / 39	日 期 Date	

地 址 ADD	
电 话 TEL	
传 真 FAX	

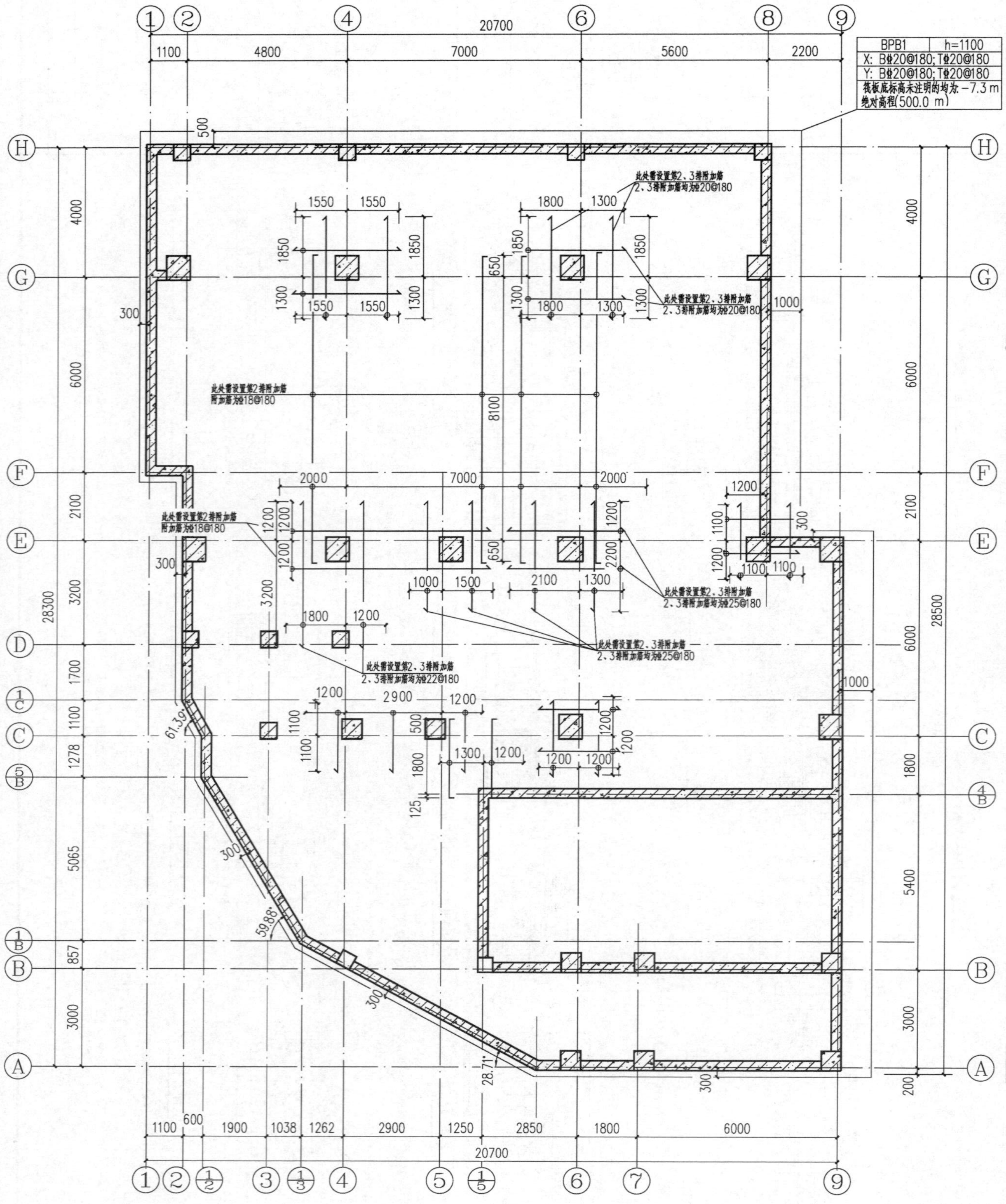

基础平面图 1:100

图中所示钢筋均为除开贯通筋外的附加钢筋，其中未注明的附加钢筋均为⌀18@180。

筏板上部附加筋

筏板下部附加筋

基础设计说明：

1. 本工程根据四川正基岩土工程有限公司提供的《成都市甯秀英腾运综合楼岩土工程勘察报告》进行设计。
2. 本工程采用稍密卵石层作为基础持力层，承载力特征值 F_{ak}=300 kPa. 混凝土基础底板下（除注明外）设100 mm 厚 C15素混凝土垫层，每边宽出基础100 mm。
3. 本工程筏板基础混凝土强度等级为C30。
4. 图中所示钢筋为除开贯通筋外的筏板附加钢筋，未注明时均为第二排布置。
5. 本工程±0.000绝对高程为507.3 m，抗浮水位高程为506.0 m，消防水池及地下室外围与土体接触的混凝土构件均采用防水混凝土，混凝土抗渗等级为 P6。
6. 筏板为大体积混凝土应采取有关措施解决大体积混凝土水化热问题（如采用低水化热水泥品种，降低混凝土入模温度，加强养护等措施）应保证内外温差不大于25 ℃。
7. 筏板按11G101－3编制，应满足11G101－3的相关规定。筏板板边采用筏板顶筋向下弯折15d、底筋向上弯折15d方式。
8. 本工程地基基础设计等级为乙级，应在施工和使用期间进行沉降观测，施工期间每施工完一层进行一次沉降观测，主体封顶后，第一年每一季度一次，第二年每半年一次，以后每一年一次，直至沉降稳定为止。若发现沉降有异常时，应及时通知设计单位。建筑物沉降观测的具体要求详见《建筑变形测量规程》(JGJ8—2007)中的有关规定，沉降观测应由具有相应资质的单位承担。
9. 本工程地下室施工应根据现场实际情况制定专门的降水方案，且在主体完工之前不得停止降水。
10. 由于客运电梯建设方未订货，故本次电梯相关结构内容参照 02J404－1 三菱系列中GPSIII－1000－CO－1.0 m/s进行设计，建设单位确定所用电梯后，应通知设计单位进行复核，设计复核后方能施工。电梯井道内壁埋件或膨胀螺栓必须固定在钢筋混凝土梁上，该位置无梁时应增设圈梁，圈梁截面为（墙厚）x250，配筋4⌀12，⌀6@250，纵筋按受拉钢筋锚入构造柱内。圈梁标高按电梯厂家按供的相关资料确定，电梯间施工时应严格按电梯厂家按供的相关资料预设洞口和埋件。

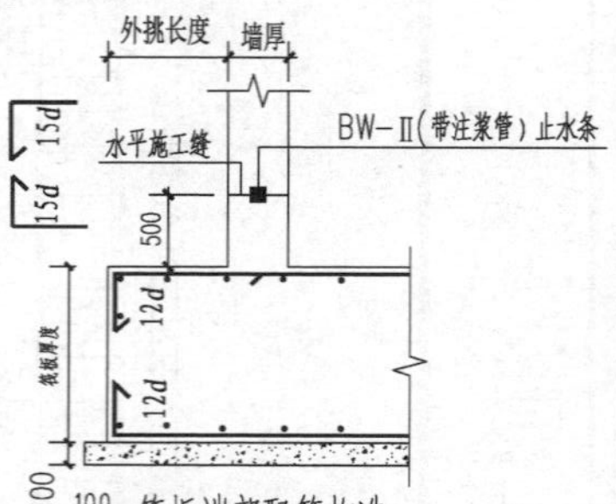

筏板端部配筋构造

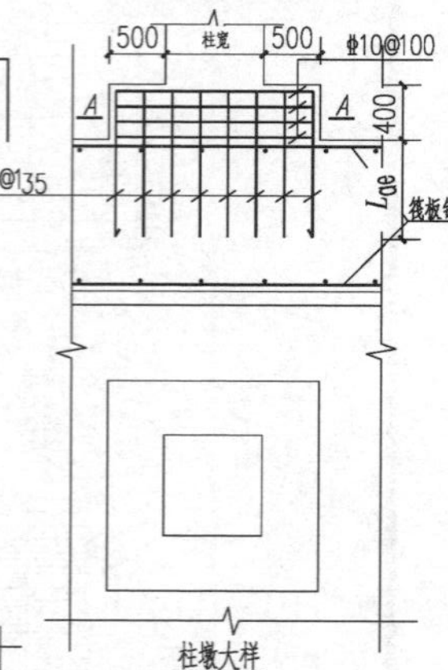

柱墩大样 Ⓐ

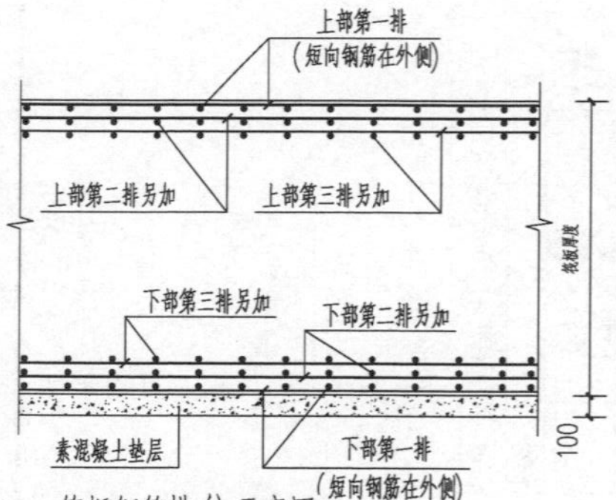

筏板钢筋排位示意图

（筏板钢筋直径、间距详见平面图）

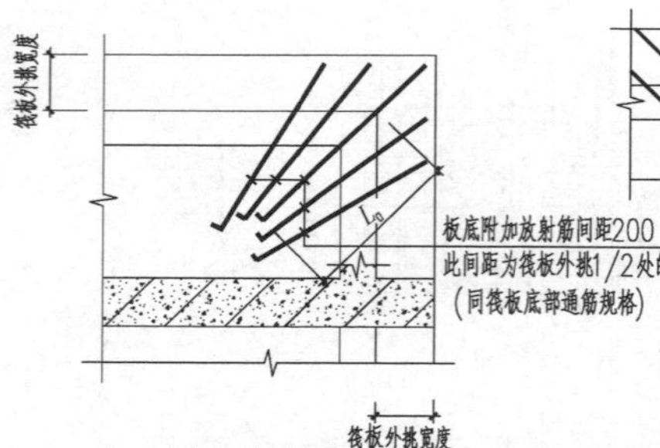

筏板外挑转角配筋

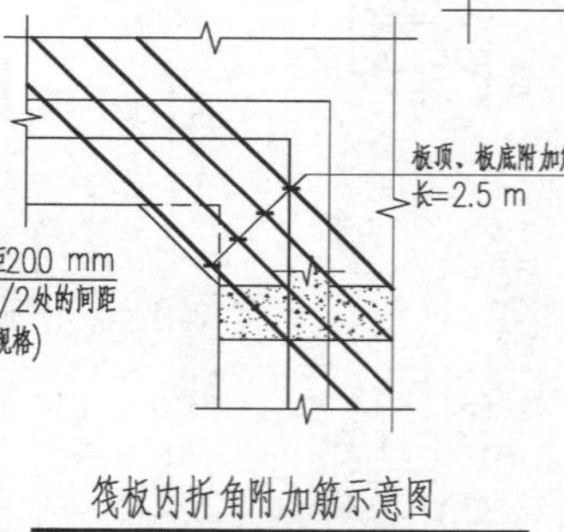

筏板内折角附加筋示意图

注：筏板内折角均应设置附加筋，锚固长度 L_a。

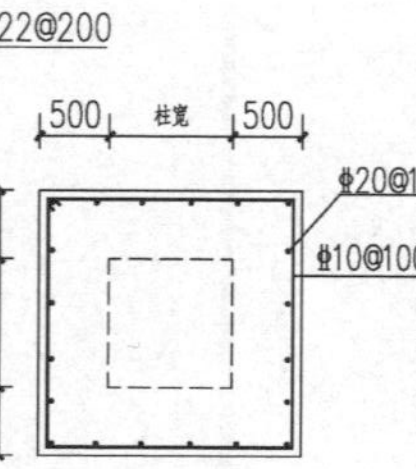

A—A

说明 Illustration

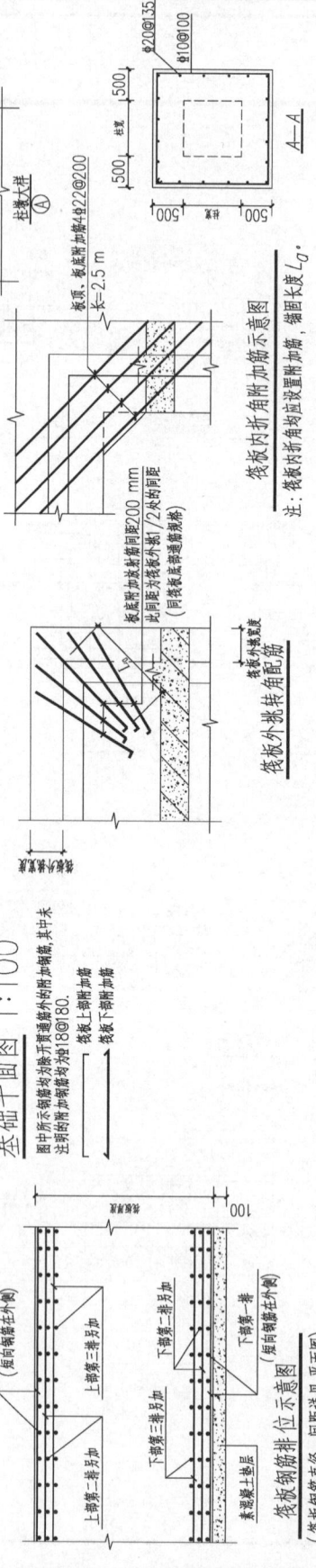

注：本图未经相关建设主管部门批准不得使用。

项目负责人 Project Director	姓名 Name	
	注册印章编号 Registration Seal No.	
执行项目负责人 Perform Project Director		
专业负责 Specialized Person in Charge		
设计 Design		
校对 Check		
审核 Examiner		
审定 Approved		
工程名称 Project		
单体名称 Single Name	综合办公楼	
图名 Drawing Name	基础平面图 基础设计说明	
图别 Drawing Sort	结施	工程编号 Project No.
图号 Drawing No.	3 39	日期 Date
地址 ADD		
电话 TEL		
传真 FAX		

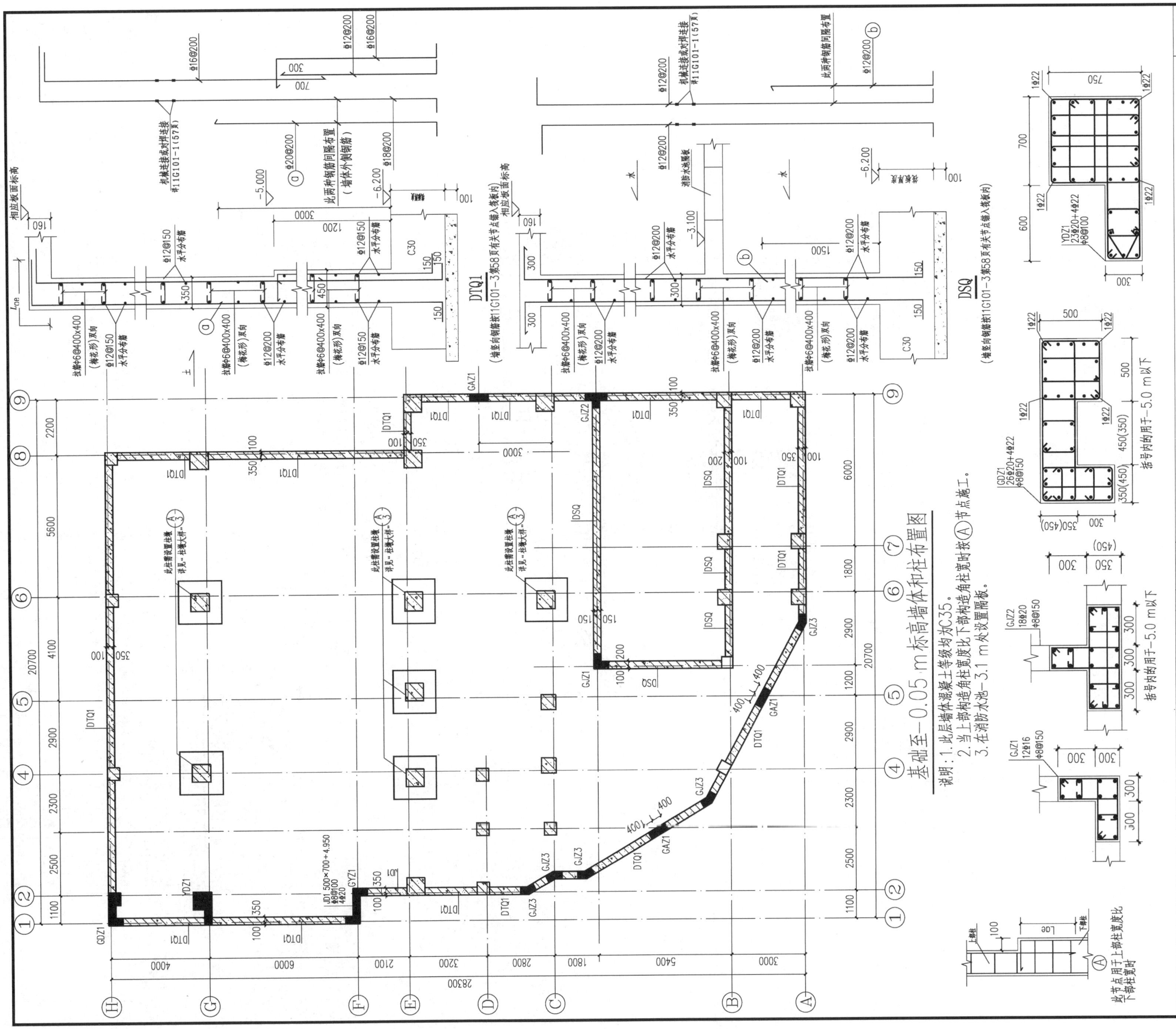

基础至-0.05 m标高墙体和柱布置图
说明：1.此层墙体混凝土等级均为C35。
2.当上部构造角柱宽比下部构造角柱宽时按Ⓐ节点施工。
3.在消防水池-3.1 m处设置隔板。
DTQ1
DSQ

说 明

Illustration

注：本图未经相关建设主管部门批准不得使用。

项目负责人 Project Director	姓 名 Name	
	注册印章编号 Registration Seal No.	
执行项目负责人 Perform Project Director		
专业负责 Specialized Person in Charge		
设 计 Design		
校 对 Check		
审 核 Examiner		
审 定 Approved		
工程名称 Project		
单体名称 Single Name	综合办公楼	
图 名 Drawing Name	基础至-0.05 m标高墙体和柱布置图	
图 别 Drawing Sort	结 施	工程编号 Project No.
图 号 Drawing No.	4 39	日 期 Date
地 址 ADD		
电 话 TEL		
传 真 FAX		

基础至−0.05 m标高框架柱配筋图

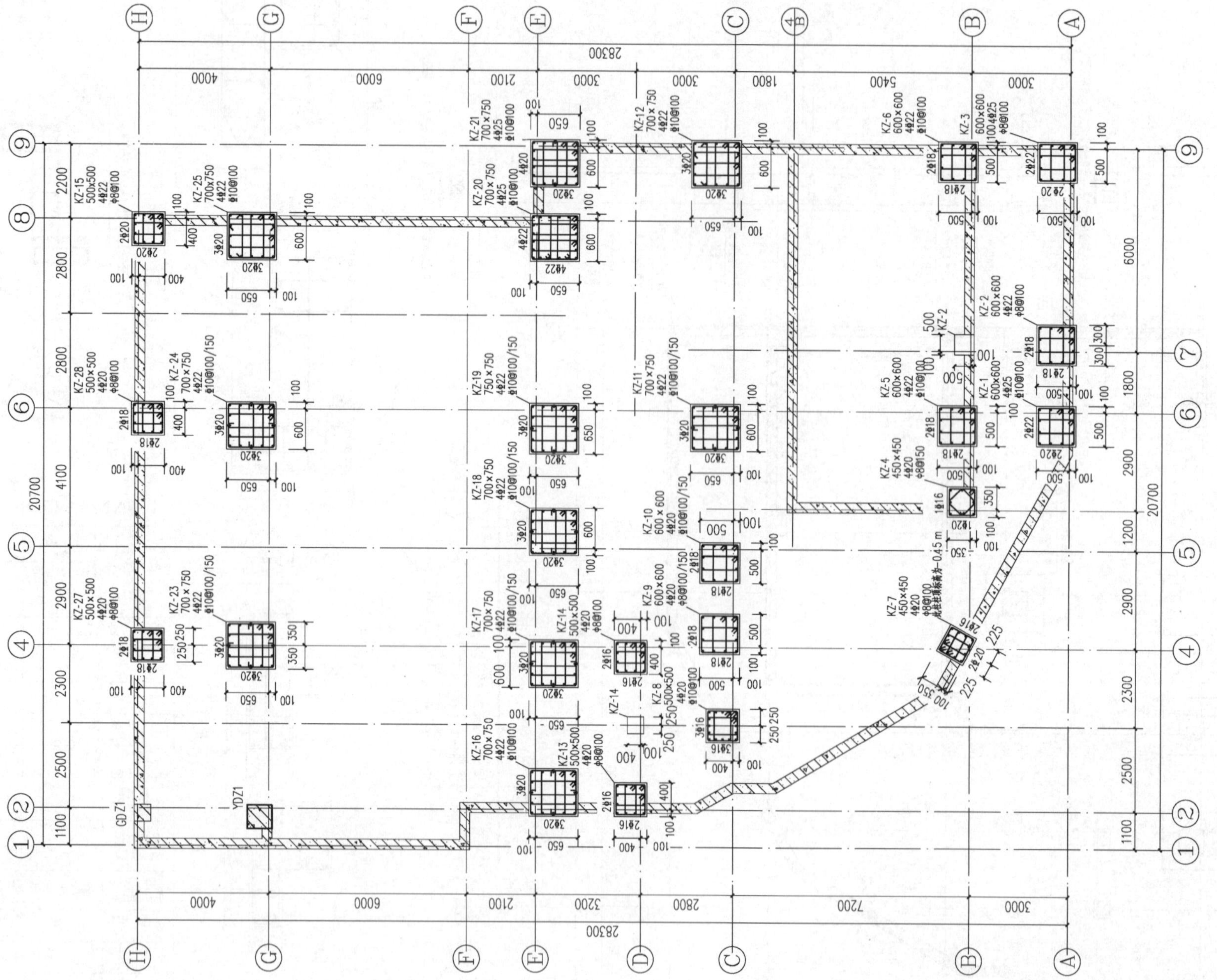

说明：1.图中括号内的箍筋用于梁柱交接处核心区。
2.此层框架柱，墙混凝土等级均为C35。

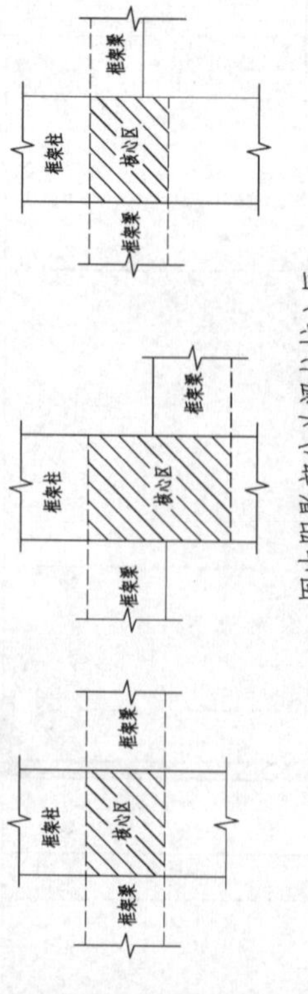

图中阴影部分为梁柱核心区

注：此区域的箍筋同全高加密。

说 明
Illustration

注：本图未经相关建设主管部门批准不得使用。

项目负责人 Project Director	姓 名 Name	
	注册印章编号 Registration Seal No.	
执行项目负责人 Perform Project Director		
专业负责 Specialized Person in Charge		
设 计 Design		
校 对 Check		
审 核 Examiner		
审 定 Approved		
工程名称 Project		
单体名称 Single Name	综合办公楼	
图 名 Drawing Name	基础至−0.05 m标高框架柱配筋图	
图 别 Drawing Sort	结 施	工程编号 Project No.
图 号 Drawing No.	5 / 39	日 期 Date
地 址 ADD		
电 话 TEL		
传 真 FAX		

−0.05~4.75 m标高框架柱配筋图

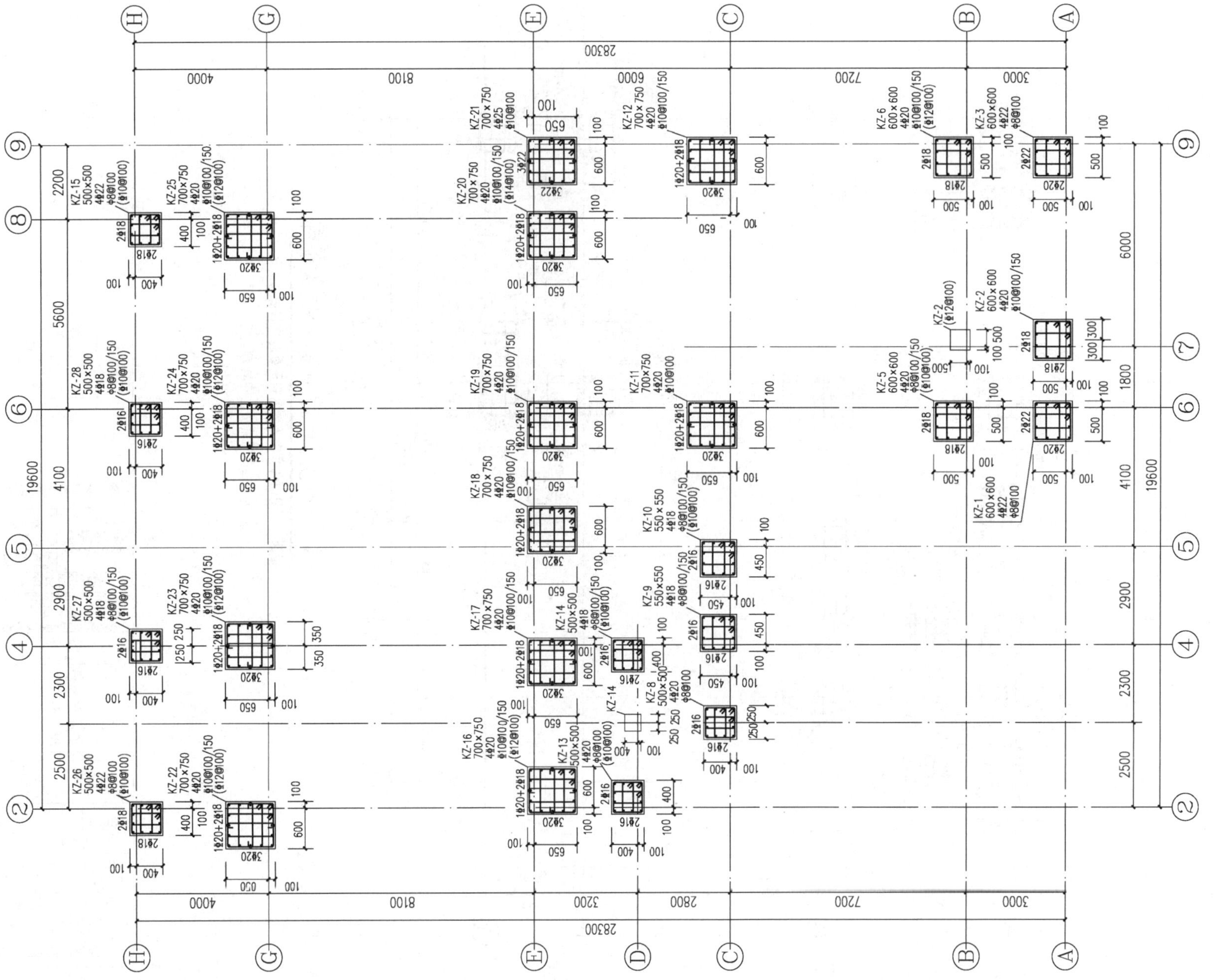

说明：1.图中括号内的箍筋用于梁柱交接处核心区。
2.此层框架柱混凝土等级为C35。

说 明 Illustration			
注：本图未经相关建设主管部门批准不得使用。			
项目负责人 Project Director	姓 名 Name		
	注册印章编号 Registration Seal No.		
执行项目负责人 Perform Project Director			
专业负责 Specialized Person in Charge			
设 计 Design			
校 对 Check			
审 核 Examiner			
审 定 Approved			
工程名称 Project			
单体名称 Single Name	综合办公楼		
图 名 Drawing Name	−0.05~4.75 m标高框架柱配筋图		
图 别 Drawing Sort	结 施	工程编号 Project No.	
图 号 Drawing No.	6 / 39	日 期 Date	
地 址 ADD			
电 话 TEL			
传 真 FAX			

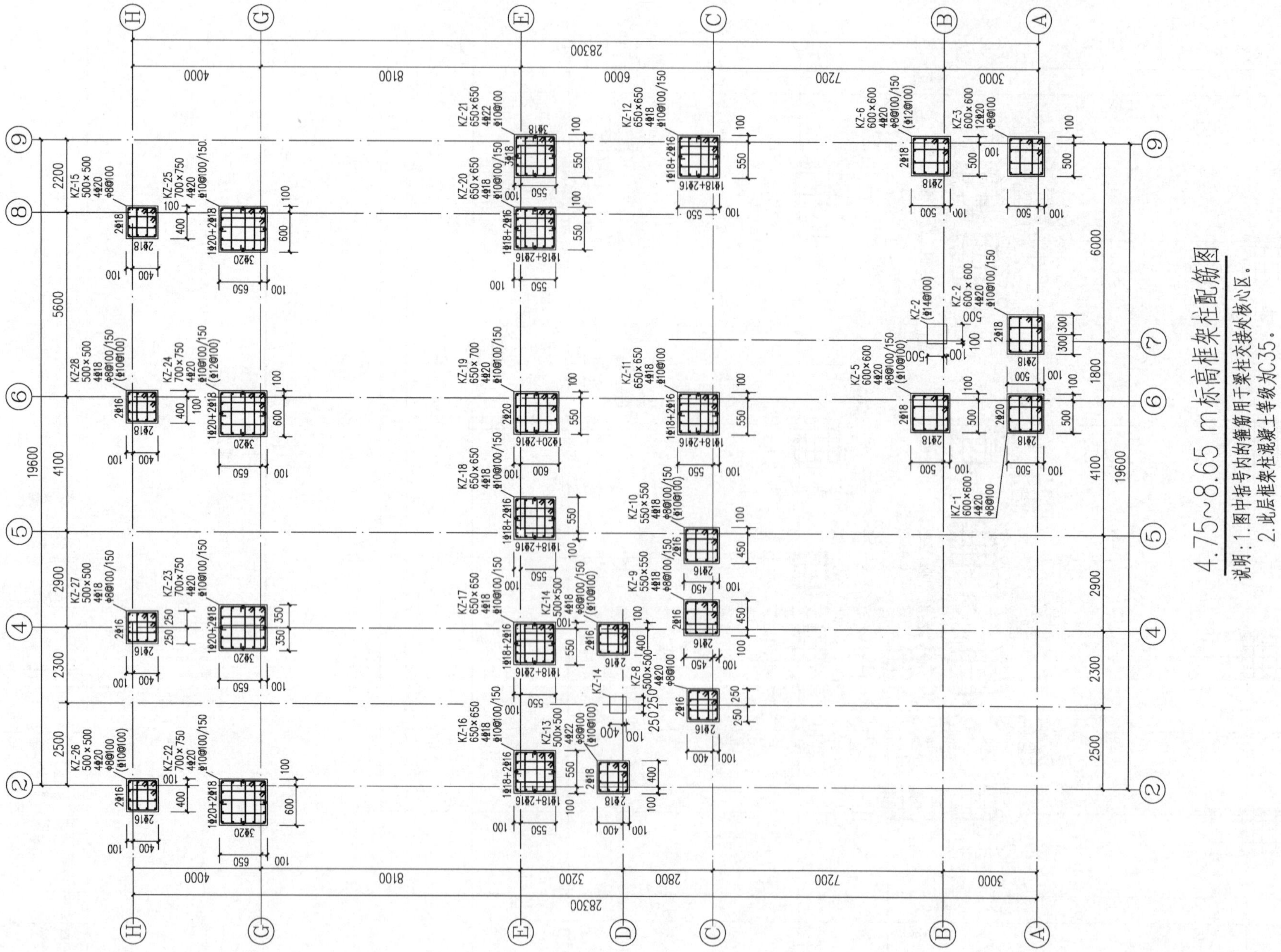
4.75~8.65 m标高框架柱配筋图
说明：1.图中括号内的箍筋用于梁柱交接处核心区。
2.此层框架柱混凝土等级为C35。

说 明
Illustration

注：本图未经相关建设主管部门批准不得使用。

项目负责人 Project Director	姓 名 Name		
	注册印章编号 Registration Seal No.		
执行项目负责人 Perform Project Director			
专业负责 Specialized Person in Charge			
设 计 Design			
校 对 Check			
审 核 Examiner			
审 定 Approved			
工程名称 Project			
单体名称 Single Name	综合办公楼		
图 名 Drawing Name	4.75~8.65 m标高框架柱配筋图		
图 别 Drawing Sort	结 施	工程编号 Project No.	
图 号 Drawing No.	7 / 39	日 期 Date	
地 址 ADD			
电 话 TEL			
传 真 FAX			

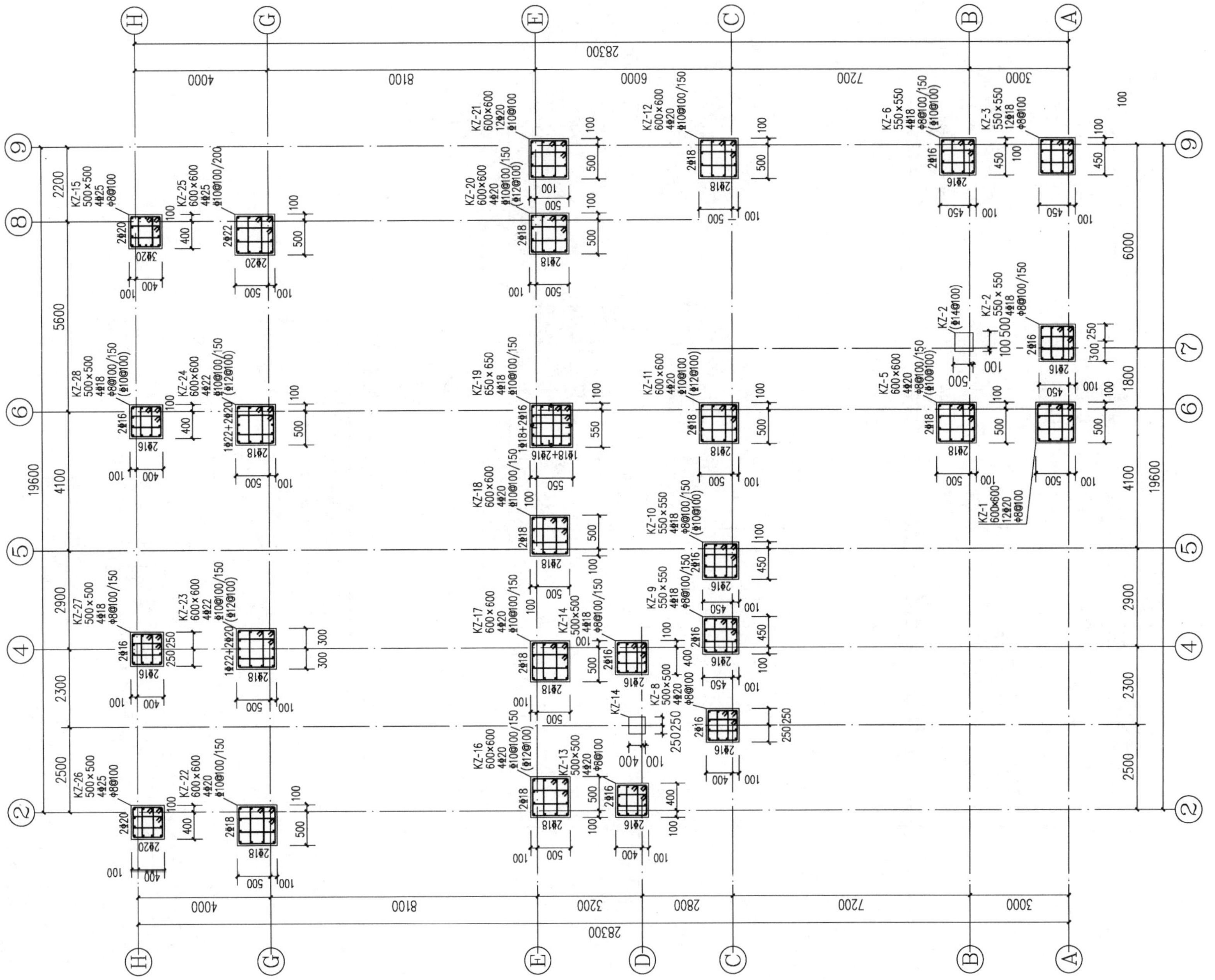

8.65~12.55 m标高框架柱配筋图

说明：1.图中括号内的箍筋用于梁柱交接处核心区。
2.此层框架柱混凝土等级为C35。

说 明 Illustration

注：本图未经相关建设主管部门批准不得使用。

项目负责人 Project Director	姓 名 Name		
	注册印章编号 Registration Seal No.		
执行项目负责人 Perform Project Director			
专业负责 Specialized Person in Charge			
设 计 Design			
校 对 Check			
审 核 Examiner			
审 定 Approved			
工程名称 Project			
单体名称 Single Name	综合办公楼		
图 名 Drawing Name	8.65~12.55 m标高框架柱配筋图		
图 别 Drawing Sort	结 施	工程编号 Project No.	
图 号 Drawing No.	8 / 39	日 期 Date	

地 址 ADD	
电 话 TEL	
传 真 FAX	

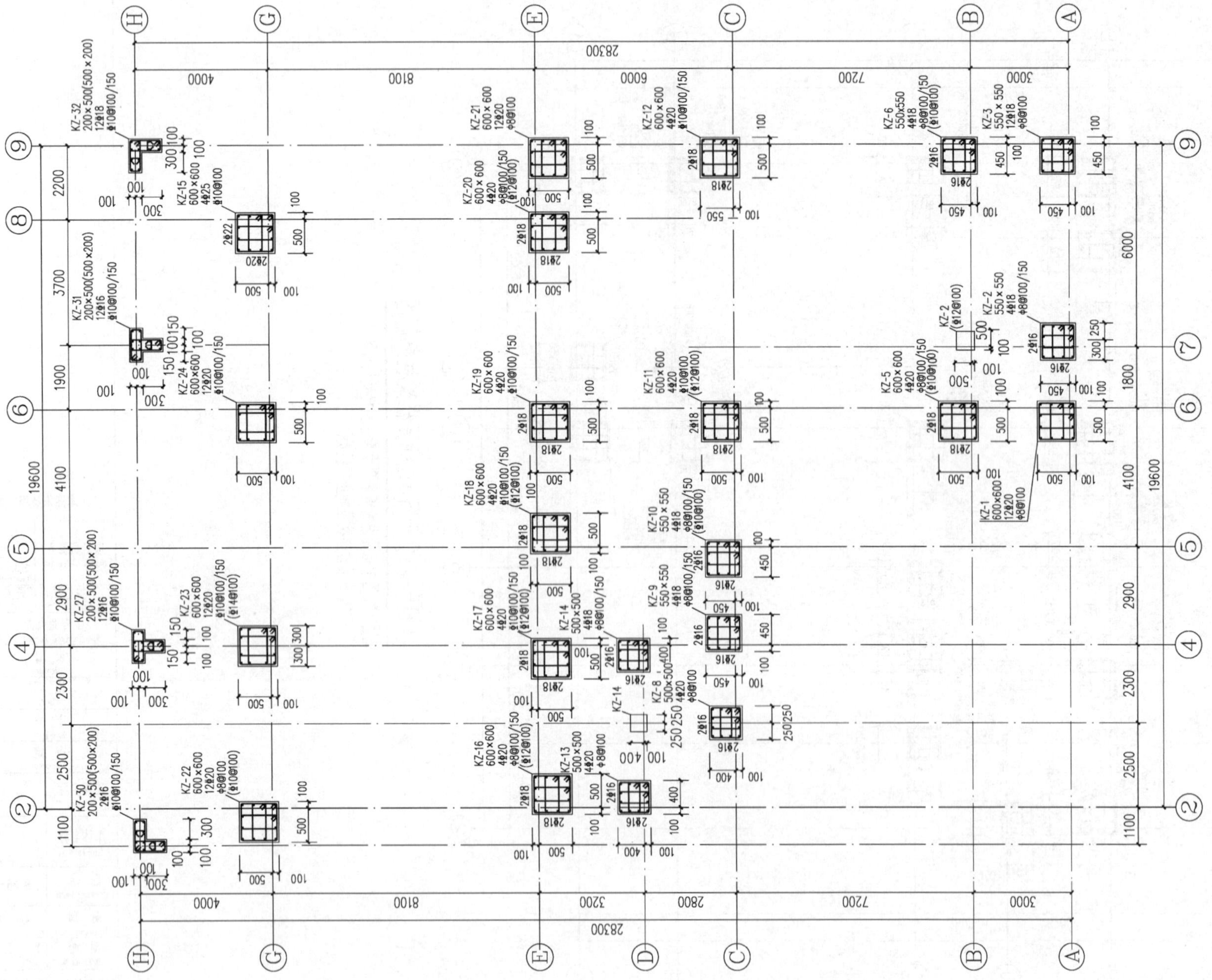

12.55~16.15 m标高框架柱配筋图

说明：1.图中括号内的箍筋用于梁柱交接处核心区。
2.此层框架柱混凝土等级为C35。

说 明
Illustration

注：本图未经相关建设主管部门批准不得使用。

项目负责人 Project Director	姓 名 Name	
	注册印章编号 Registration Seal No.	
执行项目负责人 Perform Project Director		
专业负责 Specialized Person in Charge		
设 计 Design		
校 对 Check		
审 核 Examiner		
审 定 Approved		
工程名称 Project		
单体名称 Single Name	综合办公楼	
图 名 Drawing Name	12.55～16.15 m标高框架柱配筋图	
图 别 Drawing Sort	结 施	工程编号 Project No.
图 号 Drawing No.	9 / 39	日 期 Date
地 址 ADD		
电 话 TEL		
传 真 FAX		

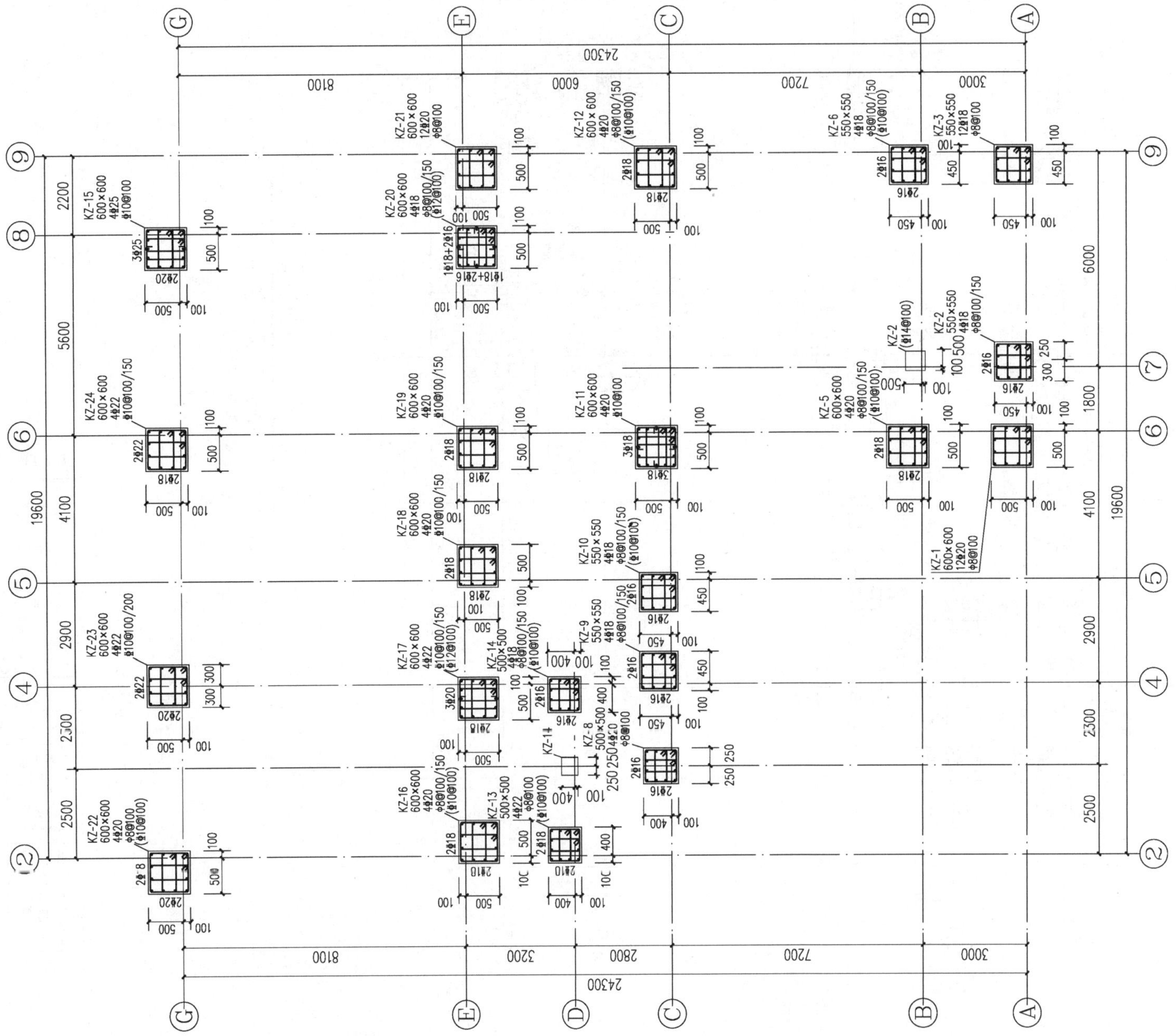

16.15~19.75 m标高框架柱配筋图

说明：1.图中括号内的箍筋用于梁柱交接处核心区。
2.此层框架柱混凝土等级为C30。

说 明

Illustration

注：本图未经相关建设主管部门批准不得使用。

项目负责人 Project Director	姓 名 Name		
	注册印章编号 Registration Seal No.		
执行项目负责人 Perform Project Director			
专业负责 Specialized Person in Charge			
设 计 Design			
校 对 Check			
审 核 Examiner			
审 定 Approved			
工程名称 Project			
单体名称 Single Name	综合办公楼		
图 名 Drawing Name	16.15~19.75 m标高框架柱配筋图		
图 别 Drawing Sort	结 施	工程编号 Project No.	
图 号 Drawing No.	10 / 39	日 期 Date	
地 址 ADD			
电 话 TEL			
传 真 FAX			

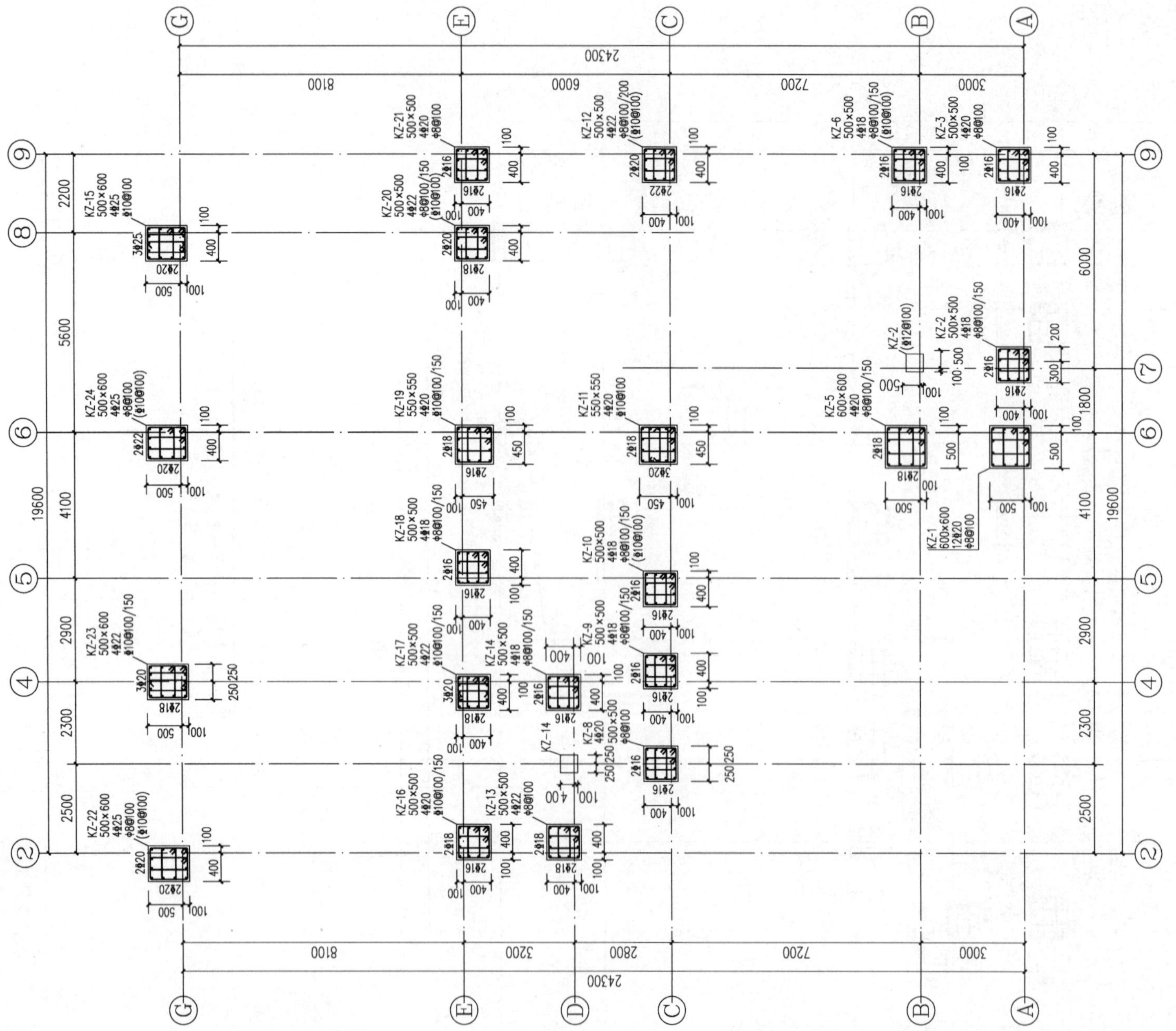

19.75~23.35 m标高框架柱配筋图

说明：1.图中括号内的箍筋用于梁柱交接处核心区。
2.此层框架柱混凝土等级为C30。

说 明
Illustration

注：本图未经相关建设主管部门批准不得使用。

项目负责人 Project Director	姓 名 Name	
	注册印章编号 Registration Seal No.	
执行项目负责人 Perform Project Director		
专业负责 Specialized Person in Charge		
设 计 Design		
校 对 Check		
审 核 Examiner		
审 定 Approved		
工程名称 Project		
单体名称 Single Name	综合办公楼	
图 名 Drawing Name	19.75~23.35 m标高框架柱配筋图	
图 别 Drawing Sort	结 施	工程编号 Project No.
图 号 Drawing No.	11 / 39	日 期 Date
地 址 ADD		
电 话 TEL		
传 真 FAX		

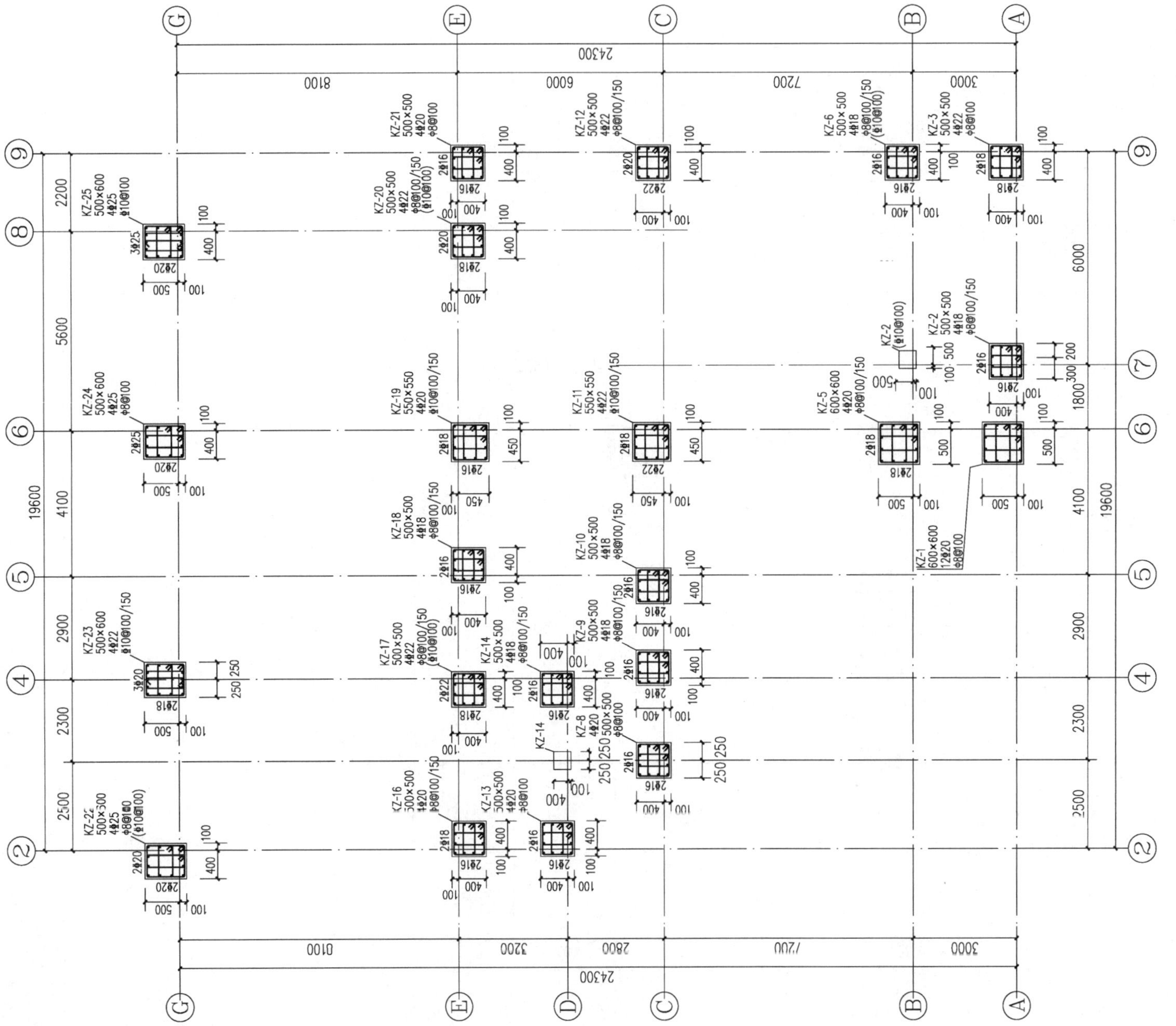

23.35~26.95 m标高框架柱配筋图

说明:1.图中括号内的箍筋用于梁柱交接处核心区。
2.此层框架柱混凝土等级为C30。

说 明

Illustration

注：本图未经相关建设主管部门批准不得使用。

项目负责人 Project Director	姓 名 Name		
	注册印章编号 Registration Seal No.		
执行项目负责人 Perform Project Director			
专业负责 Specialized Person in Charge			
设 计 Design			
校 对 Check			
审 核 Examiner			
审 定 Approved			
工程名称 Project			
单体名称 Single Name	综合办公楼		
图 名 Drawing Name	23.35~26.95 m标高框架柱配筋图		
图 别 Drawing Sort	结 施	工程编号 Project No.	
图 号 Drawing No.	12 / 39	日 期 Date	
地 址 ADD			
电 话 TEL			
传 真 FAX			

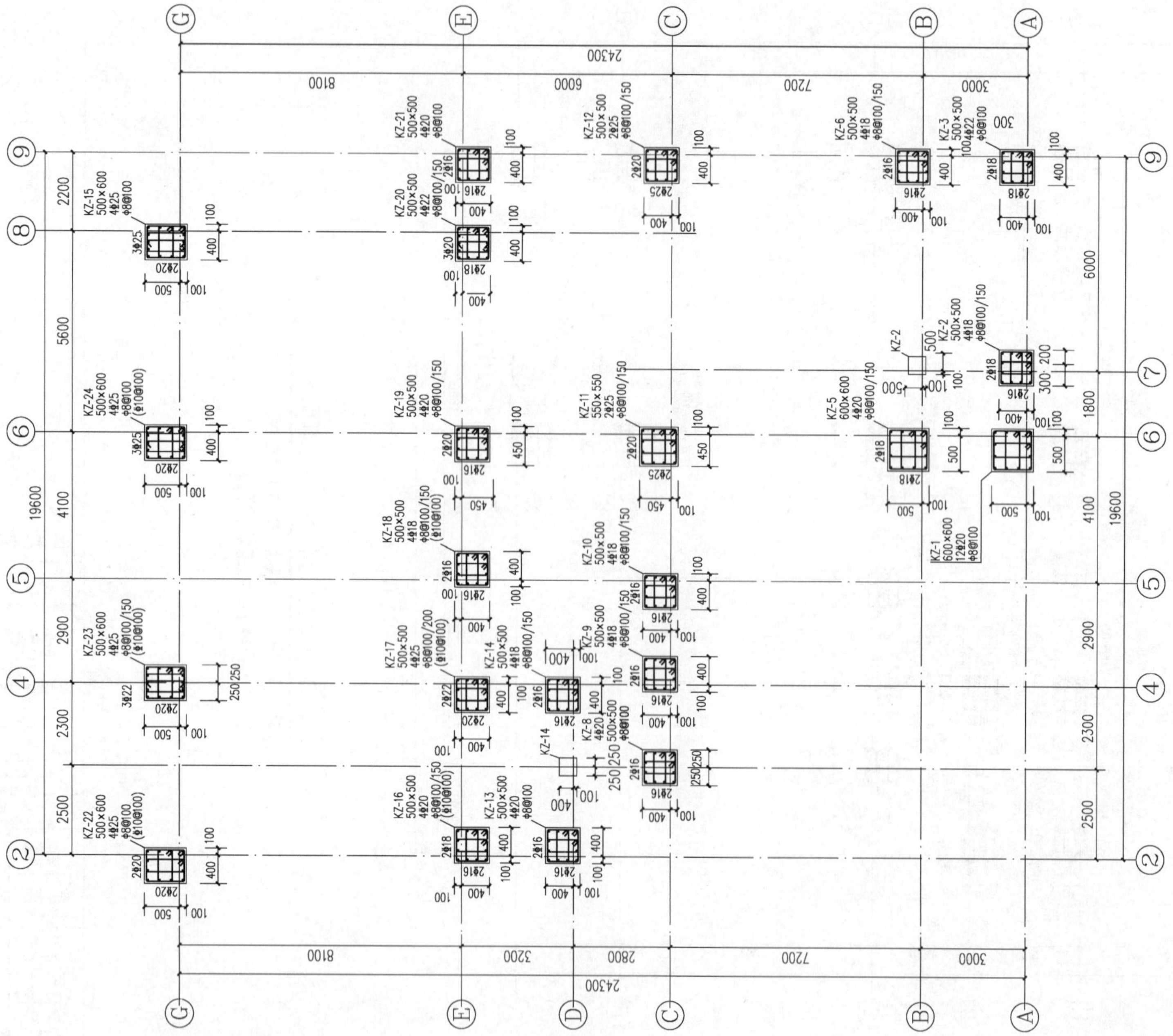

26.95~30.55 m标高框架柱配筋图

说明：1.图中括号内的箍筋用于梁柱交接处核心区。
2.此层框架柱混凝土等级为C30。

说明
Illustration

注：本图未经相关建设主管部门批准不得使用。

项目负责人 Project Director	姓名 Name	
	注册印章编号 Registration Seal No.	
执行项目负责人 Perform Project Director		
专业负责 Specialized Person in Charge		
设计 Design		
校对 Check		
审核 Examiner		
审定 Approved		
工程名称 Project		
单体名称 Single Name	综合办公楼	
图名 Drawing Name	26.95~30.55 m标高框架柱配筋图	
图别 Drawing Sort	结施	工程编号 Project No.
图号 Drawing No.	13 / 39	日期 Date
地址 ADD		
电话 TEL		
传真 FAX		

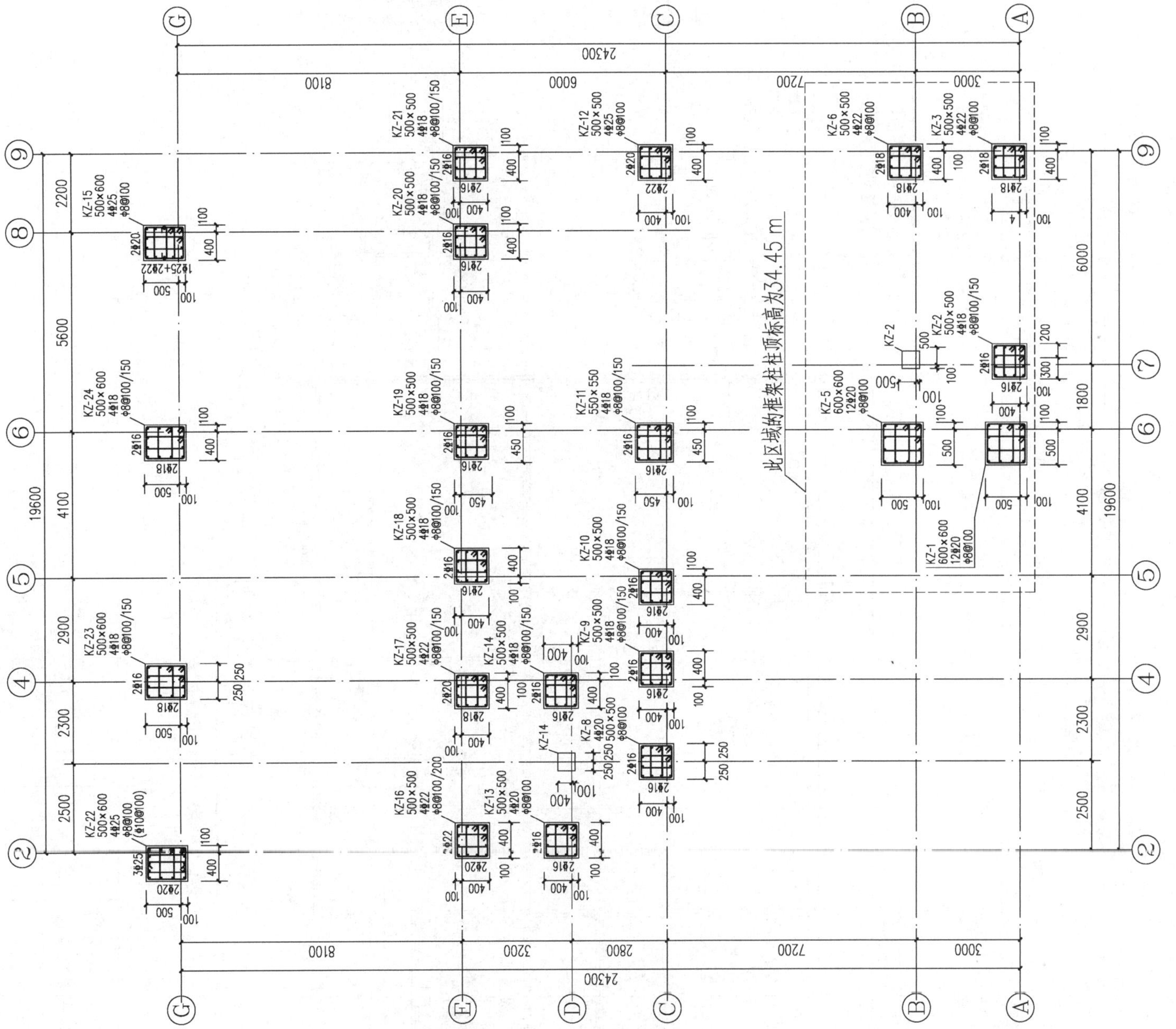

30.55~34.15 m标高框架柱配筋图

说明：1.图中括号内的箍筋用于梁柱交接处核心区。
2.此层框架柱混凝土等级为C30。

说 明
Illustration

注：本图未经相关建设主管部门批准不得使用。

项目负责人 Project Director	姓 名 Name		
	注册印章编号 Registration Seal No.		
执行项目负责人 Perform Project Director			
专业负责 Specialized Person in Charge			
设 计 Design			
校 对 Check			
审 核 Examiner			
审 定 Approved			
工程名称 Project			
单体名称 Single Name	综合办公楼		
图 名 Drawing Name	30.55~34.15 m标高框架柱配筋图		
图 别 Drawing Sort	结 施	工程编号 Project No.	
图 号 Drawing No.	14 / 39	日 期 Date	
地 址 ADD			
电 话 TEL			
传 真 FAX			

34.15~38.05 m标高框架柱配筋图

说明：1.图中括号内的箍筋用于梁柱交接处核心区。
2.此层框架柱混凝土等级为C30。

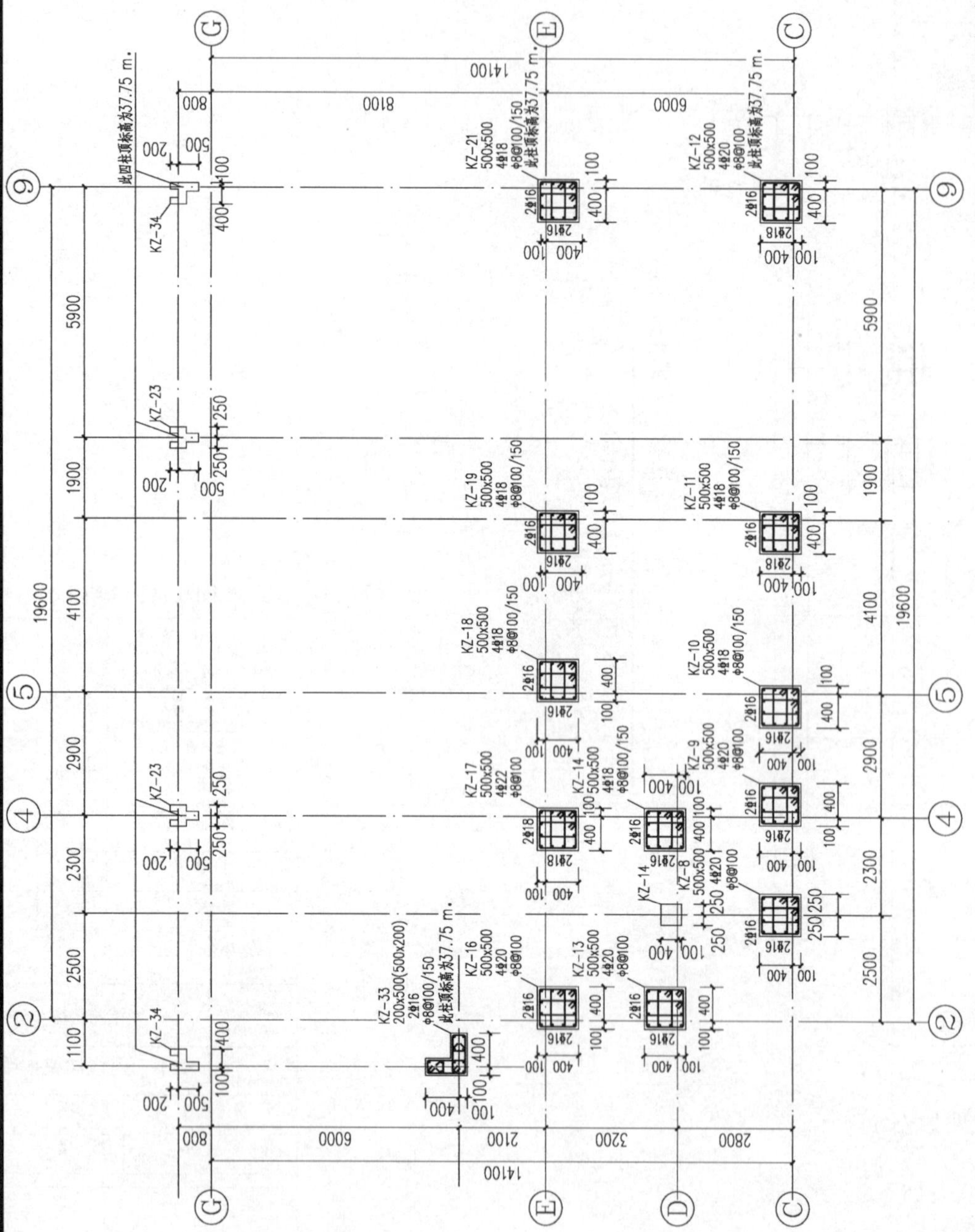

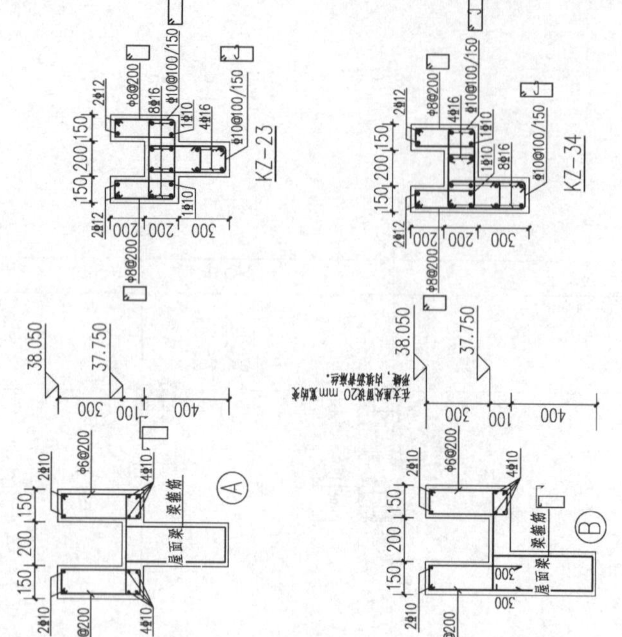

38.05 m标高框架梁配筋图

说明：1.图中梁定位为居中布置或齐柱边。
2.图中主次梁交接处未注明的附加箍筋均为8Φd（d为主梁箍筋直径）。

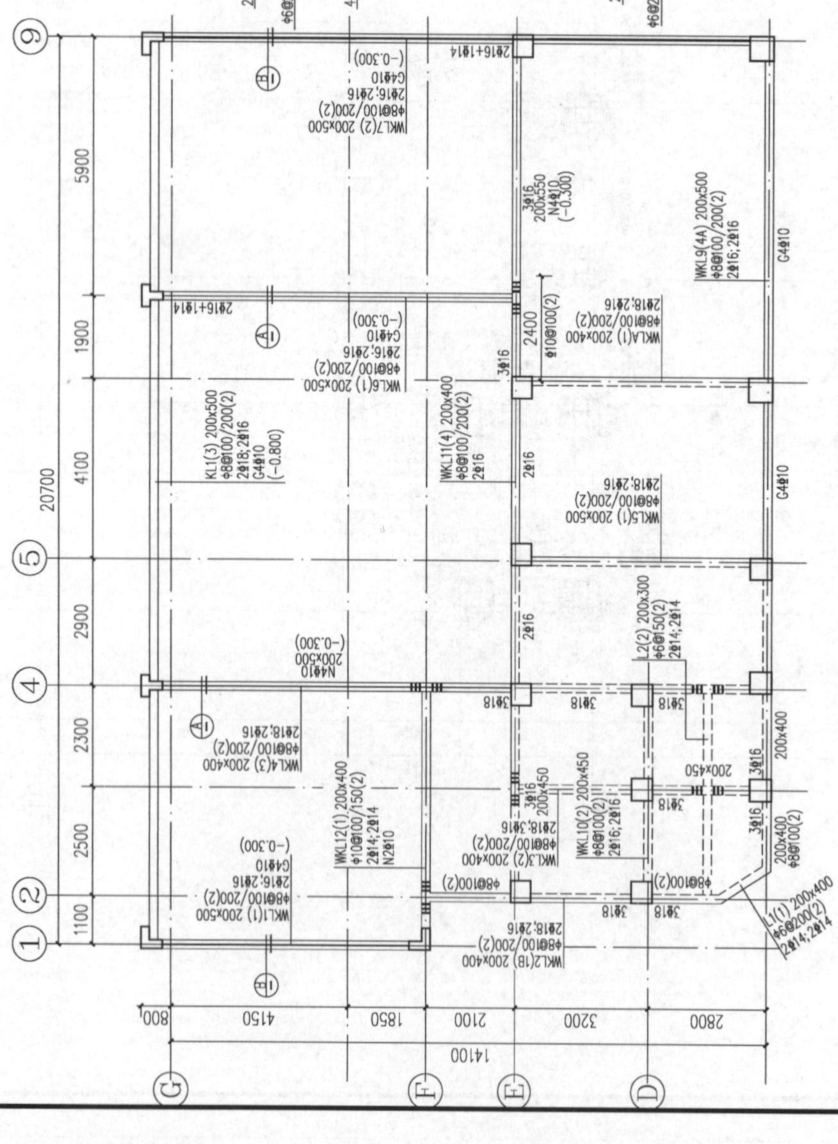

说 明 Illustration	

注：本图未经相关建设主管部门批准不得使用。

项目负责人 Project Director	姓 名 Name	
	注册印章编号 Registration Seal No.	
执行项目负责人 Perform Project Director		
专业负责 Specialized Person in Charge		
设 计 Design		
校 对 Check		
审 核 Examiner		
审 定 Approved		
工程名称 Project		
单体名称 Single Name	综合办公楼	
图 名 Drawing Name	34.15~38.05 m标高框架柱配筋图 38.05 m标高框架梁配筋图	
图 别 Drawing Sort	结 施	工程编号 Project No.
图 号 Drawing No.	15 / 39	日 期 Date
地 址 ADD		
电 话 TEL		
传 真 FAX		

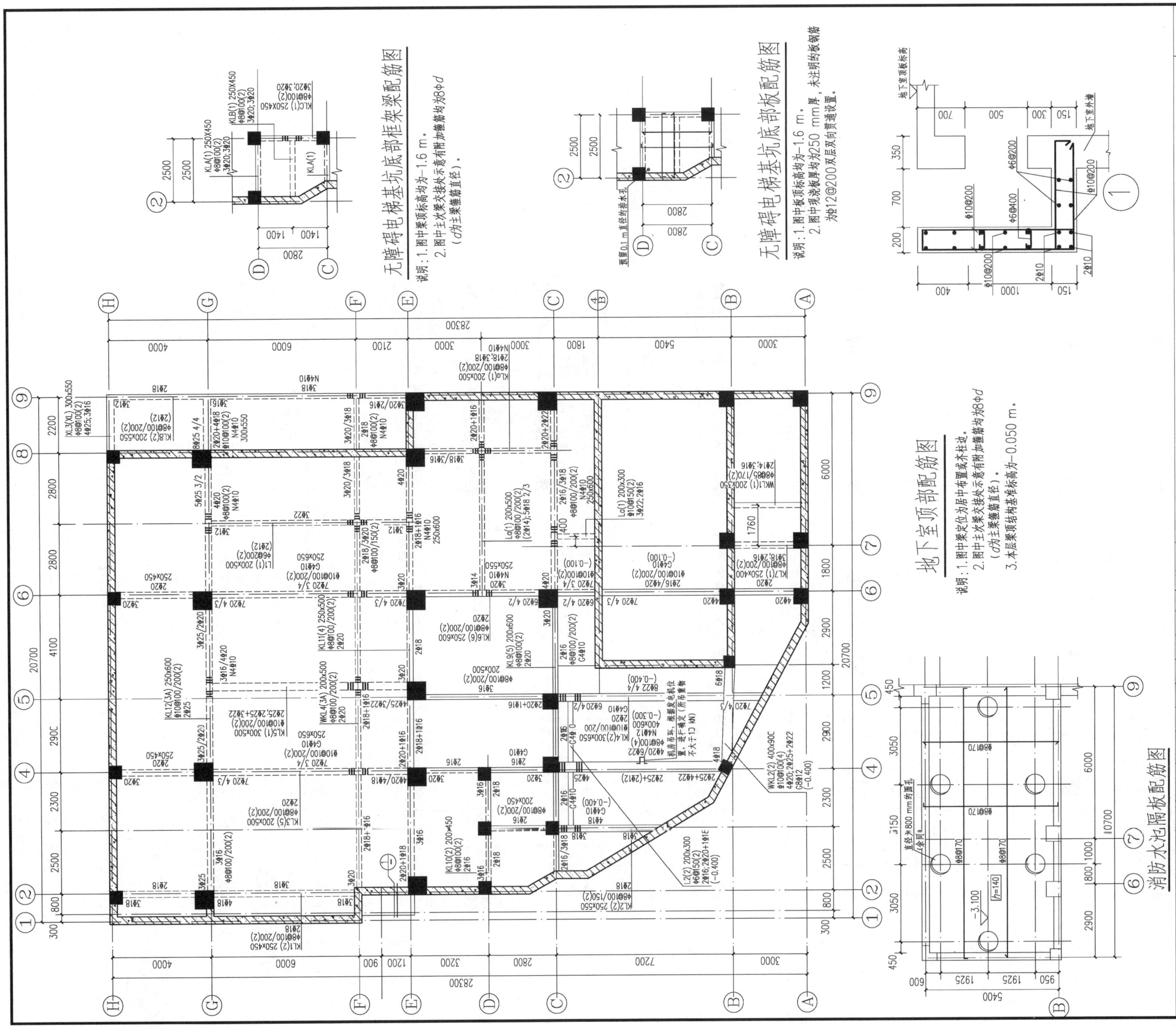

地下室顶部配筋图
说明：1.图中梁定位为居中布置或齐柱边。
2.图中主次梁交接处示意有附加箍筋均为8Φd（d为主梁箍筋直径）。
3.本层梁顶结构基准标高为-0.050 m。
无障碍电梯基坑底部框架梁配筋图
说明：1.图中梁顶标高均为-1.6 m。
2.图中主次梁交接处示意有附加箍筋均为8Φd（d为主梁箍筋直径）。
无障碍电梯基坑底板配筋图
说明：1.图中板顶标高均为-1.6 m。
2.图中现浇板厚均为250 mm厚，未注明的板钢筋为Φ12@200双层双向贯通设置。
消防水池隔板配筋图

说明
Illustration

注：本图未经相关建设主管部门批准不得使用。

项目负责人 Project Director	姓名 Name	
	注册印章编号 Registration Seal No.	
执行项目负责人 Perform Project Director		
专业负责 Specialized Person in Charge		
设计 Design		
校对 Check		
审核 Examiner		
审定 Approved		
工程名称 Project		
单体名称 Single Name	综合办公楼	
图名 Drawing Name	地下室顶部配筋图,消防水池隔板配筋图,无障碍电梯基坑底部框架梁、板配筋图	
图别 Drawing Sort	结施	工程编号 Project No.
图号 Drawing No.	16 39	日期 Date
地址 ADD		
电话 TEL		
传真 FAX		

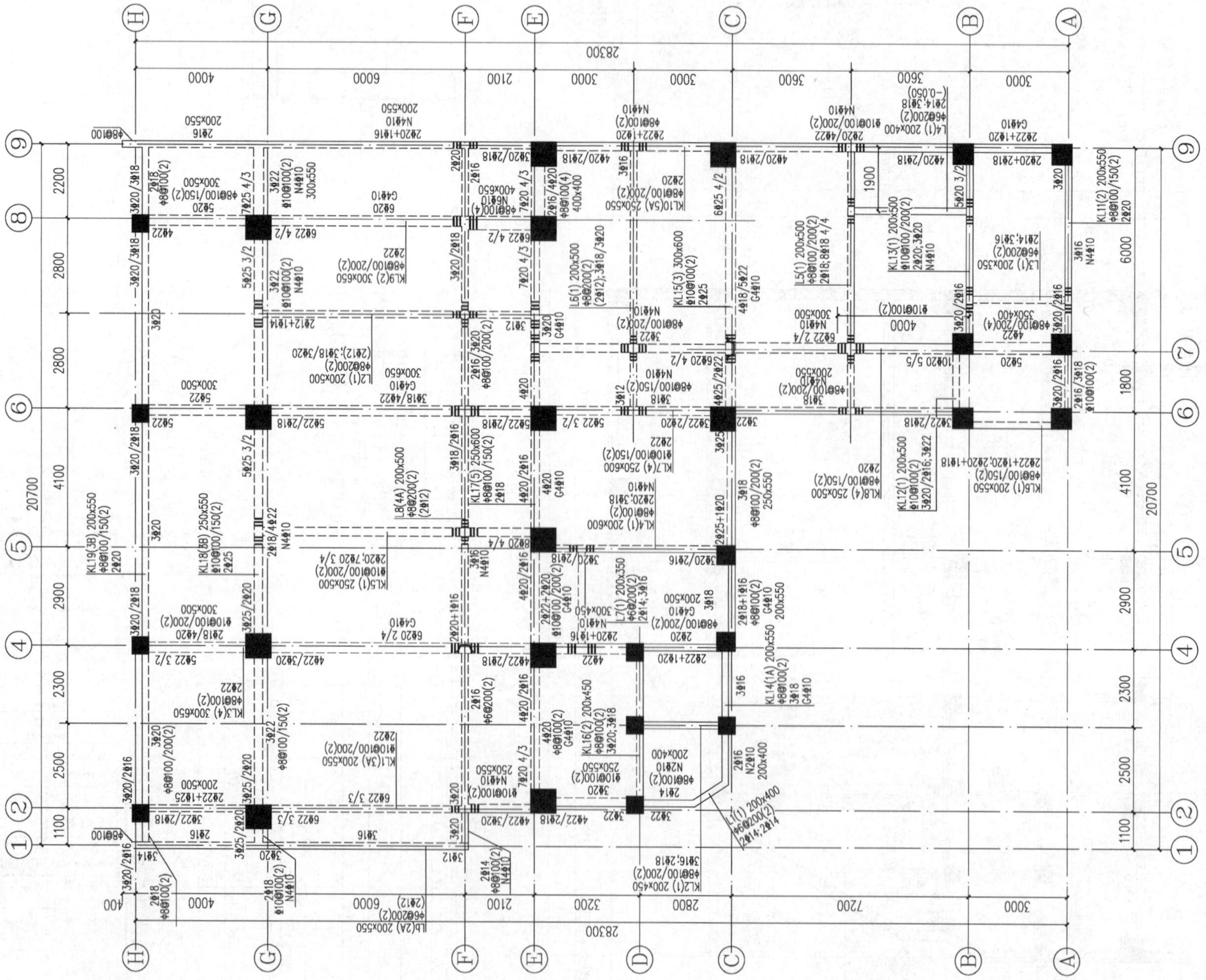

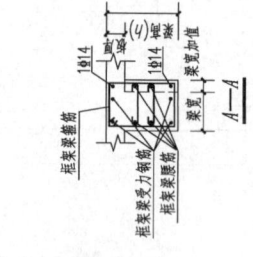

4.75 m标高框架梁配筋图

说明：1.图中梁定位为居中布置或齐柱边。
2.图中主次梁交接处未注明的附加箍筋均为8Φd（d为主梁箍筋直径）。
3.图中有吊筋符号，且未注明的吊筋为2Φ12。
4.跨内变截面梁做法详见结施17的①节点。

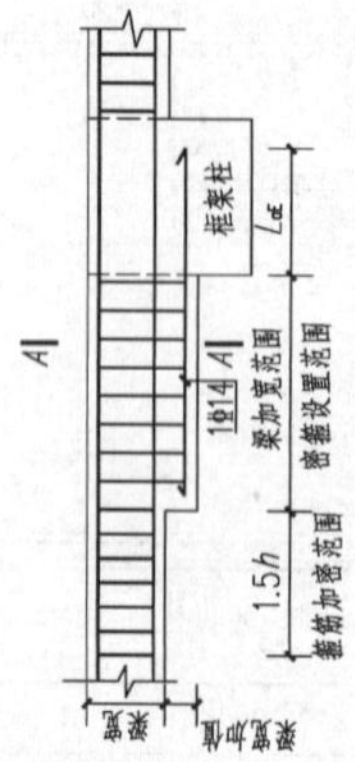

跨内变截面梁节点详图①

梁截面变宽平面图

A—A

说 明

Illustration

注：本图未经相关建设主管部门批准不得使用。

项目负责人 Project Director	姓 名 Name		
	注册印章编号 Registration Seal No.		
执行项目负责人 Perform Project Director			
专业负责 Specialized Person in Charge			
设 计 Design			
校 对 Check			
审 核 Examiner			
审 定 Approved			
工程名称 Project			
单体名称 Single Name	综合办公楼		
图 名 Drawing Name	4.75 m标高框架梁配筋图		
图 别 Drawing Sort	结 施	工程编号 Project No.	
图 号 Drawing No.	17 39	日 期 Date	
地 址 ADD			
电 话 TEL			
传 真 FAX			

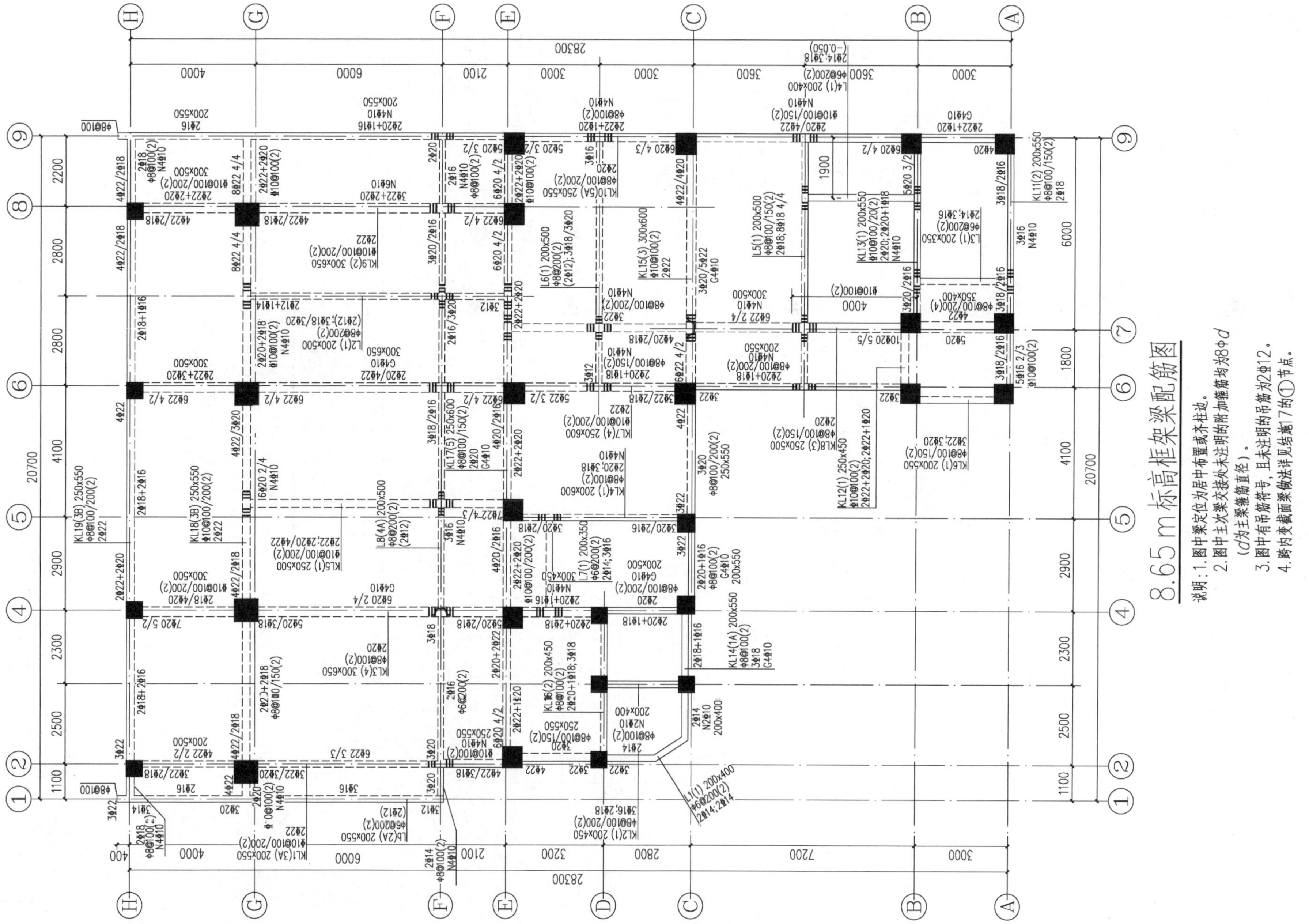

说 明 Illustration			
注：本图未经相关建设主管部门批准不得使用。			
项目负责人 Project Director	姓 名 Name		
	注册印章编号 Registration Seal No.		
执行项目负责人 Perform Project Director			
专业负责 Specialized Person in Charge			
设 计 Design			
校 对 Check			
审 核 Examiner			
审 定 Approved			
工程名称 Project			
单体名称 Single Name	综合办公楼		
图 名 Drawing Name	8.65 m标高框架梁配筋图		
图 别 Drawing Sort	结 施	工程编号 Project No.	
图 号 Drawing No.	18 / 39	日 期 Date	
地 址 ADD			
电 话 TEL			
传 真 FAX			

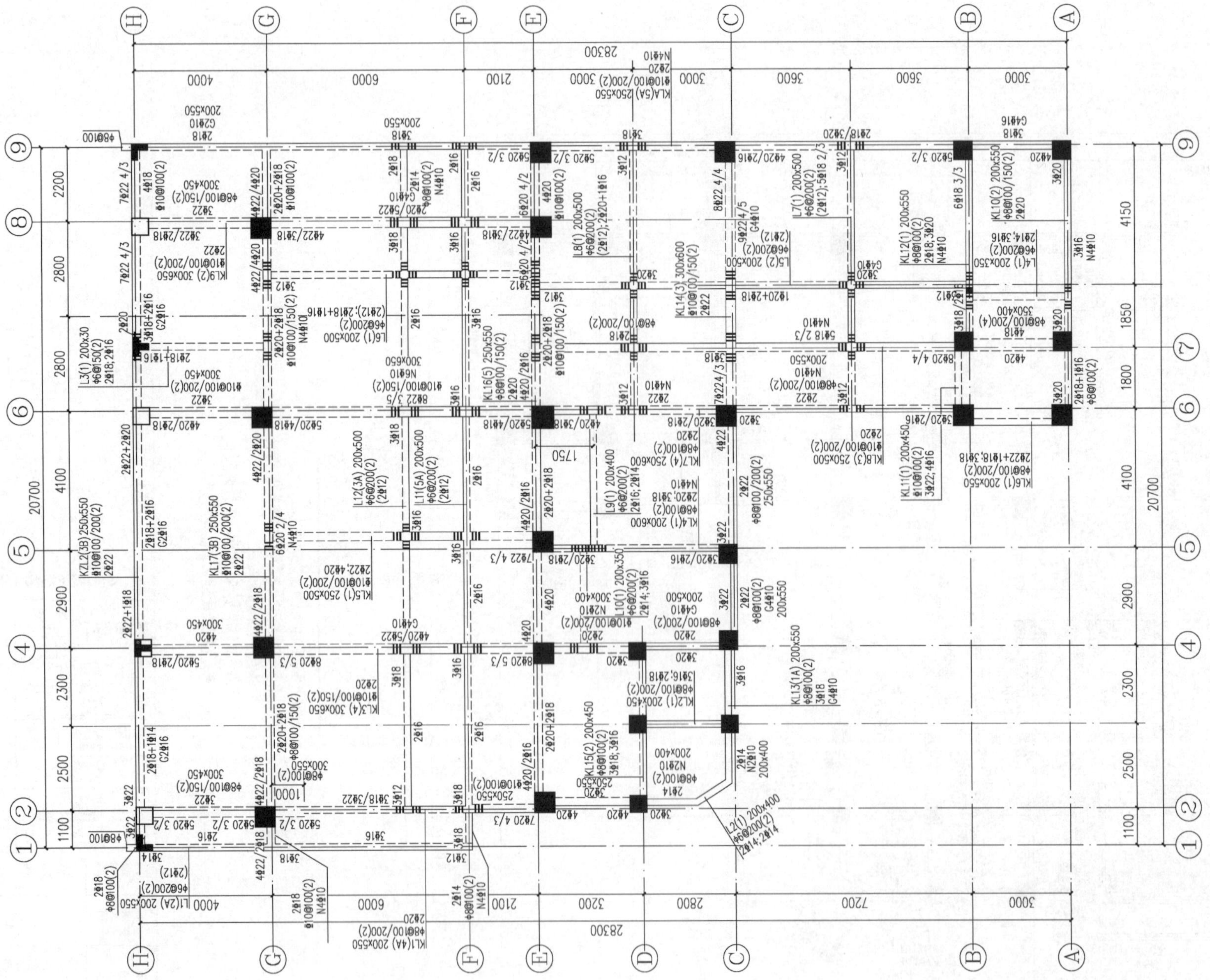

12.55 m标高框架梁配筋图

说明：1. 图中梁定位为居中布置或齐柱边。
2. 图中主次梁交接处未注明的附加箍筋均为8Φd（d为主梁箍筋直径）。
3. 图中有吊筋符号，且未注明的吊筋为2Φ12。
4. 跨内变截面梁做法详见结施17的①节点。

说 明
Illustration

注：本图未经相关建设主管部门批准不得使用。

项目负责人 Project Director	姓 名 Name	
	注册印章编号 Registration Seal No.	
执行项目负责人 Perform Project Director		
专业负责 Specialized Person in Charge		
设 计 Design		
校 对 Check		
审 核 Examiner		
审 定 Approved		
工程名称 Project		
单体名称 Single Name	综合办公楼	
图 名 Drawing Name	12.55 m标高框架梁配筋图	
图 别 Drawing Sort	结 施	工程编号 Project No.
图 号 Drawing No.	19 / 39	日 期 Date
地 址 ADD		
电 话 TEL		
传 真 FAX		

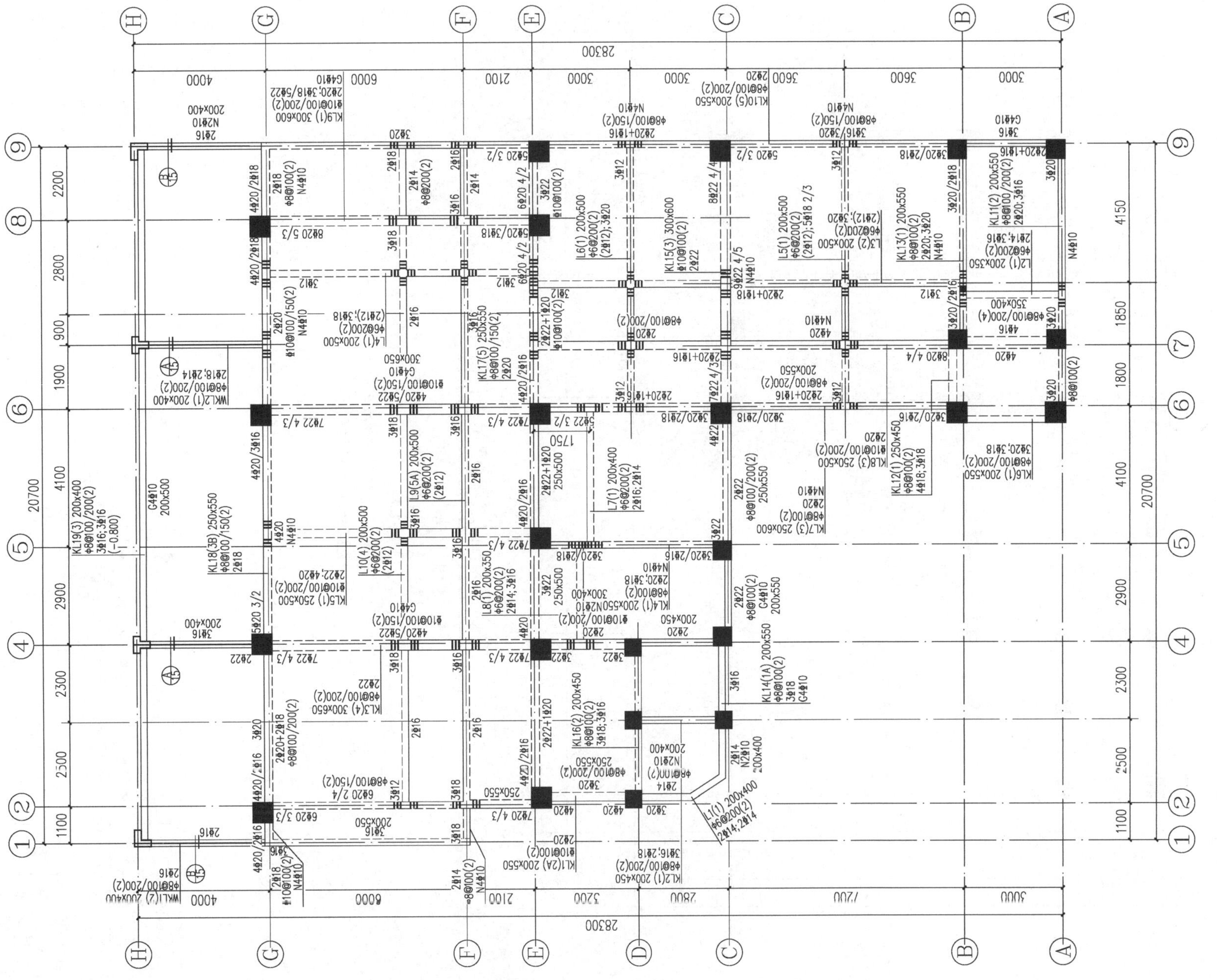

16.15 m标高框架梁配筋图

说明：1.图中梁定位为居中布置或齐柱边。
2.图中主次梁交接处未注明的附加箍筋均为8Φd（d为主梁箍筋直径）。
3.图中有吊筋符号，且未注明的吊筋为2Φ12。
4.跨内变截面梁做法详见结施17的①节点。

说 明 Illustration

注：本图未经相关建设主管部门批准不得使用。

项目负责人 Project Director	姓 名 Name	
	注册印章编号 Registration Seal No.	
执行项目负责人 Perform Project Director		
专业负责 Specialized Person in Charge		
设 计 Design		
校 对 Check		
审 核 Examiner		
审 定 Approved		
工程名称 Project		
单体名称 Single Name	综合办公楼	
图 名 Drawing Name	16.15 m标高框架梁配筋图	
图 别 Drawing Sort	结 施	工程编号 Project No.
图 号 Drawing No.	20/39	日 期 Date
地 址 ADD		
电 话 TEL		
传 真 FAX		

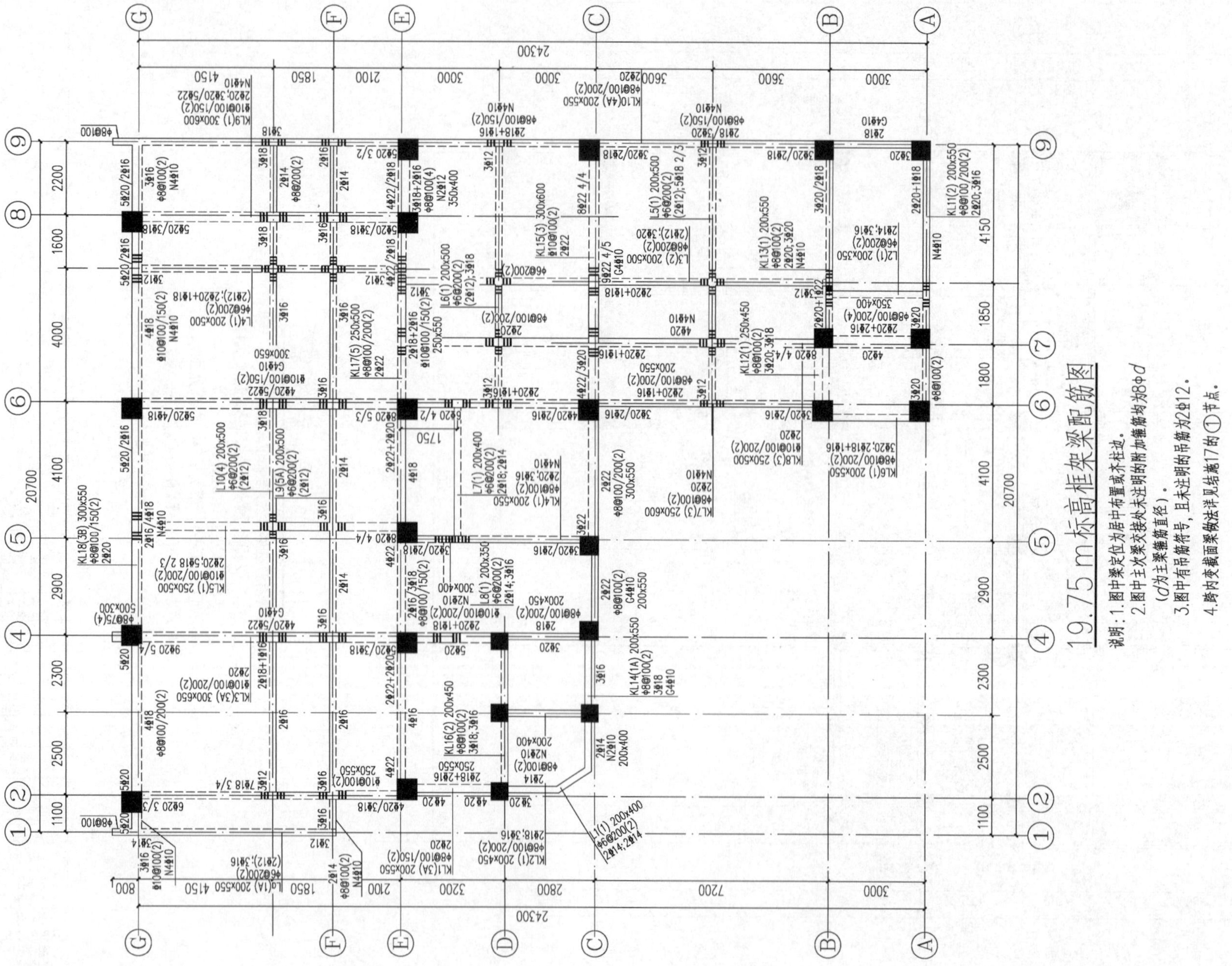
19.75 m标高框架梁配筋图
说明：1.图中梁定位为居中布置或齐柱边。
2.图中主次梁交接处未注明的附加箍筋均为8Φd
（d为主梁箍筋直径）。
3.图中有吊筋符号，且未注明的吊筋为2Φ12。
4.跨内变截面梁做法详见结施17的①节点。

说 明
Illustration

注：本图未经相关建设主管部门批准不得使用。

项目负责人 Project Director	姓 名 Name	
	注册印章编号 Registration Seal No.	
执行项目负责人 Perform Project Director		
专业负责 Specialized Person in Charge		
设 计 Design		
校 对 Check		
审 核 Examiner		
审 定 Approved		
工程名称 Project		
单体名称 Single Name	综合办公楼	
图 名 Drawing Name	19.75 m标高框架梁配筋图	
图 别 Drawing Sort	结 施	工程编号 Project No.
图 号 Drawing No.	21/39	日 期 Date
地 址 ADD		
电 话 TEL		
传 真 FAX		

说 明

Illustration

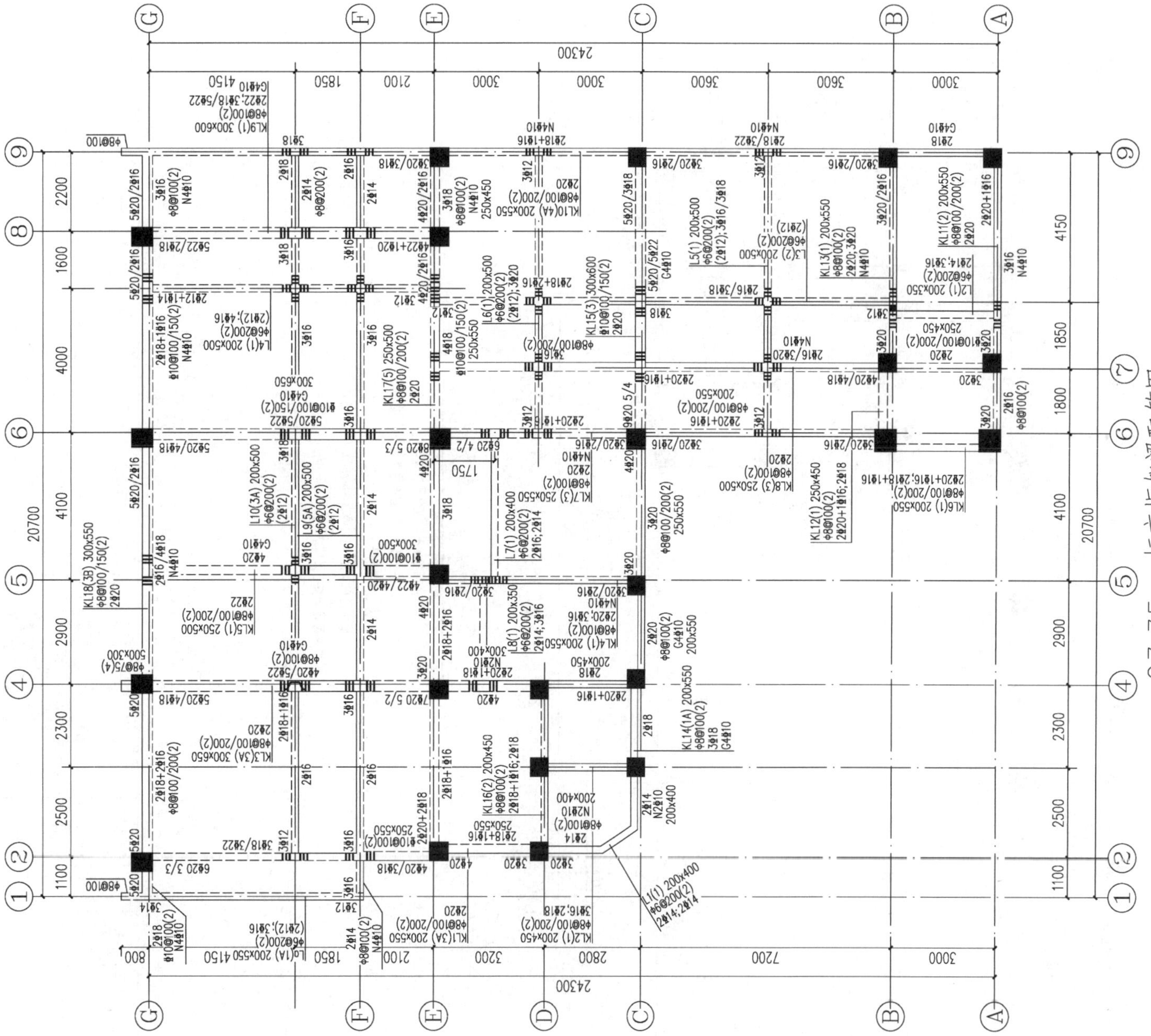

23.35 m标高框架梁配筋图

说明：1.图中梁定位为居中布置或齐柱边。
2.图中主次梁交接处未注明的附加箍筋均为8Φd（d为主梁箍筋直径）。
3.图中有吊筋符号，且未注明的吊筋为2Φ12。
4.跨内变截面梁做法详见结施17的①节点。

注：本图未经相关建设主管部门批准不得使用。

项目负责人 Project Director	姓 名 Name	
	注册印章编号 Registration Seal No.	
执行项目负责人 Perform Project Director		
专业负责 Specialized Person in Charge		
设 计 Design		
校 对 Check		
审 核 Examiner		
审 定 Approved		
工程名称 Project		
单体名称 Single Name	综合办公楼	
图 名 Drawing Name	23.35 m标高框架梁配筋图	
图 别 Drawing Sort	结 施	工程编号 Project No.
图 号 Drawing No.	22 / 39	日 期 Date
地 址 ADD		
电 话 TEL		
传 真 FAX		

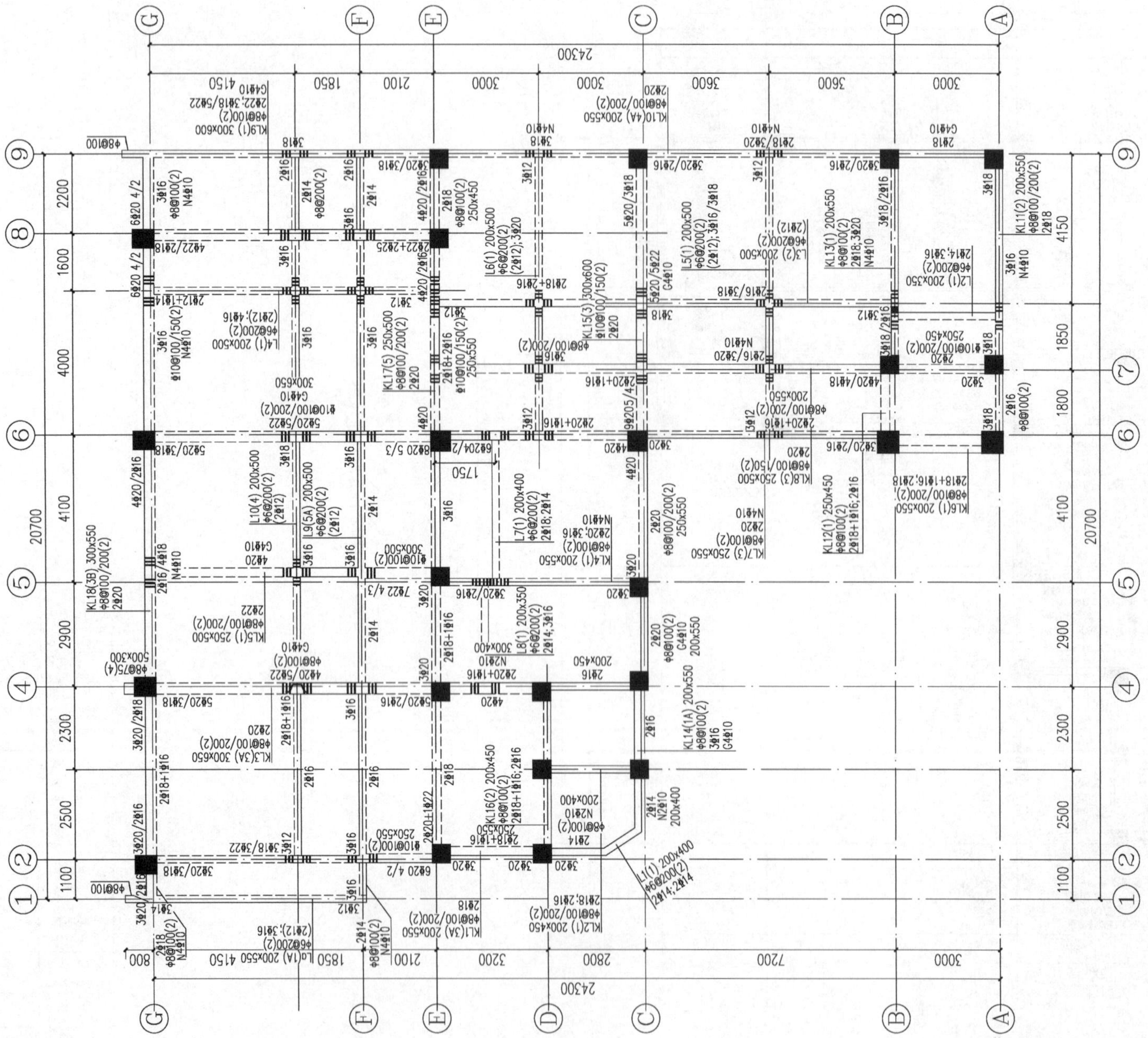

26.95 m标高框架梁配筋图

说明：1.图中梁定位为居中布置或齐柱边。
2.图中主次梁交接处未注明的附加箍筋均为8Φd
（d为主梁箍筋直径）。
3.图中有吊筋符号，且未注明的吊筋为2Φ12。
4.跨内变截面梁做法详见结施17的①节点。

说 明
Illustration

注：本图未经相关建设主管部门批准不得使用。

项目负责人 Project Director	姓 名 Name		
	注册印章编号 Registration Seal No.		
执行项目负责人 Perform Project Director			
专业负责 Specialized Person in Charge			
设 计 Design			
校 对 Check			
审 核 Examiner			
审 定 Approved			
工程名称 Project			
单体名称 Single Name	综合办公楼		
图 名 Drawing Name	26.95 m标高框架梁配筋图		
图 别 Drawing Sort	结 施	工程编号 Project No.	
图 号 Drawing No.	23 / 39	日 期 Date	
地 址 ADD			
电 话 TEL			
传 真 FAX			

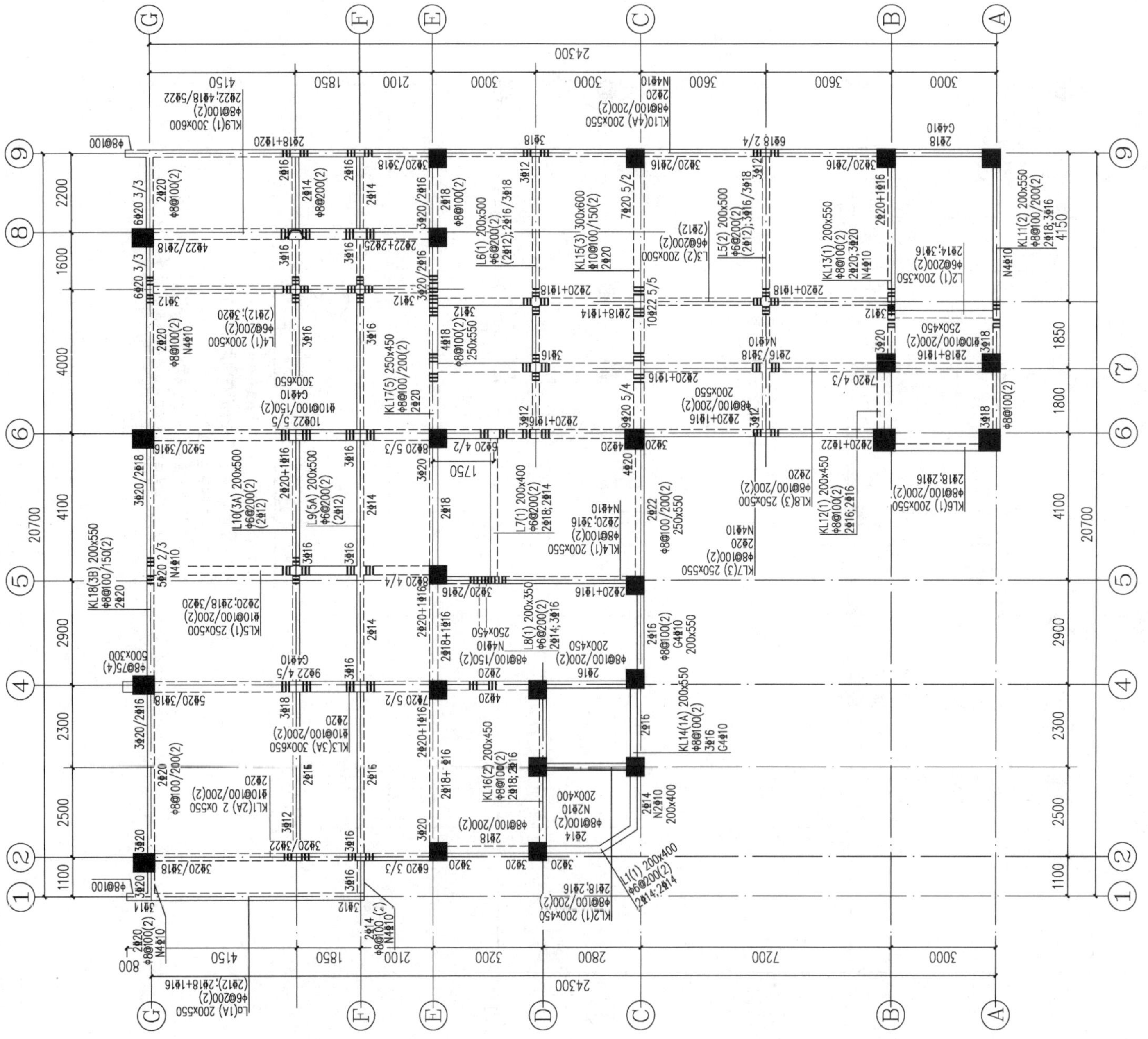

30.55 m标高框架梁配筋图

说明：1.图中梁定位为居中布置或齐柱边。
2.图中主次梁交接处未注明的附加箍筋均为8Φd（d为主梁箍筋直径）。
3.图中吊筋符号，且未注明的吊筋为2Φ12。
4.跨内变截面梁做法详见结施17的①节点。

说 明
Illustration

注：本图未经相关建设主管部门批准不得使用。

项目负责人 Project Director	姓 名 Name		
	注册印章编号 Registration Seal No.		
执行项目负责人 Perform Project Director			
专业负责 Specialized Person in Charge			
设 计 Design			
校 对 Check			
审 核 Examiner			
审 定 Approved			
工程名称 Project			
单体名称 Single Name	综合办公楼		
图 名 Drawing Name	30.55 m标高框架梁配筋图		
图 别 Drawing Sort	结 施	工程编号 Project No.	
图 号 Drawing No.	24/39	日 期 Date	
地 址 ADD			
电 话 TEL			
传 真 FAX			

34.15 m标高框架梁配筋图

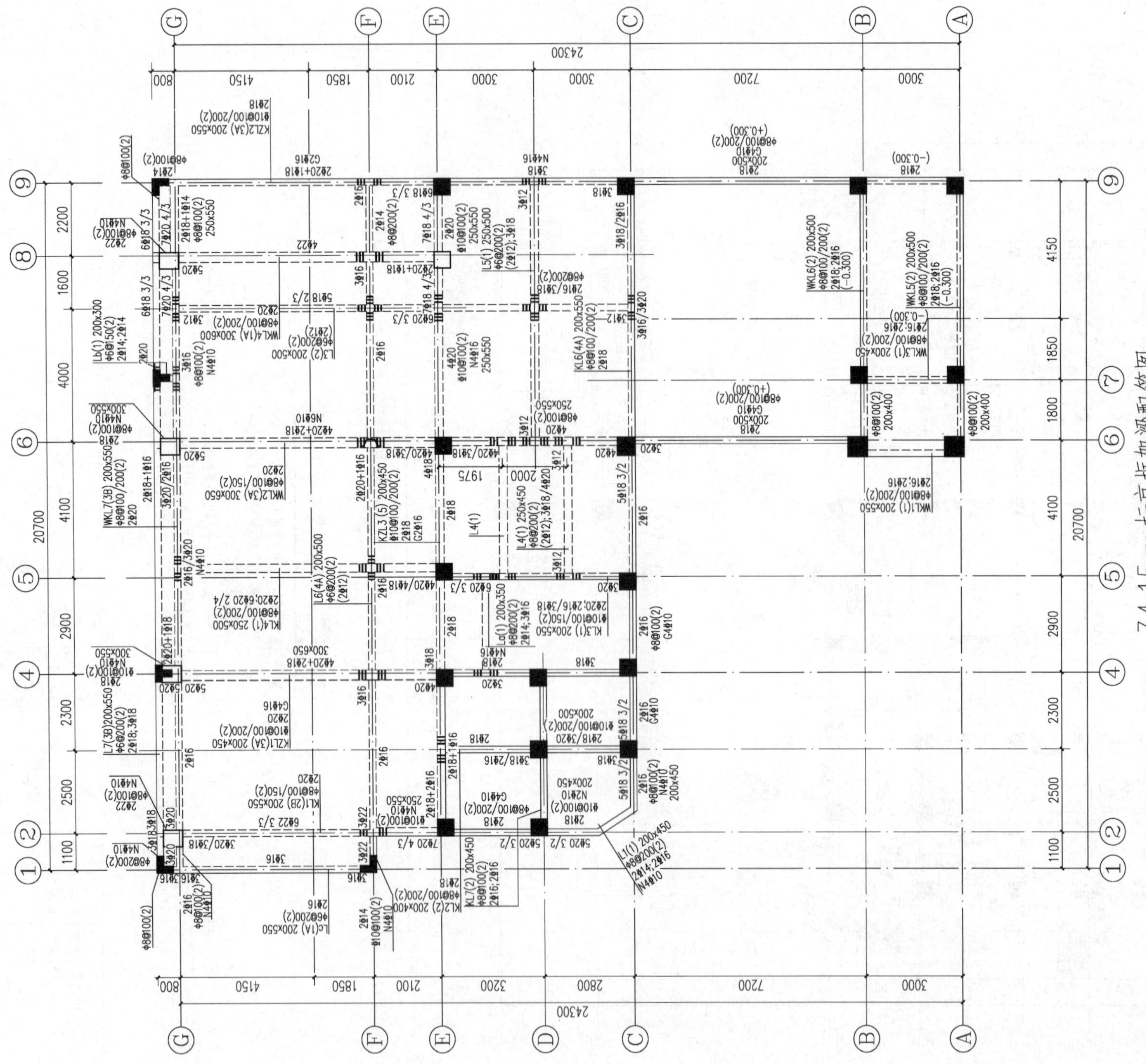

说明：1.图中梁定位为居中布置或齐柱边。
2.图中主次梁交接处未注明的附加箍筋均为8Φd（d为主梁箍筋直径）。
3.图中有吊筋符号，且未注明的吊筋为2Φ12。
4.跨内变截面梁做法详见结施17的①节点。

说 明
Illustration

注：本图未经相关建设主管部门批准不得使用。

项目负责人 Project Director	姓 名 Name	
	注册印章编号 Registration Seal No.	
执行项目负责人 Perform Project Director		
专业负责 Specialized Person in Charge		
设 计 Design		
校 对 Check		
审 核 Examiner		
审 定 Approved		
工程名称 Project		
单体名称 Single Name	综合办公楼	
图 名 Drawing Name	34.15 m标高框架梁配筋图	
图 别 Drawing Sort	结 施	工程编号 Project No.
图 号 Drawing No.	25 / 39	日 期 Date
地 址 ADD		
电 话 TEL		
传 真 FAX		

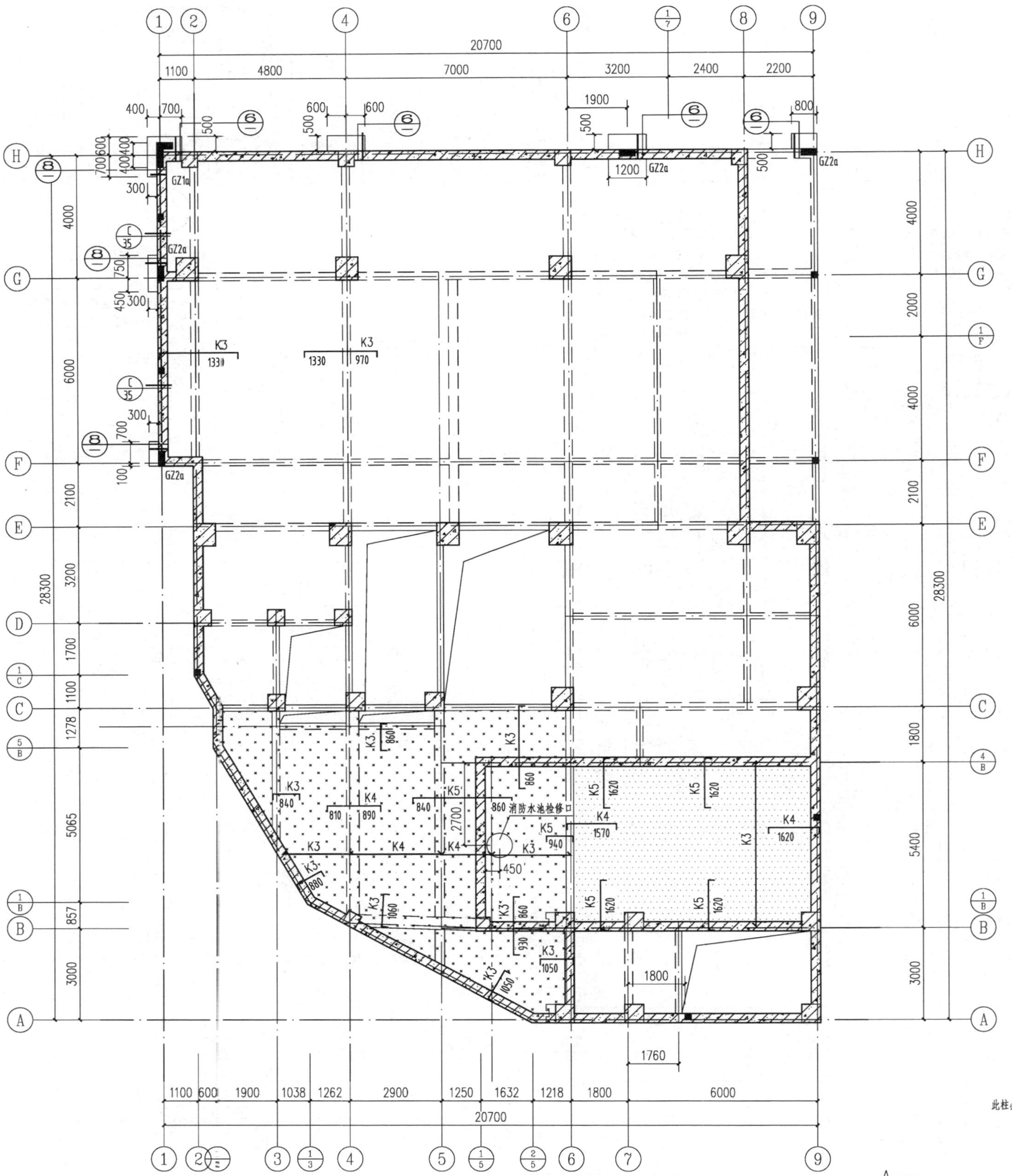

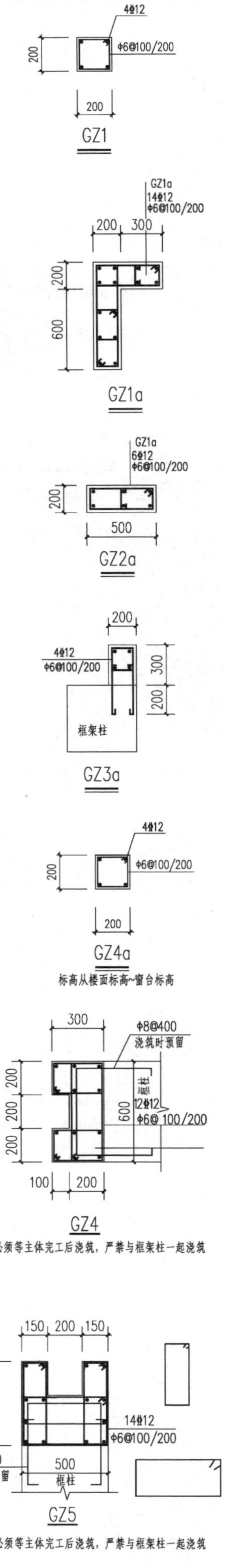

一层结构平面布置图 1:100

注：1. 本层板厚均为h=160 mm。
2. 本层楼板设置双层双向φ10@190贯通钢筋。
3. 图中板面标高未注明者均为楼板顶面结构标高H(H=−0.050 m)。
图中 区域板面标高为−0.450 m。
图中 区域板面标高为−0.100 m。
4. 图中K3,K4,K5表示除贯通筋以外的附加筋，K3表示附加φ8@190，K4表示附加φ10@190，K5附加φ12@190。
5. 图中未标注构造柱为构造GZ1。

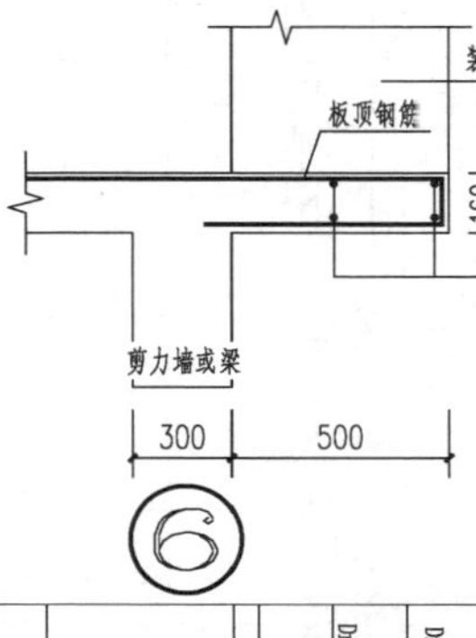

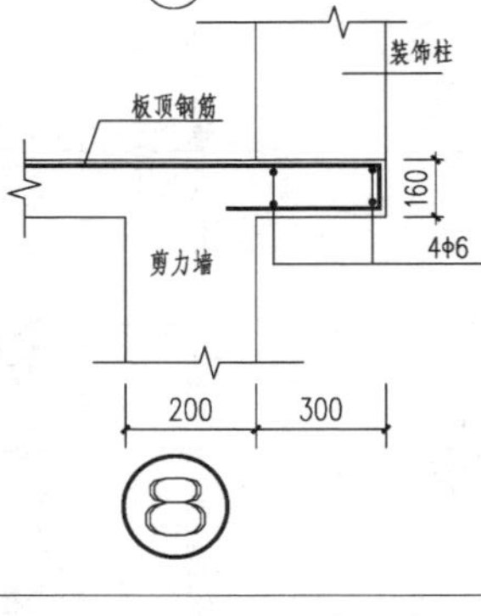

说 明
Illustration

注：本图未经相关建设主管部门批准不得使用。

项目负责人 Project Director	姓 名 Name	
	注册印章编号 Registration Seal No.	
执行项目负责人 Perform Project Director		
专业负责 Specialized Person in Charge		
设 计 Design		
校 对 Check		
审 核 Examiner		
审 定 Approved		
工程名称 Project		
单体名称 Single Name	综合办公楼	
图 名 Drawing Name	一层结构平面布置图	
图 别 Drawing Sort	结 施	工程编号 Project No.
图 号 Drawing No.	26 / 39	日 期 Date
地 址 ADD		
电 话 TEL		
传 真 FAX		

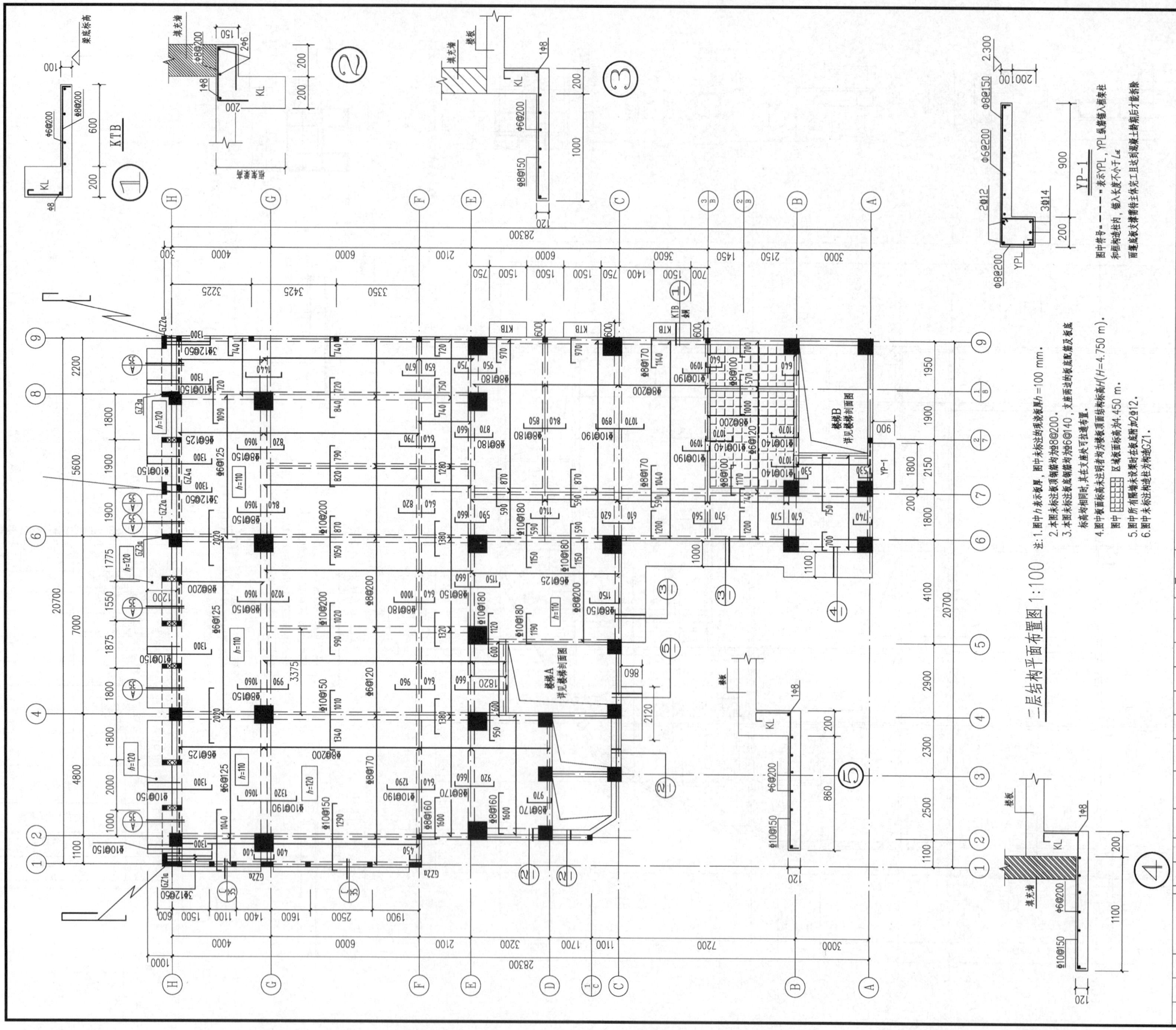

说 明
Illustration

注：本图未经相关建设主管部门批准不得使用。

项目负责人 Project Director	姓 名 Name	
	注册印章编号 Registration Seal No.	
执行项目负责人 Perform Project Director		
专业负责 Specialized Person in Charge		
设 计 Design		
校 对 Check		
审 核 Examiner		
审 定 Approved		
工程名称 Project		
单体名称 Single Name	综合办公楼	
图 名 Drawing Name	二层结构平面布置图	
图 别 Drawing Sort	结 施	工程编号 Project No.
图 号 Drawing No.	27 / 39	日 期 Date
地 址 ADD		
电 话 TEL		
传 真 FAX		

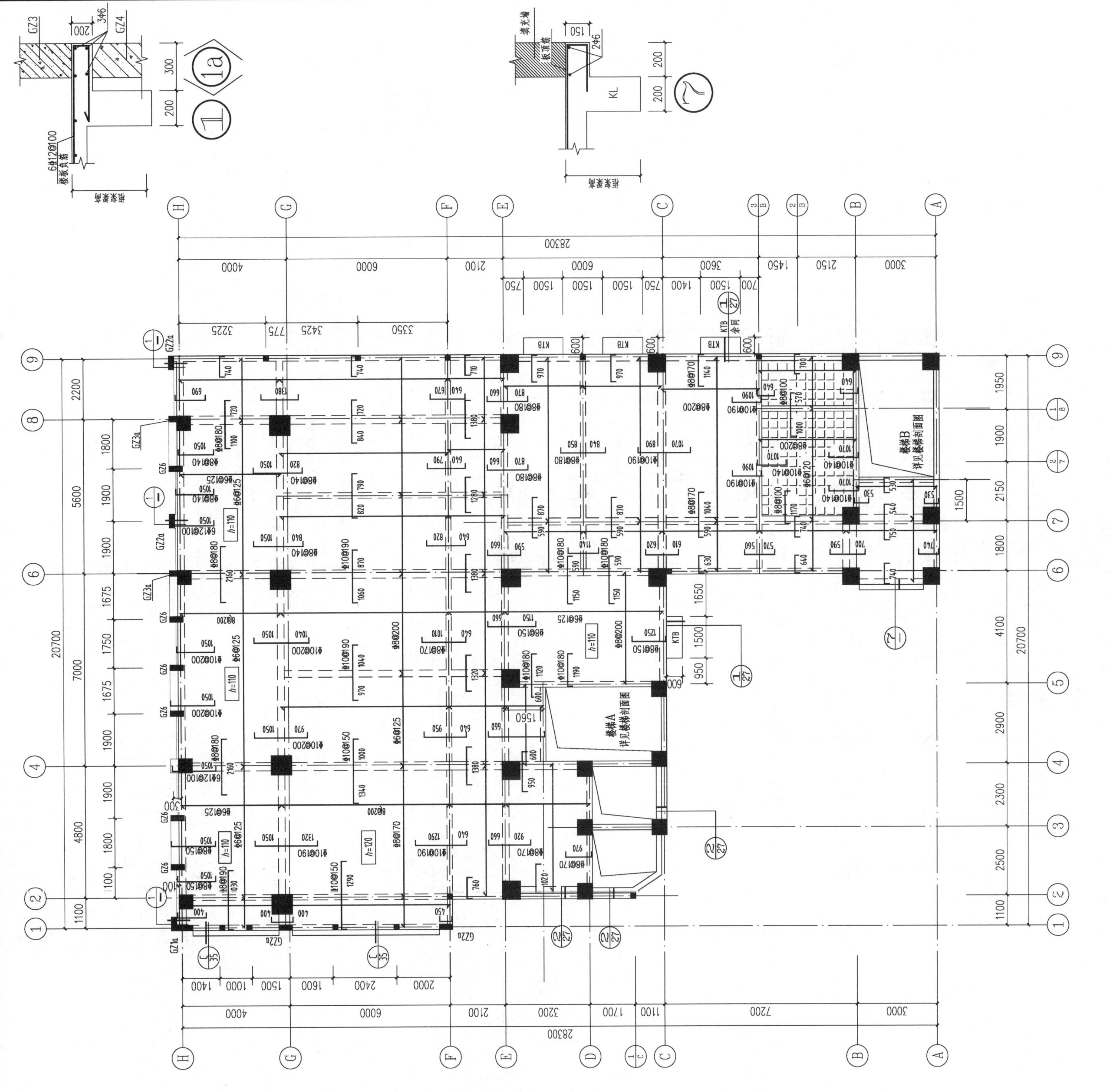

三层结构平面布置图 1:100

注：1.图中h表示板厚，图中未标注的现浇板厚h=100 mm。
2.本图未标注板顶钢筋均为Φ8@200。
3.本图未标注板底钢筋均为Φ6@140，支座两边的板底配筋及板底标高均相同时，其在支座处可拉通布置。
4.图中板面标高未注明者均为楼板顶面结构标高H(H=8.650 m)。
图中▦区域板面标高为8.350 m。
5.图中所有隔墙未设梁时在板底附加2Φ12。
6.图中未标注构造柱为构造GZ1。

说 明
Illustration

注：本图未经相关建设主管部门批准不得使用。

项目负责人 Project Director	姓 名 Name	
	注册印章编号 Registration Seal No.	
执行项目负责人 Perform Project Director		
专业负责 Specialized Person in Charge		
设 计 Design		
校 对 Check		
审 核 Examiner		
审 定 Approved		
工程名称 Project		
单体名称 Single Name	综合办公楼	
图 名 Drawing Name	三层结构平面布置图	
图 别 Drawing Sort	结 施	工程编号 Project No.
图 号 Drawing No.	28 / 39	日 期 Date
地 址 ADD		
电 话 TEL		
传 真 FAX		

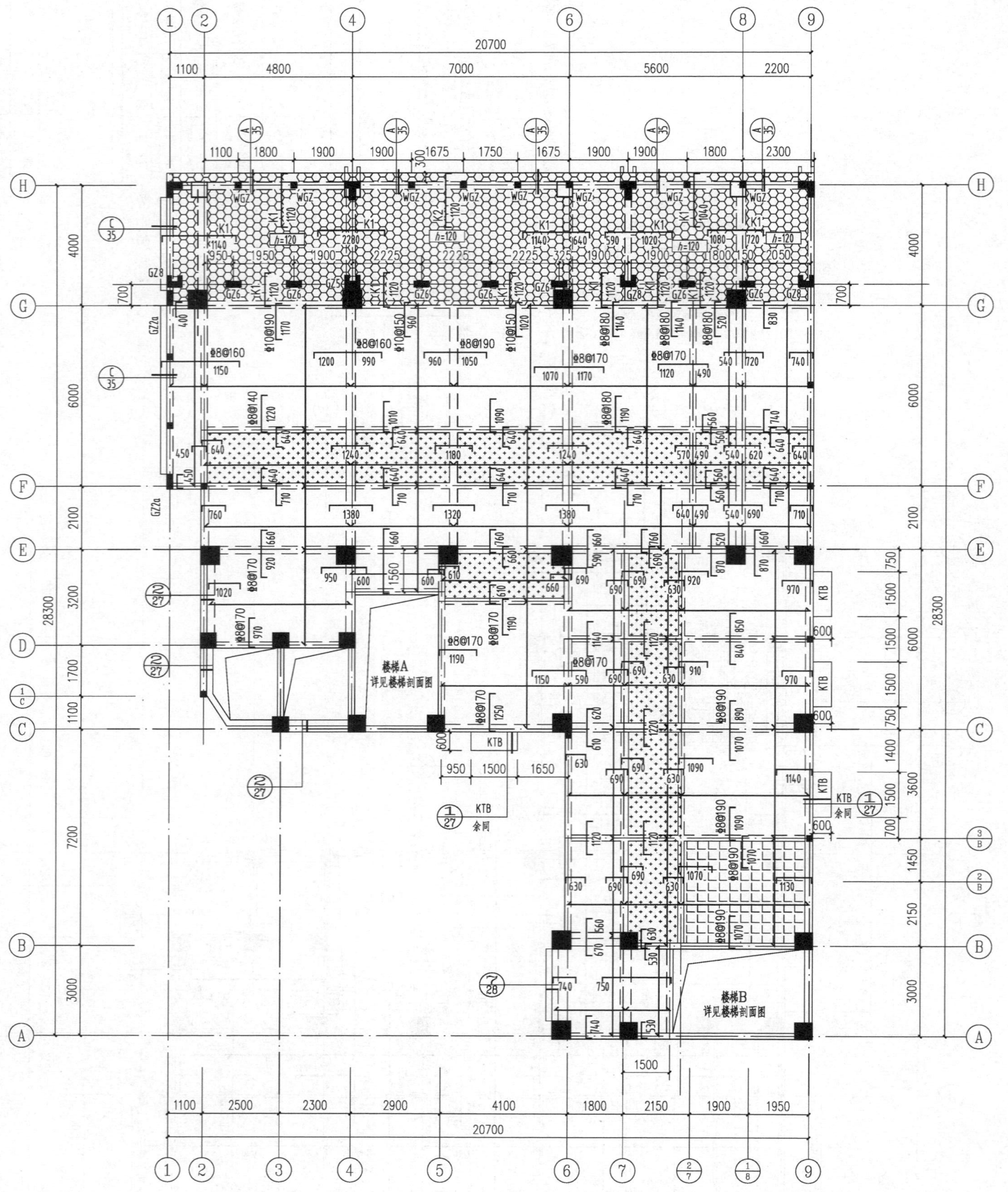

四层结构平面布置图 1:100

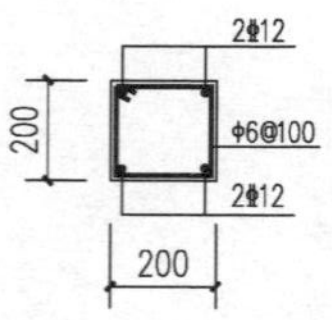

WGZ

注：1.图中h表示板厚，图中未标注的现浇板厚h=100 mm。
2.本图未标注板顶钢筋均为Φ8@200。
3.本图未标注板底钢筋均为Φ6@140，支座两边的板底配筋及板底标高均相同时，其在支座处可拉通布置。
4.图中 楼板设置双层双向Φ8@200拉通。
5.图中板面标高未注明者均为楼板顶面结构标高H(H=12.550 m)。
图中 区域板面标高为12.250 m。
图中 区域板面标高为12.500 m。
6.图中所有隔墙未设梁时在板底附加2Φ12。
7.图中未标注构造柱为构造GZ1。
8.图中K1,K2表示除贯通筋以外的附加筋。
K1表示附加Φ8@200，K2表示附加Φ10@200。
9.屋面女儿墙设置WGZ，间距不大于2.0 m，转角处必须设置。

说 明 Illustration

注：本图未经相关建设主管部门批准不得使用。

项目负责人 Project Director	姓 名 Name		
	注册印章编号 Registration Seal No.		
执行项目负责人 Perform Project Director			
专业负责 Specialized Person in Charge			
设 计 Design			
校 对 Check			
审 核 Examiner			
审 定 Approved			
工程名称 Project			
单体名称 Single Name	综合办公楼		
图 名 Drawing Name	四层结构平面布置图		
图 别 Drawing Sort	结 施	工程编号 Project No.	
图 号 Drawing No.	29 / 39	日 期 Date	
地 址 ADD			
电 话 TEL			
传 真 FAX			

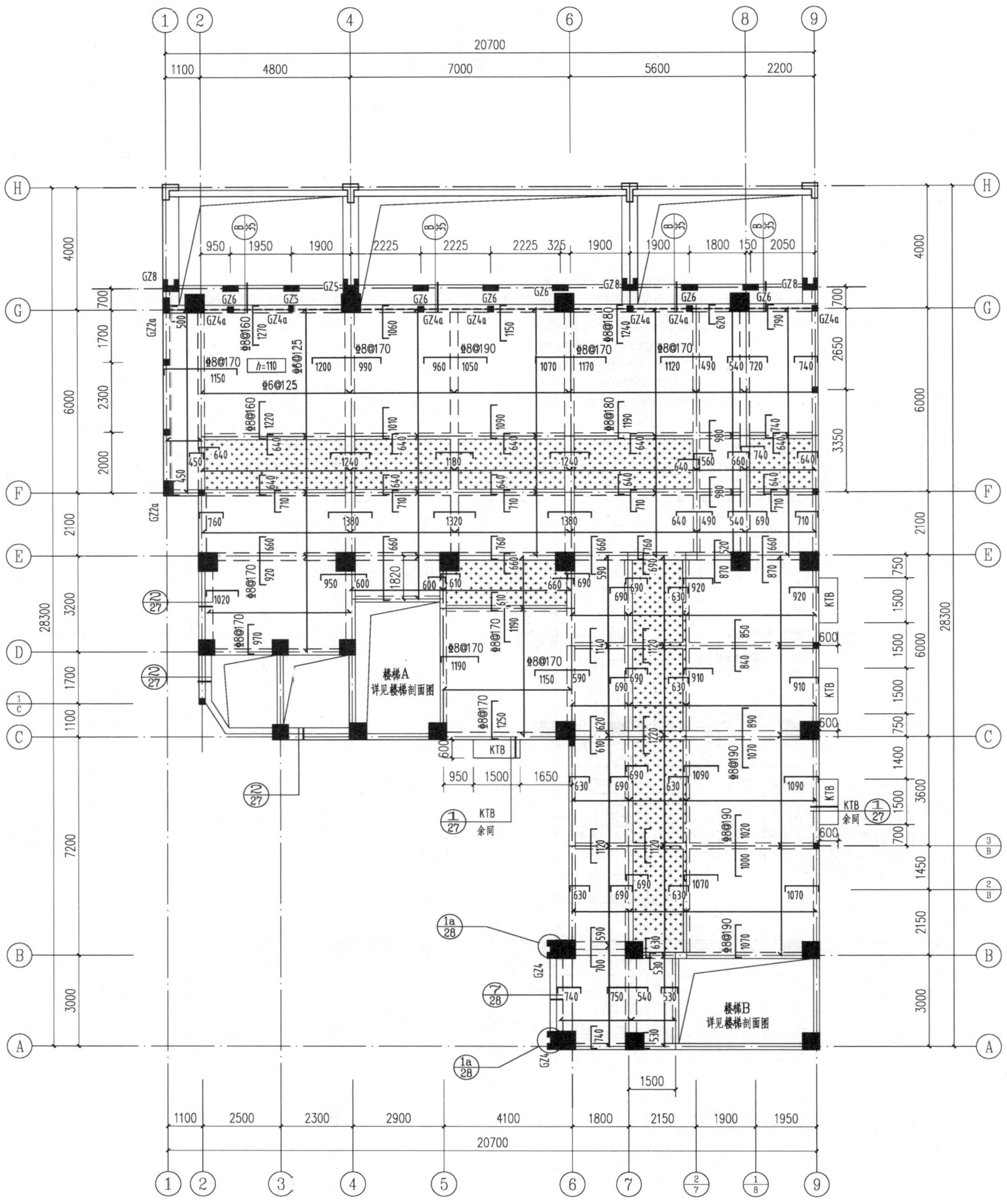

五层结构平面布置图 1:100

注：1.图中 h 表示板厚，图中未标注的现浇板厚 h=100 mm。
2.本图未标注板顶钢筋均为Φ8@200。
3.本图未标注板底钢筋均为Φ6@140，支座两边的板底配筋及板底标高均相同时，其在支座处可拉通布置。
4.图中板面标高未注明者均为楼板顶面结构标高 H (H=16.150 m)。
图中 区域板面标高为16.100 m。
5.图中所有隔墙未设梁时在板底附加2Φ12。
6.图中未标注构造柱为构造GZ1。

说明 Illustration

注：本图未经相关建设主管部门批准不得使用。

项目负责人 Project Director	姓名 Name		
	注册印章编号 Registration Seal No.		
执行项目负责人 Perform Project Director			
专业负责 Specialized Person in Charge			
设计 Design			
校对 Check			
审核 Examiner			
审定 Approved			
工程名称 Project			
单体名称 Single Name	综合办公楼		
图名 Drawing Name	五层结构平面布置图		
图别 Drawing Sort	结施	工程编号 Project No.	
图号 Drawing No.	30 / 39	日期 Date	
地址 ADD			
电话 TEL			
传真 FAX			

说 明
Illustration

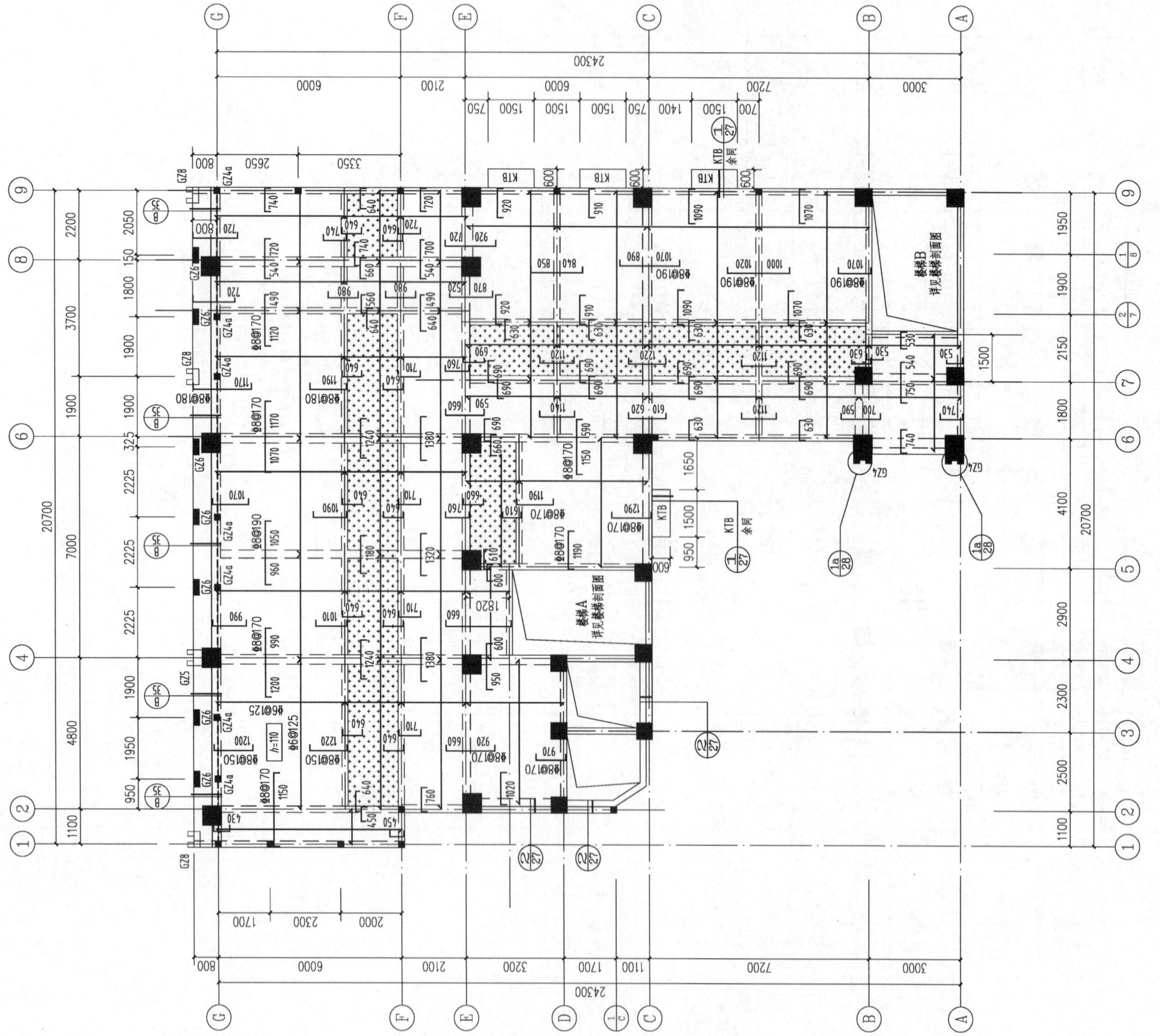

六至八层结构平面布置图 1:100

注：1.图中h表示板厚，图中未标注的现浇板厚h=100 mm。
2.本图未标注板顶钢筋均为Φ8@200。
3.本图未标注板底钢筋均为Φ6@140，支座两边的板底配筋及板底标高均相同时，其在支座处可拉通布置。
4.图中板面标高未注明者均为楼板顶面结构标高H(H=19.750/23.350/26.950 m)。
图中 [区域图例] 区域板面标高为19.700/23.300/26.950 m。
5.图中所有隔墙未设梁时在板底附加2Φ12。
6.图中未标注构造柱为构造GZ1。

注：本图未经相关建设主管部门批准不得使用。

项目负责人 Project Director	姓 名 Name		
	注册印章编号 Registration Seal No.		
执行项目负责人 Perform Project Director			
专业负责 Specialized Person in Charge			
设 计 Design			
校 对 Check			
审 核 Examiner			
审 定 Approved			
工程名称 Project			
单体名称 Single Name	综合办公楼		
图 名 Drawing Name	六至八层结构平面布置图		
图 别 Drawing Sort	结 施	工程编号 Project No.	
图 号 Drawing No.	31/39	日 期 Date	
地 址 ADD			
电 话 TEL			
传 真 FAX			

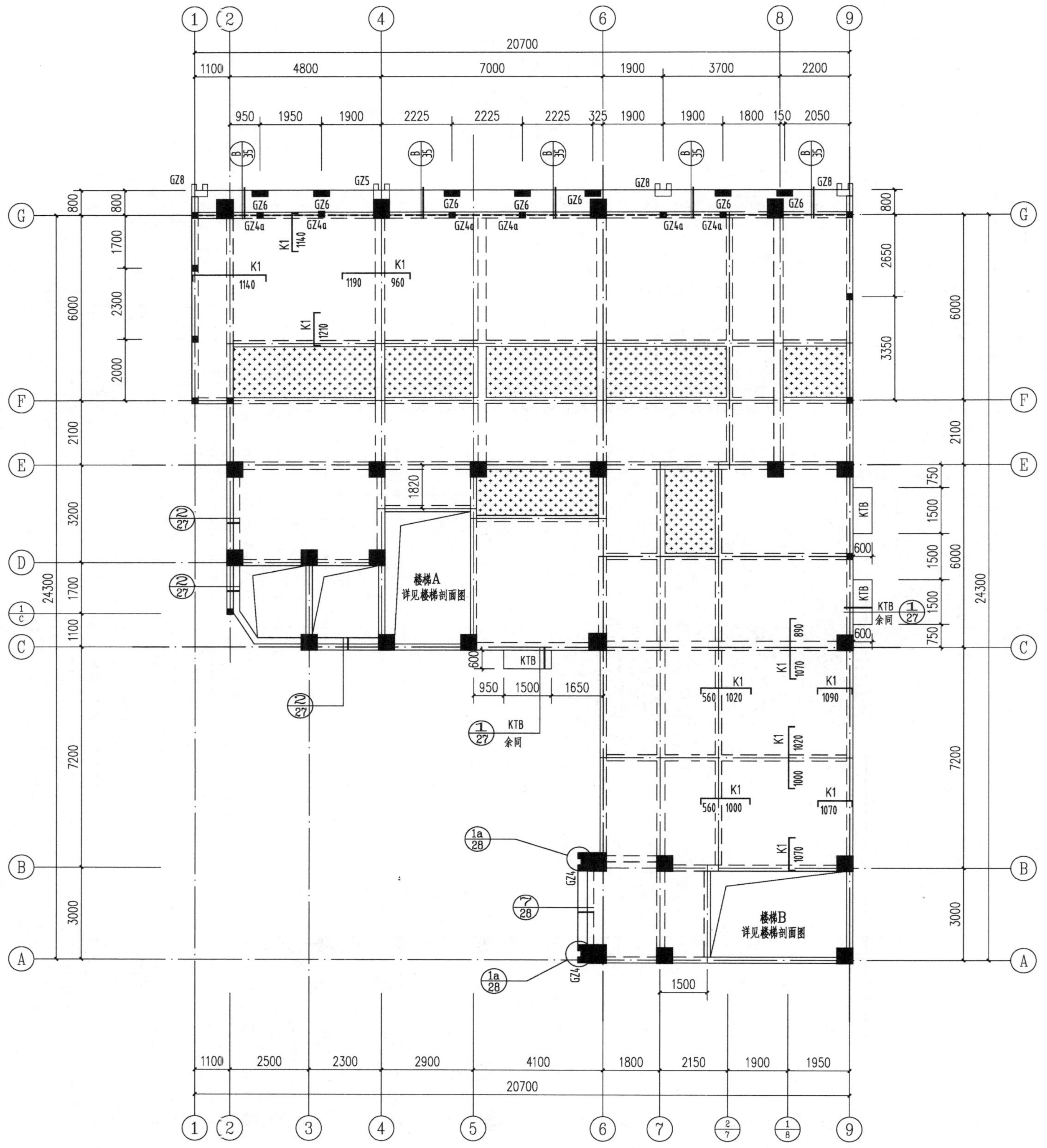

九层结构平面布置图 1:100

注: 1.图中h表示板厚，图中未标注的现浇板厚均为h=120 mm。

2.本层楼板设置双层双向ф8@200拉通。

3.图中板面标高未注明者均为楼板顶面结构标高H(H=30.550 m)。

图中 [填充图例] 区域板面标高为30.500 m。

4.图中所有隔墙未设梁时在板底附加2ф12。

5.图中未标注构造柱为构造GZ1。

6.图中K1，K2表示除贯通筋以外的附加筋，K1表示附加ф8@200，K2表示附加ф10@200。

7.屋面女儿墙设置WGZ，间距不大于2.0 m，转角处必须设置。

说 明
Illustration

注：本图未经相关建设主管部门批准不得使用。

项目负责人 Project Director	姓 名 Name	
	注册印章编号 Registration Seal No.	
执行项目负责人 Perform Project Director		
专业负责 Specialized Person in Charge		
设 计 Design		
校 对 Check		
审 核 Examiner		
审 定 Approved		
工程名称 Project		
单体名称 Single Name	综合办公楼	
图 名 Drawing Name	九层结构平面布置图	
图 别 Drawing Sort	结 施	工程编号 Project No.
图 号 Drawing No.	32 / 39	日 期 Date

地 址 ADD

电 话 TEL

传 真 FAX

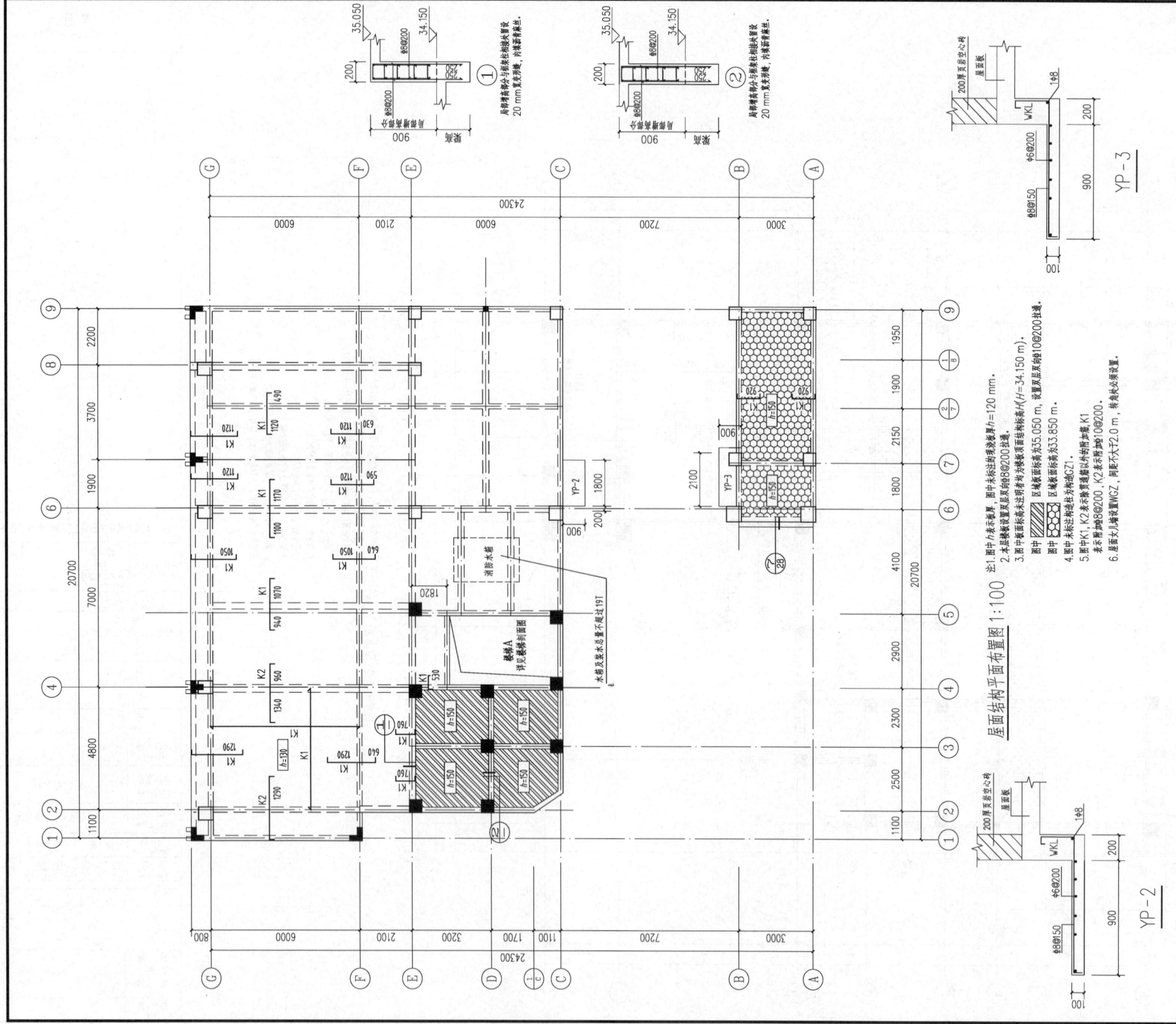

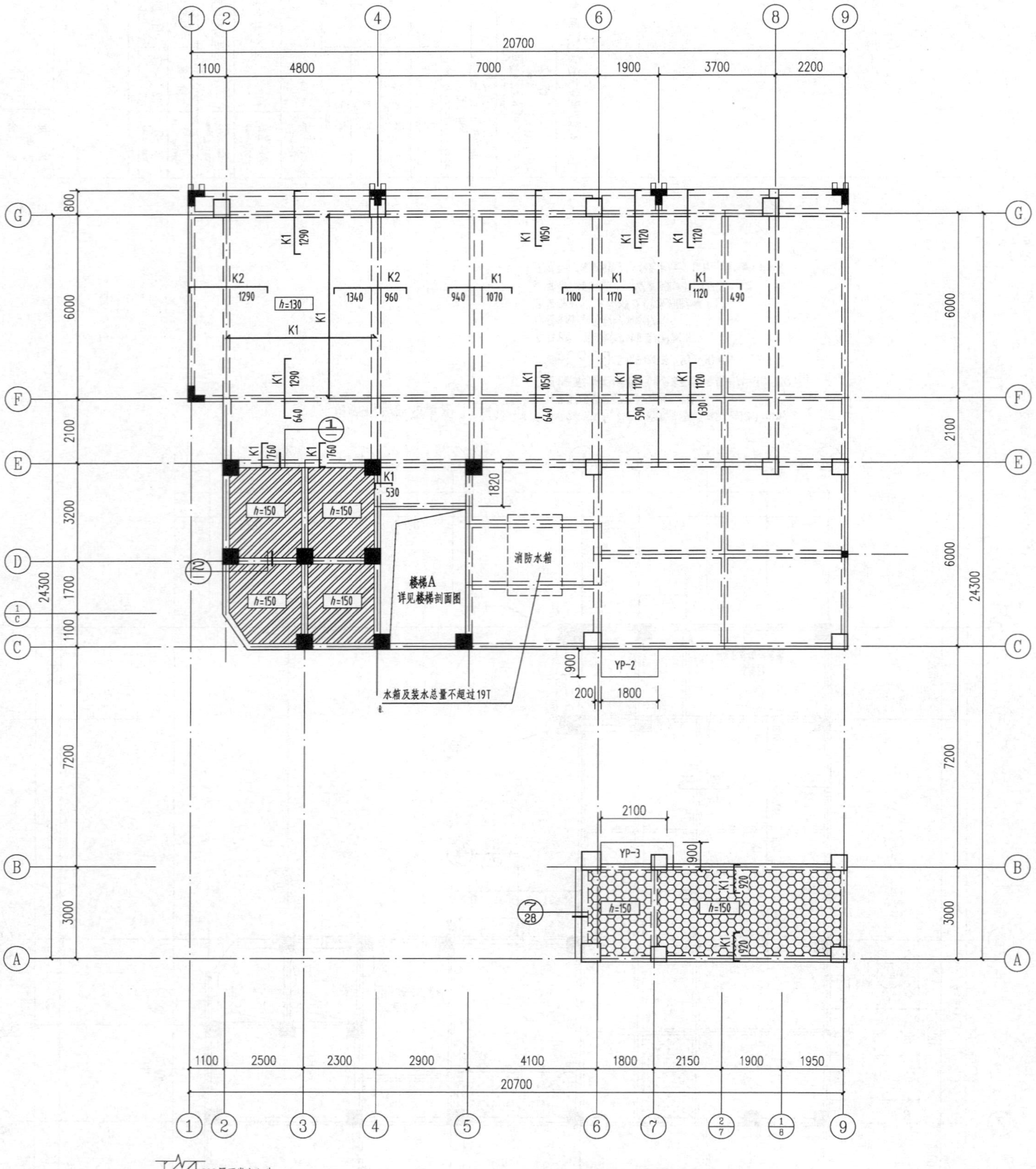

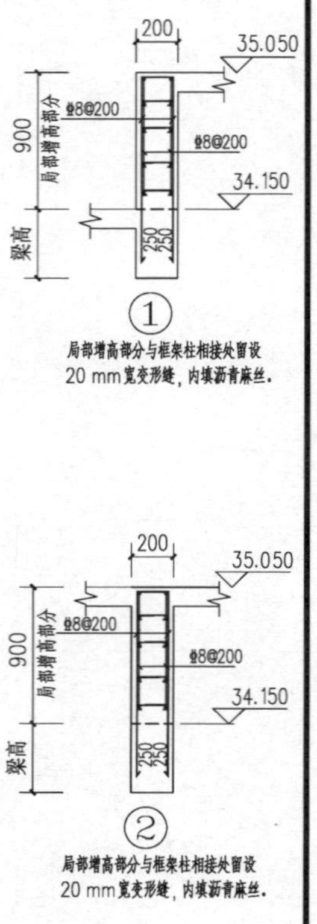

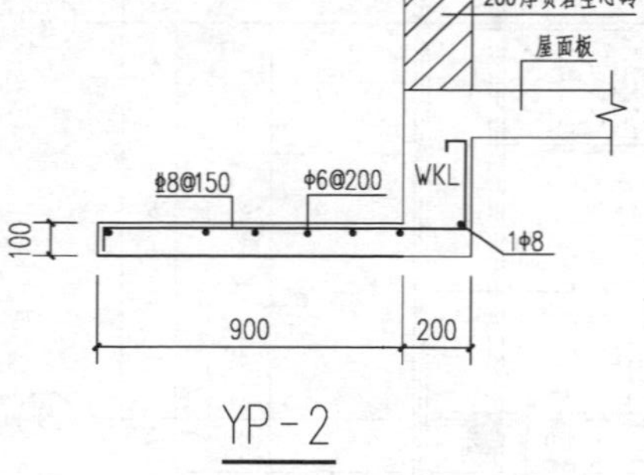

YP-2

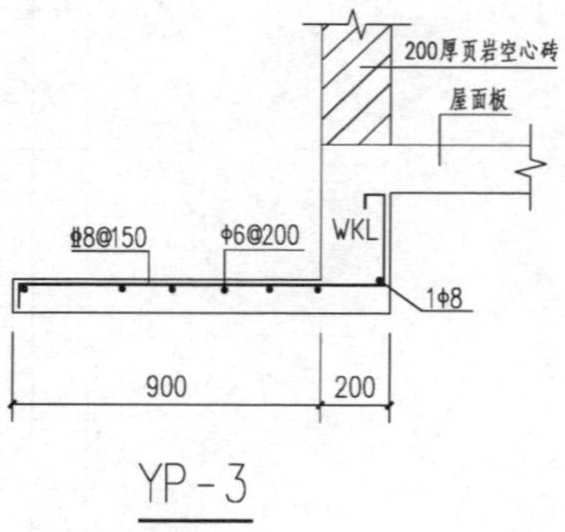

YP-3

屋面结构平面布置图 1:100

注：1. 图中 h 表示板厚，图中未标注的现浇板厚 $h=120$ mm。
2. 本层楼板设置双层双向Φ8@200拉通。
3. 图中板面标高未注明者均为楼板顶面结构标高 H（$H=34.150$ m）。
图中（斜线填充）区域板面标高为35.050 m，设置双层双向Φ10@200拉通。
图中（蜂窝填充）区域板面标高为33.850 m。
4. 图中未标注构造柱为构造GZ1。
5. 图中K1，K2表示除贯通筋以外的附加筋，K1表示附加Φ8@200，K2表示附加Φ10@200。
6. 屋面女儿墙设置WGZ，间距不大于2.0 m，转角处必须设置。

说 明
Illustration

注：本图未经相关建设主管部门批准不得使用。

项目负责人 Project Director	姓 名 Name	
	注册印章编号 Registration Seal No.	
执行项目负责人 Perform Project Director		
专业负责 Specialized Person in Charge		
设 计 Design		
校 对 Check		
审 核 Examiner		
审 定 Approved		
工程名称 Project		
单体名称 Single Name	综合办公楼	
图 名 Drawing Name	屋面结构平面布置图	
图 别 Drawing Sort	结 施	工程编号 Project No.
图 号 Drawing No.	33 / 39	日 期 Date
地 址 ADD		
电 话 TEL		
传 真 FAX		

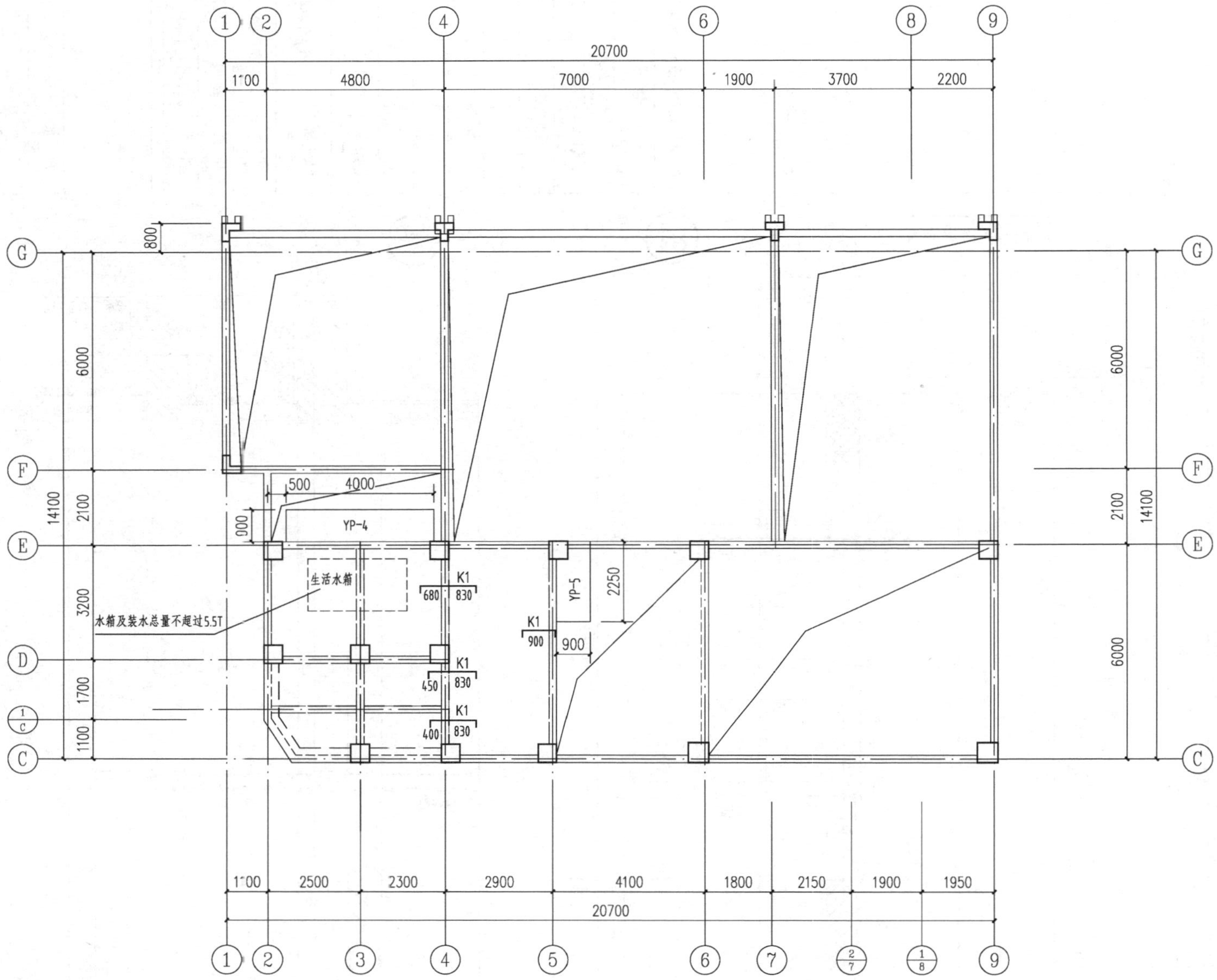

出屋面结构平面布置图 1:100

注：1.图中h表示板厚，图中未标注的现浇板厚h=100 mm。
2.本层楼板设置双层双向Φ8@200拉通。
3.图中板面标高未注明者均为楼板顶面结构标高H(H=38.050 m)。
4.图中K1表示除贯通筋以外的附加筋，K1表示附加Φ8@200。
5.屋面女儿墙设置WGZ，间距不大于2.0 m，转角处必须设置。

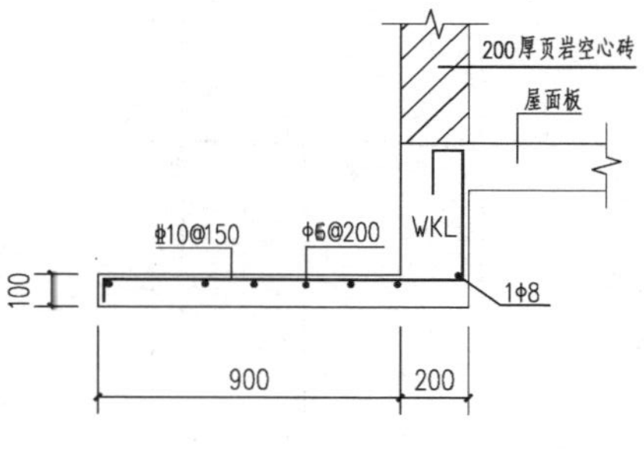

YP-4

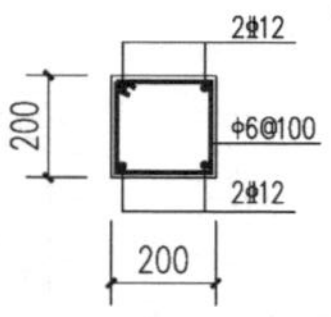

WGZ

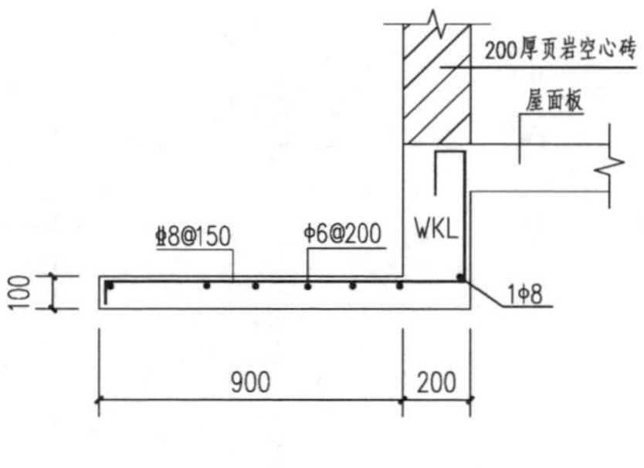

YP-4

说 明
Illustration

注：本图未经相关建设主管部门批准不得使用。

项目负责人 Project Director	姓 名 Name	
	注册印章编号 Registration Seal No.	
执行项目负责人 Perform Project Director		
专业负责 Specialized Person in Charge		
设 计 Design		
校 对 Check		
审 核 Examiner		
审 定 Approved		
工程名称 Project		
单体名称 Single Name	综合办公楼	
图 名 Drawing Name	出屋面结构平面布置图	
图 别 Drawing Sort	结 施	工程编号 Project No.
图 号 Drawing No.	34 / 39	日 期 Date
地 址 ADD		
电 话 TEL		
传 真 FAX		

说 明

Illustration

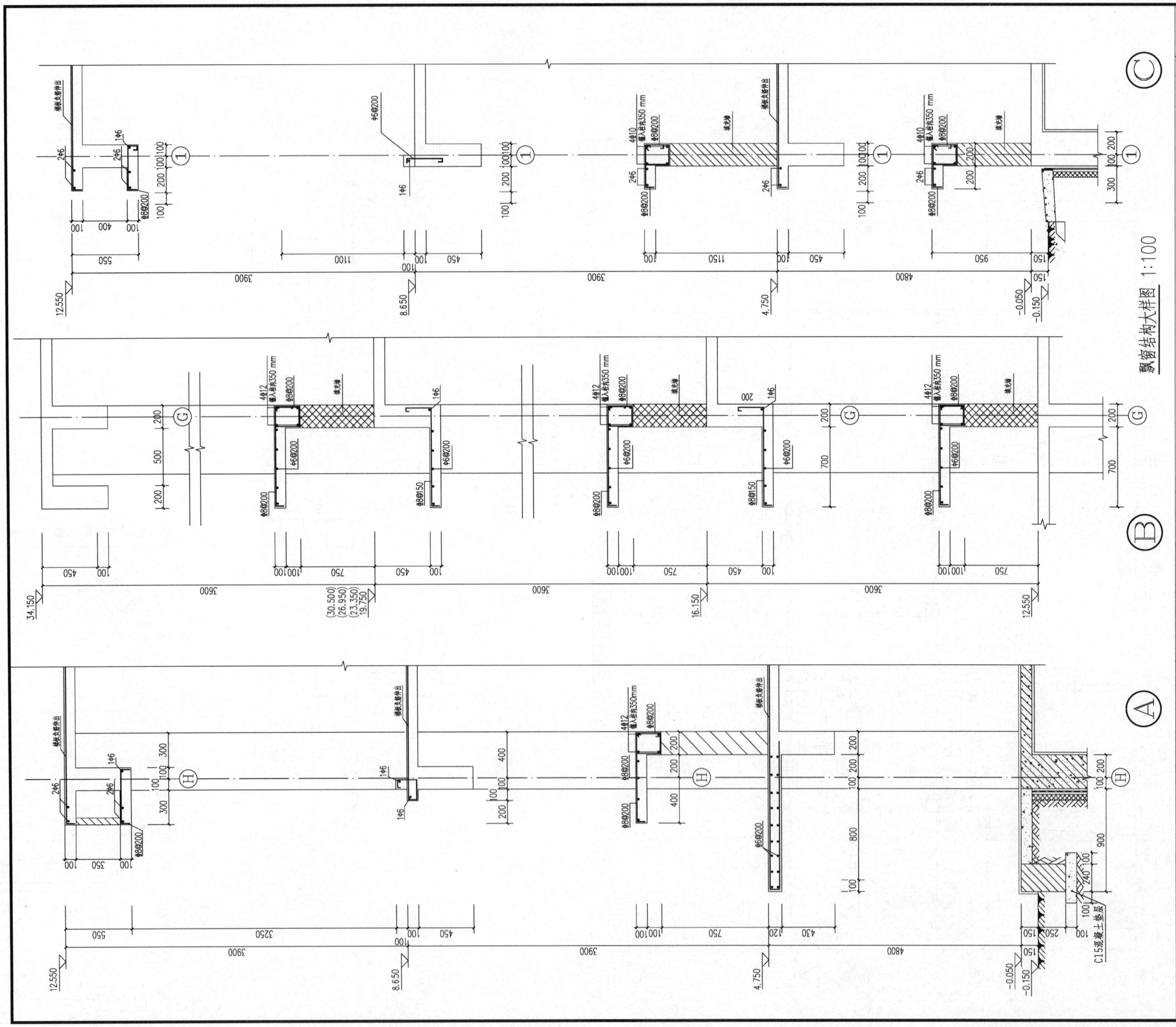

注：本图未经相关建设主管部门批准不得使用。

项目负责人 Project Director	姓 名 Name	
	注册印章编号 Registration Seal No.	
执行项目负责人 Perform Project Director		
专业负责 Specialized Person in Charge		
设 计 Design		
校 对 Check		
审 核 Examiner		
审 定 Approved		
工程名称 Project		
单体名称 Single Name	综合办公楼	
图 名 Drawing Name	飘窗结构大样图	
图 别 Drawing Sort	结 施	工程编号 Project No.
图 号 Drawing No.	35/39	日 期 Date
地 址 ADD		
电 话 TEL		
传 真 FAX		

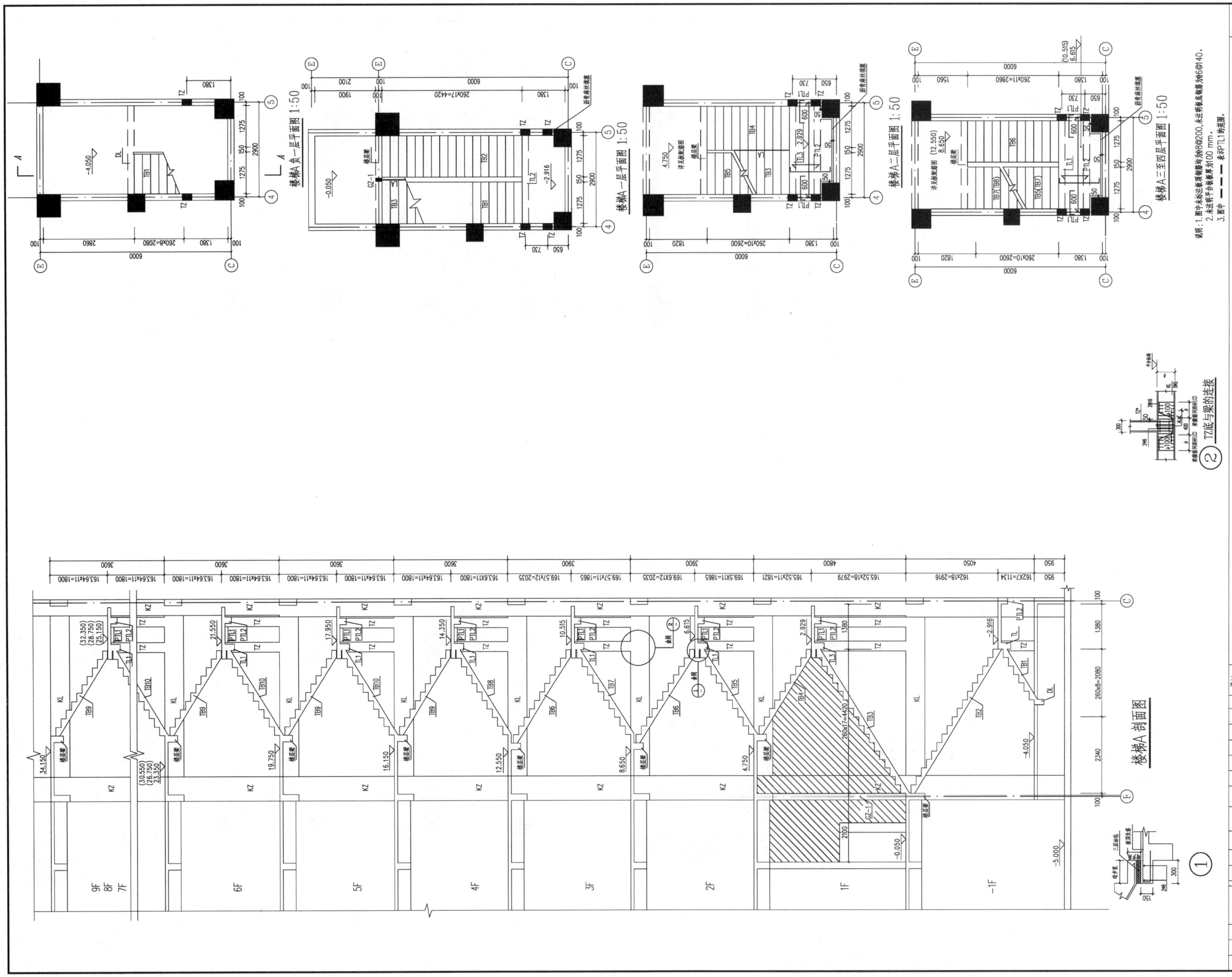

说明
Illustration

注：本图未经相关建设主管部门批准不得使用。

项目负责人 Project Director	姓名 Name	
	注册印章编号 Registration Seal No.	
执行项目负责人 Perform Project Director		
专业负责 Specialized Person in Charge		
设计 Design		
校对 Check		
审核 Examiner		
审定 Approved		
工程名称 Project		
单体名称 Single Name	综合办公楼	
图名 Drawing Name	楼梯A平面图1、剖面图	
图别 Drawing Sort	结施	工程编号 Project No.
图号 Drawing No.	36 39	日期 Date
地址 ADD		
电话 TEL		
传真 FAX		

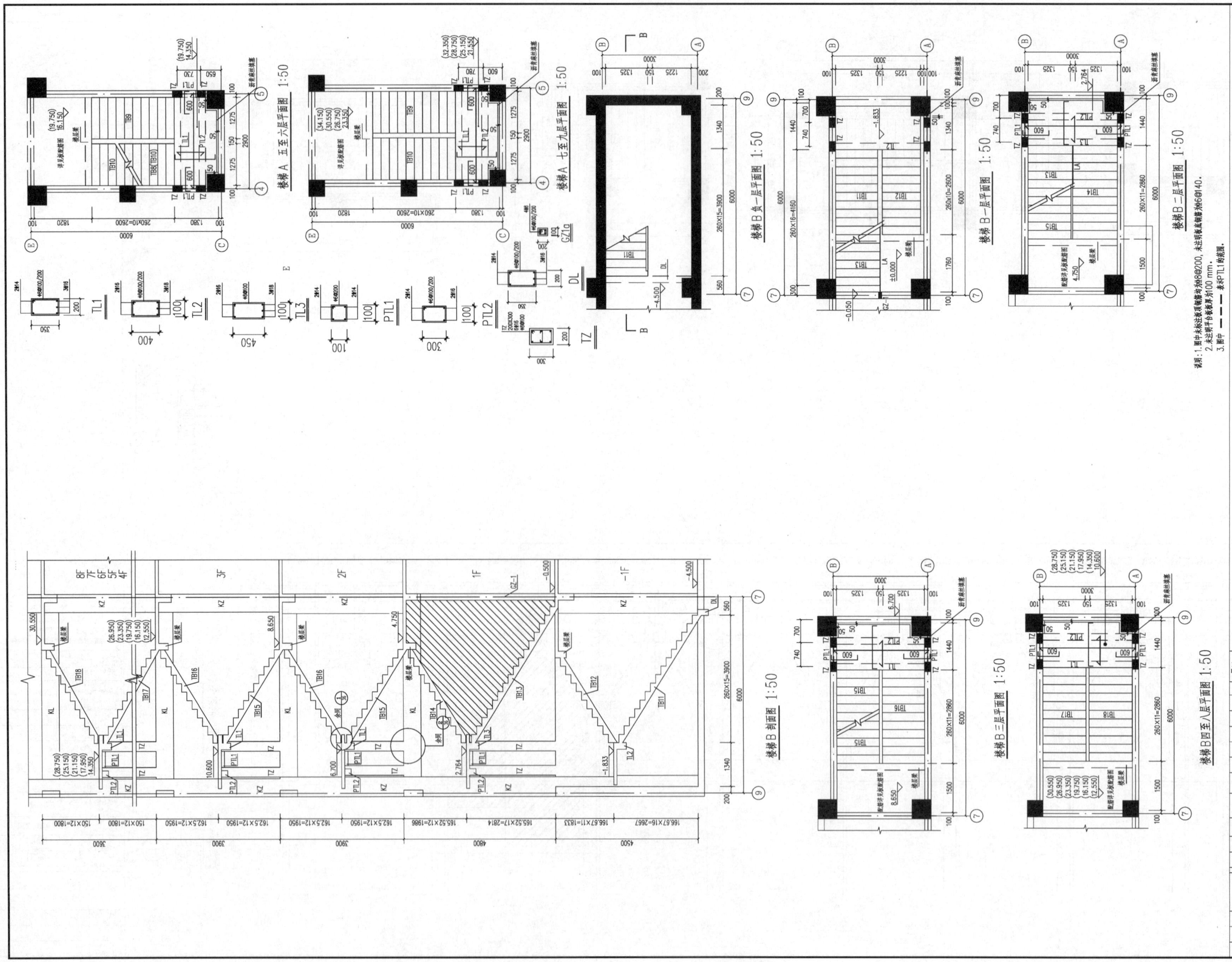

说明
Illustration

注：本图未经相关建设主管部门批准不得使用。

项目负责人 Project Director	姓名 Name		
	注册印章编号 Registration Seal No.		
执行项目负责人 Perform Project Director			
专业负责 Specialized Person in Charge			
设计 Design			
校对 Check			
审核 Examiner			
审定 Approved			
工程名称 Project			
单体名称 Single Name	综合办公楼		
图名 Drawing Name	楼梯A平面图2,楼梯B平面图、剖面图		
图别 Drawing Sort	结施	工程编号 Project No.	
图号 Drawing No.	37/39	日期 Date	

地址 ADD	
电话 TEL	
传真 FAX	

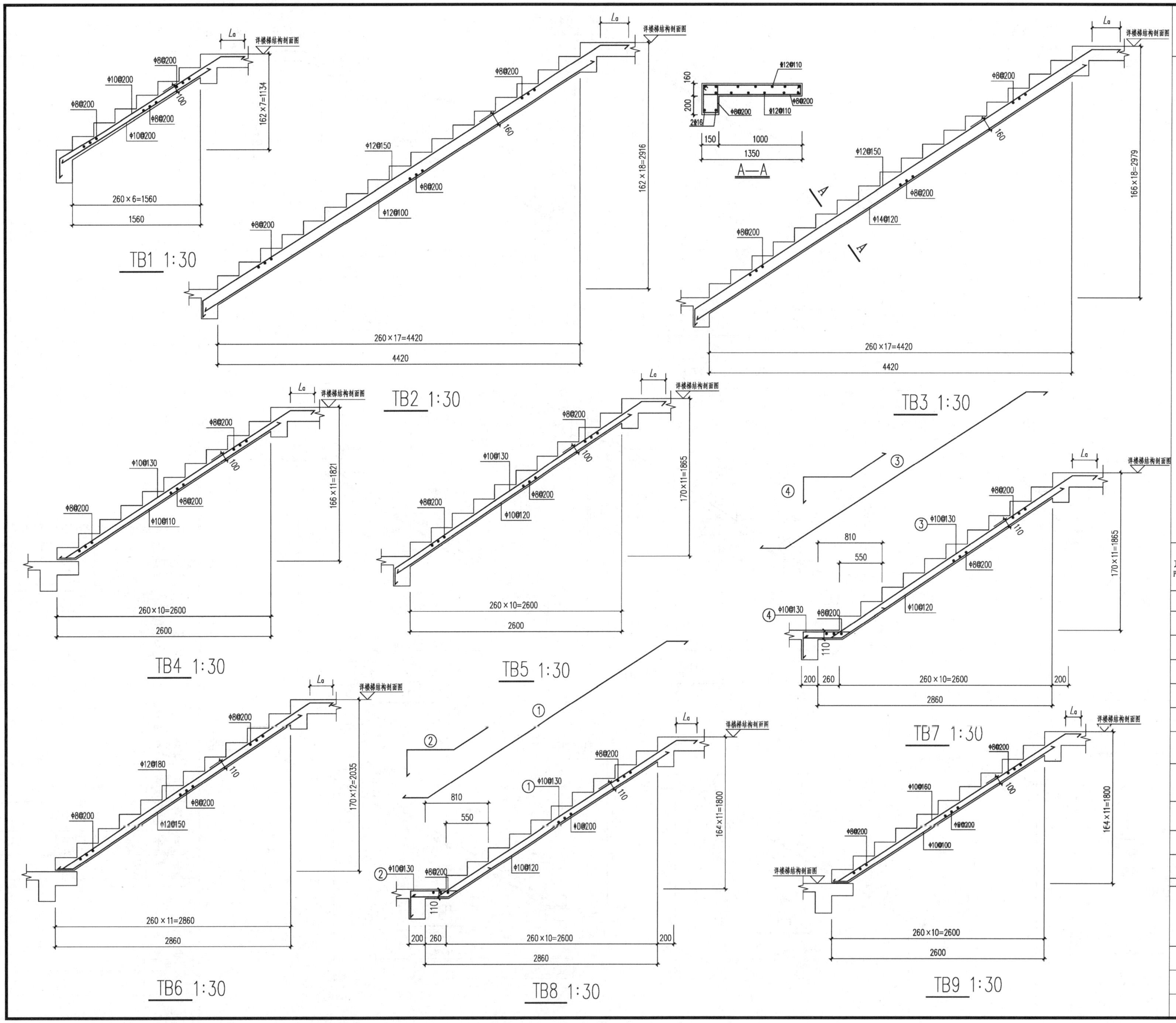

说 明

Illustration

注：本图未经相关建设主管部门批准不得使用。

项目负责人 Project Director	姓 名 Name	
	注册印章编号 Registration Seal No.	
执行项目负责人 Perform Project Director		
专业负责 Specialized Person in Charge		
设 计 Design		
校 对 Check		
审 核 Examiner		
审 定 Approved		

工程名称 Project			
单体名称 Single Name	综合办公楼		
图 名 Drawing Name	楼梯大样图1		
图 别 Drawing Sort	结 施	工程编号 Project No.	
图 号 Drawing No.	38 / 39	日 期 Date	

地 址 ADD	
电 话 TEL	
传 真 FAX	

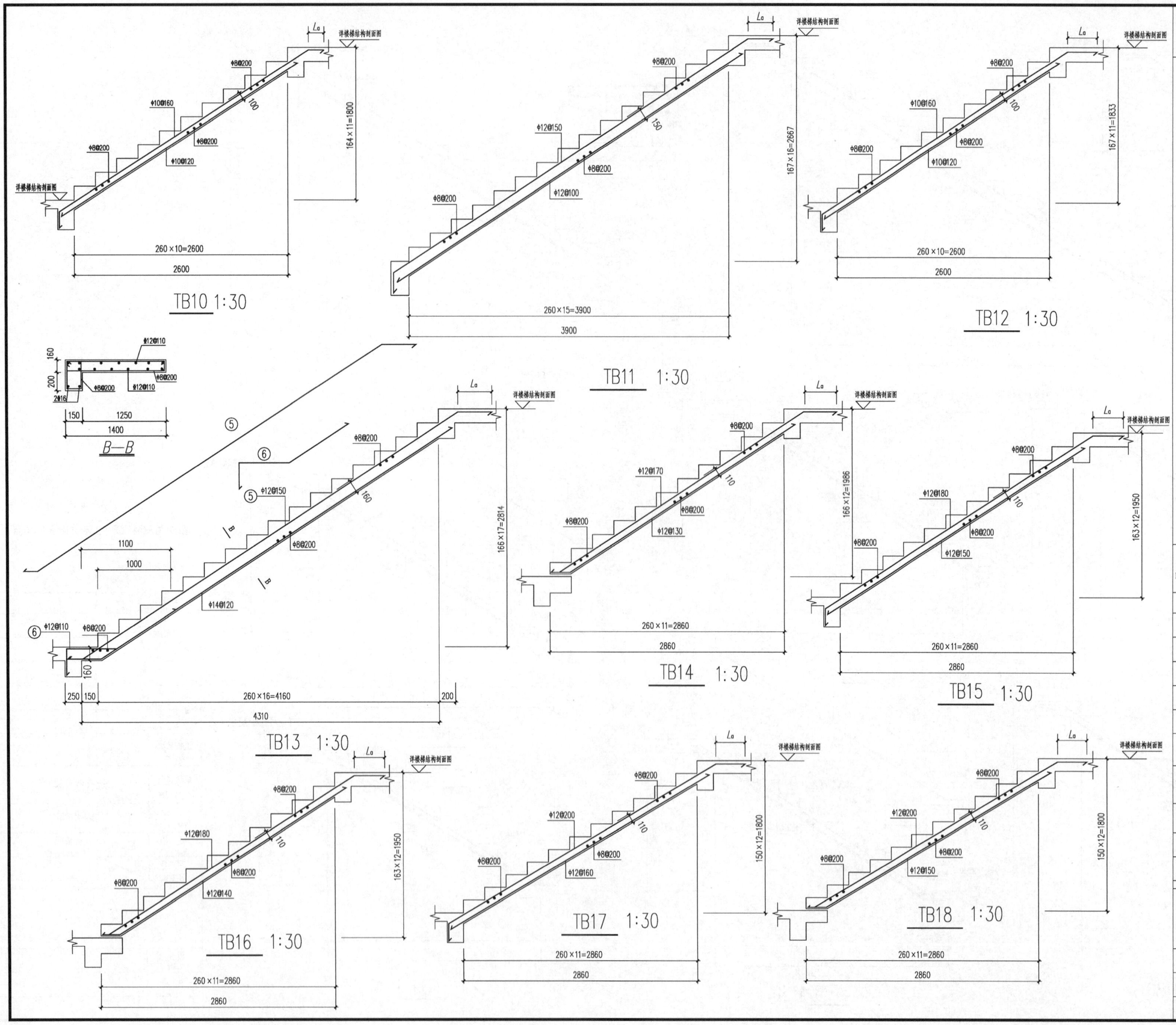

说 明
Illustration

注：本图未经相关建设主管部门批准不得使用。

项目负责人 Project Director	姓 名 Name		
	注册印章编号 Registration Seal No.		
执行项目负责人 Perform Project Director			
专业负责 Specialized Person in Charge			
设 计 Design			
校 对 Check			
审 核 Examiner			
审 定 Approved			
工程名称 Project			
单体名称 Single Name	综合办公楼		
图 名 Drawing Name	楼梯大样图2		
图 别 Drawing Sort	结 施	工程编号 Project No.	
图 号 Drawing No.	39 / 39	日 期 Date	
地 址 ADD			
电 话 TEL			
传 真 FAX			

附录Ⅲ

××××钢结构项目施工图

钢结构总说明

一、工程设计概况

1.本工程为××××钢结构项目，设计使用年限为25年。
2.本工程根据建设单位所提供的场地条件、使用要求及国家所颁发的相关规范、规程而设计。
3.设计依据：
(1)建筑结构荷载规范(GBJ 50009—2012)
(2)钢结构工程施工质量验收规范(GB 50205—2020)
(3)钢结构设计规范(GB 50017—2017)
(4)建筑抗震设计规范(GB 50011—2010，2016年版)
(5)《建筑设计防火规范》(GB 50016—2014)
(6)建筑结构可靠度设计统一标准(GB 50068—2018)
(7)钢结构高强度螺栓连接技术规程(JGJ 82—2011)
(8)钢结构焊接规范(GB 50661—2011)
(9)涂覆涂料前钢材表面处理表面清洁度的目视评定(GB/T 8923.1—2011)

二、木工程设计计算所采用的计算程序

1.建模：采用中国建筑科学研究院编制的“钢结构CAD软件——STS”。
2.结构整体计算分析：采用中国建筑科学研究院编制的“多层及高层建筑结构空间有限元分析与计算软件——SATWE”。
3.节点设计：采用中国建筑科学研究院编制的“钢结构CAD设计软件——STS”。

三、设计采用主要荷载

1.屋面恒荷载：0.30 kN/m^2。
2.屋面活荷载：0.30 kN/m^2。
3.基本风压：0.30 kN/m^2。

四、主要材料

1.钢材：所有钢结构构件材料均采用Q345B钢(除特殊注明者除外)。
2.焊条：采用E50型，其技术条件应符合《碳钢焊条标准》(GB/T 5117—1995)之规定。焊丝：H08A，焊剂：HJ431，其技术条件应符合GB/T 5293—2018。
3.锚栓：采用现行国家规范标准的化学锚栓。
4.螺栓：高强螺栓采用10.9级大六角头摩擦型螺栓(本工程中梁柱连接螺栓和梁梁连接螺栓均为高强螺栓)，材质为：螺杆采用20MnTiB,螺母与垫圈采用45号钢；普通螺栓应按GB 5780—2006选购。

五、制作与施工

1.钢结构的制作、安装、施工及验收应符合《钢结构工程施工质量验收标准》(GB 50205—2020)。
2.焊缝质量的检验等级为梁、柱、端点板焊缝为二级，其余除注明外均为三级焊缝，凡是要求坡口等强连接的均应设引弧板，施焊完后可将引弧板割掉。所有钢柱在柱顶、上、下柱连接处所有竖向加劲板及柱应与横向盖板刨平顶紧后焊接。
3.所有需要拼接的构件一律要用等强拼接，上、下翼缘和腹板中的拼接焊缝位置应错开，并避免与加劲板重合，腹板拼接焊缝与它平行的加劲板至少相距200 mm，腹板拼接与上、下翼缘拼接焊缝至少相距200 mm。
4.所有构件在制作中应力求尺寸及孔洞位置的准确性，以利于现场的安装与焊接。
5.施焊时应选择合理的焊接顺序，减少钢结构中产生的焊接应力和焊接变形。
6.所有锚栓的埋设由取得国家施工资质的专业公司和专业人员采用符合规范标准的技术和工艺进行埋设，埋设深度和质量应符合规范要求。
7.结构吊装时应采取适当措施，防止产生过大的弯扭变形，吊装就位后，应及时安装好梁系杆保证结构的稳定性。
8.主钢架安装完毕受力后，严禁在受力部位施焊，如有特殊情况时应避免连续施焊，确保钢架受力不受影响。
9.施工单位对图纸有疑问或发现有矛盾之处，应书面告之设计单位给予解释修正，施工中如果需变更设计时，应将变更部分之详图、变更理由、结构计算书及有关资料等，送设计单位，经书面核实同意后，方能变更。
10.图中所注尺寸均以毫米为单位。

六、涂装

1.除锈：在制作前钢材表面应进行喷砂(或抛丸)除锈处理，除锈质量等级要求达到GB/T 8923.1—2011中的2级标准。
2.涂漆：构件经除锈处理后涂红丹底漆两道，醇酸面漆两道，面漆的颜色由业主方定，要求涂层干漆总厚度为120 μm,并严格按照GB 50205—2020的4.11条款执行。
3.现场焊接两侧各50 mm范围内暂不涂漆，待现场焊完后，按规定补涂。
4.涂漆时应注意，凡是高强螺栓连接范围内不允许涂刷油漆或油污，要求接触面进行喷砂处理，摩擦系数应达到0.45以上。

七、防火

钢构件防火及防火涂料由业主请专业公司承作，达到其耐火极限(二级标准)。

八、其他

1.本设计图中所有构件的质量及尺寸仅供参考，实际以最后放样下料为准，所有构件均需放样或号料。
2.所有钢构件必须由制造厂打上标签，位置位于构件两端，每端两处(正反面)。
3.未注明板上螺栓孔均比螺栓大2 mm。
4.未尽事宜请按国家有关规定及标准进行。

建设单位			
项目名称	××××钢结构项目		
钢结构设计总说明		设计号	
		图别	结施
		图号	1/12
		日期	

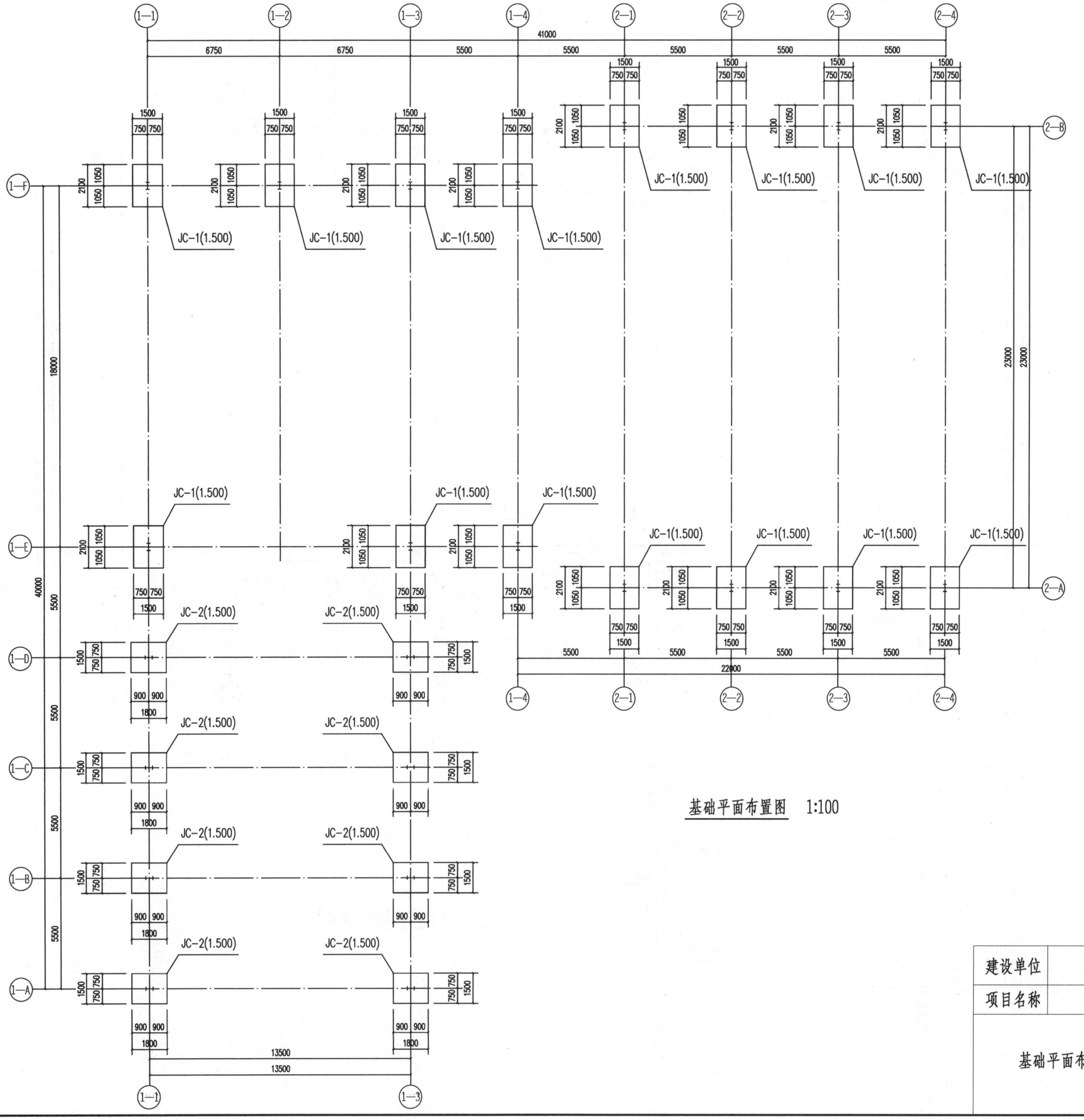

基础平面布置图 1:100

建设单位			
项目名称	××××钢结构项目		
基础平面布置图		设计号	
		图别	结 施
		图号	2　12
		日期	

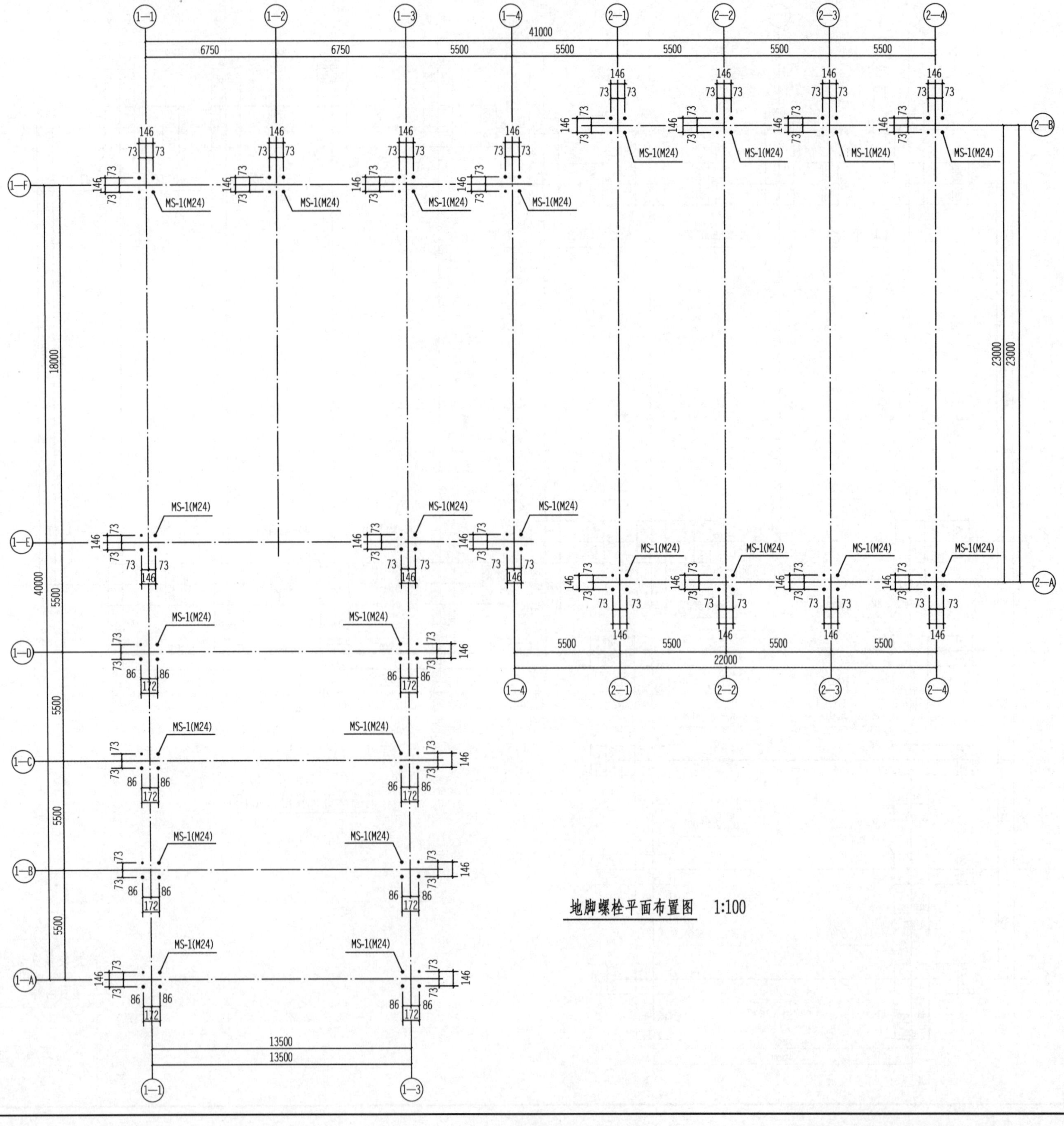

地脚螺栓平面布置图 1:100

建设单位			
项目名称	××××钢结构项目		
地脚螺栓平面布置图		设计号	
		图别	结 施
		图号	3 / 12
		日期	

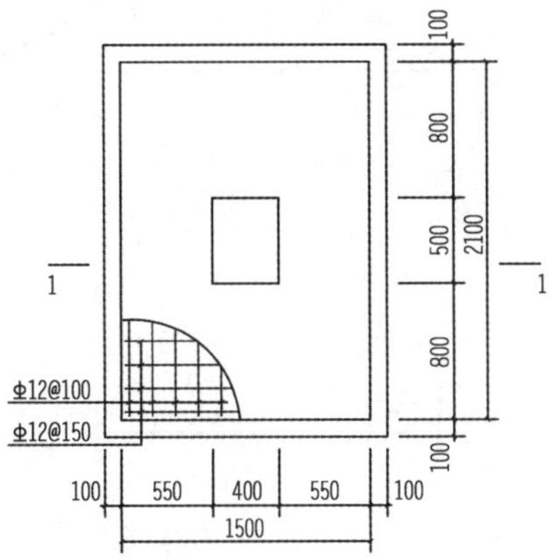

JC-1

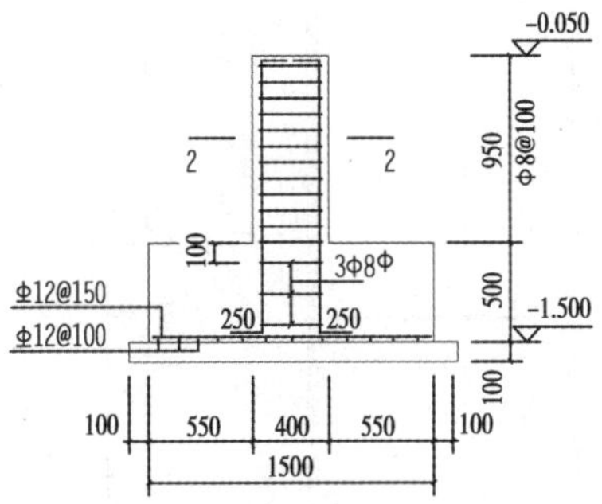

2—2

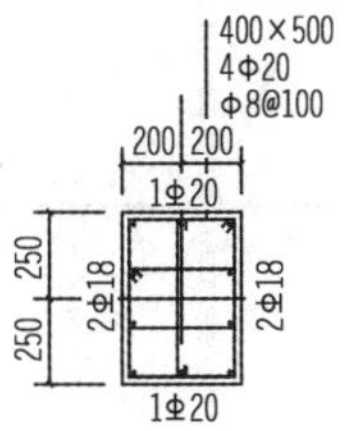

3—3

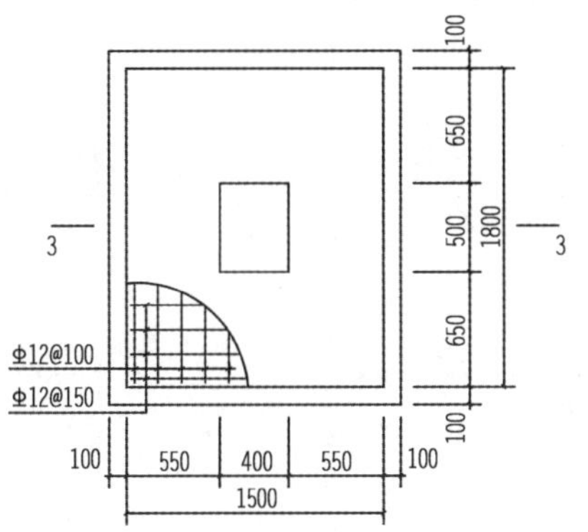

JC-2

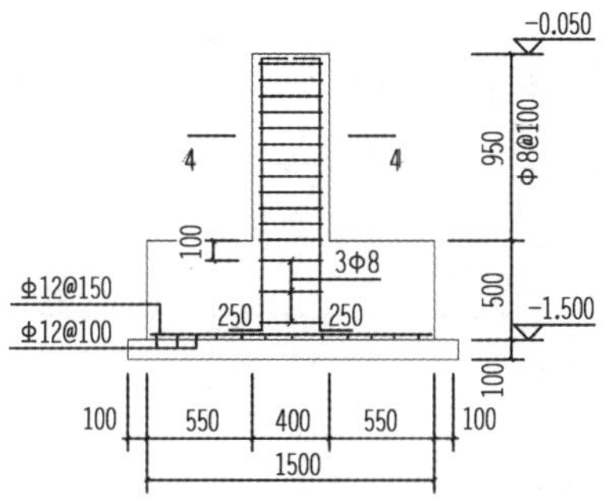

3—3

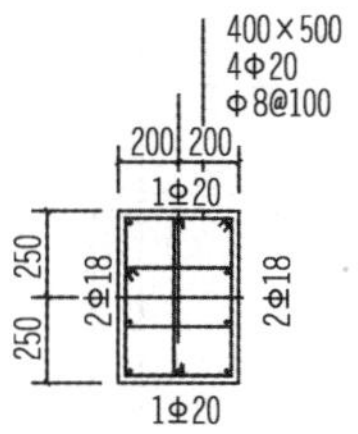

4—4

说明:1.本工程根据建设单位提供的本工程地质勘察报告进行设计。地基、持力层承载力特征值f_{ak}=150 kPa。

2.地基基础设计等级丙级，场地土类别Ⅱ类，基础混凝土采用C25，保护层厚40 mm。

3.垫层采用C15素混凝土，厚100 mm。

4.钢筋种类：Φ——HPB295；Φ——HPB335。

5.钢柱安装完毕，柱脚采用C20混凝土包裹，保护层厚大于60 mm。

6.回填土要分层夯实，回填后土的压实系数不小于0.95。

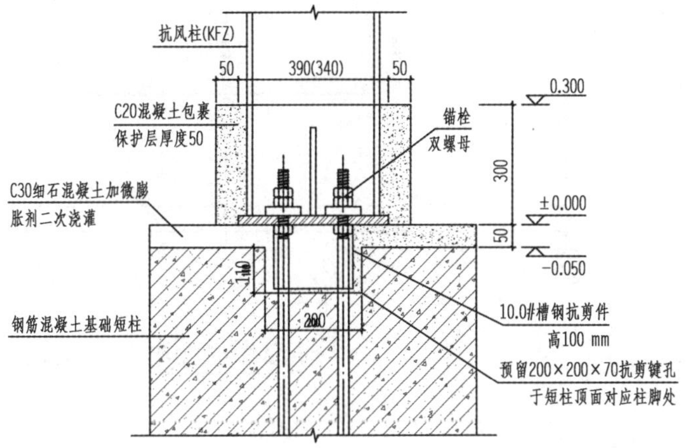

GJ柱与基础短柱连接详图

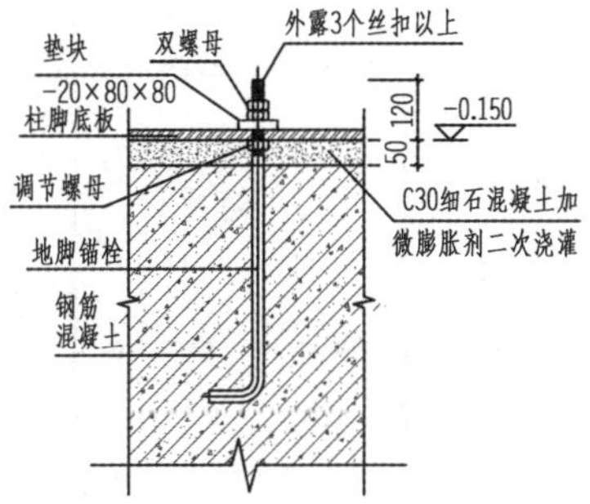

锚栓埋置详图

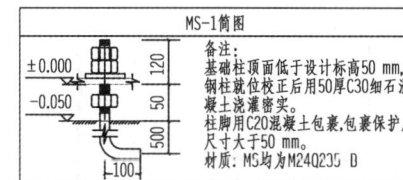

MS-1简图

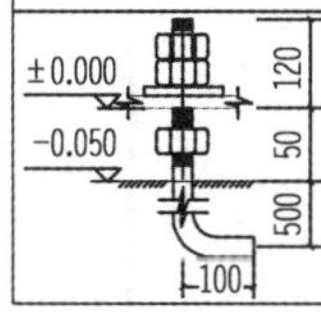

备注：
基础柱顶面低于设计标高50 mm，钢柱就位校正后用50厚C30细石混凝土浇灌密实。
柱脚用C20混凝土包裹，包裹保护层尺寸大于50 mm。
材质：MS均为M24Q235 D

建设单位			
项目名称	××××钢结构项目		
基础详图 地脚螺栓详图	设计号		
	图别	结 施	
	图号	4	12
	日期		

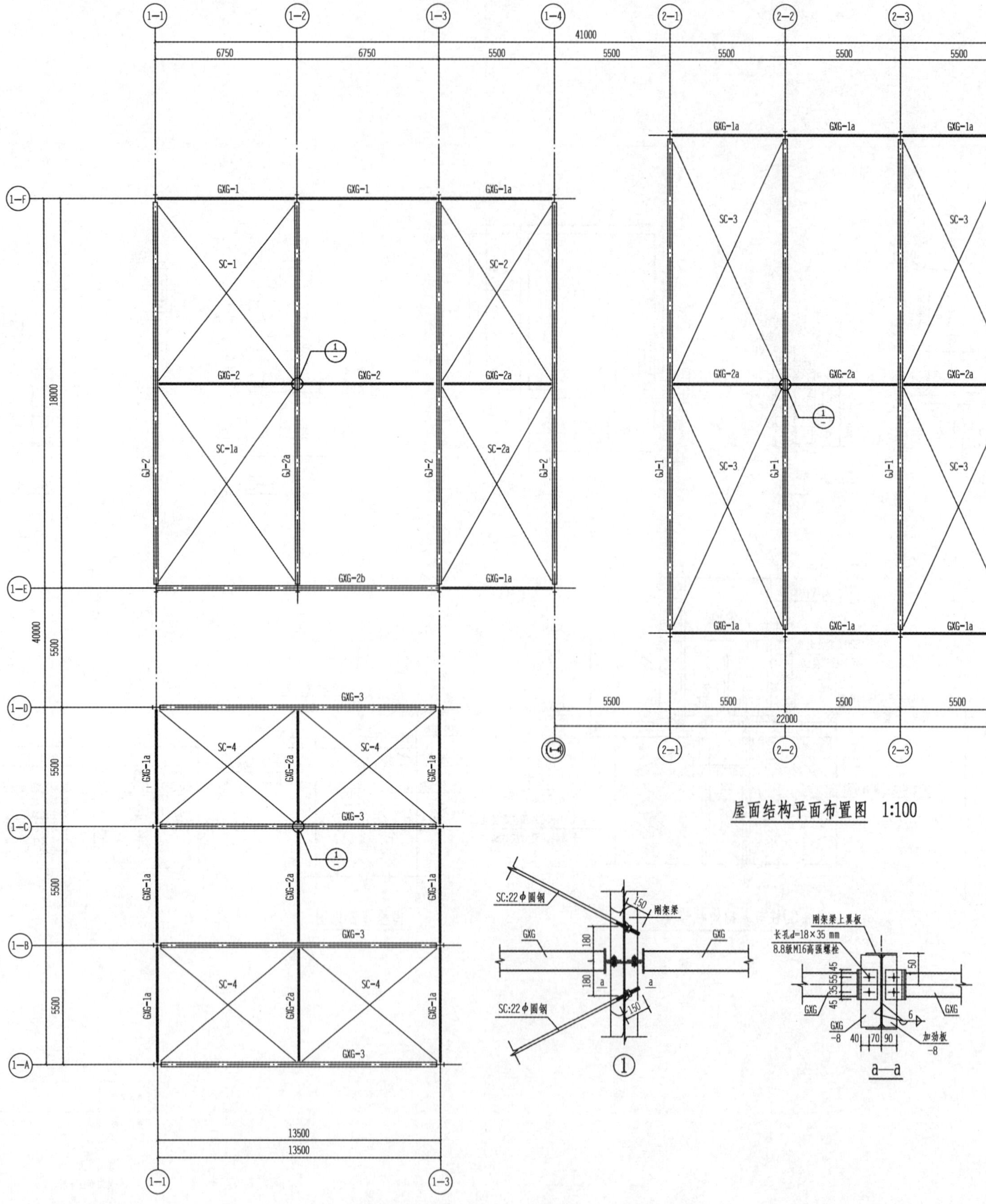

屋面结构平面布置图 1:100

①

a—a

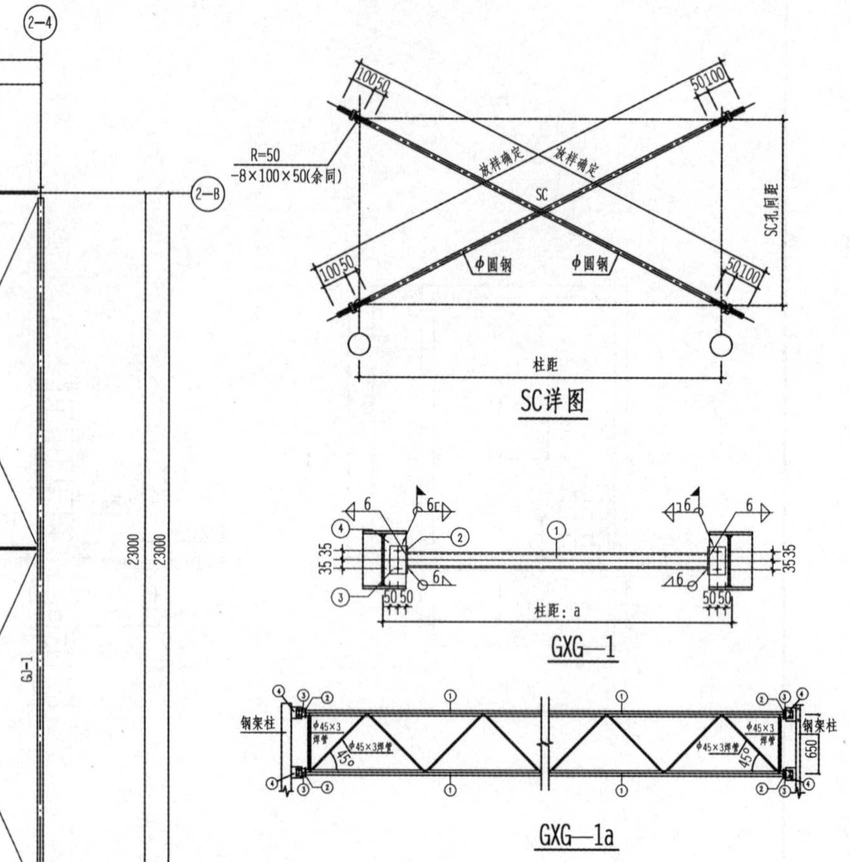

SC详图

GXG—1

GXG—1a

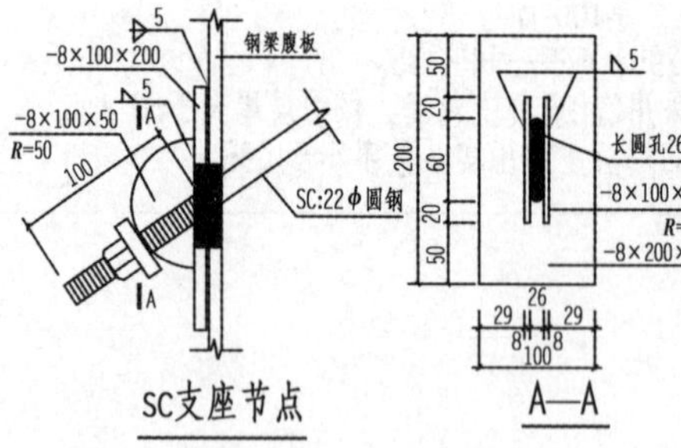

SC支座节点

A—A

说明:

1.本图中连接板均采用Q235B钢焊条为E43系列焊条。

2.刚系杆(GXG)见其详图，SC均为ϕ22圆钢，材质均为Q235。

3.未注明的焊缝厚度为6 mm，-律满焊。

4.图中未注明的安装螺栓均为M16,孔径17.5 mm。

5.所有构件的切断及孔洞边缘必须光滑。不得有裂缝及毛刺。

6.钢结构的制作和安装需按照《钢结构工程施工质量验收标准》(GB 50205)的有关规定进行施工。

7.对照设计说明及其他相关图纸进行施工。

建设单位			
项目名称	××××钢结构项目		
屋面结构平面布置图 节点详图		设计号	
		图别	结 施
		图号	5/12
		日期	

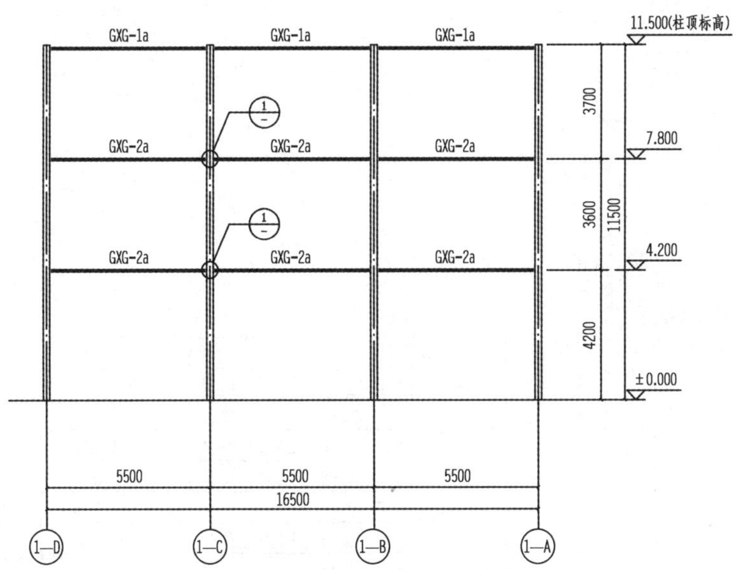

(1—1)轴结构立面布置图 1:100

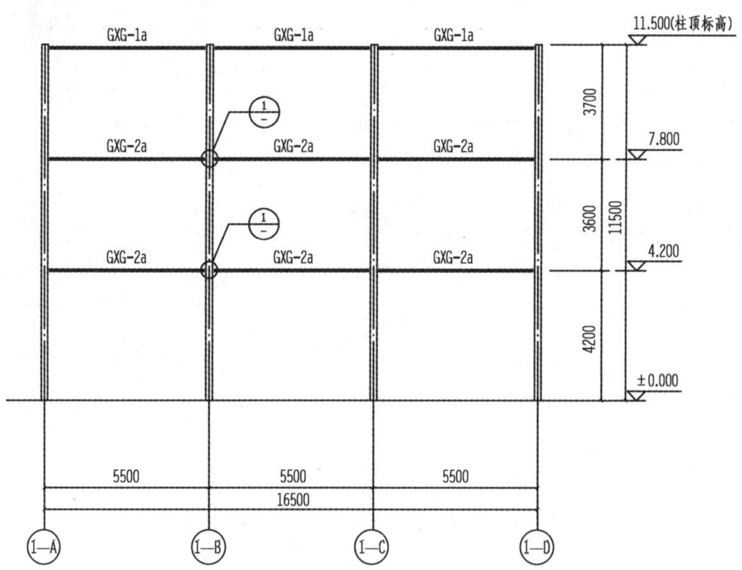

(1—3)轴结构立面布置图 1:100

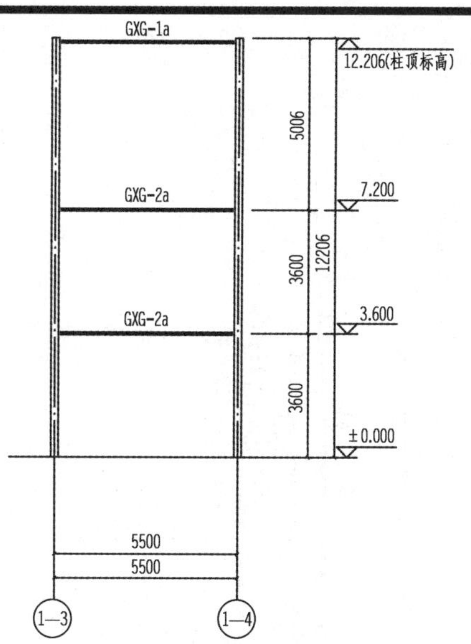

(1—E)轴结构立面布置图 1:100

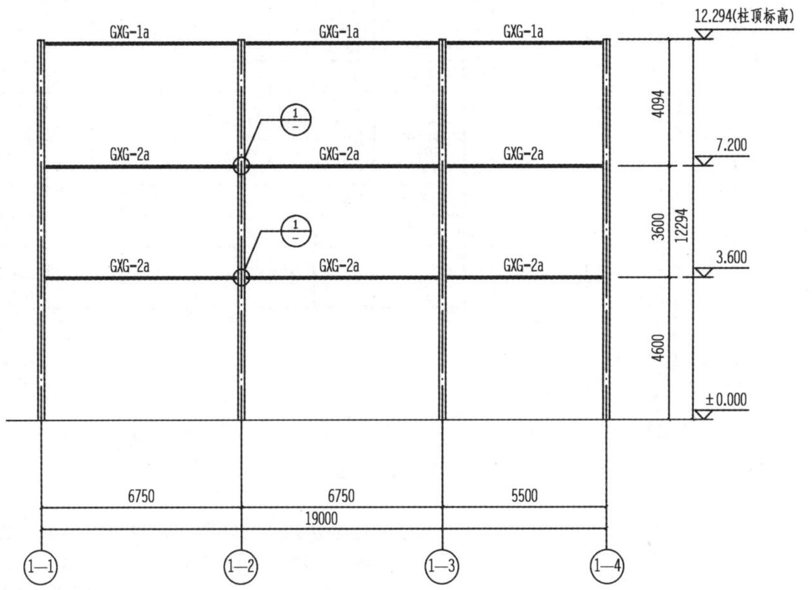

(1—F)轴结构立面布置图 1:100

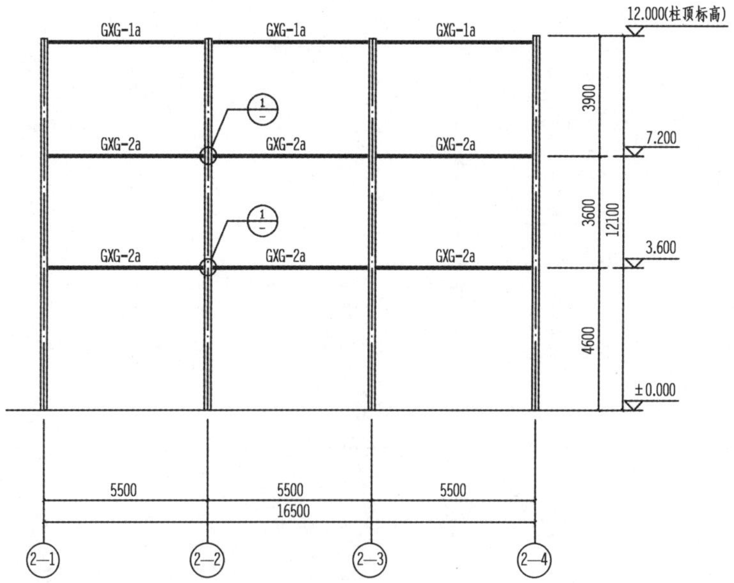

(2—A)轴结构立面布置图 1:100

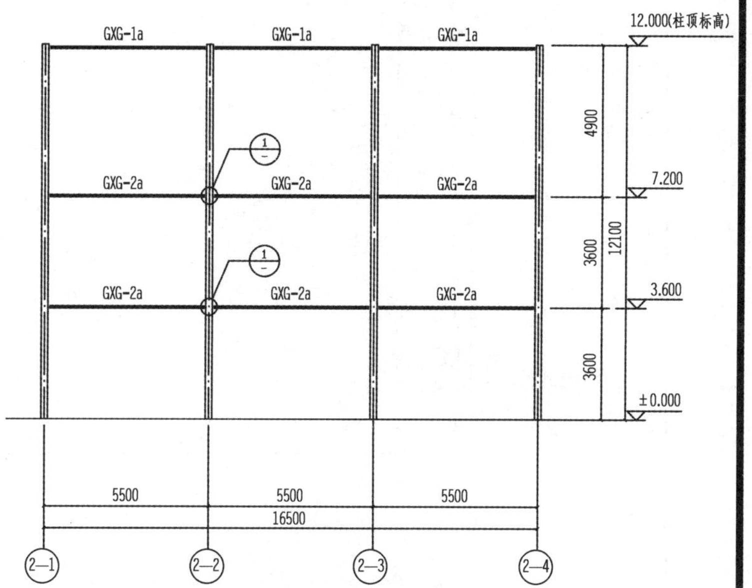

(2—B)轴结构立面布置图 1:100

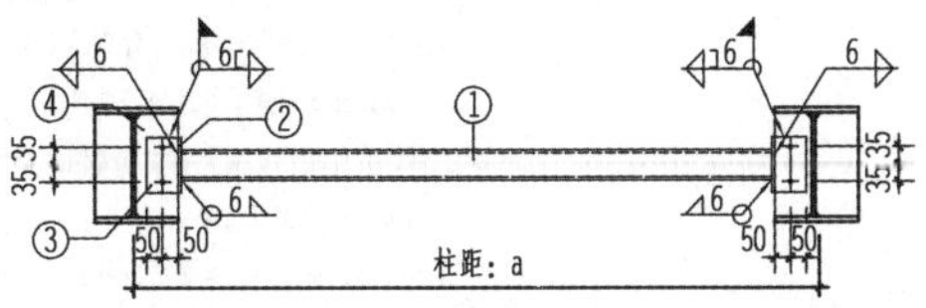

GXG-1

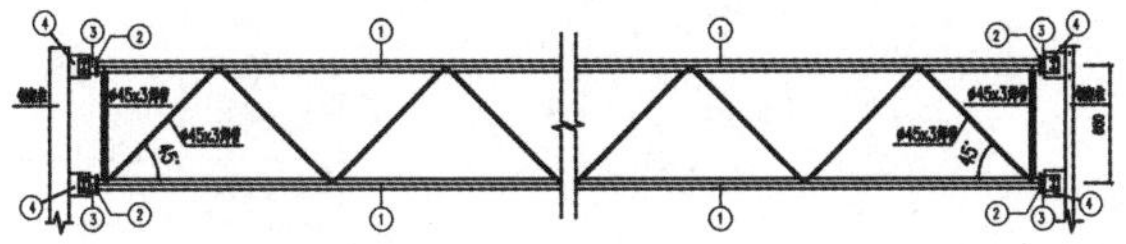

GXG-1a

说明:

1.本图中连接板均采用Q235B钢焊条为E43系列焊条。
2.刚系杆(GXG)见其详图，材质均为Q235。
3.未注明的焊缝厚度为6 mm，一律满焊。
4.图中未注明的安装螺栓均为M16，孔径17.5 mm。
5.所有构件的切断及孔洞边缘必须光滑，不得有裂缝及毛刺。
6.钢结构的制作和安装需按照《钢结构工程施工质量验收标准》(GB 50205)的有关规定进行施工。
7.对照设计说明及其他相关图纸进行施工。

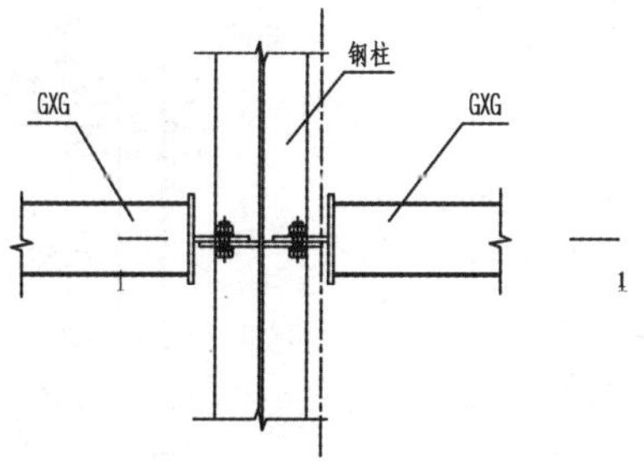

①

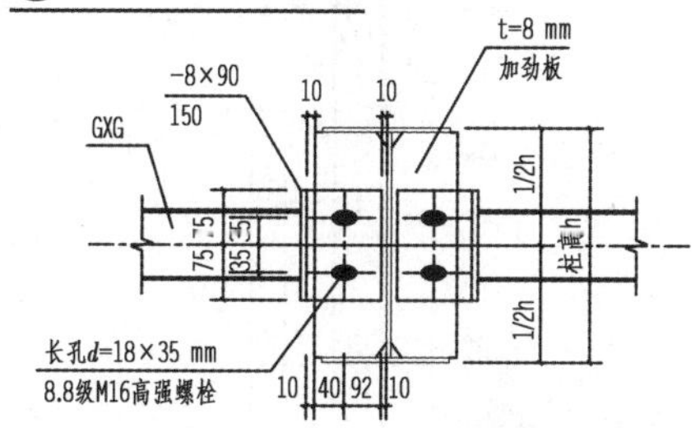

1—1

建设单位			
项目名称	××××钢结构项目		
屋面结构平面布置图 节点详图		设计号	
		图别	结　施
		图号	6 / 12
		日期	

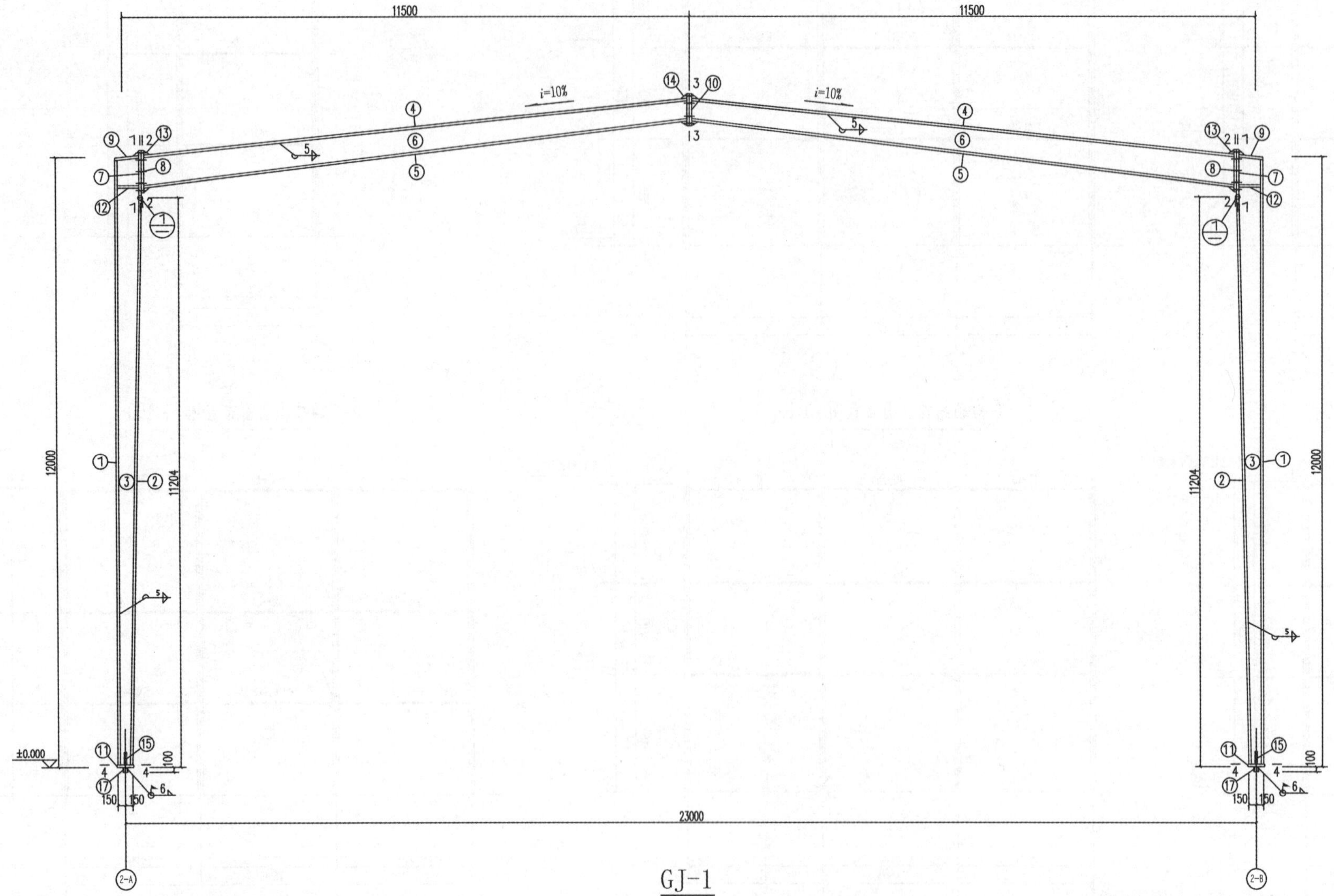

GJ-1

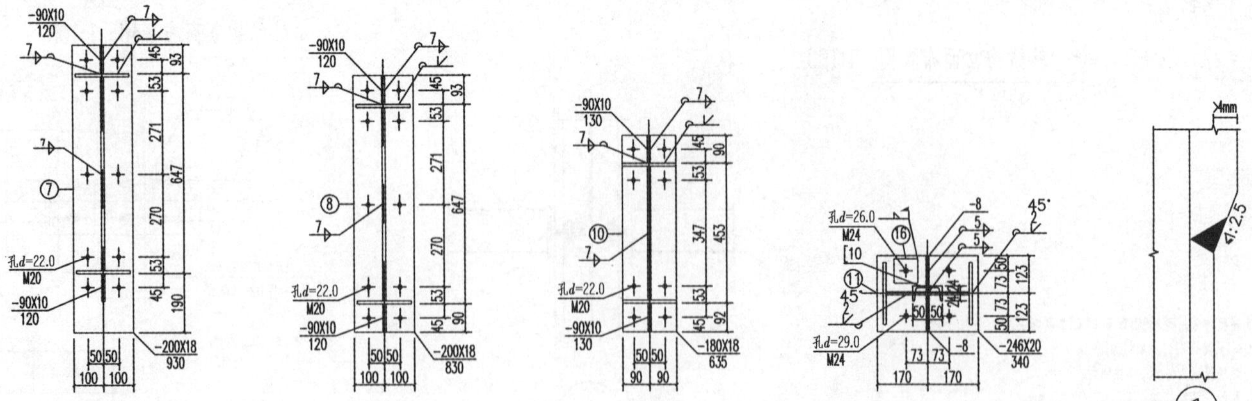

1-1　　2-2　　3-3　　4-4　　①

材料表									
构件编号	零件编号	规格	长度(mm)	数量		质量(kg)			备注
				正	反	单个质量	小计	总计	
GJ-1	1	−200×8	11958	2		150.2	300.4	2313.3	
	2	−200×8	11186	2		140.5	281.0		
	3	−517×6	12010	2		230.6	461.1		
	4	−180×8	11126	2		125.8	251.5		
	5	−180×8	11147	2		126.0	252.0		
	6	−627×6	11198	2		278.5	557.1		
	7	−200×18	930	2		26.3	52.6		
	8	−200×18	830	2		23.5	46.9		
	9	−200×8	528	2		6.6	13.3		
	10	−180×18	635	2		16.2	32.3		
	11	−246×20	340	2		13.1	26.3		
	12	−97×8	517	4		3.2	12.6		
	13	−90×10	120	6		0.8	5.1		
	14	−90×10	130	4		0.9	3.7		
	15	−120×8	250	4		1.9	7.5		
	16	−80×20	80	8		1.0	8.0		
	17	[10	100	2		1.0	2.0		

高强螺栓　　永久螺栓

安装螺栓　　螺栓孔

说明：1.本设计按钢结构设计规范(GB 50017—2017)和门式刚架轻型房屋钢结构技术规程(CECS102：2002)进行设计。

2.材料:未特殊注明的钢板及型钢为Q345-B钢，焊条为E50型系列焊条。

3.构件的拼接连接采用10.9级摩擦型连接高强螺栓，连接接触面的处理采用钢丝刷清除浮锈。

4.柱脚基础混凝土强度等级为C25，锚栓钢号为Q235钢。

5.图中未注明的角焊缝最小焊脚尺寸为6 mm，-律满焊。

6.对接焊缝的焊缝质量不低于二级。

7.钢结构的制作和安装需按照《钢结构工程施工质量验收标准》(GB 850205)的有关规定进行施工。

8.钢构件表面除锈后用两道红丹打底，构件的防火等级按建筑要求处理。

建设单位			
项目名称	××××钢结构项目		
GJ-1		设计号	
		图别	结施
		图号	7/12
		日期	

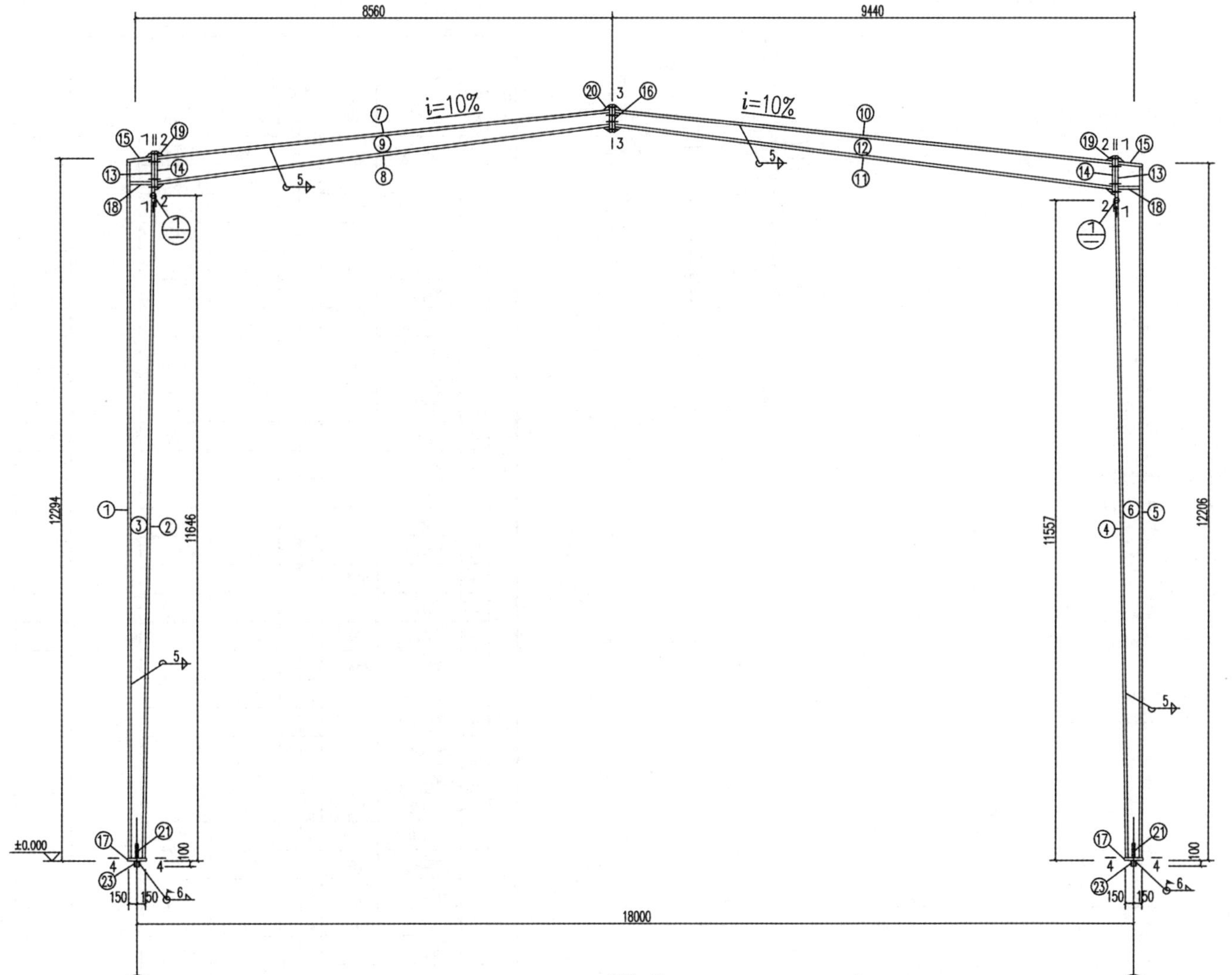

GJ-2

材料表									
构件编号	零件编号	规格	长度(mm)	数量		质量(kg)			备注
				正	反	单个质量	小计	总计	
GJ-1	1	-200×8	12252	1		153.9	153.9	1924.8	
	2	-200×8	11627	1		146.0	146.0		
	3	-473×6	12299	1		221.9	221.9		
	4	-200×8	11539	1		144.9	144.9		
	5	-200×8	12164	1		152.8	152.8		
	6	-473×6	12211	1		220.3	220.3		
	7	-180×8	8215	1		92.9	92.9		
	8	-180×8	8237	1		93.1	93.1		
	9	-475×6	8272	1		147.4	147.4		
	10	-180×8	9100	1		102.9	102.9		
	11	-180×8	9121	1		103.1	103.1		
	12	-476×6	9156	1		163.3	163.3		
	13	-200×18	775	2		21.9	43.8		
	14	-200×18	675	2		19.1	38.2		
	15	-200×8	484	2		6.1	12.2		
	16	-180×18	485	2		12.3	24.7		
	17	-246×20	340	2		13.1	26.3		
	18	-97×8	473	4		2.9	11.5		
	19	-85×10	120	6		0.8	4.8		
	20	-90×10	120	4		0.8	3.4		
	21	-120×8	250	4		1.9	7.5		
	22	-80×20	80	8		1.0	8.0		
	23	[10	100	2		1.0	2.0		

图例

- 高强螺栓
- 永久螺栓
- 安装螺栓
- 螺栓孔

说明：1.本设计按《钢结构设计标准》(GB 50017—2017)和门式刚架轻型房屋钢结构技术规程(CECS102：2002)进行设计。

2.材料:未特殊注明的钢板及型钢为Q345 D钢，焊条为E50型系列焊条。

3.构件的拼接连接采用10.9级摩擦型连接高强螺栓，连接接触面的处理采用钢丝刷清除浮锈。

4.柱脚基础混凝土强度等级为C25，锚栓钢号为Q235钢。

5.图中未注明的角焊缝最小焊脚尺寸为6 mm，-律满焊。

6.对接焊缝的焊缝质量不低于二级。

7.钢结构的制作和安装需按照《钢结构工程施工质量验收标准》(GB 50205)的有关规定进行施工。

8.钢构件表面除锈后用两道红丹打底，构件的防火等级按建筑要求处理。

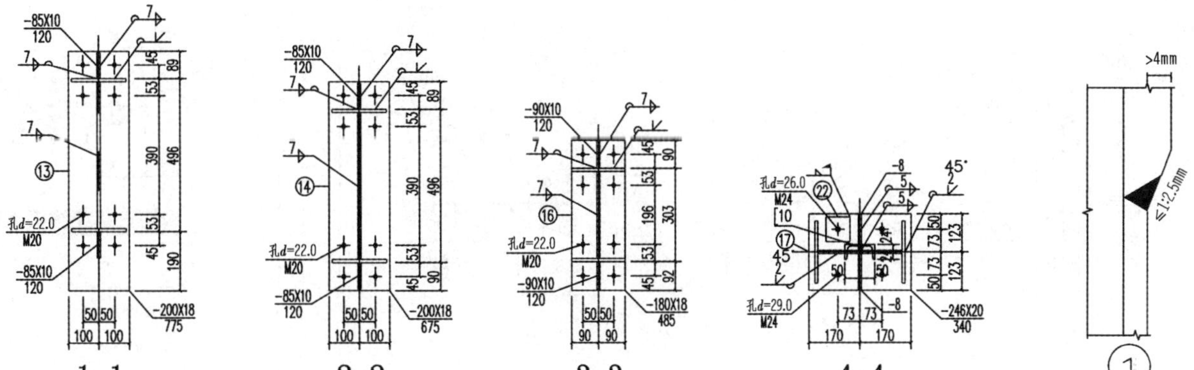

1-1　2-2　3-3　4-4　①

建设单位		
项目名称	××××钢结构项目	
GJ-2	设计号	
	图别	结施
	图号	8/12
	日期	

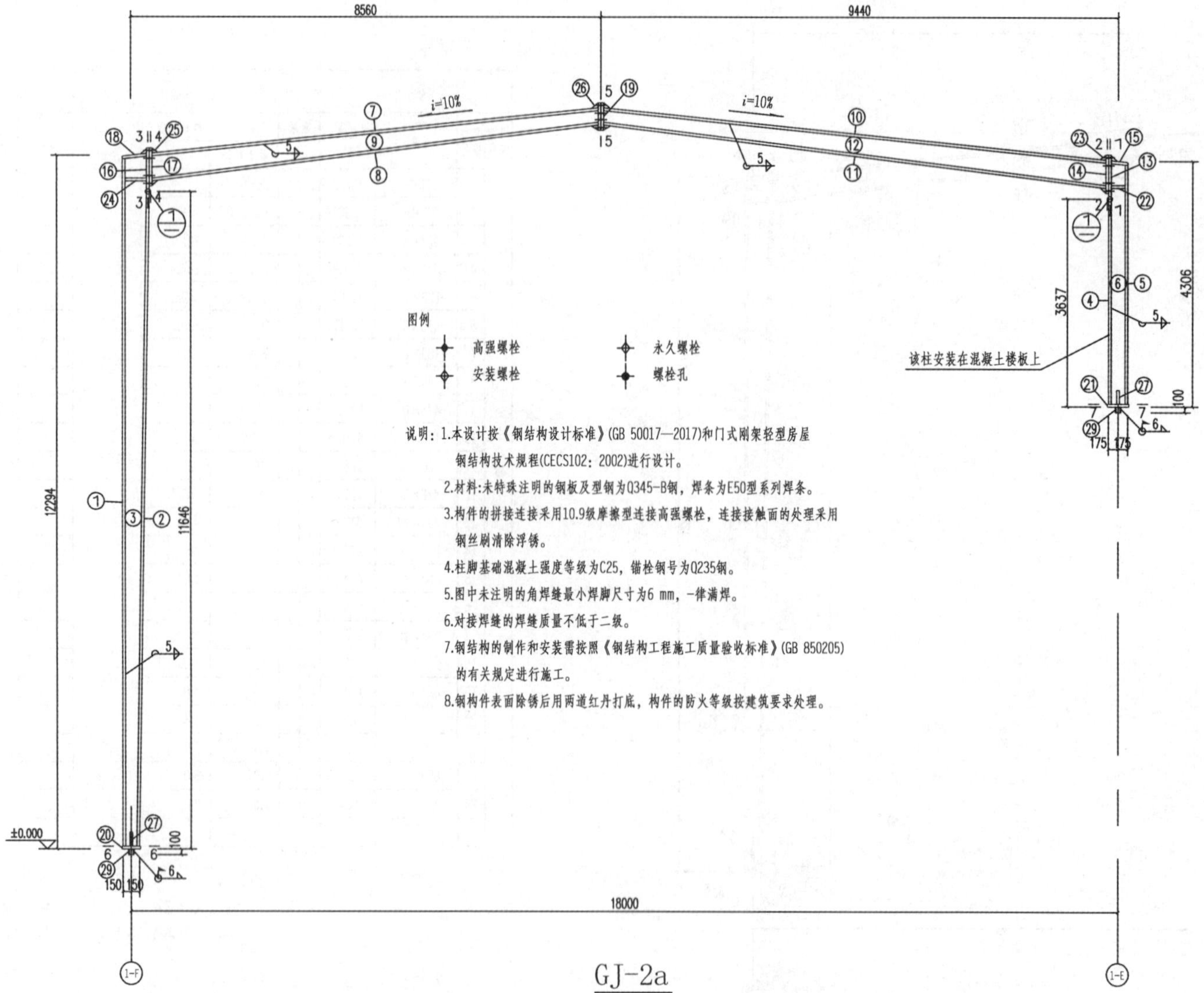

图例

高强螺栓	永久螺栓
安装螺栓	螺栓孔

说明：1.本设计按《钢结构设计标准》(GB 50017—2017)和门式刚架轻型房屋钢结构技术规程(CECS102：2002)进行设计。

2.材料:未特殊注明的钢板及型钢为Q345-B钢，焊条为E50型系列焊条。

3.构件的拼接连接采用10.9级摩擦型连接高强螺栓，连接接触面的处理采用钢丝刷清除浮锈。

4.柱脚基础混凝土强度等级为C25，锚栓钢号为Q235钢。

5.图中未注明的角焊缝最小焊脚尺寸为6 mm，-律满焊。

6.对接焊缝的焊缝质量不低于二级。

7.钢结构的制作和安装需按照《钢结构工程施工质量验收标准》(GB 850205)的有关规定进行施工。

8.钢构件表面除锈后用两道红丹打底，构件的防火等级按建筑要求处理。

GJ-2a

材　料　表

构件编号	零件编号	规格	长度(mm)	数量		质量(kg)			备注
				正	反	单个质量	小计	总计	
GJ-1	1	-200×8	12252	1		153.9	153.9	1579.4	
	2	-200×8	11627	1		146.0	146.0		
	3	-473×6	12299	1		221.9	221.9		
	4	-200×8	3617	1		45.4	45.4		
	5	-200×8	4261	1		53.5	53.5		
	6	-334×6	4295	1		67.5	67.5		
	7	-180×8	8215	1		92.9	92.9		
	8	-180×8	8237	1		93.1	93.1		
	9	-475×6	8272	1		147.4	147.4		
	10	-180×8	9265	1		104.7	104.7		
	11	-180×8	9287	1		105.0	105.0		
	12	-480×6	9321	1		167.1	167.1		
	13	-200×18	780	1		22.0	22.0		
	14	-200×18	680	1		19.2	19.2		
	15	-200×8	344	1		4.3	4.3		
	16	-200×18	775	1		21.9	21.9		
	17	-200×18	675	1		19.1	19.1		
	18	-200×8	484	1		6.1	6.1		
	19	-180×18	485	2		12.3	24.7		
	20	-246×20	340	1		13.1	13.1		
	21	-246×20	390	1		15.1	15.1		
	22	-97×8	334	2		2.0	4.1		
	23	-90×10	110	3		0.8	2.3		
	24	-97×8	473	2		2.9	5.8		
	25	-85×10	110	3		0.7	2.2		
	26	-90×10	130	4		0.9	3.7		
	27	-120×8	250	4		1.9	7.5		
	28	-80×20	80	8		1.0	8.0		
	29	[10	100	2		1.0	2.0		

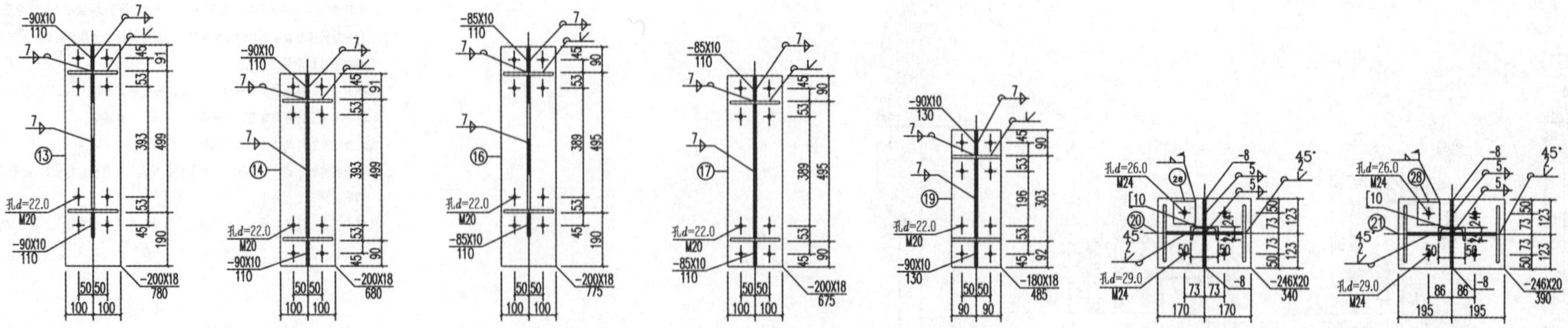

1-1　2-2　3-3　4-4　5-5　6-6　7-7

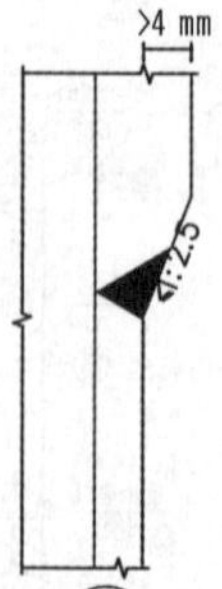

①

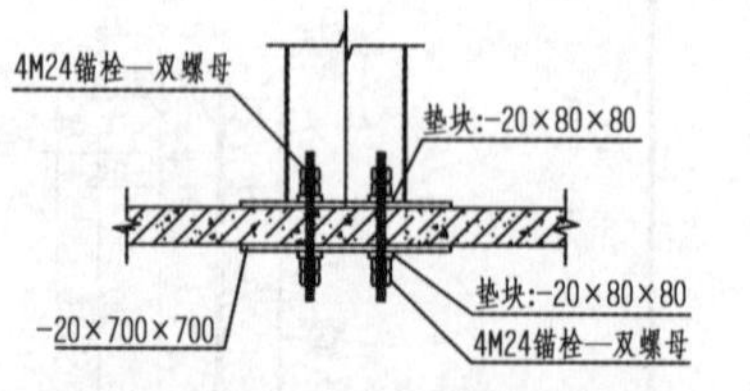

钢柱安装在楼板上时的节点详图

建设单位			
项目名称	××××钢结构项目		
GJ-2a		设计号	
		图别	结　施
		图号	9 / 12
		日期	

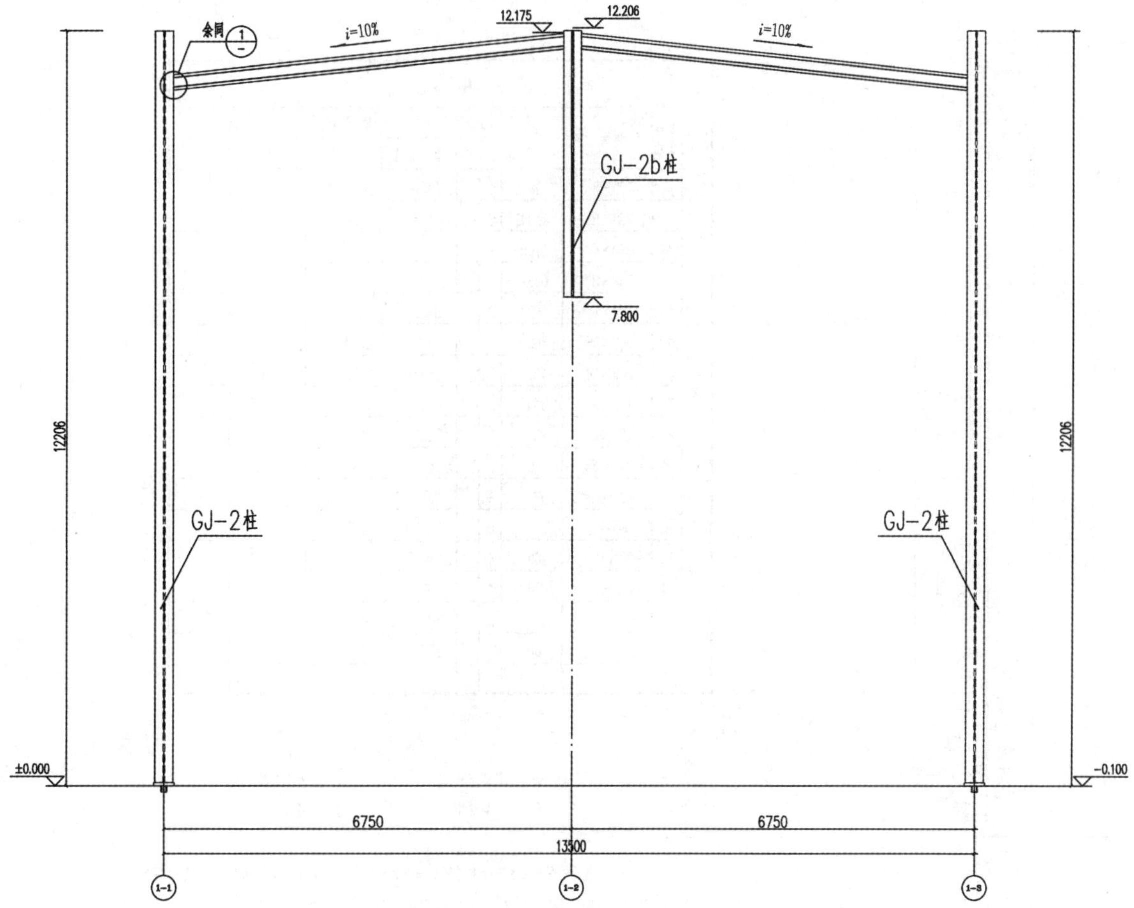

GJ-2b

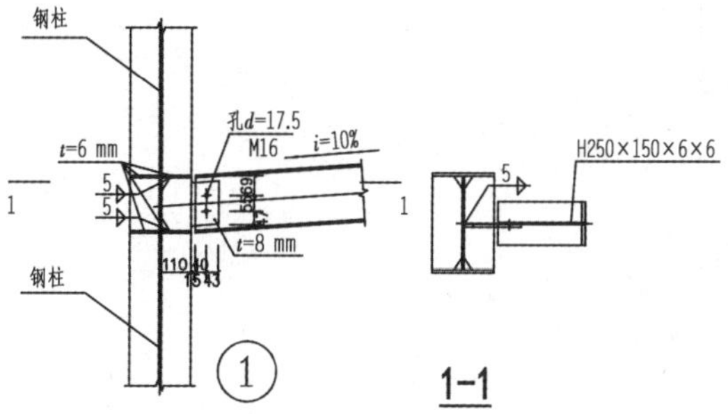

①

1-1

建设单位			
项目名称	××××钢结构项目		
GJ-2b		设计号	
		图别	结 施
		图号	10/12
		日期	

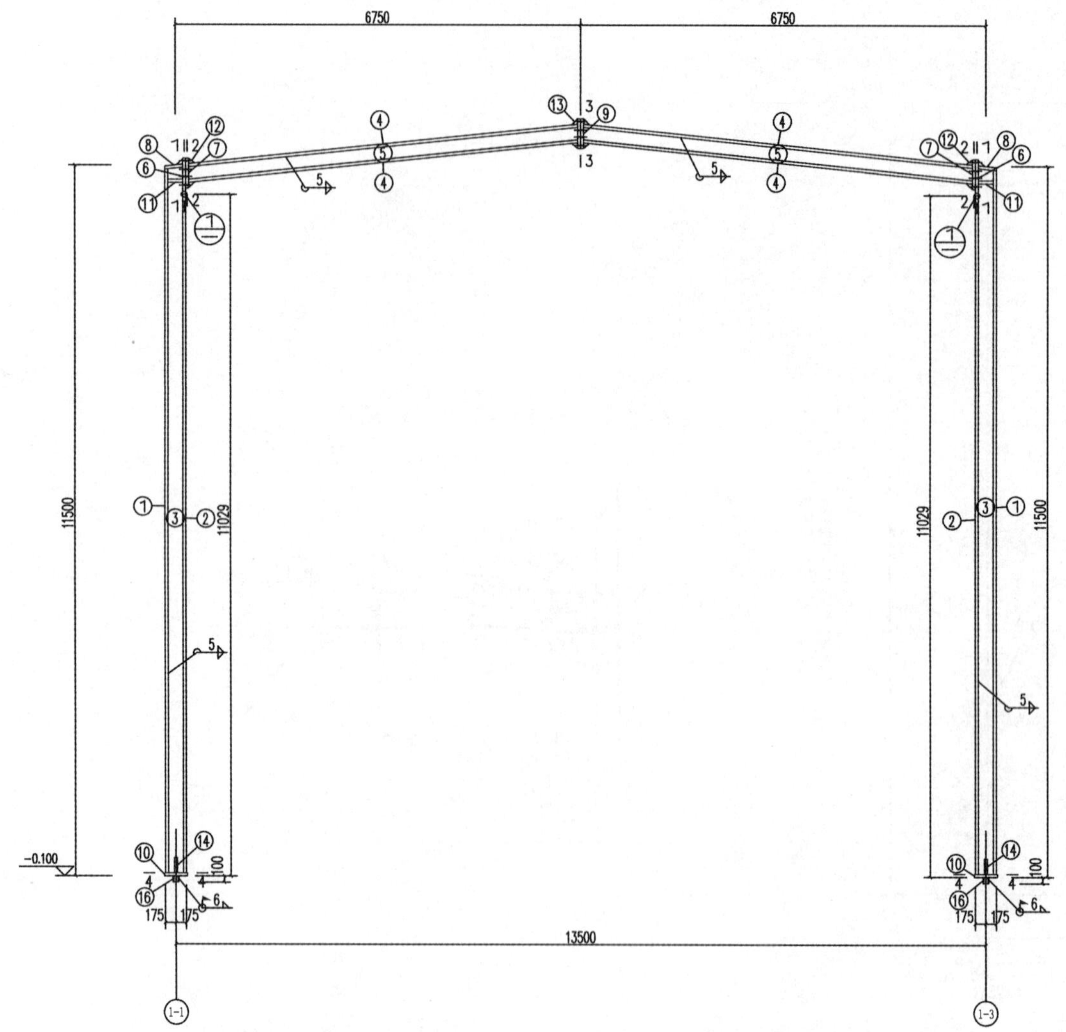

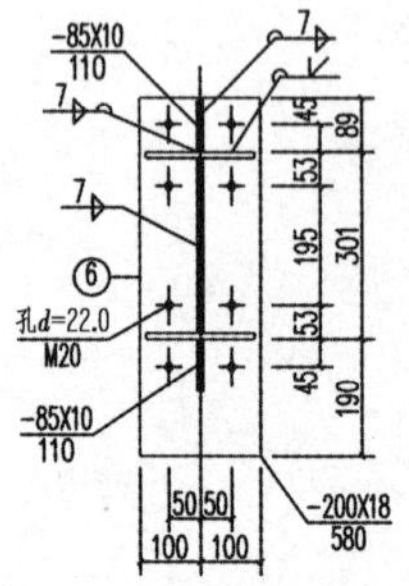

1-1

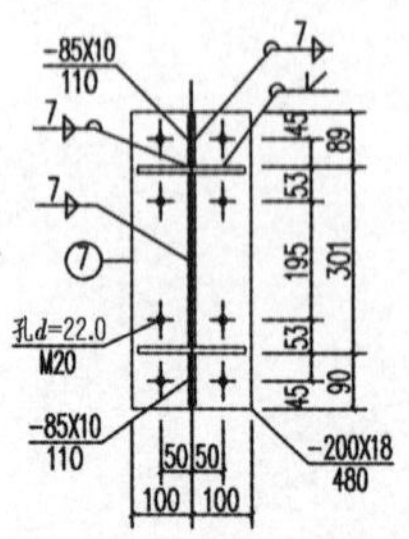

2-2

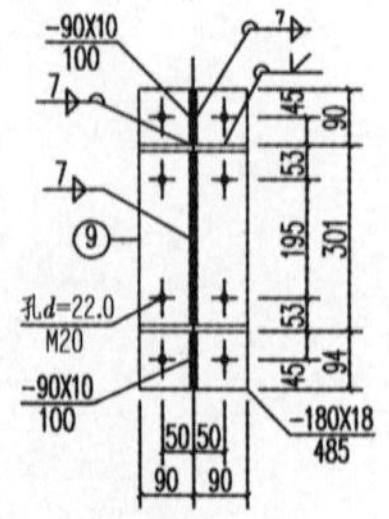

3-3

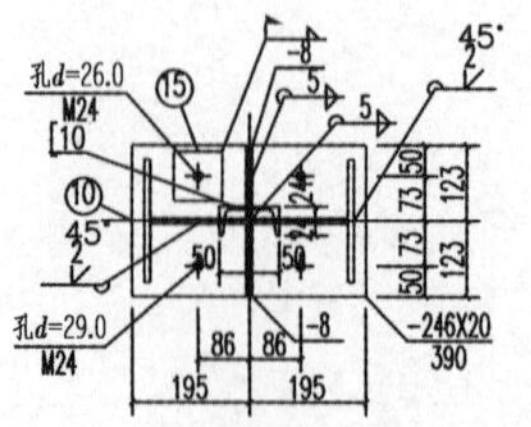

4-4

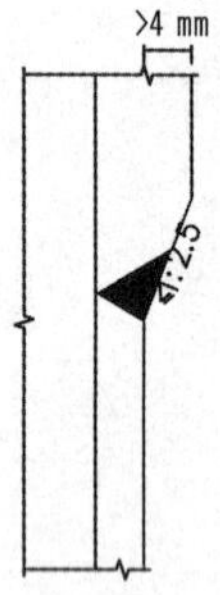

①

材料表									
构件编号	零件编号	规格	长度(mm)	数量		质量(kg)			备注
				正	反	单个质量	小计	总计	
GJ-3	1	-200×8	11455	2		137.6	275.2	1512.9	
	2	-200×8	11009	2		132.0	264.0		
	3	-334×6	11489	2		172.6	345.2		
	4	-180×8	6562	4		74.2	296.7		
	5	-284×6	6590	2		87.8	175.5		
	6	-200×18	580	2		16.4	32.8		
	7	-200×18	480	2		13.6	27.1		
	8	-200×8	344	2		4.3	8.6		
	9	-180×18	485	2		12.3	24.7		
	10	-246×20	390	2		15.1	30.1		
	11	-97×8	334	4		2.0	8.1		
	12	-85×10	110	6		0.7	4.4		
	13	-90×10	100	4		0.7	2.8		
	14	-120×8	250	4		1.9	7.5		
	15	-80×20	80	8		1.0	8.0		
	16	[10	100	2		1.0	2.0		

图例

高强螺栓　　永久螺栓

安装螺栓　　螺栓孔

说明：1.本设计按《钢结构设计标准》(GB 50017—2017)和门式刚架轻型房屋钢结构技术规程(CECS102：2002)进行设计。

2.材料:未特殊注明的钢板及型钢为Q345-B钢，焊条为E50型系列焊条。

3.构件的拼接连接采用10.9级摩擦型连接高强螺栓，连接接触面的处理采用钢丝刷清除浮锈。

4.柱脚基础混凝土强度等级为C25，锚栓钢号为Q235钢。

5.图中未注明的角焊缝最小焊脚尺寸为6 mm，-律满焊。

6.对接焊缝的焊缝质量不低于二级。

7.钢结构的制作和安装需按照《钢结构工程施工质量验收标准》(GB 850205)的有关规定进行施工。

8.钢构件表面除锈后用两道红丹打底，构件的防火等级按建筑要求处理。

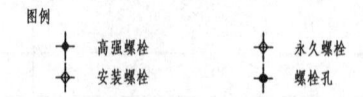

建设单位			
项目名称	××××钢结构项目		
GJ-3		设计号	
		图别	结施
		图号	11 / 12
		日期	

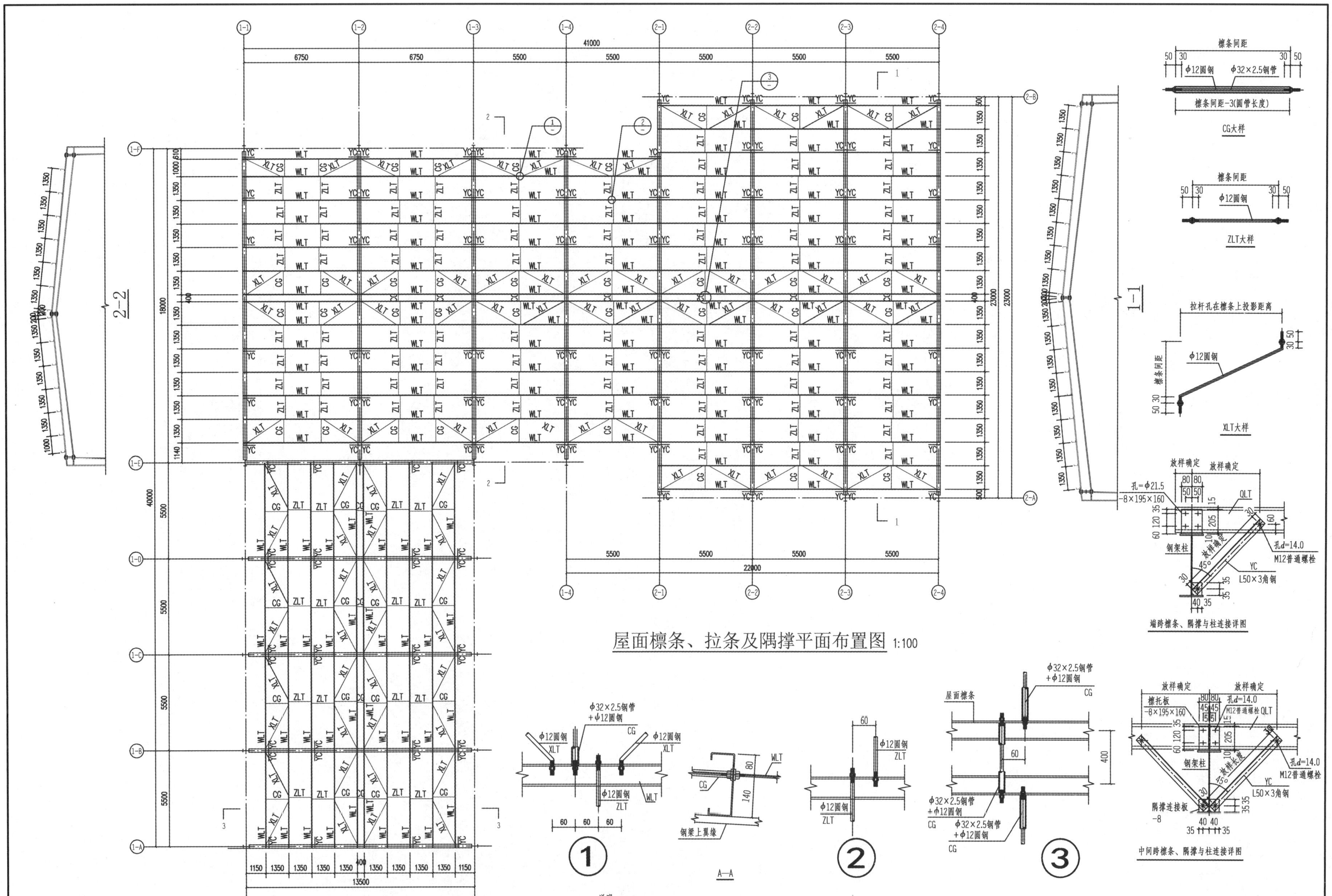

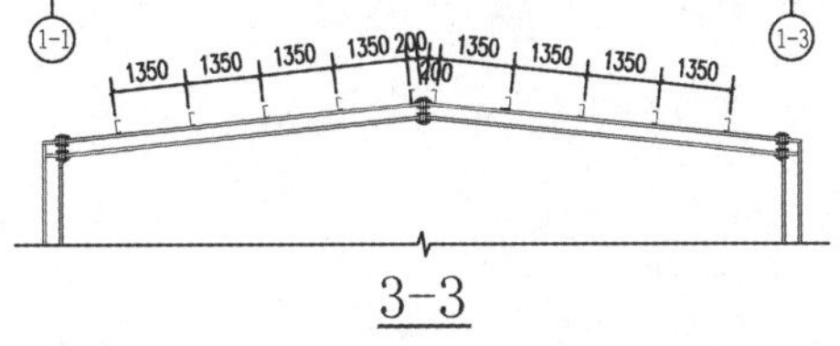

说明:

1.屋面檩条(WLT型号为C220×75×20×2.2)材质为Q235B钢。
2.隅撑(YC)型号为L50×3角钢，材质为Q235B钢。
3.直拉条(ZLT)和斜拉条(XLT)均为ϕ12圆钢，材质均为Q235B钢。
4.撑管(CG)为ϕ12圆钢外套ϕ32×2.5焊管,材质均为Q235B钢。
5.本图中未标注的孔均为ϕ14孔，所用螺栓均为M12普通螺栓。
6.所有构件的切断及空洞边缘必须光滑,不得有裂缝及毛刺。

建设单位			
项目名称	××××钢结构项目		
屋面檩条 拉条及隅撑平面布置图 节点详图		设计号	
		图别	结　施
		图号	12 / 12
		日期	